《环境经济研究进展》（第十二卷）编委会

环境经济研究进展

PROGRESS ON ENVIRONMENTAL ECONOMICS

（第十二卷）

中国环境科学学会环境经济学分会

董战峰　钱　骏　李婕旦　尚英男　主编

中国环境出版集团・北京

图书在版编目（CIP）数据

环境经济研究进展. 第十二卷/董战峰等主编. —北京：中国环境出版集团，2018.10
ISBN 978-7-5111-3847-7

Ⅰ. ①环… Ⅱ. ①董… Ⅲ. ①环境经济学—文集 Ⅳ. ①X196-53

中国版本图书馆 CIP 数据核字（2018）第 222956 号

出 版 人　武德凯
责任编辑　陈金华　董蓓蓓
责任校对　任　丽
封面设计　彭　杉

出版发行　中国环境出版集团
（100062　北京市东城区广渠门内大街 16 号）
网　　址：http://www.cesp.com.cn
电子邮箱：bjgl@cesp.com.cn
联系电话：010-67112765（编辑管理部）
010-67113412（第二分社）
发行热线：010-67125803，010-67113405（传真）

印　　刷　北京中科印刷有限公司
经　　销　各地新华书店
版　　次　2018 年 10 月第 1 版
印　　次　2018 年 10 月第 1 次印刷
开　　本　787×1092　1/16
印　　张　19.25
字　　数　420 千字
定　　价　65.00 元

总　序

环境经济学专业委员会作为中国环境科学学会的分支机构，在环境保护部、中国环境科学学会的指导下，第一届委员会于2003年12月正式成立，挂靠在中国环境规划院。2008年，环境经济学专业委员会调整更名为环境经济学分会，成立第二届委员会。2017年成立了第四届委员会。环境经济学分会始终以为从事环境经济研究的环境科技、环境教育、环境管理工作者搭建平台，推进环境经济学科发展为己任，经过十多年的发展，分会不断成长壮大，汇集智力资源以及交流平台功能得到各界的充分肯定。

自环境经济学分支机构成立以来，每年都组织举办学会年会，并多次参与协办和承办了不同层面的环境经济与政策学术活动，包括若干次环境经济学术国际研讨会，与美国、欧洲、日本、韩国、联合国环境规划署、OECD等从事环境经济研究的管理者和学者开展广泛的学术交流；分会委员们发表和出版了大量的环境经济论文和专著，有力推进了中国环境经济学学科的发展。从2007年开始，环境经济学分会与环境保护部环境规划院、北京大学环境与经济研究所、《环境经济》杂志社联合开办了《中国环境经济》网页（http://www.csfee.org.cn/），访问量已经达到了250万人次，网络信息平台很好地促进了环境经济学研究资源和信息的共享。

为了进一步推动中国环境经济学的发展，克服环境经济学分会近期难以创办学术期刊的局面，环境经济学分会理事会决定从2008年开始，不定期出版《环境经济研究进展》，展示中国环境经济学研究的最新发展和趋势，交流中国环境经济学最新研究和实践成果。已经先后出版了十一卷。我们希望《环境经济研究进展》能够成为传播中国环境经济学学术研究动态的载体，沟通环境经济研究前沿信息的平台。2017 年 11 月 2—3 日，中国环境科学学会环境经济学分会 2017 年学术年会在四川省成都市顺利召开，本届年会以“‘两山论’与环境经济政策的创新与应用”为主题，《环境经济研究进展》（第十二卷）遴选了此次学术年会上提交的优秀论文。希望该书的出版能为推动中国环境经济学学科的发展和政策实践发挥积极作用。

葛察忠　主任委员

中国环境科学学会环境经济学分会

序　言

2017年是环境经济政策改革取得重要进展的一年，环境税费、生态补偿、绿色金融等政策取得了阶段性突破。习近平总书记提出了“绿水青山就是金山银山”理论（以下简称“两山论”），科学揭示了经济发展与环境保护的内在关系。环境经济政策是沟通和落实“绿水青山就是金山银山”的桥梁，通过环境经济政策手段，促进环境外部性成本内部化，环境隐形成本显性化，促进生态环境优势转化为经济发展优势，是落实“两山论”的内在要求。为更好地贯彻和实施“两山论”重要思想，环境经济政策需要在理论、方法和政策实践方面结合我国环境保护的工作进行本土化创新，环境经济学学科研究范围也需要不断拓展和深化。

在此背景下，环境经济学分会联合环境保护部环境规划院、四川省环境保护科学研究院于2017年11月2—3日在四川成都召开2017年学术年会，本届年会以“‘两山论’与环境经济政策的创新与应用”为主题，就“两山论”理念下环境经济政策的理论内涵、政策实践、模型构建、政策创新等议题展开深入探讨和交流，重点研讨“两山论”是什么，与环境经济政策的关系，如何与环境经济政策更好地结合等问题。会议既有理论与方法模型研究，又有政策分析和实证研究；既有广度，也有深度。这将对进一步推进环境经济学科建设，完善环境经济政策体系，以及更好地明确“两山论”理念下环境经济政策的创新思路、重点和方向等具有重要意义。

2009 年以来，环境经济学分会着手出版《环境经济研究进展》，使之成为展示和交流我国环境经济学研究最新发展与成果的一个平台。迄今，已经先后组织出版了十一卷，主要收录最新的国内外环境经济学基础理论和政策研究学术论文，很好地促进了广大环境经济学研究人员的交流。第十二卷包括五部分，收录了我们从“中国环境科学学会环境经济学分会 2017 年学术年会”会议论文中遴选的优秀论文。第一部分为“‘两山论’理论探索与实践”，第二部分为“经济政策与环境保护”，第三部分为“环境经济政策实践”，第四部分为“环境经济评估”，第五部分为“环境经济国际实践”。希望《环境经济研究进展》（第十二卷）的出版，不仅可为我国的环境经济学研究和环境经济政策制定人员提供参考，也能为推动我国环境经济学研究和环境经济政策实践的发展做出贡献。

编委会

目　录

研讨会概要……1

“两山论”理论探索与实践

“绿水青山就是金山银山”的理论定位与内涵探析……23
“两山论”对资本论生态思想的“承”与“继”……29
“两山论”的哲学内涵及其对环境外部性的作用……36
从排污许可制度看“两山论”在国内的实践……42

经济政策与环境保护

产业结构升级和城市化对环境污染的影响研究——以济南市为例……55
上市公司负面环境事件的市场响应——市场差异与投资者关注……63
我国省级环保投资与区域环境质量效益的量化分析……81
新旧动能转换背景下的环境保护策略研究——以山东省为例……92

环境经济政策实践

长白山国家级自然保护区生态补偿机制的探讨……103
国家重点生态功能区生态补偿监管方式分析……110
迭部县生态系统服务价值评价、管理与开发研究……121
上海市崇明区水资源价值核算及定价机制探索……132
餐饮油烟第三方治理现状及建议——以上海市为例……145
北京市水污染综合治理分析及对策探讨……157
水环境多部门协同管理模型构建研究……171
秋冬季雾霾重污染背景下京津冀区域环境监督检查机制探讨……180

新标准实施后济南市空气质量变化及对策研究......194

环境经济政策评估

北戴河海洋生态系统服务价值评估......205
成都市环境绩效评估应用研究......213
基于 IUPCE 的江西省农业循环经济发展评价与障碍因素分析......229
生猪养殖碳排放脱钩效应及其驱动因素分析——以江西省为例......243
生态文明背景下的大气污染经济损失评估——以陕北国家级能源化工基地为例......255
湖北省工业水污染防治收费政策的绩效研究......265

环境经济研究国际前沿

Urbanisation, Food Consumption Patterns and Agricultural Land Requirements in China: Based on Ecological Footprint Theory......275
The Influence of the Demolition and Renovation on Households' Housing Property in Urban Villages—Research on the Reconstruction of Two Community in Hongshan District, Wuhan......276
The Influence of Land Resource Abundance on Income Gap between Urban and Rural Residents......277
Is the Straw Return-to-Field Always Good? Evidence from Jiangsu Province......278

研讨会概要

1　会议简介

2017 年 11 月 2—3 日，中国环境科学学会环境经济学分会 2017 年学术年会在四川省成都市顺利召开。本届年会由中国环境科学学会环境经济学分会、环境保护部环境规划院、四川省环境保护科学研究院联合主办。中国环境科学学会陆新元副理事长、环境保护部环境规划院王金南院长、四川省环保厅明劲副巡视员等出席了学术年会并致辞。来自环保部环境规划院、南京大学、清华大学、吉林大学、南开大学以及全国多个省、市的环科院、规划院（所）的专家学者共 200 余人参加了会议。

本届年会以"'两山论'与环境经济政策的创新与应用"为主题，环境保护部政策法规司陈默处长、环境保护部环境规划院葛察忠主任、发改委国土开发与地区研究所张庆杰副所长、四川省环科院钱骏副院长、昆山杜克大学张俊杰教授就环境经济政策与绿色发展、"两山论"与环境经济政策、进入生态文明新时代、四川省环境保护规划、经济增长的环境影响等进行了大会主旨报告，引起了参会人员的高度关注。本次年会还分设了"两山论"理论与探索、环境经济政策评估与实践和 Environmental Regulation and Performance 三个分会场，共有 30 位专家学者就"'两山论'理论发展""环境经济政策国内外实践""环境经济政策框架模型构建"等展开充分的探讨和交流。

2　大会主旨报告

✧　王金南（环境保护部环境规划院，研究员，院长）：从五个层面去思考和研究"绿水青山就是金山银山"

环境保护部环境规划院王金南院长提出应从五个层面来把握"两山论"的研究方向。一是"绿水青山就是金山银山"。即探讨 "绿水青山"价值量的问题，对生态系统功能价值进行评估。评估既可以考虑不同空间尺度，如全球、全国或者省级等，还可以考虑不同生态系统的生态价值量化评估，如森林、草原、海洋和湿地等不同生态系统类型。二是把"绿水青山"看成是一个有经济价值的载体来理解"绿水青山就是金山银山"。"绿水青山"本身就是生态经济产业，如何把"绿水青山"作为优势产业，体现"金山银山"的价值，做大做强，充分发挥生态优势。三是"绿水青山"的生态补偿问题，若"绿水青山"不完全是"金山银山"，如何用"金山银山"来补偿"绿水青山"提供者，这就涉及生态补偿政策设计和研究问题。四是多元化转化机制来推进的研究。十九大提出要提出建立市场化多元化生态补偿机制，我国生态补偿制度与西方差异很大，政府主导性很强，西方则更多是市场手段。“绿水青山”和“金山银山”两者转化，除了生态补偿以外，还要去考虑有没有其他多元化市场化的手段。五是针对破坏“绿水青山”的管制手段的研究。破坏“绿水青山”的行为还是存在，有没有管制手段来对这种破坏行为进行约束。如何从环境经济政策的角度，对环境经济政策约束手段进行研究设计，促进环境外部成本内部化，以经济政策手段约束破坏“绿水青山”的行为。

✧ 葛察忠（环境保护部环境规划院，研究员）：“两山论”与环境经济政策

“两山论”的基石是中国特色社会主义生态文明建设战略。生态文明作为一种独立的文明形态，强调人与自然关联共生，强调人类在改造自然的同时必须尊重自然规律。“两山论”运用易于理解的通俗语言深刻揭示了经济发展和生态环境保护的辩证统一关系。“两山论”的出发点是要补齐生态环境短板，顺应人民群众对优美生态环境的期待；落脚点是要把“绿水青山”源源不断地转化为“金山银山”，实现中华民族的永续发展。

尚未建立起促进“绿水青山”转变为“金山银山”的环境经济政策体系。主要原因如下：一是资源环境产品价格没有充分体现环境成本和生态价值，环境经济政策覆盖面不足，流通、分配、消费等环节政策较少，作用较小。二是环境经济政策文件多为指导性的“意见”“通知”或“暂行办法”，法律强制力不足，难以给地方环保部门及相关部门以有力的支持，也难以对市场主体形成有力的制约。三是一些地方政府缺乏实施环境经济政策的动力，一些重要政策实施效果与预期目标存在较大差距，部分地方政府越位、错位导致市场价格扭曲，企业真实的环境成本难以“内部化”。

“两山论”与环境经济政策体系构建。要以“两山论”重塑财政、税收、金融、价格等决策过程，调整市场预期，建立从经济活动源头减少生态环保问题的协同机制，增加生态公共产品有效供给，不断推动将“绿色福利”转化成让人民群众长久受益的“发展红利”。着力削减以牺牲“绿水青山”换取“金山银山”的无效供给；建立以生态环保“超额红利”引导预期的市场机制，催生壮大“绿水青山”优先于“金山银山”的有效供给；建立对企业日常环境行为约束与激励并重的调节机制，加快形成“金山银山”与“绿水青山”相协调的常态供给。

✧ 张庆杰（发改委国土开发与地区研究所，研究员，副所长）：进入生态文明新时代

张庆杰研究员通过分析中国生态环境面临的严峻形势，梳理了生态文明思想的发展历程，最后构建了新常态下的生态文明建设。

我国生态环境保护面临严峻的形势，环境先天脆弱，65%以上的国土面积是山地丘陵，1/3 的国土面积是干旱或荒漠地区，17%的面积构成了“世界屋脊”，陆域国土面积的 40%存在水土流失问题，海拔是世界平均的 1.77 倍。资源约束趋紧、环境污染严重、生态系统退化、发展与人口资源环境之间的矛盾日益突出，已成为经济社会可持续发展的重大瓶颈制约。

生态文明的概念最早是在 1984 年由国际学术界提出，1987 年我国生态学家叶谦吉提

出相关概念：将生态文明作为保持人与自然和谐关系的一种新思考。1995年罗伊·莫里森《生态民主》中将生态文明看作工业文明之后的文明形式。20世纪80年代，习近平在正定、宁德主持工作期间，已经初步形成并运用生态平衡的思想指导实际工作。2003年在主持浙江工作期间，习近平同志初步形成了以绿色为基调的生态文明思想，体现为以人为本、人与自然和谐为核心的生态理念和以绿色为导向的生态发展观。习总书记主持起草十八大报告，将生态文明建设提升为党的执政方针，指出生态文明的顶层设计要站在中华民族永续发展、人类文明发展的高度，提出了人与自然构成“生命共同体”的思想。

新常态下的生态文明建设构建8个方面的制度体系。即自然资源资产产权制度、国土空间开发保护制度、空间规划体系、资源总量管理和全面节约制度、资源有偿使用和生态补偿制度、环境治理体系、环境治理与生态保护的市场体系和生态文明绩效评价考核与责任追究制度等。

✧ 张俊杰（昆山杜克大学，教授）：经济增长的环境影响

十九大报告提出，综合分析国际国内形势和我国发展条件，从2020年到21世纪中叶可以分两个阶段来安排。第一个阶段，从2020—2035年，在全面建成小康社会的基础上，再奋斗十五年，基本实现社会主义现代化。第二个阶段，从2035年到21世纪中叶，在基本实现现代化的基础上，再奋斗十五年，把我国建成富强、民主、文明、和谐、美丽的社会主义现代化强国。

可用经济与环境的权衡关系建模来计算经济增长的环境影响，预测既定政策下未来的环境状况，评估已有环境政策能否达到既定的目标。基于结构的假设，可采用规划模型、可计算的一般均衡模型；基于可观测的数据可采用计量经济学方法。

经济学视角的“两山论”，广义的金山银山，可看作经济学中的社会总资本；狭义的“金山银山”可视为经济学中的人造资本，即建筑、道路、机器、硬件等。社会总资本（“金山银山”）用经济学的视角来说相当于人造资本、人力资本（经济、知识、制度等）、自然资本（生态多样性、环境容量等）三者的总和。因此研究经济与环境权衡关系仍然具有重要的现实意义，可预测基准情形是否能够达到既定的环境目标，并评估以往政策的效果（在实验或准实验场景确实的条件下）。以GDP衡量社会福利不能满足“两山论”的要求，今后的研究要改进经济增长的衡量指标。

3 平行分会场专家报告

3.1 平行分会一：“两山论”理论与探索

✧ 毛显强（北京师范大学，教授）：以“两山论”指导中国经济转型升级发展：兼论强力治污减碳的经济影响

毛显强指出，中国经济出现增速放缓、增长动力更为多元、经济结构优化升级等新常态，使“绿水青山”向“金山银山”转化有了切实依托。环境保护是维护公平市场竞争和正常经济秩序的重要手段：通过严格执法，提高企业环保成本，筛选、淘汰低效企业；将

被“锁定”的土地、劳动力、资本等生产要素解放出来，并向效率更高的部门转移；减少散乱企业无序竞争，提高产业集中度，提高大中型企业、合规守法企业的竞争力；倒逼企业提高生产效率、治理水平。

毛显强研究了治霾、控碳的目标约束下宏观经济转型路径，对“十一五”的减污路径进行了分析，得出环境问题光靠能源政策、环境政策不够，需要经济政策同时发力的结论。另外，根据“十三五”大气治理目标、中国在NDC碳排放的承诺等控制目标，用CGE等模型预测中国经济会受到什么样的影响，得出的结论是经济增长不一定会下降，结构会变得更优，钢铁、水泥、炼焦等行业缩减，金融、计算机、信息等行业扩张，劳动力发生转移。二氧化硫、$PM_{2.5}$、VOC等污染物排放量下降，预计二氧化氮达标在2020年。

取缔“散乱污”是加快淘汰落后产能，从源头治污的重要举措；严格环保执法是维护公平市场竞争和正常经济秩序的利器；环境保护是实现生产要素合理流动的新动力。

✧ 秦昌波（环境保护部环境规划院，副研究员）：“两山”理论与实践探索

秦昌波从“两山”理论发展脉络、理论内涵与外延、“两山”实现机制三个方面阐述了“两山”理论与实践探索。从2003年在浙江的理论初探，到2017年十九大将增强“绿水青山就是金山银山的意识”写入了党章。“两山论”是习近平生态文明建设战略思想的重要组成部分，指明了马克思主义生态自然观下人类生存、发展的前提基础与价值归宿的关系，与不同发展阶段紧密相关的唯物主义史观，是“创新、协调、绿色、开放、共享”五大发展理念的基石，体现了“生产力”发展的历史逻辑，充分体现为人民服务宗旨的民生关切。绿水青山关乎文明兴衰，是国家可持续发展的基石。以绿水青山为代表的良好生态环境已经成为人民对美好生活需要的重要内容，保护生态环境就是保护生产力，改善生态环境就是提升竞争力，就能源源不断地带来金山银山。

守好生态家底，保护绿水青山是“两山”实现机制的根本，要划定环境质量底线、生态保护红线、资源消耗上线与准入清单来调控开发行为。构建绿水青山与金山银山的转化机制是“两山”实现机制的核心，经济社会发展基础与生态资源环境基础是“两山”建设的两个重要基础，要实现相互支撑、相互补充、相互转化。从以下几个方面来推进“两山”理论的实现：

（1）要用严格的制度保护绿水青山。包括健全全国生态环境监测网络建设方案；分级出台各级党委、政府及其相关部门的环境保护责任清单；完善环保督查制度，实施督察巡视、监督检查与环境监察；推进领导干部自然资产离任审计，健全党政领导干部生态环境损害责任追究机制；建立体现生态文明要求的目标体系、考核办法、奖惩机制。

（2）推动落实企业主体责任。健全环保信用评价、信息强制性披露、严惩重罚等制度，加快建立环境保护“守信激励、失信惩戒”长效机制。推行环境警察，实行强制环境污染责任保险，全面实施生态环境损害赔偿制度，力争行政执法、环境司法、经济赔偿三者并用，加快建立健全环境法律责任体系和终身追究制度，使企业守法成为常态。

（3）推动公众参与。履行自身环保责任，扩大信息公开，完善环境公益诉讼，健全公

众舆论监督。

（4）构建"绿水青山"生态支付体系。包括建立体现市场价值的"绿水青山"生态支付体系，把"绿水青山"作为第四产业经营；加快建立体现生态价值、代际补偿的资源有偿使用制度和生态环境补偿制度；加大对重点生态功能区的转移支付力度，建立跨省域的生态受益地区和保护地区、流域上游与下游的横向补偿机制。

✧ 张伟（济南大学绿色发展研究院院长、教授）：绿色信贷绩效、供给悖论及机制创新探讨

张伟提出，绿色信贷对绿色经济发展具有明显的促进作用，但绿色信贷目前又存在供给不足的问题。中国绿色信贷和污染排放之间存在长期动态均衡关系，绿色信贷对环境污染治理明显具有正向积极作用。中国目前亟须完善绿色信贷供给机制，大力发展绿色信贷。但是目前存在绿色信贷供给悖论，表明绿色信贷现行供给机制存在一定的缺陷，包括公共服务商业化悖论与内部驱动机制空缺、顶层设计碎片化悖论与外部诱导机制空缺。要解决这一问题，一方面需要政府提供必要的担保和补贴，同时鼓励银行业引进先进技术和大力吸引高层次专业人才；另一方面需要加强顶层设计，包括建立健全支持绿色信贷发展的法律体系、完善支持绿色信贷发展的激励约束机制、完善支持绿色信贷发展的部门协作机制等。

关于完善绿色信贷供给机制的政策建议有：一是建立健全绿色信贷等的法律体系；二是引导商业银行经营者重视绿色信贷；三是完善绿色信贷的激励约束机制；四是加强绿色信息共享平台建设和多部门合作制度建设；五是组建高水平的专业技术人才队伍，加强绿色信贷产品创新；六是加强贷款绿色风险的信息披露和审查。

关于设立绿色专业银行的政策建议：一是通过分拆国有大银行或由国有大银行组建子公司的方式设立，二是通过对中国清洁发展机制基金进行改建的方式设立，三是通过由财政发起、各大企业自愿出资的方式设立，四是由民营企业自行发起设立。绿色银行的简历需要制定相关规则，明确绿色专业银行只为商业银行不愿意支持的项目提供服务，防止绿色专业银行与商业银行产生无序竞争。构建出资者定期补充资本金制度，允许绿色专业银行发行由财政担保的绿色债券，为绿色专业银行建立中长期的资金来源渠道。借鉴 GIB 民营化的经验，条件成熟时在确保绿色专业银行经营方向不变的前提下，将国有绿色专业银行出售给民间资本或境外财团，实现绿色专业银行国有资本的适时退出。

发展绿色信用担保的政策建议：第一，由财政建立政策性绿色担保基金和绿色担保采购基金的出资制度，建立稳定的财政资金来源渠道。并在国有企业自愿的基础上，联合国有企业共同出资设立政策性绿色担保基金和绿色担保采购基金，积极引导民间资本或境外资本设立商业性绿色担保基金，这样既可达到发展绿色信用担保的目的，又不会过多增加财政支出。第二，政府需要对绿色担保基金给予财政注资、税收减免、风险补偿等政策支持。特别是在风险补偿方面，需要加大力度，使绿色担保基金遭受的业务损失能够得到应有的补偿。在风险承担方面，也要进行制度设计，改变贷款风险目前由担保机构独家承担

的做法，让商业银行与绿色担保基金共同承担风险。第三，需要完善绿色无形资产评估的准则体系和制度。第四，积极发展绿色无形资产交易市场，增强绿色担保基金的变现能力。第五，有必要尽快出台《绿色担保基金条例》、《绿色无形资产交易条例》和《绿色担保采购条例》，发挥法律对绿色信用担保的促进作用，鼓励和规范绿色信用担保。

✧ 李忠（国家发改委国土开发与地区经济研究所，主任）推进绿色发展，建立健全绿色低碳循环发展的经济体系

李忠指出，推进绿色发展、建立健全绿色低碳循环发展的经济体系，是从源头上减少资源消耗、污染排放和生态破坏的治本之策，是保住绿水青山、将绿色青山变成金山银山的实现路径，是实现建设美国中国目标的重要手段。绿色低碳循环发展要建立健全绿色空间治理体系、绿色产业体系、绿色消费体系、绿色能源体系、绿色技术创新体系、绿色金融体系。

绿色空间治理体系是推进国家治理体系和治理能力现代化的重要内容。李忠提出了我国空间性规划现状及存在的问题，空间性规划存在交叉重叠、衔接不够、相互打架，规划权威性不够、实施管控不力等问题。地方规划朝令夕改等，影响了国家空间治理效率，不利于经济社会持续健康发展。应遵循国土开发与承载能力相匹配、集聚开发与均衡发展相协调、分类保护与综合整治相促进、资源节约与环境友好相统一的理念和方法，健全国土空间用途管制制度，优化空间组织和结构布局，提高发展质量和资源利用效率，形成可持续发展的美丽国土空间。

建立绿色产业体系，推进生产方式绿色化。发展资源节约、环境友好的现代服务业；发展先进制造业，智能制造、工业互联网设施建设等；发展生态农业，提升有机、绿色、无公害农产品供给能力。李忠介绍了煤化工、种植业、养殖业、林果业、物流业等典型产业的循环产业链。

建立绿色消费体系。推进生活方式的绿色化，树立绿色消费理念，倡导简约适度、绿色低碳的生活方式。鼓励节约消费、适度消费。反对奢侈浪费和不合理消费，使绿色消费成为每一个公民的责任；完善绿色建筑标准及认证体系，推广绿色建筑；完善城市公共交通服务体系，改善步行、自行车出行条件，鼓励绿色出行；创建节约型机关、绿色家庭、绿色学校、绿色社区；鼓励使用节能环保、绿色标志产品，引导企业打造绿色供应链。提高节能与新能源汽车、高能效家电、节水型器具等绿色产品的市场占有率。强化政府绿色采购制度，制定绿色产品采购目录，倡导非政府机构、企业、社会公众实行绿色采购。

构建绿色能源体系。紧跟世界能源技术进步和产业变革新趋势，推进能源生产和消费革命，构建清洁低碳、安全高效的能源体系。

构建绿色技术创新体系。在创新驱动发展中，面向市场需求促进绿色技术的研发、转化、推广，用绿色技术改造形成绿色经济。

构建绿色金融体系。积极发展绿色信贷、绿色债券、绿色基金等，推进金融更好地服务于实体经济的绿色转型。

◇ 夏汝红（衢州市环境保护局，局长）："绿水青山就是金山银山"理论的衢州实践

夏汝红介绍了"两山"理论在衢州的实践，一是把生态作为衢州发展的最大优势和区域核心竞争力，全面落实浙江省主体功能区规划和环境功能区划，加强生态环境保护和修复力度，狠抓环境治理，确保生态环境持续改善，更好地筑牢钱江源头生态屏障。二是以绿色发展理念为导向，充分发挥资源禀赋优势，不懈追求"绿色 GDP"，让绿水青山源源不断地带来金山银山，努力成为全省新的经济增长点。三是建设现代田园城市，将城市、山水、田园、生态环境相融合，规划、建设、管理一起抓，加快新型城镇化步伐。四是以国家公园体制改革为引领，不断创新生态文明建设体制机制，为"两山"实践提供制度保障。

衢州从实际出发，坚持问题导向，把补短板和扩优势相结合，在创新国家公园体制、主体功能区建设机制等方面大胆创新、先行先试，在生态文明建设体制机制上取得新的突破，激发了发展活力，释放了改革红利。同时，坚持因地制宜、特色发展，充分发挥资源禀赋优势，促进自然资源资产增量提质，做好"生态+""旅游+""互联网+"文章，让绿水青山源源不断地带来金山银山，让老百姓腰包鼓起来、日子好起来，在生态建设中有更多的获得感和幸福感。

践行"两山"重要思想，关键就是要通过体制机制的创新，打开"绿水青山"向"金山银山"转化的通道。实践证明，转型升级系列组合拳，以百姓呼声为导向，以改善环境为宗旨，以倒逼产业转型升级为目标，既扩投资又促转型，既优环境更惠民生，治出了转型升级新天地、生态环境新篇章和城乡面貌新景象，是推动绿色发展的好载体。"两山"重要思想把生态纳入民生范畴，贯穿了以人民为中心的工作导向。人的发展，是绿色发展的初心，也是核心。践行"两山"重要思想，必须充分依靠和发动群众，凝聚最广泛的共识，汇集最强大的合力，形成共建共享的格局。

◇ 田淑英（安徽大学经济学院，教授）："两山论"的理论内涵、实现路径与财政作为

田淑英指出，践行"两山论"的路径，要发展林业生态经济。从资本劳动产出率、劳动产出率、资源产出率、科技进步贡献率、提高制度效率这五个方面来寻找林业生态经济发展路径。财政对林业生态经济发展的影响有三个关注点：一是政府与市场的分工，市场是否在自然配置中发挥着决定性作用，林业是公共品，公共品的供给中存在"免费搭车"和边际成本为零的特点。二是激励市场主体行为的财政作为，财政作为有财政补贴、收费、税收优惠、资源税等方式，通过财政政策导向推动全社会树立自然价值和自然资本的理念，同时在构建反映市场供求和资源稀缺程度，体现自然价值和代际补偿使用中发挥基础和支柱作用。三是政府直接发挥作用的财政作为，通过对 1 000 多个样本调研发现产权对林业发展的贡献度较高，而财政的贡献率并不高。

田淑英提出，根据林业生态经济发展的需求和横向比较发现财政投入是不够的，方式和结构有待进一步优化。但财政投入因多方权衡不可能过多投入林业发展，还需完善市场机制，提供资源资金保障。完善市场机制从这四个方面改进：林业生态经济的要素市场、

碳汇的交易机制、森林资源有偿使用制度、培育生态银行。激励市场主体行为的方面有：优化财政补贴的规模、税收优惠落到实处、森林资源加入税目、发行生态债券、培育林业特色小镇、完善制度建设。

✧ 邵帅（上海财经大学，教授）：工资扭曲与绿色技术进步——基于有偏技术进步的视角

邵帅介绍了我国劳动力市场普遍存在工资扭曲的现象，并提出了工资扭曲程度的加强会抑制绿色技术进步的观点。

基于工资扭曲会制约我国居民的消费能力和消费潜力，从而更进一步对我国生产效益产生了抑制效应，并从根本上会对我国经济产生不利的影响的背景，邵帅提出两个基本命题：一是绿色技术进步具有明显的路径依赖特征，二是工资扭曲负向影响绿色技术进步。

首先，通过构建工资扭曲对绿色技术进步影响的理论模型，提出工资扭曲程度的加强会抑制绿色技术进步的观点；其次，对工资扭曲的关键性指标进行测算，运用超越对数生产函数得到更加准确可靠的结果；再次，利用 Luenberger 生产率指标测算我国工业绿色技术进步的情况，从环境治理投入与产出双重角度构造了更加合理的环境规制强度度量指标，并对环境规制强度与绿色技术进步之间的非线性关系进行了稳健性检验。最后，采用 Arellano-Bond 检验以及两步系统广义矩估计方法对实证结果进行检验，检验结果显示工资扭曲最终会使技术进步偏向于污染型，因此工资扭曲抑制了绿色技术进步率的提升。

通过上述分析，得出如下结论：①中国工业部门整体的绿色技术进步大致呈现先降后升的态势；②工资扭曲程度和绿色技术进步存在显著的负相关关系；③环境规制强度对绿色技术进步产生积极的影响。基于结论分析，提出三点政策建议：一是健全以市场为主导的工资决定机制，同时不可忽视政府的辅助作用；二是适当提高环境规制强度，将环境成本内部化并通过市场机制治理环境污染问题；三是优化创新方向，维护行业竞争秩序，严禁盲目扩张。

✧ 苗壮（泰州学院，副教授）："工业煤烟"兼或"机动车尾气"——区域污染识别、绩效分解及治理策略

苗壮对"工业煤烟""机动车尾气"的污染类型进行了介绍，利用 Luenberger 全要素分解，为区域大气污染防治提供针对性建议。

首先，运用非径向的 SBM 方法，以加法结构的 Luenberger 指数分解作为基本分析思路，测算出 2006—2012 年中国 30 个省份大气环境无效率水平和全要素生产率变化，并进行要素和指标解析，重点关注工业二氧化硫和交通氮氧化物的影响；进一步拓展了 Luenberger 生产率测算方法，将全要素生产率变化从原有的相邻时期（相对）比较重构为样本最初期（绝对）比较的耦合形式，以寻求各区域相关要素和指标演化趋势的异同。

其次，通过构建大气环境全要素生产率分析框架，从单位排污量、环境无效率值、环境全要素生产率指数的要素分解、环境全要素生产率增长的指标分解、工业二氧化硫与交

通氮氧化物的技术进步演化趋势以及各地污染类型及治理策略六个方面进行分析，分析结果显示：①与工业排放相比，交通排放是当前中国各地区（特别是东部和中部地区）所面临的更严重的污染来源；②能源和环境要素的无效率值普遍较大，呈现“东南低、西北高”“由南向北依次提升”的区域分布与集聚现象；③在大气污染物作为环境约束的前提下，追求经济总量增长并不意味着全要素生产率的提升；④各要素的技术进步始终是全要素生产率增长的深层次驱动。

最后，根据以上分析，提出以下建议：①注重产业结构优化。各地区应首选发展能耗低、排放少的第三产业，以“调结构”替代“增总量”，进而减少化石能源消费并降低大气污染物排放；②完善工业减排监管。各级政府应加大对工业部门的监管力度，提升企业去污技术装置及水平，同时完善污染监控网络；③加强交通减排规制。各地方政府应在充分尊重民众意愿的基础上，结合本地实际情况，稳步推进强有力的交通规制措施；④转变能源使用观念。政府可逐步推行“更苛刻”的能耗标准，或采用“更严格”的排污标准，力争降低单位排污量；⑤保持技术进步趋势。各地在大力引进和推广节能与减排技术的同时，更应增强节能技术的自主研发能力，并采用“第三方治理”的模式引入高水准的环保企业，只有保持住技术进步趋势，才有可能带动技术效率进而获取生产率的稳步增长。

✧ 段海燕（吉林大学，副教授）：峰值视角下工业能源消费碳排放控制路径研究——以吉林省为例

段海燕以吉林省为例，运用拓展的 STIRPAT 模型，预测基准情景、节能情景、节能-低碳情景、低碳情景下工业能源消费碳排放峰值，探析了峰值视角下工业能源消费碳排放控制的主要路径。

化石能源消费碳排放是全球温室气体的主要来源，工业、建筑业及交通运输业是能源消费碳排放的主要领域，有效控制工业能源消费碳排放成为区域碳排放达峰的关键。国际上，2015 年《巴黎协定》要求各国在限定时间内通报 2050 年低碳发展长期战略，不仅要求发达国家实现绝对减排目标，而且鼓励发展中国家根据国情逐步实现绝对减排目标。在国内，我国提出到 2030 年前后实现碳排放达峰。

首先，基于上述国内外研究背景，运用拓展的 STIRPAT 模型，进行基准情景、节能情景、节能-低碳情景和低碳情景模拟，得出吉林省工业能源碳排放峰值时间和对应的碳排放峰值大小。其次，利用控制变量方法，改变不同情景下各种影响因素的变化速率，以峰值出现的时间和峰值大小为参照，定量分析各影响因素对峰值的驱动程度和驱动方向。模拟结果表明，工业能源消费碳排放系数对峰值大小的影响最为显著，工业化率次之，经济发展、城市化率、工业能源强度、可再生能源占比贡献度相差不大。

通过上述分析，得出以下结论：①在前期研究的基础上，进行基准情景、节能情景、节能-低碳情景和低碳情景模拟，得出吉林省工业能源碳排放峰值时间和对应的碳排放峰值大小。其中，节能-低碳情景为最优情景。②分析结果表明，工业能源消费结构、工业能源

强度和可再生能源占比是减碳因素，其余是增碳因素。六种影响因素均对峰值大小有影响；峰值时间仅受工业能源消费碳排放系数、工业化率的影响。③通过大力发展洁煤技术、低碳技术等降低工业能源消费碳排放系数，以降低单位能源消耗碳排放量，在稳定经济发展的前提下，调整优化行业结构，合理控制工业化增长速度为工业能源消费碳排放较好的控制途径。

✧ 吴施美（中国人民大学，博士）：财政收支结构与环境污染水平

吴施美认为“环境库兹涅茨曲线”以人均 GDP 差异解释环境质量差异，忽略了政府行为对环境质量的作用，基于此，她从政府行为视角解释了影响环境质量差异的因素，构建了财政预支结构和环境污染水平之间的关系。

首先从利维坦政府的收入最大化目标入手，建立理论模型将预算结构和政府控制污染程度之间的关系标准化，由此提出三个假设：其一，经济体由制造业部门、地产业部门、医疗部门和一个利维坦政府组成；其二，利维坦政府的目标是财政盈余最大化，但受到已有预算结构的限制；其三，假定经济体内政府唯一可用的政策工具是环境政策，政府能够自如地控制污染程度，并利用这一工具来实现目标。

综合预算结构和政府控制环境污染行为之间的相互作用，当政府致力于将控制污染的努力程度维持在最优水平时，得到如下三个结论：①商业税收入占财政收入的比例越高，政府保护环境的激励越弱。②财产税收入占财政收入的比例越高，政府保护环境的激励越强。③让政府负责全部的医疗卫生支出将会给其一个很强的激励保护环境。

其次，以中国地级市数据作为混合截面数据对假说进行实证检验，采用多种回归方法对问题进行分析，运用东中西部虚拟变量的方法，控制了误差项中可能存在的地区影响因素，用聚类分析方法控制了省区因素对环境污染物排放量的影响，由回归结果可知，财政预算结构对工业二氧化硫和工业烟尘排放量有显著影响。

通过上述分析，得出结论：①财政预算结构对地区环境质量有显著影响，商业税收比例提高会导致环境质量下降，财产税收比例和公共医疗卫生支出比例的提高会使得地区环境质量提高；②我国大部分城市均未达到环境质量的拐点，2007 年，约 90%地级市经济发展水平未达到拐点，假设拐点不变，到 2012 年仍有 50%～70%的地级市经济发展水平未达到拐点；③改善政府财政预算结构应成为改善环境质量的重要手段。

✧ 江沂璟（成都市环境保护科学研究院，工程师）：成都市企业环境信用评价体系建设实践与思考

江沂璟首先回顾了成都市企业环境信用评价体系建设，通过介绍评价技术方法和分析历年评价结果，指出了评价工作中存在的主要问题，最后对完善成都市企业环境信用评价体系给出了建议。

四川省企业环境信用评价工作分为三个阶段：初评阶段、复核申请阶段、终评阶段。评价指标体系包括污染防治、环境管理、社会监督三大类别下的 19 个具体指标，每项指标都被赋予具体的分值，企业根据综合评分结果分为四个等级：环保诚信企业、环保良好

企业、环保警示企业以及环保不良企业。

江沂璟对2014—2016年度评价，从参评企业数量、地区分布、管控类型、行业类别、评级等级、平均得分占比、污染源类型等不同方面进行全面分析，总体来看，成都市环保诚信和环保良好企业数量居多，但是与此同时，环保警示企业和环保不良企业占比也逐年增大。

成都市企业环境信用评价实践中的主要问题有：①认知度较低，缺乏主动参与积极性，数据缺乏共享互通，存在“部门信息私有化”“信息孤岛”等现象，造成缺失一定的界定标准；②评价信息、界定证据缺失，部分参评企业重视程度不高，在自评阶段存在填报失误、错误等问题；③部分评价指标及计分方法不合理，现行评价指标库稍显单一，存在“一刀切”问题，部分指标多采用定性评价的方法，其科学性、公平性欠缺，评价指标之间存在关联交叉；④评价系统有待改进，企业账户缺乏用户认证，数据操作无法定位到人，企业与环保部门无法直接对接，造成“评价—反馈—修复—归档”全周期评价工作机制的执行效果欠佳，评价系统只具备简单的查询功能，不能进行数据统计、筛选。

针对上述问题，提出如下建议：①加强政策宣传，提高社会知晓度；②加强评价系统平台建设与应用；③完善环境信用评价技术方法；④积极引入第三方评价主体；⑤加大评价过程社会互动参与；⑥建立完善的评价保障机制。

◇ 储成君（环境保护部环境规划院，助理研究员）：空气质量变化情况及影响因素异质性研究

储成君回顾了我国空气质量变化的情况，提出了我国空气质量变化的影响因素，通过对影响因素进行定量分析，提出了相关的政策建议。

首先，储成君对我国环境形势做出了整体的判断：环境质量在全国范围或平均水平上总体较好，某些特征污染物在部分时段、部分地区出现恶化。并以此展开，梳理了我国空气环境质量变化现状：①空气质量有所波动；②污染指标出现分化；③重点区域改善存在差异；④一些月份出现明显反弹；⑤个别省份目标完成压力大。

针对上述变化，提出了以下几个因素：一是经济回暖导致污染排放增加；二是不利气象条件加大改善难度；三是环境治理存在薄弱环节；四是多因素叠加加大质量波动。然后，围绕空气质量、气象条件和经济运行三大类型，选取包括综合指数、$PM_{2.5}$、PM_{10}、SO_2、NO_2、通风强度A值、降水量、GDP、工业比重、单位GDP能耗以及市辖区人口密度11项主要指标，建立Panel Data不变参数模型分析对不同空气质量指标的影响。

根据上述分析结果，得出结论：①气象条件对空气质量影响存在差异，通风强度A值对$PM_{2.5}$、PM_{10}影响大，降水量对SO_2影响大；②经济运行对空气质量影响差别较大，GDP对NO_2影响大，工业比重均显著影响，其中SO_2影响最大；单位GDP能耗对SO_2影响大，人口密度对$PM_{2.5}$、PM_{10}影响大。与此同时，储成君提出以下几点建议：一是科学制定防控措施；二是优化空气质量考核；三是加强空间布局管理。

3.2 平行分会二：环境经济政策评估与实践

✧ 李立峰（上海市环境科学研究院低碳经济研究中心，工程师）：餐饮油烟第三方治理部分现状及建议——以上海为例

李立峰提出我国许多餐饮单位油烟较重且毗邻居民住宅，产生了“有中国特色”的油烟扰民问题。随着人们生活水平的提高以及餐饮业的迅速发展，餐饮业中的餐饮油烟问题越来越严重，在对环境污染治理中，关于餐饮油烟引发的环境污染问题越来越受到人们的重视，特别是对于城市中心来说，工业园区已经迁出城区中心，工业污染投诉已经不再是城区环保投诉的主要对象，而餐饮油烟环境问题的投诉占城区环保投诉的比重不断加大，占 30%～50%。

在餐饮油烟治理方面，李立峰提出餐饮油烟污染治理中除了从源头治理，更多的是依靠末端的治理，而对于末端治理，需要依靠更为广义、全过程的第三方治理。李立峰调研了上海市大小餐饮单位、第三方油烟净化和在线监控企业 60 多家，以及中环协、上海环保产品检验总站、上海餐饮行业协会、第三方油烟浓度检测机构等许多不同的单位。调研中发现上海餐饮油烟的治理主要是通过第三方治理，即主要包含委托专业企业或个人进行油烟净化及异味消除设施安装、维护的行为委托专业企业或个人进行油烟在线监控设施及平台安装、维护的行为等两种。

上海在处理餐饮油烟问题上的经验主要包括：①《上海市大气污染防治条例》对油烟净化规定更加细化；②油烟排放标准和净化效率要求更加严格；③政府环保部门牵头建立第三方治理管理机制；④净化设备企业探索建立全过程第三方治理模式；⑤企业实行净化设备租赁模式等。以上 5 条处理餐饮油烟的经验值得其他城市借鉴。

上海在餐饮油烟问题的处理中还出现了许多问题：在政府方面，油烟执法困难，部门间权责不清；在企业方面，清洗维保不到位、部分餐饮单位经济上难以负担、监测技术和处理技术不成熟；在市场方面，净化设备良莠不齐、低端不正规产品充斥市场等。针对以上问题，李立峰在餐饮油烟处理方面也给出了一些建议：以在线监控、投诉处置、随机抽查、信用体系作为油烟监管的四大抓手；以不扰民、不超标、勤维保为监管重点；制订循序渐进的低效净化设备更新计划；推广油烟排放在线/便携式监控；开展第三方治理效果评价，完善第三方治理企业信用体系；环保部门积极采购评估培训等第三方服务，充分发挥行业组织作用；向餐饮店主提供宣传引导服务；加强商业模式和管理模式创新。

✧ 石广明（湖南省环境保护科学研究院，副研究员）：长株潭工业主要大气污染物联防联控费用效果研究

石广明提出我国对跨界空气联合防治问题的关注主要体现在区域空气污染联防联控机制的研究上，于 2010 年正式提出建立区域空气污染联防联控机制以来，在三区十群的重点区域展开试点，利用计算机，结合大气污染物传输扩散矩阵和区域空气污染博弈模型进行环境管理分析，实现污染物减排费用最小化或者经济收益最大化。

长株潭是我国典型的冶金、化工、产业聚集区，在推动全国经济发展起到了重要作用，

同时也给环境带来了极大的压力，石广明介绍了长株潭的环境状况，将长株潭地区采用传输扩散矩阵的灭灯法进行情景设置，共 56 个情景，同时与污染减排成本函数计算手法相结合，统计工业电源、面源和机动车排放源，对工业源外的排放源设置 3 个减排情景，分别为工业源外的其他源控制 15%、45%、75%，即低、中、高三个情景，长株潭共削减一次 $PM_{2.5}$ 约 2.89 万 t，SO_2 约 6.88 万 t，NO_x 约 8.4 万 t。

通过对长株潭的调查，得出以下几个结论：在外源按比例控制的条件下，长株潭地区 $PM_{2.5}$ 主要前体物排放量能够进行优化分配，低、中、高三种不同情景都能够使得长株潭 $PM_{2.5}$ 浓度达标，而且本文的研究方法相比构建曲面相应模式具有时间段操作简单的优势；长株潭地区一次 $PM_{2.5}$ 排放容量为 2.76 万 t、SO_2 6.37 万 t、NO_x 6.5 万 t。此外，低、中、高情景下，长株潭地区 $PM_{2.5}$ 工业主要前体减排成本分别为 4.61 亿元、3.29 亿元、2.2 亿元。

未来长株潭地区实现 $PM_{2.5}$ 浓度达标除了自身大气污染物削减外，还需要与周边地区做好联动，建立跨省的大气联防联动机制，周边的 $PM_{2.5}$ 主要前体物减排至少在 38%。

✧ 胡诗朦（华东师范大学生态与环境科学学院，硕士）：上海市崇明区水资源价值核算及定价机制探索

胡诗朦指出，水资源是人类生存发展必需的自然资源，在维护生态系统稳定、推动经济社会发展等方面有着不可估量的作用，然而由于人们长期不正确地使用水资源的观念的存在，加剧了水资源浪费和水环境污染的现象。水资源价值的种类，主要包括政府定价的水资源税、市场定价的城市供排水价格、非政府非市场定价的各类生态系统服务价值。她指出对水资源的价值识别与核算是节约水资源、保护水环境的有效途径，主要针对水资源税偏低、水价制定不合理、非政府非市场定价结果差距较大等水资源管理中存在的问题，结合上海市崇明区的水资源状况深入探索水资源价值的定价者、定价机制。

胡诗朦根据调查分析了上海市崇明区的水资源现状、特点以及水资源存量方面：水资源现状、特点方面；在水资源实物量方面统计方面，主要通过水资源存量、直接水资源实物量、间接水资源实物量进行崇明区水资源的数据统计。

针对上海市崇明区水资源的状况，根据其定价者和定价机制的不同，对崇明区的水资源价值进行初步核算，主要分为政府定价、市场定价、非政府非市场定价，所谓政府定价简单地说就是通过水资源税；市场定价是制定城市供排水价格，通过自来水公司与政府监管合作；而对于非政府非市场定价，就是以科学家为主导针对难以定价的生态系统服务开展探索研究，如渔业产品、农产品和旅游、水质净化、气候调节、营养物质循环等自有的生态服务系统。胡诗朦认为三者之间的水资源量存在包含关系，市场定价的水资源量包含于政府定价的水资源量中，且二者同时包含于非政府非市场定价的水资源量中。

在定价者与定价方法的基础上的崇明水资源价值初步核算，主要通过影子价格法和替代工程法对崇明区水资源的价值进行核算，并且提出渔业产品、农产品的减产是水资源价值逐年递减的主要原因，政府需加强对农业的大力发展。

水资源价值评估和核算仍需进一步研究与发展，今后在对崇明水资源价值的研究中需持续收集相关数据资料，统一统计口径；加强对崇明小微水体的水量、水质监测并汇总分析；核算过程中充分考虑经济、社会、生态、文化等多种要素，从经济学、环境科学、生态学、社会学等多角度采取核算手段，综合分析水资源价值；对水资源价值进行逐年核算、逐年对比，结合水资源价值的年际变化形成水资源价值分析报告。

✧ 王智鹏（江西财经法学生态经济研究院，博士）：生猪养殖碳排放脱钩效应及其驱动因素分析——以江西省为例

王智鹏提出“十三五”规划将碳减排列为“十三五”重点工作，江西省作为我国十大生猪养殖主产区之一，每年因生猪养殖生产活动直接或间接产生的碳排放总量不容小觑。对致力于打造“生态明文建设示范区”和美丽中国“江西样板”的江西省而言，生猪养殖碳减排政策完善是建设文明、和谐、秀美江西的基本保证，是推动江西科学发展、绿色崛起的重点与关键，对于其他“生态文明示范区”建设具有重要的借鉴意义与参考价值。

通过对 2001—2015 年《江西统计年鉴》和各个市统计年鉴中的数据进行收集，运用三种方法对江西省的生猪养殖碳排放状况进行分析，首先运用生命周期评价方法（LCA）科学构建生猪养殖碳排放测算体系，对江西省 2000—2014 年生猪养殖碳排放量进行测算，发现江西省生猪养殖碳排放量总体呈现明显上升的趋势；其次，基于 Tapio 脱钩模型对江西省及其 11 个市历年生猪养殖碳排放变化与经济发展之间的脱钩关系进行探讨评价，生猪养殖碳排放与经济发展之间又有明显的阶段性特征，在 2000—2014 年江西省生猪养殖碳排放与经济发展之间的关系总体呈现弱脱钩，即生猪业保持经济正向增长，其增速快过生猪养殖碳排放增长速度，是一种相对理想的状态；最后，采用对数平均迪氏指数法（LMDI）对生猪养殖碳排放脱钩驱动因素进行分解分析，分析表明经济发展效应是江西省生猪养殖碳排放增长的主要驱动因素，意味着经济发展因素对江西省生猪养殖碳排放增加起着正向促进的作用。效应因素、结构因素和劳动力因素都在不同程度上抑制了江西省生猪养殖的碳排放，这三大因素有助于江西省生猪养殖碳排放量的降低。

结合前文的研究，针对江西省生猪养殖碳减排压力，可以通过以下几点进行完善：第一，鼓励技术创新；第二，优化产业结构；第三，加强从业人员培训；树立低碳生产意识；第四，制订长期碳减排计划。

✧ 李云燕（北京工业大学，教授）：秋冬雾霾重污染背景下京津冀区域环境监督检查机制探讨

李云燕指出 2017 年是《大气污染防治行动计划》第一阶段目标的收官之年，通过狠抓大气污染治理，京津冀雾霾问题有所减轻，但形势依然严峻，尤其是冬季雾霾严重频发。因此需要建立一个更加全面的区域环境监督检查机制。

在执法层面，李云燕指出，无论在区域层面，还是地方政府层面，我国现已颁布的大气防治政策法规数量比较多、条目健全，远远超过了英美空气重污染期间颁布的清洁空气法案，重点雾霾防治地区已出台的大气污染防治政策堪称“史上最严”，但空气总体质量

远未达到公众预期。她还提出执法和监督是长久以来大气污染治理的薄弱环节，大气污染防治缺乏严刑峻法的压力敦促，缺失翔实落地的文件方案。因此需加快建立严防严惩、权责分明的环境督查体系，完善群众信息上报渠道。

李云燕指出环境监督检查机制的建立应结合京津冀地区的不同阶段、季节雾霾污染特征，以及重霾发生前后空气质量的时间、空间变化特征，进而预测并设计环境监督检查方案，降低治霾政府支出及社会成本。中央环保督查反映的京津冀大气污染问题主要有以下几个方面：①扬尘污染防治不到位，排查遏制力度不足；②村级环保压力传导不到位，网格化管理不完善；③小散乱污企业排污问题突出，整改取缔不彻底；④劣质散煤管控、燃煤锅炉整治和燃煤散烧治理排查整改不彻底；⑤机动车污染突出，非道路移动机械污染防控不力；⑥企业自动监控设施不正常运行，甚至弄虚作假。

结合京津冀地区重霾天气的污染特征以及主要形成原因，构建区域环境监督检查机制建议以重霾爆发前的信息共享平台为基础，依托重霾爆发时的合作侦查手段，强化执法联动举措，严格执行雾霾爆发后的责任共担方案。将信息共享、合作侦查、执法联动、责任共担相结合探索构建一项贯穿重霾污染前后的责任落实机制。

针对京津冀环境监督检查的保障举措，主要有以下 9 种：①重视环境绩效考核，客观全面评价环保工作效果；②创新“五步法”环保督察管理思路，以点带面、点穴式整改推进整治工作；③加强燃煤管控督查，打好控煤攻坚战；④产业升级精准实施、全面攻坚，重视城乡接合部、背街小巷的环境整治工作；⑤做好环境风险防控，抓好环保设施专业化升级；⑥全面加大扬尘治理力度，形成部门合力；⑦强化环境监管执法，打好环境监管执法组合拳；⑧健全县域大气污染协同治理机制，严格环保督查问责；⑨加快推广完善排污许可证，稳固小散乱污企业整治成果。

✧ 吴悄然（南京大学，硕士）：秸秆还田政策的成本效益分析——以江苏省为例

吴悄然指出，近年来，随着中国农村基础设施的完善，秸秆已经不再是重要的生活燃料，秸秆的利用方式逐步实现资源化，秸秆资源化的方式主要是工业原料和秸秆还田，秸秆还田能增加土壤肥力，一定程度上可以实现农作物的增产，但是秸秆还田也会产生一些负面影响，如甲烷增排、虫害变多、秸秆发电原料缺少，江苏省是全国秸秆资源化利用较早发展的省份，对江苏省农户进行调研中，发现江苏秸秆还田率超过 78%，综合以上影响，吴悄然对秸秆回填率和秸秆资源化利用效率关系进行了探究。

吴悄然基于温室气体减排目标和物流成本最小的江苏省秸秆电厂进行优化布局，一方面是秸秆还田的货币化的环境效益，主要考虑固碳效益、甲烷增排影响、替代氮肥效益、产量变化影响进行货币化的环境效益分析；另一方面是通过考虑秸秆还田对秸秆电厂效益的影响进行效益分析；通过上述两种综合分析，发现秸秆还田会带来温室气体增排，并且还田率越高，增排越多；秸秆发电厂的净效益随着秸秆还田率的升高而降低；随着还田率升高，整个系统的净效益先增后减，在 60%左右达到最高。

随着秸秆还田率增高，温室气体大量增排，秸秆还田的净环境效益先增后减，秸秆发

电厂受到原料影响效益逐渐降低，整个秸秆还田系统的净效益呈现先增后减的趋势，秸秆资源化利用效率最高的情景是还田率60%，可产生7亿多美元的净效益。对于江苏省资源化产业布局来说60%的还田是一个比较适宜的比例，目前江苏省秸秆还田78%的状况已经影响了江苏省秸秆资源化利用的效益，因此各地区在实行秸秆还田政策时，要充分考虑资源化产业的影响，这样可以更好地实现资源化效益最大化。

◇ 魏微（成都市环境保护科学研究院，助理研究员）：成都市环境绩效评估应用研究

魏微采用驱动力—压力—状态—影响—响应模型，结合主题框架模型，构建了成都市环境绩效评估体系。该评估体系由环境健康、生态保护、环境治理、资源与能源可持续利用 4 个二级指标、11 个三级指标及 28 个四级指标构成。

魏微根据其确立的指标，采用目标渐进法、均权法、环境绩效指数法等评价方法，测算了 2011—2015 年成都市的综合环境绩效指数，并对各区（市）县的环境绩效水平进行对比分析，得出以下结论：①2011—2015 年成都市综合环境绩效表现良好，且总体呈上升趋势。②二级指标中生态保护指标绩效水平最差，且离目标水平差距很大。③三级指标中噪声、生态环境、环境管理指标绩效离目标水平存在很大的差距。④各地区之间的环境绩效水平差距很大，随时间的波动性也较大。各区（市）县应有针对性地采取措施，提高综合环境绩效水平。

研究构建了成都市环境绩效评估的指标体系及评估方法，对我国区域环境绩效评估体系的完善具有一定的借鉴意义。但由于部分基本数据及原始数据难以获取或缺失，导致一些本该用于反映成都市环境绩效的重要指标未纳入评估指标体系。因此，为使环境绩效评估结果更具科学性和导向性，各区域应建立一个数据共享中心，并在全市范围内建立统一的环境绩效评估体系，以不断完善环境绩效评估的指标体系。

◇ 吴文俊（环境保护部环境规划院，助理研究员）：水资源资产负债表编制——方法探索与实证研究

吴文俊提出了水资源存量及变动表的编制方法，并结合 N 县提供资料情况成功编制出 N 县 2012—2015 年水资源负债表。通过对 N 县水资源资产负债表的分析，得出以下结论：①从水资源账户看，N 县 2012—2015 年水资源存量分别为 2.472 亿 m^3、2.906 亿 m^3、2.787 亿 m^3 和 3.829 亿 m^3。从趋势看，N 县水资源存量（包括地表水存量与地下水存量）均呈现出增加的态势；表明该县水资源负债情况良好。②在水资源存量增加的各项来源中，降水形成的水资源量占比最大，其次是从区域内其他水体流入地表水量及废污水入河量。③在水资源存量减小的各项来源中，流向海洋的水资源量占比最大，其次是地下水流向区域内其他水体水量以及调出区域外水量。

在得出结论的同时，也发现了一些问题，例如，在计算降水所形成的地下水时，由于无法获取计算当年河川基流量计算结果，因此采用替代算法通过假定河川基流量与河川径流量比值恒定来进行计算；计算废污水入河量时，由于无法通过直接法进行计算，只能通过间接法通过经济社会用水回归量减去灌溉用水回归量再减去经处理设施处理后入河量

获得等。

党的十九大报告中提出，加强对生态文明建设的总体设计和组织领导，设立国有自然资源资产管理和自然生态监管机构，完善生态环境管理制度，统一行使全民所有自然资源资产所有者职责，统一行使所有国土空间用途管制和生态保护修复职责。由此可以看出，国家高度重视自然资源资产负债表编制，这是一件重要而紧迫的大事，需要加强监测、提高对自然资源资产负债表的认识，这将有利于实施领导干部自然资源离任审计、有利于引导资源环境保护与经济协调发展。

✧ 李亚丽（江西财经大学生态经济研究院，硕士）：基于 IUPCE 模型的江西省农业循环经济发展评价与障碍因素分析

李亚丽采用 IUPCE 概念模型及层次分析法构建农业循环经济发展水平的综合评价指标体系，其评价的主要内容包括两点：①运用熵值法确定指标权重，构建综合评价指标体系，对江西省农业循环经济的发展水平进行评价；②通过因子贡献度、指标偏离度和障碍度 3 个指标对农业循环经济发展障碍因素进行诊断

根据农业生产过程，运用其构建的综合评价指标体系，对 2000—2015 年江西省农业循环经济发展状况进行研究，并对农业生产过程中的障碍因素做实证分析，得出以下结论：①江西省农业循环经济发展水平在总体上呈现中高速增长趋势，年均增长率为 7.11%；②2000—2015 年，利用指标、产出指标、消费指标和效应指标水平在总体上都呈现出上升趋势，投入指标水平基本没有发生变化；③2000—2008 年阻碍江西省农业循环经济发展的主要因素是农业劳动力、农民人均纯收入、沼气池个数、森林覆盖率；在 2009—2015 年阻碍江西省农业循环经济发展的主要因素是化肥使用强度、复种指数、有效灌溉系数、农作物播种面积、农机总动力；④2000—2015 年，投入指标一直是阻碍江西省农业循环经济发展的主要障碍因素，且阻碍作用呈现出逐渐增大的趋势。

李亚丽从农业生产的投入—利用—产出—消费—效应环节，研究江西省农业循环经济的发展水平和障碍因素，并取得了一定的成果，得出了 2000—2015 年阻碍江西省农业循环经济发展的主要因素。但目前我国对农业循环经济的研究方法多种多样，不同的方法得出的结论是否存在较大的差别仍值得进一步探讨。

✧ 赵媛（西安交通大学，讲师）：“引汉济渭”受水区西安市居民支付意愿研究

以陕西省跨流域引水工程“引汉济渭”受水区典型城市西安为例，赵媛使用 MBDC 模型研究居民的 WTP 及影响 WTP 的因素，探讨西安市受水区居民 WTP 及其异质性特征。并同时应用 DBDC 方法，看两种方法估值的对应关系。

其主要调研方式为问卷调查，问卷调查以家户为单位，采用 MBDC 和 DBDC 两种引导方式进行研究，以行政区为第一层抽样，社区在行政区中随机抽出，最终在 21 个社区进行调研，共获得有效样本：566 份 DBDC，422 份 MBDC，其主要的调查问题有以下几类：水使用情况（水质、水量、水来源、使用行为、规避成本、水费），水的认识（水源、水价、是否关注），投标估值（估值、补充问题）以及人口社会变量（常规问题、

政党）等。

通过运用计量模型，如 DBDC 的 Cameron 支出差异模型，MBDC 的 Welsh-Poe 模型、Wang 两阶段模型得出结论。关于西安市对“引汉济渭工程”带来的水质水量提高的支付意愿情况如下，肯定愿意的支付意愿均值为 8.36 元，可能愿意的支付意愿为 14.39 元，不确定的支付意愿为 20.82 元。Wang 的二阶段方法得出支付意愿为 17.14 元。对于 DBDC 问卷，用 Cameron 的极大似然估计法得出西安支付意愿为 15.37 元。在影响支付意愿的因素方面，性别、年龄、党团员、节水习惯、循环用水和水质等变量是影响支付意愿的重要因素，居住年限、环境意识、停水次数等因素对支付意愿的影响不大。

从现阶段来说，大规模开展跨流域调水的工程是解决地方水量匮乏以及水质差的重要手段，在项目建设前，如何合理确定供水规模和水资源供给水平、根据受水区消费现状合理配置水资源；在项目硬件设施建设的同时，如何通过生态补偿机制矫正市场失灵，调整各方利益冲突，实现可持续发展，赵媛以西安市为例进行了一系列的探究并得出结论，为日后大规模跨流域调水工程建设前准备工作提供了参考。

✧ 席岑（中央财经大学，硕士）：上市公司负面环境事件的市场响应：市场差异与投资者关注

席岑对 2008—2016 年我国 A 股和 H 股交叉上市公司发生的环境事件，运用事件研究法对我国上市公司环境事件披露的市场反应进行了分析，并采用多元回归分析探讨环境事件披露市场反应的影响因素。

通过研究可以发现：整体上看，我国环境事件披露对股票市场造成的冲击弱于其他国家市场，相比来说，A 股市场比 H 股市场反应要迅速，但反应程度更小。其中，不同行业的投资者对于环境事件的反应差异较大，制造业投资者对环境事件信息披露的反应较大，采矿业仅有 H 股市场有显著的负向反应，而电力、热力、燃气及水生产和供应业两个市场都没有显著反应。而对于不同类型的公司，A 股市场央企和非央企的表现相似；H 股市场上，央企的负向反应则明显大于非央企。在市场反应影响因素上，投资者关注是两市场的共同影响因素，信息披露方、行业、公司类型、财务状况等因素也对市场的累计异常收益率有显著影响。

因此，席岑提出了以下三点建议：①建立明确的、有执行力的环境信息披露标准体系；②建立一个良好的环境信息披露平台；③需要更多绿色投资者的参与。

绿色金融作为一项创新性市场化制度安排，为推动经济绿色发展提供了新途径，并成为一项国家战略。席岑从投资者关注的视角分析负面环境事件市场响应的作用机制和影响因素，证明了强化重大环境事件信息临时披露的必要性，并从市场差异角度说明了内地市场落实强制性环境信息披露的可行性。

✧ 陆楠（环境保护部信息中心，高级工程师）：我国省级环保投资与区域环境质量效益的量化分析

针对当前我国经济改革形势和环境现状，陆楠提出以省份为尺度，通过数据分析与建模，量化评估我国 31 个省份在不同经济发展阶段环保投资的环境质量效益，主要包括：通过协整分析与时差相关分析提取各省份环保投资对环境质量的影响程度及时间相关性；通过曲线拟合明确在不同经济发展阶段何种环保投资比例能够满足人民生活的最低环境需求。

在对 31 个省份进行一系列分析研究后，得出以下三点结论：①在实际的环保投资过程中采取多种措施，优化投资结构，提高投资效率，推动环保投资结构的优化升级，充分发挥投资结构与投资效率的调节作用，推动环保投资综合效益的全面提升；②整体环境质量处于拐点峰值的时间可能相对较长，与环境质量全面改善还有较大的距离；③虽然环境保护投资总量较大，但环保投入占 GDP 的比例总体上来说还是偏低的，环保投入的力度还需要进一步持续加强，才能实现“多还旧账，不欠或少欠新账”，我国环保投资需求仍然巨大。

4 会议总结

本次学术年会共收到 40 余篇学术论文，经专家组评选，其中 5 篇论文获得大会优秀论文奖。中国环境科学学会环境经济学分会第四届委员会第一次全体大会同时召开，会议由第四届委员会主任委员葛察忠主持，会议通过并宣读了第四届主任委员和副主任委员名单。环境经济学分会秘书长董战峰代表环境经济学分会秘书处汇报了本年度分会开展的主要工作。参会委员就如何更好地推进环境经济学科发展，发挥分会的组织、协调、平台及其他服务职能，如何更好地开展学术交流与合作等进行了深入探讨。

此次会议很好地推动了国内环境经济政策研究与制定人员的对话和交流，为环境经济学科建设发展以及环境经济政策实践提供了一个很好的平台，对深入推动“两山论”与环境经济政策的创新与应用具有重要作用。

“两山论”理论探索与实践

- “绿水青山就是金山银山”的理论定位与内涵探析
- “两山论”对资本论生态思想的“承”与“继”
- “两山论”的哲学内涵及其对环境外部性的作用
- 从排污许可制度看“两山论”在国内的实践

"绿水青山就是金山银山"的理论定位与内涵探析

Analysis on the Location and Connotation of the Theory of "Lucid Waters and Lush mountains are invaluable assets"

杜艳春　王　倩　程翠云　葛察忠
（环境保护部环境规划院，北京 100012）

摘　要　"两山"理论萌生于实践，贯彻于行动，以补齐生态环境短板，顺应人民群众对优美生态环境的期待为出发点，以把绿水青山源源不断地转化为金山银山为落脚点，不断推进生态环境、生态经济、生态制度和生态文化的支撑体系建设，寻找适合区域自身的转化路径和模式，实现绿水青山和金山银山的相互支撑、相互补充、相互转化。

关键词　"两山"理论　定位　内涵　支撑

Abstract　The Theory of "lucid waters and Lush mountains are invaluable assets" is born in practice and carried out in action. The theory takes supplementing the ecological environment short plank and complying with the people who look for beautiful ecological environment as the starting point, makes lucid waters and Lush mountains flowing into sustainable development richer life as the foothold. Through continuously promoting the construction of the supporting system of ecological environment, eco-economy, eco-system and eco-culture, the transformation path suitable for the region itself can be found to realize the mutual support, complementarity and mutual transformation between the two mountains.

Keywords　The Theory of "Lucid Waters and Lush Mountains are Invaluable Assets", location, connotation, supporting systems

前言

"任何理论都不是凭空产生的，都有理论的源头，都有实践的基础，都有历史的背景，都有时代的主题。"[1] 2005 年 8 月，时任中共浙江省委书记的习近平，在浙江省安吉县天荒坪镇余村考察调研时，首次明确提出"绿水青山就是金山银山"的科学论断。此后，基于实践经验和国家环境管理的要求，习近平总书记对"两山"之间关系三个发展阶段进行了深刻总结，并于 2013 年提出了“既要绿水青山，也要金山银山。宁要绿水青山，不要金山银山，而且绿水青山就是金山银山”的思想论述体系。我们将“绿水青山就是金山银山”这一重要思想称为“两山”理论。十余年来，“两山”理论不仅在浙江大地开化结果，指导着绿色浙江、生态浙江和“两美浙江”建设[2]，而且已经在全国各地广泛推开，并作为执政理念写入中央文件，上升为治国理政的基本方略和重要国策。2015 年 3 月，《关于加快推进生态文明建设的意见》正式把“坚持绿水青山就是金山银山”写进中央文件。2017 年 9 月 21 日，环保部公布了首批全国 13 个“绿水青山就是金山银山”实践创新基地。2017 年 10 月 18 日，党的十九大报告指出“必须树立和践行绿水青山就是金山银山的理念”。

1 理论定位

“两山论”回答了什么是生态文明、怎样建设生态文明的一系列重大理论和实践问题，是生态文明理论的重要组成部分，体现了我国发展理念和发展方式的深刻变革，是推进生态文明建设，实现“两个一百年”奋斗目标和建设美丽中国的理论指南。

“两山论”的基石是中国特色社会主义生态文明。生态文明作为一种独立的文明形态，是一个具有丰富内涵的理论体系。同以往的农业文明、工业文明相比，有着明显的不同，即生态文明强调人与自然关联共生，强调人类在改造自然的同时必须尊重自然规律。党的十八大报告强调：“把生态文明建设放在突出地位，融入经济建设、政治建设、文化建设、社会建设各个方面和全过程。”这就意味着生态文明建设既与经济建设、政治建设、文化建设、社会建设相并列从而形成五大建设，又要在经济建设、政治建设、文化建设、社会建设过程中融入生态文明理念、观点、方法。党的十九大报告明确提出“建设生态文明是中华民族永续发展的千年大计”。“两山”理论运用人民群众易于理解的通俗语言和形象比喻深刻揭示了经济发展和生态环境保护的辩证统一关系，明确了经济社会发展的努力方向和最高境界，是中国特色社会主义生态文明的重要组成。

“两山”理论的出发点是要补齐生态环境短板，顺应人民群众对优美生态环境的期待。习近平总书记指出，与全面建成小康社会奋斗目标相比，与人民群众对美好生态环境的期盼相比，生态欠债依然很大，环境问题依然严峻。党的十九大报告提出“要在继续推动发展的基础上，着力解决好发展不平衡不充分问题，大力提升发展质量和效益，更好满足人民在经济、政治、文化、社会、生态等方面日益增长的需要”。“两山”理论是习近平在 21 世纪初面对浙江省空前的资源环境压力下提出的，出发点就是要解决损害群众健康的突出环境问题，摆脱对粗放型增长的依赖，让人民群众在经济发展中有更多的获得感与幸福感。党的十八大以来，习近平总书记对生态环境保护提出的一系列要求，归纳起来就是要顺应人民对良好生态环境的期待，正如他在 2014 年 APEC 欢迎宴会上致辞时所强调的，“希望蓝天常在、青山常在、绿水常在，让孩子们都生活在良好的生态环境之中，这也是中国梦中很重要的内容”。

“两山”理论的落脚点是要把绿水青山源源不断地转化为金山银山，实现中华民族的永续发展。2017 年 5 月 26 日，中央政治局进行第四十一次集体学习，习近平指出中华文明已延续了 5 000 多年，如何再延续 5 000 年直至实现永续发展？尊重自然、顺应自然、保护自然，就是习近平给出的答案，也是习近平对中华文化天人合一、和谐平衡思想的深刻理解。党的十九大报告指出“人与自然是生命共同体，人类必须尊重自然、顺应自然、保护自然”。“两山”理论，从根本上更新了我们关于自然资源无价的传统认识，打破了简单把发展与保护对立起来的思维束缚，就是要遵循人与自然和谐，实现发展和保护内在统一、相互促进和协调共生，源源不断地将生态环境优势转化为经济社会发展的优势，实现永续发展。

“两山”理论的核心要求是寻找到两座山的转化路径，走绿色发展的道路。生态环境的问题，往上追溯都是经济发展模式的问题。“两山”理论中，“绿水青山”和“金山银山”既有本质上的区别，又存在相互转化的可能，这种转化途径最为关键的就是发展模式的探寻。“两山”转化的发展模式，必然是要摒弃以往依赖规模粗放扩张、过多依赖高能耗高排放产业的发展模式，采用集约、高效、循环、可持续的发展方式开发利用自然资源、环境容量和生态要素，即实现绿色发展。只有通过绿色发展，才能实现绿水青山源源不断向金山银山转化，否则都是“竭泽而渔”式的暂时利益。同时，“绿水青山”持续不断地转化为“金山银山”需要良好的生态环境的支持，因此，兼顾生态环境的绿色发展成为满足人类社会发展需求的先决条件和必要途径，也是“两座山”转化的必然路径。

2 理论内涵

“绿水青山”的含义是能够提供优质生态产品和服务的生态环境。绿水青山中，青、绿表示明朗，让人看着舒服的颜色，绿水青山泛称美好山河，形容美丽的河山。一般来讲，绿水青山泛指自然环境中的自然资源，包括水、土地、森林、大气、化石能源以及由基本生态要素形成的各种生态系统。自然资源具有经济属性和生态属性，包括其数量和质量；经济属性表现为自然资源的使用功能，通过人类经济活动产生资源产品价值，如水资源开发利用后水资源作为生产生活资料，参与生产和消费的经济活动，具有较大的经济利用价值。生态属性表现为自然资源能够提供生态产品与服务，包括调蓄洪水、调节气候、土壤保护、养分循环、净化环境、维持生物多样性等，这些都是人类生存与发展的基础。[3]“两山”理论中，绿水青山所指的自然资源，应该是在一定的生态环境底线水平上的山与水，不是泛指区域内所有的山与水，也不是单指特别高品质的山与水，是相对比较基础上的绝对值的概念。概括来讲，只要是具有一定的竞争力、能够以绿色发展模式持续向金山银山转化的生态环境资源都是绿水青山，既可以是良好的生态环境质量，也可以为地方特色的自然资源，如习近平总书记提到的哈尔滨的雪。

“金山银山”的含义是经济收入以及与收入水平关联的民生福祉。不管是在农耕文明、工业文明，还是生态文明时代，对物质生活的追逐和对生活满足感的需求，一直是经济社会前进的直接动力，是人与自然关系中“人”的价值的体现。在“两山”理论及其实践中，金山银山是转化目标，也是绿色发展的目标，从狭义的角度理解，代表了经济增长或经济收入，从广义的角度讲，代表的是经济收入以及与收入水平关联的民生福祉。考虑到“两山”理论的出发点是要补齐生态环境短板，顺应人民群众对良好生态环境的期待，因此，我们认为，“两山”理论中，金山银山为广义的含义。同时，需要说明的是，考虑到生态环境治理的高投入、低效益和公益性，一定质量和数量的金山银山，也是进行环境综合治理，反哺绿水青山的基础和支撑。

“两山”理论中，“绿水青山”与“金山银山”之间存在兼顾、取舍和转化 3 种关系。在“两山”理论中，习近平关于“绿水青山”与“金山银山”关系的阐释，实际上是以通俗易懂的语言论述生态环境与经济发展的关系，既矛盾，又辩证统一。“既要绿水青山，又要金山银山”，强调经济发展与环境保护的兼顾，即既要保护好生态环境，又要发展好经济，二者构成一个有机整体，缺一不可。“宁要绿水青山，不要金山银山”，强调经济发展与环境保护的取舍，即在鱼和熊掌不可兼得的特定条件下一定要把生态环境保护放在优先位置，决不能以牺牲生态环境去换取一时的经济发展。“绿水青山就是金山银山”，是一种更深层次的内涵和境界，关键在于“就是”二字，还原了绿水青山本身的价值面貌，阐明了保护生态环境就是保护生产力、改善生态环境就是发展生产力的理念，揭示了从“经济人”到“理性经济人”的精神升华，揭示了“绿水青山就是金山银山”的转化驱动。

图 1 表征了“两山理论”指导下，不同经济发展和生态环境水平下的区域发展理念。第一象限和第四象限均为生态环境优良的地区，具有转化的生态环境基础，但经济发展水平不同；经济发展水平落后的地区，应严格秉持“绿水青山就是金山银山”的转化理念，遵循自然规律，积极探索建立有效的转化模式和通道，切勿在开发利用自然上走弯路；经

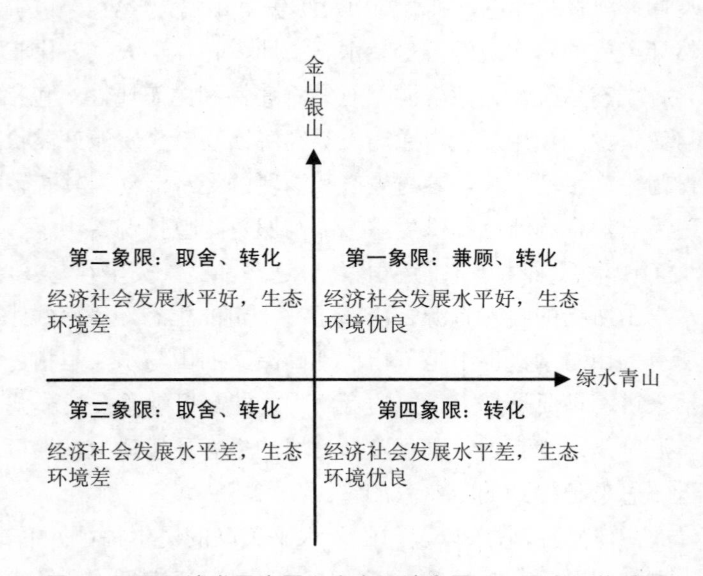

图 1　不同经济发展水平和生态环境水平下“两山”关系图

济发展水平好的地区，说明区域一定程度上已经实现了经济与环境的协调发展，可同时秉持兼顾、转化两种理念，做大做强绿水青山向金山银山的转化模式。第二象限和第三象限均为生态环境差的区域，不具有转化的生态环境基础，如果区域经济发展水平好，一定程度上说明以往经济的发展多是以牺牲生态环境为代价获得的，未来的发展应秉持取舍、转化理念，在保护环境的前提下，寻求有效的转化通道发展经济；如果区域经济发展水平也差，一般为扶贫攻坚等国家政策的重点关注区域，也应秉持取舍和转化两种理念，在保护绿水青山的前提下做大金山银山。

基于前述分析，"两山"理论的核心内涵是"青山金山同在、经济生态均强"，经济社会发展基础与生态资源环境基础是"两山"建设的两个重要基础，相互支撑、相互补充、相互转化。一方面，在经济社会前进的过程中，要时刻把握经济的生态化，既包括传统工业的绿色化和发展绿色产业，也包括消费绿色化，最终形成绿色的生产和生活方式，护好绿水青山；另一方面，在保护好生态资源环境家底的同时，要注重将生态环境优势转化为生态农业、生态工业、生态旅游等生态经济的优势，寻找绿水青山向金山银山的转化通道和路径，发现经济发展的内生动力，做大金山银山，即实现生态的经济化。而在实现生态经济化的过程中，通过财税制度（资源税、环境税、碳税等）、产权制度（水权、矿权、林权、捕渔权、用能权等自然资源产权）、补偿制度（生态补偿、循环补贴、低碳补助）等环境经济学手段，实现负外部性的内部化和正内部性的外部化，引导生态环境资源的价值回归与有偿使用，是盘活生态资产的前提和路径。

3 转化支撑

为实现绿水青山源源不断地转化为金山银山的"两山"建设目标，按照生态文明总体建设要求，"两山"理论支撑体系应涵盖生态环境、生态经济、生态制度和生态文化 4 个方面。

（1）夯实生态支撑，保护绿水青山。实施工业源、农村农业污染源、机动车污染源等的专项治理，建立精细化的水、大气等环境空间管控体系，分类防治土壤环境污染，完善环境风险防控和应急响应体系，维护环境质量底线，全面增强生态环境质量供给水平。坚持山水林田湖生命共同体理念，系统推进生态保护修复，划定并严守生态保护红线，实施生态保护红线管控制度，分类分区引导生态功能区发展，系统提升生态资源资产保障能力。

（2）发展生态经济，做大金山银山。以产业生态化为导向，完成从黑色发展向绿色发展的转变、从线性发展向循环发展的转变、从高碳发展向低碳发展的转变。注重将生态环境优势转化为生态农业、生态工业、生态旅游等生态经济的优势，寻找经济发展的内生动力。按照"两山"理论要求，培育一批适合生态功能保护区、美丽乡村、绿色城镇、特色休闲旅游、创新创业、生态治理经营、森林小镇建设等的典型模式，因地制宜推广创新。

（3）做好制度支撑，激活万水千山。构建产权清晰、多元参与、激励约束并重、系统完整的生态文明制度体系，利用市场机制，引导绿水青山自身价值的回归，促进"绿水青山就是金山银山”的实现。加强区域协作，从流域、省域乃至跨省区域尺度，建立协同保护与发展的协作机制，增进“绿水青山”保护的惠益共享。建立典型模式推广机制，最大限度地激发和调动各方积极性、主动性和创造性，共同推动“两山”实践进程。

（4）强化文化建设，共享绿水青山。深入发掘儒家文化、历史文化、山水文化等传统的生态文化资源，弘扬尊重自然、顺应自然、保护自然的生态文明理念。构建环境服务惠民体系，实施生态文化普及化战略，让生态价值、生态道德、生态习俗内化于心并外化于行。鼓励公众参与，加强环境教育，倡导绿色低碳的生活方式。

参考文献

[1] 习近平. 摆脱贫困[M]. 福州：福建人民出版社，1992.

[2] 沈满洪. “两山”重要思想的理论意蕴[N]. 浙江日报，2015-08-12（4）.

[3] 王金南，苏洁琼，万军. “绿水青山就是金山银山”的理论内涵及其实现机制创新[J]. 环境保护，2017，37（4）：1474-1482.

“两山论”对资本论生态思想的“承”与“继”

The “two mountains theory” of the “inheritance” and “succession” of ecological thought of Capital

耿　强[①]　邬嘉晟[②]
（1. 南京大学商学院；2. 贵州财经大学经济学院）

摘　要　“两山论”作为马克思生态经济思想中国化的最新成果，发轫于《资本论》中的生态经济思想，承袭了以人与自然物质交换为表象外因和以劳动异化、商品异化为抽象内因的理论逻辑，深刻挖掘了当下中国生态问题的根源，继而把单一的保护生态环境演化为在现代经济范畴、政治体制范畴、社会建设范畴集中在生态经济范畴上的辩证统一，并且提出了远超时代的解决思路，为解决生态问题贡献了卓越的中国智慧。

关键词　两山论　资本论　异化　哲学根源

Abstract　“Two mountains” theory as the latest achievements of the ecological economics thought of Marx China, originated in the “capital” in the idea of ecological economy, inherited with material of human and nature as the representation and exchange with external labor alienation and commodity alienation as abstract internal logic theory, explores the origin of contemporary China ecological problems, then to protect the ecological environment for the evolution of a single dialectical unity in the modern economic category, political system and social construction areas concentrated in the category of ecological economic areas, and proposes the solution far beyond the era, contributed China for excellent wisdom to solve ecological problems.

Keywords　two mountains theory, capital, alienation, philosophical origin

---

① 耿强，男，1978 年 2 月，南京大学商学院人口研究所所长，南京大学商学院经济增长研究中心执行主任，教授，研究方向：人口，资源环境经济学，转型与增长经济学。
通讯地址：南京市鼓楼区南京大学商学院（210093）。
② 邬嘉晟，男，1994 年 2 月，贵州财经大学经济学院，政治经济学硕士研究生。

1 “两山论”是对《资本论》哲学逻辑的“承接”

“两山论”是习近平总书记担任浙江省委书记时提出的理念，在近期纳扎尔巴耶夫大学谈到生态问题时他明确指出：“我们既要绿水青山，也要金山银山。宁要绿水青山，不要金山银山，而且绿水青山就是金山银山。”①习近平之“两山论”对资本论哲学逻辑的承接体现在通过三大阶段论对接认识论、社会形态论、唯物论，通过天地人和的传统智慧对接人与自然关系的哲学辩证，以及对商品异化哲学根源的对接。通过“三大对接”梳理了人与自然本质矛盾实质上是人与人的矛盾，并进一步延伸对接到《资本论》中商品异化的哲学根源。

1.1 三大阶段论对认识论、社会形态论、唯物论的“承接”

马克思的认识论、社会形态论、价值论交织在“两山”论中，需要我们辩证地挖掘。认识论上来看，“两山”论蕴含了实践中辩证认识的 3 个阶段：第一个阶段，用青山换金山，不考虑或者很少考虑环境的承载能力，一味地索取资源。在这一阶段中人类认识水平有限，与这一阶段所对应的社会形态是人与自然关系的高度依赖。第二个阶段，“既要金山银山，也要保住绿水青山，这时候经济发展和资源匮乏、环境恶化之间的矛盾开始凸显，人们开始认识到环境是人们生存发展的根本。”②与此对应的社会形态是人与自然的异化。这是由于随着科技的发展，人类改造自然、利用自然的能力加强，对自然的认知范围不断外扩势必使得人类受制于拜物教。由于受到时代的局限，人们往往只能片面地认识环境对人类社会的重要性。第三个阶段，山青水绿可以不断地换来金银，青山绿水就是银山金山，绿色经济越来越走向大众，形成了天人合一的和谐关系。与之对应的社会形态是人与自然相融合的阶段，此时人的价值得到了充分的实现，人自由全面地发展已经使得人类从必然王国走向了自由王国。人类社会和自然界迈向一个崭新的阶段。

物质资源本身没有价值，但是有使用价值。只有经过对象化的人类劳动作用，满足交换条件的产品，才拥有价值，才可以换取“金山银山”。而对象化的自然界集合便是人化自然即“绿水青山”，其总的历史便构成了人类的历史。马克思从附着在商品二重性上的劳动二重性出发，做出了历史是自然史与社会史的内在统一，即是唯物史观。“两山论”深刻地集中了马克思唯物史观这一瑰宝，将自然史和社会史的辩证统一赋予了新的内涵，即“绿水青山就是金山银山”。

1.2 传统智慧对人与自然关系理论内核的“承接”

中华浩浩五千年，儒释道教皆有言。儒家“能行五者（恭、宽、信、敏、惠）于天下，为仁矣”，佛家的“众生净则国土净”，道家的“无为而治”，把行天下靠的仁、爱天下靠的净、治天下靠的道，运用到生态经济上，就是告诫我们在向自然索取时要做到度的把握，

---

① 习近平在哈萨克斯坦纳扎尔巴耶夫大学发表重要演讲[N]. 人民日报，2013-09-08（1）.

② 裴冠雄. “两山论”：生态文化的内核及其重要作用[J]. 观察与思考，2015（12）：49-53.

把爱推向万物。而习近平所说的："山水林田湖是一个生命共同体，人的命脉在田，田的命脉在水，水的命脉在山，山的命脉在土，土的命脉在树。"[①]这一经典论断，不仅内在包容了我们传统的"仁、净、无"的思想，而且在承接资本论中人与自然关系的理论内核上，实现了对传统智慧的超越。

"两山论"正是在依托人与自然关系理论内核的基础上，才内在地包含了人与人、人与社会的关系。人类为了自身生存和发展必然要获取物质的使用价值，就必然要与自然发生交换，充当人与自然之间物质变换的桥梁和纽带的就是劳动。正如马克思在《资本论》中所说："只要承认某种产品的效应，劳动就是它的源泉。"[②]"劳动是财富之父，土地是财富之母"。[③]人从自然中获取必需的物质资料必然产生对自然的依赖，同理自然对人类社会亦存在限制。其中的人与社会、人与自然的紧密关系就体现为人类社会与自然界新陈代谢的相互作用：一方面，自然条件的差异决定着人对自然的依赖程度，而人与自然关系的变化也必然影响人与人类社会关系的变化；另一方面，人对自然的索取程度反作用于自然对人的异化程度，即人与人的社会关系的变化又一定会产生对人与自然的关系的限制。人是所有要素的核心，实现人与自然的动态平衡，这是中华传统文明的要义所在。

1.3 劳动异化、商品异化和自然异化的逻辑根源的"承接"

"两山论"能够代表马克思主义中国化在生态思想方面的最新成果，本质是由于其遵循资本论哲学逻辑的思想根源，是承认由劳动异化到商品异化再到自然异化，这一资本是腐蚀自然的元凶。最终，自然的异化客观上又为人与自然相融合的最终阶段提供了事实依据。

"资本腐蚀自然"首先作用于劳动的异化。劳动二重性使得劳动者和产品分开，之后是劳动者的劳动和社会的劳动对立，最后是劳动力商品的出现，演变为资本家和工人的对立。诚如马克思所言："资本主义生产方式使劳动条件和劳动产品具有的与工人相独立、相异化的形态。"[④]所以我们认识商品异化，要从劳动力成为特殊商品，资本家无偿占用工人剩余劳动开始，就是要从生态关系和社会关系两方面全面认识商品开始。资本家就是资本的人格化，"两山论"告诫我们不能做资本的奴隶，成为资本的拜物教者只能是沦为生态的罪人。

"两山论"正是由于继承了分析劳动和商品的异化的哲学奠基，才内含了生态问题的实质就是人与自然异化。资本无节制地索要和掠夺环境资源，用绿水青山来去换取金山银山，正像马克思说的那样："他的任何一种感觉不仅不再以人的方式存在，而且不再以非人的方式因而甚至不再以动物的方式存在。[⑤]人们正沉醉于对自然的胜利之中，要知道"金山银山换不来绿水青山"，只满足于对自然的当前胜利，而忽视生态危机的出现时，人与

---

① 习近平. 之江新语[M]. 杭州：浙江人民出版社，2007.

② 马克思恩格斯全集（第45卷）[M]. 北京：人民出版社，1975.

③ 马克思. 资本论（第1卷）[M]. 北京：人民出版社，2004.

④ 同上.

⑤ 马克思恩格斯文集（第1卷）[M]. 北京：人民出版社，2009.

自然的“战争”危机也就不可避免了。

异化究其本质就是资本家对工人的剥削，是资本对人性的漠视。中国特色生态经济思想的最新成果，就是建立在斩断这条“资本链条”，达到社会化的个人和自由的生产者的完美结合，最终实现自由人联合体（共产主义）的归宿。

2 “两山论”是对《资本论》时代生命的“继进”

“承”是“继”的前提，任何智慧只有在承接优良传统的同时才能得到发展；“继”是“承”的扬弃，任何作品都有时代的局限，可我们不能裹足不前，只有“站着巨人的肩膀上，坐在时代的航船中”的人，才能更好地发展资本论的生态经济思想，用理论武器造福人民。“两山论”赋予了资本论鲜活的时代土壤，将生态、经济、政治、社会融合为具有统一性的有机体，辩证地解读了“生态经济是什么、为什么、怎么样？”的问题，教会我们如何从宏观上具体把握，从这个意义上看，它又是促进和加速中国特色生态经济发展的催化剂。

2.1 从绿色经济学范畴延伸资本论生态思想的脉络

“两山论”通过对《资本论》中有关人与自然辩证关系的解读，让我们可以从绿色经济学范畴不断突破马克思所在时代的局限。现代社会人与人、人与自然的紧密程度大大超出了马克思所在那个时代的预想，这种突破也衍生出以“两山论”为代表的马克思主义绿色经济学的架构。“两山论”为代表的绿色经济学是建立在批判以利润最大化为基础的西方经济学传统和发展“天人合一”的马克思中国化生态思想的基础上，并且正确把握绿色现代化发展规律，创新绿色发展、绿色现代化、现代化绿色跨越战略的“新发展经济学”。“两山论深入推进马克思主义理论中国化，明确绿色生产力、绿色财富生产、绿色财富效率生产、绿色社会再生产、自觉自为绿色发展新理念”。①

从具体案例来看，长江经济带是中国最发达的区域之一，习近平总书记对长江经济带生态环境尤其重视。为了配合国家“十三五”规划，《长江经济带生态环境保护规划》迅速出台，习总书记特别强调“共抓大保护，长江不搞大开发”。例如，江苏扬州，通过不断拆除污染严重的亿元企业，发展森林旅游业，围绕“宜居、宜游、宜创”的扬州城市新定位打造生态旅游名城。2016 年扬州全年空气优良天数达到 262 天，环境空气优良率上升巨大；市区 $PM_{2.5}$ 均值处于全省较好水平。现今绿色已经成为扬州城市的特色、名片和底色，不断增加绿量，提升品位，真正让广大市民分享到了生态文明建设成果。②

“两山论”是习近平绿色发展观的新成果，是资本论生态经济思想的再创新。是推动经济发展、实现社会公平、促进环境优化、推动社会进步的重要力量，对当下我国实现转变发展方式，实现经济平稳结构转型具有重大理论和实践意义。

---

① 李睿渊．“两山”论创新性及其现代化战略价值[A]．中国软科学研究会．第十一届中国软科学学术年会论文集（下）[C]．中国软科学研究会，2015.

② 孙羊林，郝奇林，林生鸾，吴翠红，黄健．扬州市生态旅游建设现状及发展对策[J]．江苏林业科技，2014（6）：55-58.

2.2 从中国特色社会主义政治学范畴凝练资本论生态思想的精华

“两山论”从政治的高度凝练了资本论中生态思想的精华，其本身就是政治论，而且是生态文明里最大的政治。党的十八届中央政治局常委会议上习近平同志鲜明地提出：“如果仍是粗放发展，即使实现了国内生产总值翻一番的目标，那污染又会是一种什么情况……我们不能把加强生态文明建设、加强生态环境保护、提倡绿色低碳生活方式等仅仅作为经济问题。这里面有很大的政治。”可见习近平同志清醒地认识到，人类社会要发展就必须向自然界索取，即和自然进行物质交换，但是物质交换绝非单一去把“青山绿水换金山”。此后在审议中央政治局《关于加快推进生态文明建设的意见》时，他提出“新型工业化、城镇化、信息化、农业现代化、绿色化”。[①]并将其作为政治任务要继续推进。例如，党的十八届五中全会的一系列顶层设计中“推动低碳循环发展，建设清洁低碳、安全高效的现代能源体系”[②]，“实行最严的环境保护制度”[③]等，就是在传递“青山绿水即是金山银山”的伟大真理，就是在大力推进中国特色生态文明建设。

2.3 从社会形态学范畴加厚资本论生态思想的质感

“两山论”在社会形态学上生动地展现出资本论中人对物的依赖。伴随商品经济和市场经济的发展，人表面上摆脱了自然。商品拜物教和科技的发展更刺激了人类对自然胜利的渴望和动力，“正像贪得无厌的农场主靠掠夺土地肥力来提高收获量一样”。在资本论中将使用何种生产工具来界定人类文明的先进程度，无疑技术进步是文明前进的重要推手，马克思也对科技有过赞美。可他也深刻地认识到技术也可能是人类“强奸自然”的帮凶，污染和破坏着人的身心健康。“两山”论正是建立在绿色生产的基础上，引导我们用绿色生产技术生产，传导绿色生活理念，使得人类早一步进入“新绿色社会”，即“青山绿水又是金山”。

“两山”论是当前我们最接近“自由人联合体社会”的过渡点，其蕴含的“生态、经济、政治、社会、文化”五位一体的整体战略，正是在生态范畴框架下，高度辩证统一了生态、经济、政治、社会“四个范畴”，赋予了马克思生态经济学新的哲学底蕴，是马克思主义中国化的最新理论成果。

3 “两山论”给我们的新启示

“两山论”作为习近平政治经济学的逻辑起点，极具时代特色，显示了新一代领导核心改革自身的伟大勇气，创新发展理念的不竭动力，复兴中华的无比自信。同时，也给我们在新发展理念上提供了新的启示。

3.1 生态环境就是生产力

“两山论”在充分考察了当今生态和经济的国情，认清生态问题滋生的本质后，习近

① 中共中央 国务院关于加快推进生态文明建设的意见[J]. 中国环保产业，2015（6）：4-10.

② 肖安宝，王磊. 习近平绿色发展思想论略——从党的十八届五中全会谈起[J]. 长白学刊，2016（3）：82-88.

③ 赵建军. “两山论”是生态文明的理论基石[N]. 中国环境报，2016-02-02（3）.

平提出："既要金山银山，也要保住绿水青山"，可以看出保护生态环境与发展生产力是辩证统一的，保护生态环境就是保护生产力，改善环境就是发展生产力，生态环境就是新生产力。

正确处理好经济发展同生态环境保护的关系，自觉地推动绿色发展、循环发展、低碳发展，就是建立在树立保护生态环境就是保护生产力、改善生态环境就是发展生产力的理念上的。"宁要绿水青山，不要金山银山"，教导我们决不能以牺牲环境为代价去换取一时的经济增长。

3.2 发展中的新发展观

"绿水青山就是金山银山"就是发展中的科学发展观，是以"中国梦为最高宗旨，五大发展理念为最大深化"[①]的新发展观。新发展观涵盖了全面思考人民利益，在"宁要"和"不要"之间做出了深刻的抉择。改革开放以后，我国走上了一条具有中国特色的发展道路和模式，随着经济持续高速增长，这种跨越式发展也带来了结构失衡，环境恶化的恶果。

习近平的"新发展观"是对科学发展观进一步的深化、发展、超越和完善，"青山就是银山"辩证包含了"创新、协调、绿色、开放、共享"，也正印证了创新绿色制造、协调人地关系、倡导绿色生活、引进绿色技术、拥抱自然共存共享等诸多科学方法。这种从发展方式到发展规则，从发展内容到发展主题的全面突破，大大丰富了科学发展的内涵，而且这种发展观还在继续前进和发展。

3.3 "自由人联合体"必定会实现

马克思说，"完成了的自然主义，等于人道主义，作为完成了的人道主义，等于自然主义，它是人和自然界之间、人与人之间的矛盾的真正解决，是现象和本质对象化和自我确证、自由和必然、个体和类之间的斗争的真正解决"。[②]作为当前最接近"自由人联合体社会"的过渡点，"两山论"不仅是解决中国目前生态问题的一剂良药，而且其中暗含的工作方法更是处理其他矛盾可以借鉴的必备科学依据。只要我们坚持以"两山论"为基础的逻辑新起点，遵循马克思《资本论》中的经典原理为指引，人人自由而全面、自然和谐的理想社会终将实现。

参考文献

[1] 习近平在哈萨克斯坦纳扎尔巴耶夫大学发表重要演讲[N]. 人民日报，2013-09-08（1）.

[2] 裴冠雄. "两山论"：生态文化的内核及其重要作用[J]. 观察与思考，2015（12）：49-53.

[3] 习近平. 之江新语[M]. 杭州：浙江人民出版社，2007.

[4] 马克思恩格斯全集（第 45 卷）[M]. 北京：人民出版社，1975.

---

① 刘德林. 科学发展观的深化与升华——习近平发展思想研究[J]. 辽宁行政学院学报，2016（2）：16-23.

② 马克思恩格斯全集（第 42 卷）[M]. 北京：人民出版社，1979.

[5] 马克思. 资本论（第 1 卷）[M]. 北京：人民出版社，2004.
[6] 马克思恩格斯文集（第 1 卷）[M]. 北京：人民出版社，2009.
[7] 李睿渊. “两山”论创新性及其现代化战略价值》[A]. 中国软科学研究会，第十一届中国软科学学术年会论文集（下）[C]. 中国软科学研究会，2015.
[8] 孙羊林，郝奇林，林生鸾，吴翠红，黄健. 扬州市生态旅游建设现状及发展对策[J]. 江苏林业科技，2014（6）：55-58.
[9] 中共中央 国务院关于加快推进生态文明建设的意见[J]. 中国环保产业，2015（6）：4-10.
[10] 肖安宝，王磊. 习近平绿色发展思想论略——从党的十八届五中全会谈起[J]. 长白学刊，2016（3）：82-88.
[11] 赵建军. “两山论”是生态文明的理论基石[N]. 中国环境报，2016-02-02（3）.
[12] 刘德林. 科学发展观的深化与升华——习近平发展思想研究[J]. 辽宁行政学院学报，2016（2）：16-23.
[13] 马克思恩格斯全集（第 42 卷）[M]. 北京：人民出版社，1979.
[14] 陈雪峰. 《资本论》蕴含的生态经济思想及其当代价值[J]. 理论月刊，2013（8）：21-23.

“两山论”的哲学内涵及其对环境外部性的作用

The Philosophical Connotation of the Theory of Two Mountains and its Influence on Externality of Environment

张　锐[①]
（山西省环境规划院，太原　030002）

摘　要　习近平提出的“两山论”，是全面建成小康社会决胜阶段的环境保护总体思路，也是中国特色社会主义生态文明建设的重要思想，具有深刻的哲学与经济学内涵。环境污染外部性效应是环境经济学的理论基础，众多学者对解决外部性问题进行了研究。“两山论”在经济价值与生态价值之间建立了关联，为解决环境污染外部性问题提供了更为广阔的思路，也有效化解了经济发展与环境保护之间的矛盾。

关键词　“两山论”　生产力　外部性　绿色转型　宏观调控

Abstract　The Theory of Two Mountains put forward by Xi Jinping is the overall train of thought in the period of building a moderately prosperous society in all respects on environment protection. It is also an important theory in ecological civilization about socialism with Chinese characteristics and has deep connotation in philosophy and economics. The externality of environment is the basic theory of environment economics and has been discussed by a number of researchers. The Theory of Two Mountains made a connection between economical value and ecological value, provided a more wide thought of solutions on the problem of externality of environment pollution and efficiently dissolved the contradiction between development of economics and environment protection.

Keywords　the theory of two mountains，productivity，green transformation，forms of troperty right macroeconomic regulation and control

① 作者简介：张锐，山西省环境规划院，工程师，主要从事水环境与自然生态保护研究工作。通讯地址：山西省太原市桃园北路 6 号民信商务 510 室，邮编：030002，电话：0351-5605695-8075，手机：13834565527，传真：0351-5605696，电子邮箱：451181599@qq.com.

1 “两山论”的形成及其辩证法内涵

“绿水青山就是金山银山”（“两山论”）的重要论述，早在 12 年前便由时任浙江省委书记的习近平同志在考察调研安吉余村时提出。2013 年 9 月 7 日，在哈萨克斯坦纳扎尔巴耶夫大学，习近平总书记发表了重要演讲，他指出：“建设生态文明是关系人民福祉、关系民族未来的大计。我们既要绿水青山，也要金山银山。宁要绿水青山，不要金山银山，而且绿水青山就是金山银山。”2015 年 3 月 24 日，中央政治局审议通过了《关于加快推进生态文明建设的意见》，正式把“坚持绿水青山就是金山银山”的理念写入中央文件，成为指导中国加快推进生态文明建设的重要指导思想。

习近平总书记指出：“在实践中对这‘两山’之间关系的认识经过了三个阶段：第一个阶段是用绿水青山去换金山银山，不考虑或者很少考虑环境的承载能力，一味索取资源。第二个阶段是既要金山银山，但是也要保住绿水青山，这时候经济发展和资源匮乏、环境恶化之间的矛盾开始凸显出来，人们意识到环境是我们生存发展的根本，要留得青山在，才能有柴烧。第三个阶段是认识到绿水青山可以源源不断地带来金山银山，绿水青山本身就是金山银山，我们种的常青树就是摇钱树，生态优势变成经济优势，形成了一种浑然一体、和谐统一的关系，这一阶段是一种更高的境界，体现了科学发展观的要求，体现了发展循环经济、建设资源节约型和环境友好型社会的理念。”[1]这揭示了自然与人类的关系是辩证与发展的，人类在依靠自然创造财富获取最大利益的同时，也受到了自然的“恩惠”与“惩罚”，自然与人相互影响，相互制约，而“两山论”为找到自然与人之间的平衡点提供了理论依据。

“两山论”反映了人与自然和谐统一的观念，将人与自然视为一个有机整体[2]，并且强调人、自然、社会的协调发展。马克思历史唯物主义认为，人类“本来就是自然界”，是自然界的一部分，是自然界发展到一定阶段的产物。“两山论”将人与自然的关系全面辩证地上升至哲学层面，是马克思主义生态自然观的现实体现，也是对马克思主义生态自然观的继承和发展，“绿水青山”和“金山银山”有着更加深刻的实践内涵。“绿水青山”即人类赖以生存的自然环境，“金山银山”即人类及其社会发展的过程。人类的存在与发展是以自然环境为前提的，其社会发展并与自然环境不可分割。“金山银山”是由人类发挥主观能动性对“绿水青山”加以利用、加工和制造而形成，其本质是“绿水青山”的一种外在的表现形式。“两山论”将对自然环境的态度置于人与自然协调发展的目标之内考虑，“绿水青山”放置不理就只是自然的生态系统，不对人类社会发展具有太多的社会价值，不符合人类发展的理念，但是如果将“绿水金山”通过人类有意识的科学实践就必定会变成满足人类发展理念，并为人类社会发展提供更多有价值的人工生态系统“金山银山”。也就是说，由“绿水青山”到“金山银山”是一个“人化自然”的过程[3]。

2 “两山论”的经济学内涵

马克思主义认为，生产力决定生产关系，生产关系对生产力具有反作用。生产力是指社会成员共同改造自然、改造社会获取生产资料和生活资料的能力，生产力的变迁是推动社会发展的重要动力。“两山论”看到了社会生产力中生态部分的重要作用，并阐明和论述了其重要地位。同时，“两山论”进一步丰富发展了马克思主义关于生产力的基本理论，创造性地将以“绿水青山”为代表的自然环境等生态要素也视为推动社会财富积累的生产力的一部分。[4]习近平同志曾指出，“要正确处理好经济发展同生态环境保护的关系，牢固树立保护生态环境就是保护生产力、改善生态环境就是发展生产力的观念。”[5]“破坏生态环境就是破坏生产力，保护生态环境就是保护生产力，改善生态环境就是发展生产力，经济增长是政绩，保护环境也是政绩。”[6]“我们只有更加重视生态环境这一生产力的要素，更加尊重自然生态的发展规律，保护和利用好生态环境，才能更好地发展生产力，在更高层次上实现人与自然的和谐。”[7]经济学一般将自然资源作为生产力要素，而不将生态环境作为生产力要素，为了“金山银山”，不考虑甚至破坏“绿水青山”，大片森林、河流、土地、珍惜物种等生态资源遭到践踏甚至毁灭性破坏，这是过去中国社会经济发展的一个缩影。“两山论”认为，生态环境不仅是人类赖以生存和发展的基本条件，也是推动经济发展的生态生产力，同时将社会生产力中的生态要素及其重要性进一步进行了明确，将生态环境作为与自然资源一样重要的生产力要素，作为生产力发展的动力因素，从而确立生态环境生产力理念，确立绿色生产力理念，将社会生产力当中生态要素提升至新的高度，对马克思主义生产力理论进行了重要发展。

“既要绿水青山，也要金山银山。宁要绿水青山，不要金山银山，而且绿水青山就是金山银山。”这充分表明经济的发展与生态环境是相互依存与相互制约的，二者能够和谐统一地存在，并实现共赢发展。在全面建成小康社会的决胜时期，我国的发展决不能再走“先发展再治理”的老路，“唯 GDP 论”应该遭到摒弃，经济的增长不应由破坏生态环境来换取。“两山论”的生态文化代表着一种财富观。它从根本上更新了关于自然资源无价的传统认识，指明了实现发展和保护内在统一、相互促进和协调共生的方法论，使我们深刻认识到保护生态就是保护自然价值和增值自然资本的过程，保护环境就是保护经济社会发展潜力和后劲的过程，把生态环境优势转化成经济社会发展的优势，绿水青山就可以源源不断地带来金山银山。“绿水青山”具有财富属性，其价值的产生需要人的主观参与，需要通过利用、挖掘和转化等手段，在保护生态环境的基础上，将隐性的“绿水青山”转变为显性的“金山银山”，做活存量；也要在现有的“金山银山”基础上，转变产业发展方式、转变居民消费方式，挖掘生态增长点，做活增量。[2]

3 环境污染的外部性探讨

外部性是指某一经济主体的活动对于其他经济主体产生的一种未能由市场交易或价

格体系反映出来的影响，从而导致资源配置不能达到最大效率，即不能达到帕累托最优（Paroto Optimality）。由于这种影响是某一经济主体在谋求利润最大化的过程中产生的，是对局外人产生的影响，并且这种影响又是处于市场交易或价格体系之外，故称之为外部性。[8]外部性的存在应该满足以下3个条件：①必须具有效应。一方当事人必须对另一方当事人产生了影响。施加影响的一方可以是一个人、一个团体，也可以是由人操纵的其他主体，如动物、制度等。②外部性仅仅是指那些没有支付的利益或损害，市场关系不是外部效应。③外部性一般仅指附带性的影响，而不是主要的或故意的影响。[9]

外部性根据其实际影响所产生的经济后果，可以划分为消极的外部性（即外部不经济性）和积极的外部性（即外部经济性）。消极的外部性是指某一经济主体的行为对其他经济主体产生了负面的影响，即对这些经济主体造成了某种损害，而又未能通过市场交换或价格体系给予补偿。积极的外部性是指某一经济主体的活动对其他经济主体产生了正面的影响，即对这些主体的利益与福利带来了增进而又未能通过市场交换或价格体系而得到报酬。

环境问题之所以产生并日趋突出，其根本原因就在于在现有的制度安排下环境存在着强烈的外部性。环境污染具有很强的负外部性，污染者所承担的成本远小于社会承担的成本，所以仅受自身成本约束的污染者将会使环境污染超出社会最优量，即超过环境的耐受值。而环境保护则具有很强的正外部性，保护者所获得的利益小于社会的收益，所以仅受自身利益激励的保护者也不会有足够的动力去提供社会所需要的环境保护。由此可见，外部性的存在导致了环境资源无法实现优化配置。[10]

关于如何消除环境外部不经济效应的措施，众多研究人员给出了建议。陈燕等认为政府在环境上应积极干预，重视资源价格和经济手段在治理环境中的作用[8]；胡鹏等认为应运用税收、补贴以及谈判等手段逐步消除外部性，从而达到帕累托最优[9]；蓝虹在分析了庇古与科斯两种解决外部性问题的手段之后，认为在环境资源日益缺失的情况下，科斯手段优于庇古手段，环境资源产权明晰是必然的趋势，能够在一定程度上将外部性问题内部化。[11]

4 “两山论”是解决环境污染外部性效应的钥匙

“两山论”的提出与全面形成，也是具有中国特色社会主义的生态文明体系逐步建立的过程。从“先污染后治理”到“边污染边治理”，再到“预防为主、防治结合”的环境保护思路，体现了我国政府打赢环保攻坚战的决心。“两山论”的形成，使人们对于环境污染外部性效应的认识上升到一个新的层次，如何在社会主义市场经济体制中更好地保护和开发生态资源，仅仅依靠将外部性内部化是远远不够的，它只是解决环境污染问题的一种手段和一个方面。“两山论”为解决环境污染外部性效应提供了更宽广的思路。

（1）正确把握发展方式转型规律，创新绿色发展战略。“两山论”深刻揭示了发展方式绿色转型的内在逻辑：自然生态环境不仅是人类生存发展的物质条件，还是生产力要素和财富的存量形态；物质财富绿色生产和绿色财富生产是绿色经济发展动力，物质财富绿色效率生产和绿色财富效率生产是发展方式绿色转型的牵引力；不应该简单地将生态环境看作经济增长的限制或负担，关键采用何种增长方式，如果在生态环境阈值范围内创新环境友好型技术，探索“生态经济化、经济生态化”形式，那么，将有助于开发生态环境使用价值的多重性和绿色经济增长空间，满足人们日益增长的物质资料、生态环境和人文需求。[12]

（2）充分发挥政府对于市场的宏观调控作用。外部性理论阐述了由于资源的无偿共享性（即有竞争性和无排他性），导致了厂商们单纯追求自身利益的最大化而无须对资源和环境负责，从而引发环境问题的大量存在。“两山论”将生态环境资源视作重要生产力并对其进行保护，并强调，改善生态环境就是发展生产力，为此，必须引入一些特定因素对厂商行为形成约束，才能尽可能减少上述破坏环境的行为发生。政府通过运用法律、行政、经济等综合手段来实施环境管理被证明是一条行之有效的解决环境污染外部性问题的手段。通过法律的强制力以及稳定性，能够使受害者的权益得到最有力的保护。政府的行政管理手段从来都具有灵活、简便和有效的特点。相对于法律手段而言，这种措施更适合在小范围使用，结合地方特点，制定与使用更灵活而有针对性。当由于外部性导致市场调节失灵时，政府将充当“第二只手”调节资源的最优配置。经济手段是目前最为成熟且运用最多的外部性内部化手段，最佳排污量被确定的前提下，超过的部分即被称为外部费用，以此作为征收排污税（corrective taxes）的标准。这就会出现：边际私人成本=边际社会成本+边际外部费用−排污税；当排污税=边际外部费用时，边际私人成本=边际社会成本。[13]此外，目前在我国逐渐被推广较多的生态补偿制度，也是一种外部性内部化的有效手段。其理论基础除外部性理论之外，还有公共物品理论、生态服务价值理论和生态资本理论。生态补偿制度目前仍以资金补偿的方式为主，产业转移、劳务输出、政策倾斜等其他补偿方式尚未得到灵活运用，且对于某一特定环境介质的补偿主客体确定仍需进一步开展研究。

（3）重视产权形式对环境问题的影响。环境资源稀缺程度不断提高情况下的零价格制度导致了环境资源生产和消费中外部性问题的产生。由于环境资源生产与消费中的外部性问题越来越严重，一方面，人类从自然环境中获取的可再生资源大大超过其再生增殖能力，造成生态环境的严重退化；另一方面，人类排入环境的废弃物，特别是有害物质增加，干扰了自然界的正常循环，甚至影响到臭氧层的破坏和全球气候的变化。这两方面互相影响，共同作用，严重威胁着人类的生存和发展。零增长的观点没有考虑技术替代和技术进步的重要作用。要通过技术进步，不断改进资源利用方式，提高资源利用水平。技术创新必须要有产权制度的有效保护和引导，才能导致资源基础存量的扩大。“两山论”的本质是人与自然和谐统一发展，因此，在保护生态环境的同时，也要从制度上对人的发展采取积极措施。改进技术的持续努力只有通过建立一个能持续激励人们创新的产权制度以提高私人收益才会出现。因此技术创新依赖于产权制度的保护。[11]

参考文献

[1] 习近平.之江新语[M]. 杭州：浙江人民出版社，2007：186.

[2] 裴冠雄. “两山论”：生态文化的内核及其重要作用[J]. 观察与思考，2015，49-53.

[3] 杨建军，杨博.“绿水青山就是金山银山”的哲学意蕴与时代价值[J]. 自然辩证法研究，2015，31（12）：104-109.

[4] 薄海. 习近平“两山论”与经济欠发达地区的绿色发展[J]. 当代经济，2017（8）：150-151.

[5] 习近平. 习近平谈治国理政[M]. 北京：外文出版社，2014.

[6] 习近平. 之江新语[M]. 杭州：中共浙江省委党校，2013：13.

[7] 中共中央宣传部. 习近平总书记系列重要讲话读本[M]. 北京：学习出版社，人民出版社，2014.

[8] 陈燕，林琳. 经济外部性的负效应与环境保护——绍兴市区珍珠养殖的环境代价分析[J]. 华东经济管理，2001，15（6）：11-12.

[9] 胡鹏，刘玉龙，杨丽. 流域生态环境保护或破坏活动的外部性研究[J]. 人民黄河，2009，31（4）：11-13.

[10] 方浩军. 论外部性与长三角区域环境保护[J]. 价值工程，2006（10）：3-5.

[11] 蓝虹. 外部性问题、产权明晰与环境保护[J]. 经济问题，2004（2）：7-9.

[12] 李炯. 习近平“两山”论创新性及其现代化价值[J]. 中共宁波市委党校学报，2016，38（211）：95-102.

[13] 陆静超，马放. 外部性理论在环境保护中的运用[J]. 理论探讨，2002（107）：43-44.

从排污许可制度看“两山论”在国内的实践

Analyze the “two mountain” theory in domestic practice from the pollution permit system

李云燕[①] 赵 晗
（北京工业大学循环经济研究院，北京 100124）

摘 要 “两山论”的内涵并不仅仅是经济政策的调整，而是要从制度、法律等宏观层面出发，形成一套完善的生态环境文明发展体系。本文所关注的是这个体系中的一环——排污许可制度。排污许可制度的概念并不新奇，尤其在西方发达国家，排污许可制度已经实行多年，我国早在 20 世纪 80 年代就确立了排污许可制度，但是由于种种原因，该制度并没有起到实质性的作用。直至 2014 年，在新修订的《中华人民共和国环境保护法》中明确规定实行排污许可制度，这是排污许可制度首次在具有环境保护基本法性质的法律被提出，也开启了我国环境保护方面的新篇章。本文即以新修订的《中华人民共和国环境保护法》明确提出实施排污许可制度为契机，梳理我国环境保护实践，讨论我国实行排污许可制度的现状。从宏观和微观，政府和企业多个维度进行分析讨论，探讨其未来的发展方向，由此分析以“两山论”为核心的生态文明观在我国的实践现状。

关键词 两山论 排污许可制度 生态文明建设

Abstract The connotation of the two mountains is not just the adjustment of economic policy, but from the system, the law and other macro-level, to build a sound ecological environment development system. This article concentrated on one part of the system-the sewage permit system. The concept of the sewage permit system is not a new concept，especially in the western developed countries，the sewage permit system has been implemented for many years，China，as early as the eighties of last century，has also established a sewage permit system，but for various reasons，the system did not play a substantive role.

基金项目：国家社会科学基金研究项目（编号：15BJY059）“基于 DPSIR 模型框架的京津冀雾霾成因分析及综合治理对策研究”；北京市社科基金项目（编号：14JGB036）“京津冀地区雾霾污染控制政府绩效评估模式的构建”。

① 李云燕，教授，博士生导师，主要从事环境经济与管理、环境规划与评价、环境污染治理政策以及低碳经济、循环经济等领域的研究；赵晗，硕士研究生，主要从事环境经济与管理领域的研究。E-mail address：yunyanli@126.com.

Until 2014, in the newly revised "Environmental Protection Law of the People's Republic of China" clearly stipulates the implementation of the sewage permit system, which is the first time the sewage permit system was proposed in the basic law of environmental protection, and opened a new chapter of China's environmental protection. This article is to revise the development of the sewage permit system to sort out China's environmental protection practice. And from the macro (government) and micro (enterprises), to explore its future development direction, which reflects the "two mountains" as the core of ecological civilization in China's practice.

Keywords "two mountains" theory, emission permit system, construction of ecological civilization

前言

习近平总书记提出了以“两山论”为核心的生态文明观，系统论述了加强生态文明建设的价值取向、指导方针、目标任务、工作着力点和制度保障等，对经济发展与环境保护的内在关系进行了很好的揭示，为建设美丽中国提供了根本遵循。两山论的内涵并不仅仅是经济政策的调整，而是要从制度、法律等宏观层面出发，形成一套完善的生态环境文明发展体系。而本文所关注的是这个体系中的一环——排污许可制度。

1 排污许可制度的概述及发展

1.1 排污许可制度的概念和性质

排污许可证是指环境保护主管部门根据排污单位的申请，核发的准予企业在生产经营过程中排放污染物的凭证。排污许可制度是指环境保护主管部门依排污单位的申请和承诺，通过发放排污许可证法律文书形式，依法依规规范和限制排污单位排污行为并明确环境管理要求，依据排污许可证对排污单位实施监管执法的环境管理制度。

排污许可制度是一种行政许可，是将排污许可总量分配到企业，经环保部门协商与确认，通过向排污单位发放排污许可证的形式使单位排污合法化[1]，简言之是一种豁免权。不是所有企业都可以排污，但排污许可制度将企业合理排污合法化，免除合理排污责任。而作为一种行政管理手段，排污许可制度必须以法律为基础，通过立法机关对行政机关进行授权，并加以规范。

1.2 排污许可制度实施的必要性

《2015 年中国环境状况公报》显示，我国 338 个地级以上城市中，265 个城市环境空气质量超标，占 78.4%；在监测的将近 500 个城市中，酸雨城市占 1/5，主要分布在长三角地区以及云、贵、川地区，空气污染严重。

在 970 个地表水监测点和 5 118 个地下水水质监测点中，水质为良好级以上的占比不到 30%，而较差级和极差级的监测点占到了将近 70%，水质污染严重。

2015 年，全国现有森林面积 2.08 亿 hm^2，森林覆盖率 21.63%，国家级自然保护区只有 10%，森林覆盖率不高。

基于我国环境污染现状，环境资源的稀缺性和外部性构成了排污许可许可制度理论基础。稀缺性是指资源是有限的，因此社会不能生产出人们所希望拥有的物品与劳务[2]。外部性是指一个人或一个企业的活动对其他人或其他企业的外部影响。环境有其固有的承载力和分解污染物的能力，当排入的污染物超过环境本身的容量时，环境问题就会出现。随着我国环境污染越发严重，环境资源的有限性和稀缺性更加显现，环境问题也变得更加严峻，实施排污许可制度，控制污染物排放，使排入污染物小于环境承载力，减轻环境问题是有必要的。

同时，我国《宪法》《中华人民共和国环境保护法》《中华人民共和国水污染防治法》《中华人民共和国大气污染防治法》《水污染防治法实施细则》也对保护环境进行了规范和约束，1989 年的第三次全国环境保护会议上把排污许可证制度确定为八项环境管理制度之一[3]，2016 年出台的《排污许可证管理暂行办法》更是明确企业排放污染物要进行行政审批，获得排污许可证。可以说排污许可制度与“两山论”的精神十分契合，它既是对生态环境利用的一种调控手段，也是促进生态可持续发展的重要保障。

1.3　排污许可制度的产生与发展

20 世纪中后期，随着经济发展对环境的改造，一些西方国家相继发生了大规模的环境污染事件。在政府着手治理环境的过程中，固定点源污染治理受到关注。为解决面临的诸多环境问题，美国与一些欧洲国家开始以污染预防、日常性监督管理作为环境治理的原则，通过一系列环境立法，构建了较为完备的管理体系[4]，排污许可证制度也应运而生。

1.3.1　在国外的发展

瑞典最早实行排污许可制度，多年的实践和发展显示排污许可制度确能起到改善环境、减少污染的作用。因此成为了发达国家防止污染的主要手段，并慢慢将其制度化、规范化[5]。

欧盟的环境政策主要由两个层面组成，欧盟整体政策和成员国的政策。其对于大气污染的防治控制开始得较早，主要由欧盟对减排目标做总体规划，成员国在遵循的基础上自行制定本国环保措施。

美国的水污染治理体制与欧洲国家相似，由国会通过立法法案，以州为单位加入国家水资源的筹划、利用和管理工作。美国水环境管理的联邦立法是 1848 年制定《联邦水污染控制法》（*The Federal Water Potation Conirot Act*），该法与其他很多修正案共同构成了美国水污染控制的法律组成。但是该法案在水污染的控制上并没有达到预期的效果，直到 130 年后，1977 年美国《清洁水法》出台规定，在取得排污许可证之前，任何人不得从固定污染向河流中排放污染物[6]，水污染才基本得到了控制。此后，排污许可制度由水体逐渐扩展到了其他各个领域，如 1990 年《清洁空气法》修正案为进一步推行总量控制和排污交易制度奠定了坚实的法律基础[7]。

日本从 20 世纪中期开始注重化学工业的发展，城市化进程也空前加快，但是污染也日益严重。虽然日本排污许可制度起步较晚，但是效率很高。1974 年 11 月，大气总量控制被写入法律；1977 年年底，日本环境厅举办了《水质污染的总量控制制度》的听证会，不久后制定了总量控制标准。1978 年 6 月，水质总量控制作为水污染防治法的一部分也得到了国会的通过。在 1979 年 6 月召开的环境污染治理方案会议上，当局政府确定了实施有关污水排放总量的基本方案和方法，确定了目标减少量。1980 年 6 月制定总量控制标准；1981 年 6 月定为中间目标年限，凡指定企业按目标执行。由于制定了一系列法规和各级政府的积极合作与有力支持，总量控制就有了相当的严肃性和权威性，有了法律依据，为后来总量控制的顺利实施提供了强有力的法律保证[8, 9]。

1.3.2 在国内的发展

我国的排污许可制度从长三角的上海开始，从 1985 年在黄浦江上游地区试行的水污染物排放许可证。经过为期 3 年多的试点，我国在 1989 年第三次全国环境保护会议上正式将排污许可制度确立为环境保护基本制度之一。

近 30 年来，我国排污许可制度的适用范围逐步扩大。排污许可制度最早适用于水污染防治，后被应用到大气、噪声、固体废物污染防治和海洋环境保护等领域。排污许可制度的法律规范日臻完善。目前，我国在《环境噪声污染防治法》（1995 年）、《大气污染防治法》（2000 年修订）、《固体废物污染环境防治法》（2004 年）、《水污染防治法》（2008 年修订）等多部法律法规中规定了排污许可制度。可是一系列法律制度的落实情况在过去 30 年中并不明显，遗留下许多难以解决的环境问题。但是自从“两山论”提出以来，我国的法律制度也发生了很大的变化。比如 2014 年新修订的《环境保护法》第 45 条明确规定“国家依照法律规定实行排污许可管理制度”，这是我国首次在具有环境保护基本法性质的法律中明确规定该项制度，“给排污许可制度提供了更强的法律基础支撑”[10]。最后，各地积极实施排污许可制度。目前，我国已有浙江、江苏、内蒙古、四川等 24 个省（自治区、直辖市）不同程度地开展了排污许可证工作，有 20 多个省（自治区、直辖市）专门针对排污许可制度制定了暂行办法或暂行规定，且在已经进行的污染物申报登记企业中有 30% 左右获颁排污许可证。

2016 年《排污许可证管理暂行规定》对排污单位排放水污染物、大气污染物的各类排污行为实行综合许可管理，为排污许可制度的实施进行了细化规定。2016 年 11 月 21 日，国务院办公厅印发《控制污染物排放许可制实施方案》，排污许可制度方面的立法得到了飞速的发展。

2 排污许可制度的实施效果分析

2.1 地方实施效果分析——以河北省为例

排污许可制度实施以来，各地都进行了相应的立法保障排污许可制度顺利实行。在全国 34 个省份当中，河北省环抱京畿，地理位置特殊，对京津的环境能够产生重要影响，因此环保工作就显得极为重要。近年来华北地区严重的雾霾天气引起了国家和公众的高度重视，对于身处其中的河北省来说环境治理刻不容缓；此外，河北省还拥有着为数众多的工业园区和高污染企业，是华北地区的工业核心，无论是对水体还是大气都有造成严重污染的隐患，节能减排工作始终存在着巨大的压力。从河北省的特殊性来看，其在环保工作中具有相当的代表性，因此本文即选取河北省作为实例，分析排污许可制度在该省实施之后的效果。

从空气质量方面来看，如图 1 所示，河北省的空气质量首先从《中华人民共和国大气污染防治法》（修订后涉及排污许可的规定）2000 年修订以来保持着良好的情况，奥运会后可以看到有一个比较明显的下滑，空气质量良好以上的天数逐年减少，而重污染天数逐年递增。从数量上来看，奥运会时期的空气质量处于一个非常高的水平。从这样的变化可以看出一方面国家举办大型政治活动对节能减排的提振效果明显，国家政策明确要求相关企业减产减排，另一方面也能看出在排污许可制度刚刚建立的时期，当地环保部门的监管普遍比较严格，尤其在污染物排放方面尤为明显。而在奥运会结束后，随着高污染企业生产的恢复和扩大，对环境造成了显而易见的重大影响，良好天数减少和重污染天数增加，初现的雾霾天气没有引起监管部门足够的重视，原有的排污许可体系也不能对现实做出及时的应对，造成了较大的污染。近年来，随着 2013 年《中华人民共和国环境保护法》的修订和排污许可制度相关规定的出台，监管继续收紧，新的环境监测体系、污染物排放体系不断出台，大气污染得到了比较明显的治理，空气质量有比较明显的改善，具体表现为重污染天数呈现出下滑的趋势，而优良天数也有了小幅的回升，新的环保法和排污许可制度初见成效，未来会有更进一步的改观。

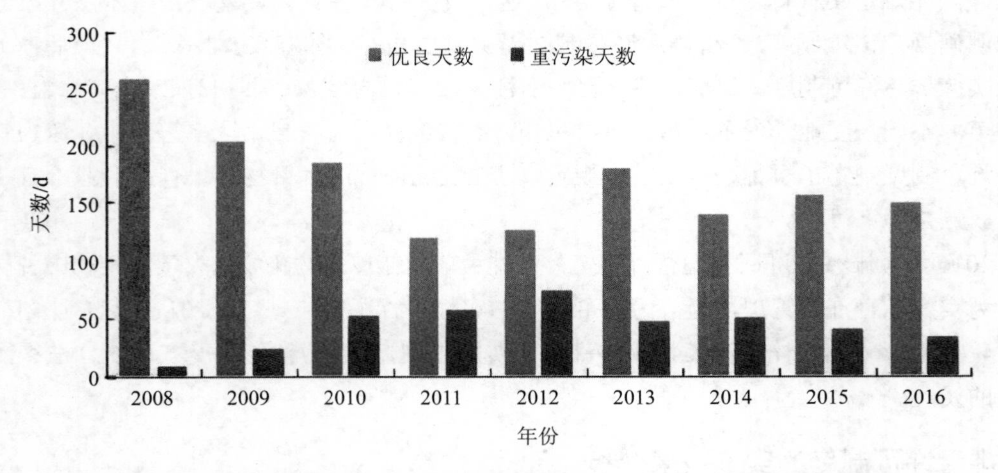

图 1　河北省 2008—2016 年全省达到或优于二级的优良天数及重污染天数

在水环境质量方面，如图 2 所示与大气质量的变化趋势略有不同。可以看到，随着（两者均设计排污许可相关规定）修订后河北省水体的环境质量总体上是开始不断转好，2013 年《中华人民共和国环境保护法》的修订和排污许可制度相关规定的出台后达到一个较高

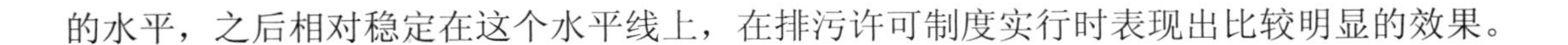

的水平，之后相对稳定在这个水平线上，在排污许可制度实行时表现出比较明显的效果。

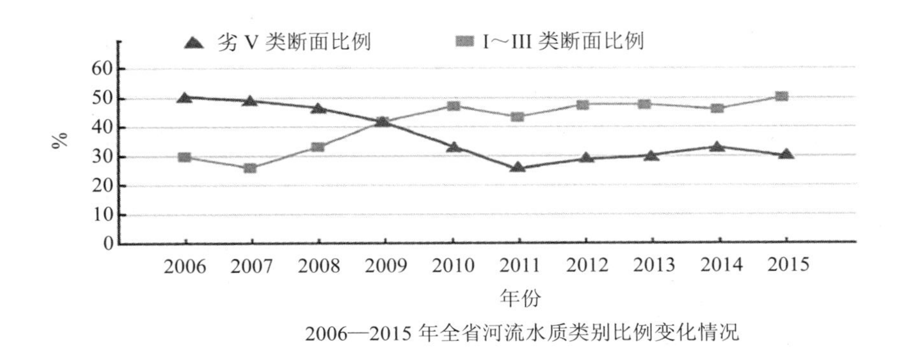

2006—2015年全省河流水质类别比例变化情况

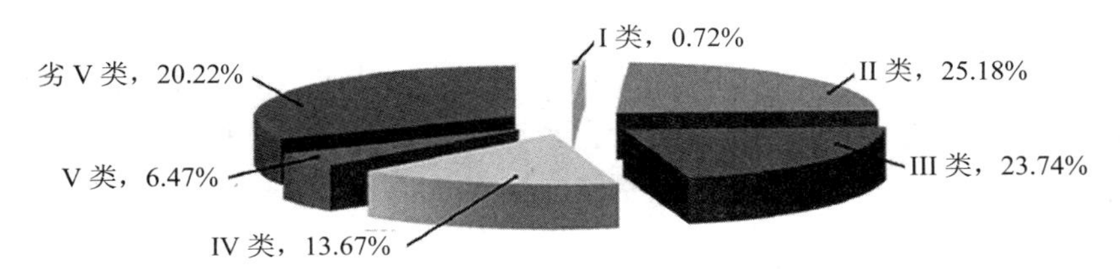

图2　2006—2015年河北省河流水质类别比例

其中，2008年《水污染防治法》修订后，在河北省的几大水系中，永定河水系的改善效果最为明显（图3），可能由于永定河是北京重要的取水来源，所以在排污许可制度实行之后，水体质量得到了明显的改善。2013年《中华人民共和国环境保护法》的修订和排污许可制度相关规定的出台后，水体质量一直处于一个较好的水平；而改善进步最快的则是子牙河水系（图4），尤其是在化学需氧量上，降幅达到了75%，大大缩小了与同省其他水系的差距。而河北省其他水系的环境质量同样也一直处于稳定的不断改善的趋势，排污许可制度实施后效果相对显著。

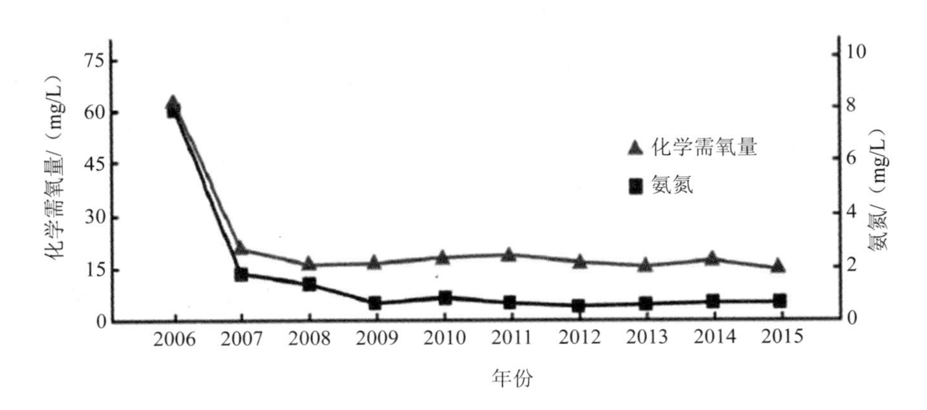

图3　2006—2015年河北省永定河水系主要污染物浓度变化

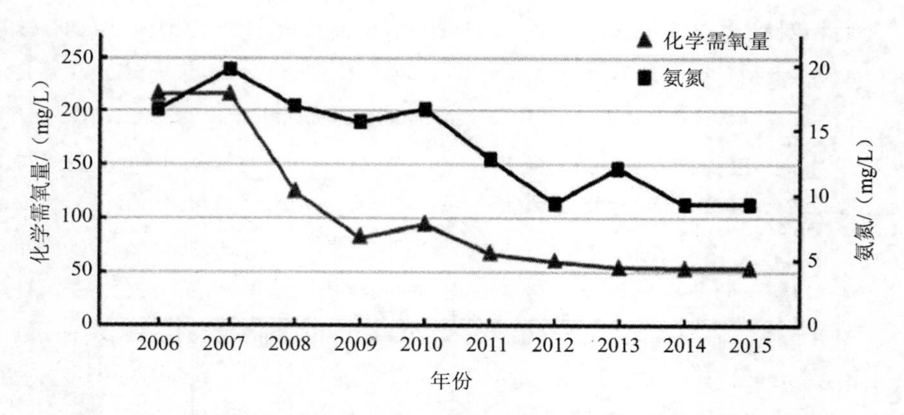

图 4　2008—2016 年河北省子牙河水系主要污染物浓度变化

综上所述，从河北省大气和水体的环境质量变化趋势来看，总体上都呈不断趋好的态势，水体环境相对大气环境来说效果更明显、更稳定一些，实行排污许可制度后的效果比较明显，这也体现出河北省政府的生态环境发展观念发生了转变，对生态环境的保护更加重视。但是不足之处在于空气质量方面的控制还存在一定的问题，目前仍然可以感受到其受一些政治活动的影响较大，相对缺乏稳定性。环保部门应该继续坚持“两山论”的指导思想，通过排污许可制度鞭策企业不断升级产业结构，发展绿色技术，将污染物控制住，同时通过政策奖励以及排污权交易等配套制度，调动企业技术创新的积极性，实现经济效益与环境效益的双赢。

2.2　企业实施效果分析——以北京首钢为例

在获取排污许可证的企业中，本文选取北京首钢集团作为分析样本，根据对首钢集团2001—2015 年公司公告分析发现，主要涉及环保方面的管理费用波动很大，如图 5 所示。2001—2004 年管理费用支出处于较低水平，而从 2005 年开始，企业环保开支有了一定幅度的增长。2011 年支出又大幅度下降，2013 年支出开始增多。可以发现首钢集团在环保方面的支出主要由国家政策作为导向。无政策导向时环保支出会下降。随着国家的重视，2008 年奥运会、2013 年国家新《环保法》实施前后，搬迁至曹妃甸申请排污许可证后，公司环保支出增加。不难看出企业实际上对环保的态度并不是很积极，企业主动对节能减排的参与性也不够强，通常是在外部环境存在比较大压力的情况下，才加大环保投入。

这说明当前需要申请排污许可证的企业，对新精神以及新制度的内涵和性质认识得都不够全面和深刻。他们片面、简单地认为排污许可证是一项准入条件，而没有作为一项行政许可制度得到足够的重视[11]。企业往往会将其视为“经营许可”一类的资格证，认为获得排污许可后自身的生产经营就是合法经营，而忽视日后在排污方面的改进和投入，尚未将“两山论”的思想内涵融入自己的日常经营当中。

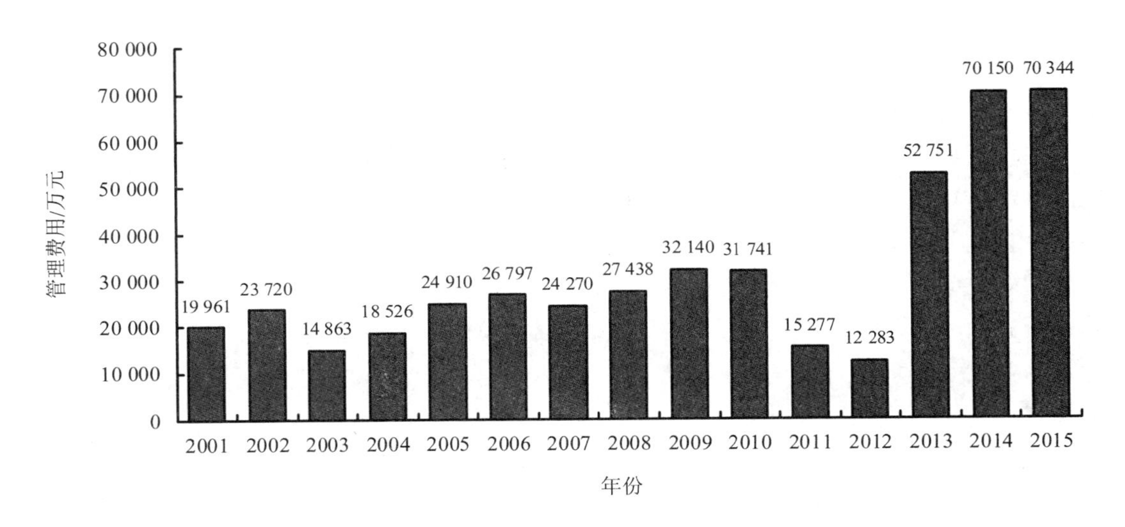

图 5　2001—2015 年北京首钢集团管理费用支出情况

3　排污许可制度存在的问题和挑战

3.1　环保部门对排污许可证的审批与核发不严谨

（1）在排污许可的内容方面，《排污许可制度暂行管理规定》（以下简称《规定》）要求依法对本单位排放污染物的种类、浓度进行测算并在规定时间内向环境保护主管部门申请排污许可证。新建的项目应当在建设前申领排污许可证。排污单位应该从《规定》中看到，该制度在内容上主要针对的是重点污染物、单项污染物的排放，从全局、总体上的把握有一定欠缺。各个行业产生的污染物各不相同，其对环境的整体影响也不相同，因此目前欠缺对不同行业的主要污染物进行控制[12]。

（2）在排污许可证的核发方面，《规定》要求排污单位应当在排污许可证管理信息平台上向社会公开自己的申请内容，包括污染口所在地、污染物排放种类、方式、浓度。排污制度重点在"许可"上，这是一种审批行为，会有两种结果——批准和不批准，遗憾的是我国排污许可制度的审批结果不存在后者，使排污许可制度变为"排污备案制度"。环境主管部门也没有排污总量对排污企业的排污指标进行理分配，而是单位申报多少，部门就审批多少。所以，在一定程度上，排污许可证的审批实际变成了对排污单位排污行为的事后认可，这样就很容易出现漏报、错报、谎报等情况，给了个别企业钻法律空子的机会。

3.2　环保部门对企业排污的监督、监管、处罚不到位

在排污许可制度的监督方面，《规定》要求环境主管部门对排污单位进行监管，检查排污许可证规定的落实情况，审查排污单位的记录和排污执行报告。排污许可制度要求企业必须设置台账，记录企业排污情况。台账的设置是一种自我监督的性质，将排污许可落

实情况的责任主体设置为企业，台账的真实与否完全凭企业自觉。由于目前排污许可制度只是被当作企业排污的准入制度，所以环境主管部门主要忙于核查并发放许可证，对于后续的企业落实情况的监管、检查和处罚便比较忽视。

在排污许可制度的监管方面，《规定》要求对于违反排污许可证规定的企业，可以撤销其排污许可证，并责令整改。情节严重的还应该对核发者和直接责任人给予行政处罚。这就牵扯到不同政府部门间的协同问题，协同不足就会导致执法的不力。尤其涉及企业关停并转的问题需要一级政府做出决定，在这一过程中，地方政府一般会从政治、经济等各个方面考虑，因此可能不会把环境因素放在第一位，也就无法保证能够切实把处罚违规企业以及环境治理的工作落到实处，法律上也没有明确规定各方的权利和责任，以及相互之间如何协调配合，所以很容易导致权利的空置和相互间的扯皮。

3.3 公众对企业排污情况监督参与不积极

虽然《规定》要求排污单位公开排污信息，畅通与公众沟通的渠道，自觉接受公众监督，也鼓励社会公众、新闻媒体等对排污单位的排污行为进行监督，对于违法排污要求的及时进行举报。但与我国大部分法律法规相似，无论是《中华人民共和国环境保护法》还是《规定》主要调节的都是政府与企业之间的关系，公众参与度不高，即公众既不能参与到法律的制定、执行过程中来，也缺少对政府和企业进行监督的途径[13]。然而近年来，随着环境污染问题日益严重，公众的环境意识也在不断增强，甚至对环境问题十分敏感，如果忽视广大群众对环境问题的关注则很可能引发群众的不满，甚至激化矛盾和对立。环境影响着每个人的生活，公众理应参与到环保过程中来。

4 结论

4.1 改进管控体系，严格行政审批

在进一步立法之前，首先要对我国总体的环境问题、各个行业的污染排放状况，单独污染物以及复合污染物的影响等情况进行充分的调查研究，以此为基础完善总量核定、分配的方法，加强污染物控制体系科学性和严谨性。不断加大对重点排污企业的监测力度，加大对污染源的监督和控制。增加对排污企业的监测频次，力争做到全天 24 h 不间断监测。对于极易排放废水废料的重污染企业和产生扬尘污染的建筑工地项目，安装在线监测设备，通过全天实时监测，不断提高对引起水污染和空气污染的排污企业和建筑工地的监管能力，有效防止工业企业超标排污。此外，还可以将排污许可制度与环境质量目标挂钩，将排污许可制度的执行成果纳入质量目标体系当中，同样将环境质量目标融入排污许可当中，使二者紧密结合，共同发挥作用，达到“一石二鸟”的效果。使法律更具有针对性，更具可操作性，也便于执法部门进行执法、监督。

4.2 加强监督监管，增设环保警察

《刑法》第五章第六节第三百三十八条规定：“因污染环境罪违反国家规定，排放、倾倒或者处置有放射性的废物、含传染病病原体的废物、有毒物质或者其他有害物质，严重

污染环境的，处三年以下有期徒刑或者拘役，并处或者单处罚金；后果特别严重的，处三年以上七年以下有期徒刑，并处罚金。”最高人民法院和最高人民检察院对该条中严重污染环境也有一定的司法解释，共有十四种情况被列为严重污染环境，其中很少提及关于对造成大气污染的情况。由于我国排污许可制度刚刚建立，相关的配套法律法规仍然比较缺乏，全国各地的情况各异，差别较大，因此会产生许多“边界”上的问题，尤其在协调各部门关系，各地关系上存在比较大的不足，存在各地、各部门间相互掣肘的情况。因此当前亟须围绕环保法、排污许可制度制定协调各方关系、明确各方职责的配套法律。例如，环保部门与政府谁应该起主导作用的问题，各地间出现差异该如何进行协调的问题等，避免因权责关系不明确而引发的扯皮、内耗事件发生，高效、顺利地处理解决“边界”问题，确保制度能够顺利运行。此外，还应该加大刑法中对环境犯罪的立法和处罚力度，由生态环境部牵头联合公安部和地方政府组成环境警察队伍，对企业进行严格的专项的检查和监督，对严重违法的企业和个人进行立案调查，使其承担相应的刑事责任。通过《刑法》立法，一方面能够显示出国家对于环境治理的重视和决心，增强公众对国家环保部门的信心，另一方面也能有效震慑目无法纪、顶风作案的企业和个人，增加其违法的成本，督促其遵纪守法，按照法律规定完成节能减排的任务。

4.3 鼓励公众参与，全民监督排污

当前，全国人民对环境问题高度关注，排污许可证的颁发又是涉及公共环境利益的重大事项，主管部门应当主动向社会公告，并举行听证会听取公众的意见和建议，也应当对排污许可制度的执行情况实时向公众披露，对主要污染物的排放情况定期向社会公布，接受社会公众的监督。公开政务信息，是尊重公众知情权的体现，能够增强公众对政府主管部门的信任，并且缓和公众和政府之间的矛盾。还应该立法鼓励公众监督、举报违法违规的政府部门、企业和有关人员并且对举报人给予保护，充分调动起人民群众的能动性。这样一方面能够促使企业、政府部门和工作人员认真落实制度要求，另一方面也能节省监察成本，使监察工作更具有针对性。公众监督和刑法立法可谓是双管齐下、软硬兼施，相信能够改变企业对环境问题模棱两可、消极敷衍的态度，从根本上达到控制污染物，改善人民生活环境的目标。

从排污许可制度的立法及推广过程可以看出，“两山论”提出之后，国家对生态环境的保护以及经济发展的转型愈加重视，加大了法制建设、政策引导等方面的力度，彰显了国家在全社会树立全新生态文明观的态度和决心。

在实践过程中，我国的生态文明观建设已取得了一定的成绩，尤其是在一些地方起到了立竿见影的效果，但是也面对着许多的问题。例如，我国产业结构中依然存在着大量的低端制造业企业以及能源资源高消耗型企业，资源的利用效率以及对污染的治理效率仍然处在较低水平；企业从认知上对生态文明建设存在着一定的误区，尤其是当环保需要高投入增加成本的时候，企业往往会消极应对，积极性不强；虽然相关制度已经被推出，但是在法律上却缺乏足够的支持，尤其在实践中缺少配套法律法规的支持，使得在执行层面、

监管层面、处罚层面、跨区域协同等各方面都存在着漏洞，甚至在当前实践中，厘清各方责任都存在一定困难。这些都是我国生态文明发展中亟须解决的难题。

所以，要推动我国的生态文明建设，首先应该大力宣传以“两山论”为核心的一系列生态文明建设思想、发展观，在全社会培养生态文明发展的意识；其次要制定补充和配套的法律法规，包括经济方面、行政方面、刑事方面等等，形成比较完备的生态文明建设法律体系，能够协调并解决各方在实践中产生的问题和摩擦；最后要鼓励和引导社会公众参与，尊重公众的意见和权利，调动公众积极性，使排污许可制度由政府行为、企业行为真正转变为一项社会行为，能够在环保方面形成巨大的合力。

参考文献

[1] 郝喜顺，甄瑞芳. 总量控制排污许可证实施与管理[M]. 北京：中国环境科学出版社，1991.

[2] N.Gregory Mankiw，Principles of Economics，fifth edition，Cengage Learning，2009.

[3] 于庆江，高艾. 现行排污许可制度的分析及几点完善措施[J]. 环境科学与管理，2014（12）.

[4] 蔡文灿. 我国水污染物排放许可证制度的缺陷与完善[J]. 水资源保护，2005（21）.

[5] 赵若楠，李艳萍，扈学文，等. 排污许可制度在环境管理制度体系的新定位[J]. 生态环境，2014（12）.

[6] 夏明芳，边博，王志良. 太湖流域重污染区污染物总量控制技术及综合示范[M]. 北京：中国环境科学出版社，2012.

[7] 严刚，王金南. 中国的排污交易：实践与案例[M]. 北京：中国环境科学出版社，2011.

[8] 但家文. 日本总量控制中的几个特点[J]. 环境科学动态，1988（7）.

[9] 王建，张金生. 日本水质污染总量控制及其方法[J]. 湖北环境保护，1981（4）.

[10] 刘炳江. 改革排污许可制度落实企业环保责任[J]. 环境保护，2014（14）.

[11] 宋国君，韩冬梅，王军霞. 中国水排污许可证制度的定位及改革建议[J]. 环境科学研究，2012（9）.

[12] 苏丹，王鑫，李志勇，胡成. 中国各省级行政区排污许可证制度现状分析及完善[J]. 环境污染与防治，2014（7）.

[13] 刘吉源. 新时期排污许可证制度实际操作中的问题与对策[J]. 中国环境管理干部学院学报，2016(2).

经济政策与环境保护

◆ 产业结构升级和城市化对环境污染的影响研究
——以济南市为例

◆ 上市公司负面环境事件的市场响应
——市场差异与投资者关注

◆ 我国省级环保投资与区域环境质量效益的量化分析

◆ 新旧动能转换背景下的环境保护策略研究
——以山东省为例

产业结构升级和城市化对环境污染的影响研究——以济南市为例

Effect of Industrial Upgrading and Urbanization on Environmental Pollution：A Case Study of Jinan

金美英[①] 张利钧 张梦汝 徐梦辰
（济南市环境研究院，济南 250102）

摘 要 利用2005—2015年济南市环境与经济社会的统计数据，研究了工业污染与产业结构、城市化水平之间的耦合规律。结果表明：随着第三产业值/第二产业值比值增加，工业污染物排放量逐渐降低，但降幅出现缓和的迹象。同时，工业污染物中氨氮和二氧化硫与城市化率之间关系符合EKC倒“U”形趋势，污染物排放量的曲线经过城市化水平65%的转折点以后呈下降的趋势；化学需氧量随着城市化水平的升高呈现下降趋势；而工业烟粉尘排放量仍然处于上升趋势。

关键词 工业污染 产业结构 城市化 济南市

Abstract This paper investigates the relationship between industrial structure and industrial pollution and the relationship between urbanization level and industrial pollution in Jinan City using the series data of economy and environment from 2005 to 2015.The results show that industrial pollutant emissions gradually decreased with the ratio of third industry value to second industry value increasing，while the rate of decline showed signs of easing. The coupling curve between ammonia nitrogen and urbanization and the coupling curve between sulfur dioxide and urbanization conform to the typical EKC inverted-U pattern respectively. And the curves show a downward trend after 65% of urbanization lever turning point. The chemical oxygen demand has a downward trend with the improvement of urbanization level，while the emission of industrial smoke dust is still on the rise.

Keywords industrial pollution，industrial structure，urbanization，Jinan

① 金美英，女，硕士，助理工程师，主要研究环境规划与评价方向。通讯地址：山东省济南市旅游17199号环境监控大楼1122室；邮政编码：250102；电话号码：18653140299；邮箱：jinmeiying@jnep.cn.

引言

随着经济的快速发展，产生了环境污染、资源过度利用、生态恶化等环境问题。目前我国环境污染的现状不容乐观，污染源头复杂多样，工业污染依旧是我国污染的主要来源。有关经济增长与环境污染两者之间的实证分析始于 20 世纪末，最具代表性的成果是“环境库兹涅茨曲线（EKC）”，大部分学者持“环境问题会在经济增长中自动解决”的观点。后来，相关理论研究从考察总体经济发展与环境污染的关系开始，逐步发展为探索产业结构、城市化等因素对环境质量的影响 [1, 2]。

城市化与生态环境问题之间具有对立统一的辩证关系，而产业结构是化解两者之间矛盾和实现两者协调发展的关键。不少学者通过城市化水平变量对 EKC 的存在性进行验证[3]，发现城市化对治理污染的正效应。传统知识认为，城市化和环境污染特别是工业污染是一对不可调和的矛盾体，但是城市化所释放的规模经济效应是未来经济增长的重要动力。因此，积极倡导可持续发展理念和推动城市化进程[4]。

济南地处鲁西北冲积平原与鲁中南低山丘陵的交接带上，南部为泰山山地，北部为黄河平原，地形复杂多样，地势南高北低，整个地形从东南向西北倾斜。济南市城区南为群山，北为黄河，构成了城市空间向南发展的天然门槛。目前，济南正处于经济转型升级、城市化快速发展的重要时期，土地资源开放强度较高，人口、经济的增长对环境带来的压力已达到阈值。

本文通过收集整理 2005—2015 年济南市工业污染数据，定量分析济南市工业污染与产业结构、城市化水平之间的耦合规律，对城市化和产业结构演变对环境污染的影响进行实证分析，旨在为产业结构调整、城市化进程中环境协作发展提供参考依据。

1 相关理论研究回顾

有关城市化、产业结构与环境污染之间的关系的研究，主要集中在以下几个方面。

1.1 产业结构与环境污染的内在关系

根据产业结构的配第-克拉克定律，随着经济发展，第一产业在国民收入中的比重会逐渐下降，第二产业比重则逐渐上升，进一步的经济发展还会提高第三产业的比重。不同产业结构所显示出的环境质量有着显著的差异。根据工业化历程和发展现状，第二产业比重大，污染相对比较严重，第三产业所包含的行业对环境污染小，对环境质量改善有正向积极影响，三次产业的增长值对环境质量的影响具有明显的时滞性，在长期才会更为显著。

黄菁[5]对中国 2003—2007 年的 278 个城市的环境数据与产业结构数据进行分析，认为环境库兹涅茨曲线的倒“U”形假说在中国城市似乎成立，与此同时，产业结构对环境污染的影响比较复杂，简单地通过调整第一、第二、第三产业的结构恐怕对减少环境的影响不明显，应注重各行业结构对环境污染的影响，着力改善各行业生产技术并重视合理处置环境污染，减少污染排放的同时要转变生产方式。刘宇等[6]（2013）运用时间序列方法，分析辽宁省 1985—2010 年产业结构演变和环境效应，结果表明产业结构的环境质量效应显著，即产业结构的演变对环境质量的影响是长期存在的。各产业生产过程中产生的各种污染排放可以通过调整产业结构来调节和控制[7]。目前，我国在对产业结构进行调整和优化，调整战略方向主要有：一是大力发展第三产业，可以通过发展第三产业降低传统工业的污染[8]；二是淘汰落后生产力，经济结构优化升级，寻求新的增长点。而单从产业结构与环境污染之间的关系进行分析，这种决策会使环境问题的压力逐步得到缓解。

1.2 城市化与环境污染的内在关系

在城市化和环境污染的关系中，综合国内外的研究来看，基本得出以下研究结论：城市化进程中经济发展模式要求工业污染集中控制。一方面，城市化通过人口的聚集、城市数目的增加以及生产、生活方式的改变直接使城市针对于环境污染的集中治理等方面发挥了更大的规模效应优势，这种正反馈作用能使城市化对于生态环境的压力在一定程度上趋于减小[9]。另一方面，城市化水平迅速提高也不可避免地带来日益严峻的生态环境问题[10]，这种负效应集中体现在大气、水和固体废物污染上[11]。

城市化进程为工业污染集中提供了良好的机遇和挑战[12]，城市化的推进对生态环境的影响机制较为复杂，城市化的发展既有加剧环境污染的不利因素存在，也具备减少环境污染排放的有利因素。因此，要综合考虑城市化对生态环境影响的总效应因素。

1.3 产业结构、城市化与环境污染的内在关系

城市化进程与产业结构的调整均能影响环境污染程度，同时环境污染也能反过来对城市化的进程与产业结构调整产生影响。杨冬梅等[13]通过建立 VAR 模型对山东省城市化、产业结构与环境污染之间的关系进行研究，发现短期内城市化对环境污染呈现负效应，长期将会呈现正的反馈作用，而产业结构优化能够改善环境污染状况。王瑞鹏等[14]对这一现象的解释为城市化具有人口膨胀与非农业产业集聚特点和生活生产高效利用特点，在短期内城市化水平提高会恶化环境污染，长期内合理的城市规划与环保政策的实施能使环境状况得到改善。

综上所述，产业结构、城市化与环境污染之间有着密不可分的联系，同时城市化对环境的影响也是多方面的。有必要通过切实的数据研究，帮助我们更加合理、有效地治理环境污染，改善人们的生活、生产环境，解除环境污染对经济进一步发展的束缚，提高经济发展质量。寻找通过产业结构调整、城市化进程合理推进，促进与生态环境可持续协调发展的目标。

2 研究方法

鉴于数据的可获得性，并能反映产业结构、城市化水平，选取济南市第二产业与第三产业增加值比值（%）为产业结构指标，济南市城镇人口占总人口的比重作为城市化的衡量指标。工业废气和废水污染一直是济南市最突出的环境问题，因此以工业污染物排放量

作为环境压力的表征指标。本文使用的数据来源于《济南市统计年鉴》和济南市环境统计数据。

相关关系分析过程中，通过选择对数函数、一元二次函数、幂函数和指数函数进行模拟，选择拟合最优的函数，并根据环境库兹涅茨曲线（EKC）假设，定量分析研究济南市经济发展过程中产业结构演变与城市化的环境污染之间的耦合规律。

3 结果与讨论

3.1 济南市城市化、产业结构与环境污染的矛盾分析

近年来，济南进入了加速城市化阶段，城市化对本地生态环境产生了巨大的压力。在济南市城市化进程中，由于城镇体系规划和区域规划的滞后，城镇建设发展缺乏宏观规划指导和区域整体协调。而且济南市城市化的质量也不高，表现为两个方面：①城镇数量多、规模偏小，中心城市发育不足；②城市的集聚和辐射功能弱，对区域经济发展的带动力不强。

济南市生态环境具有脆弱性、不稳定性和累加性的特征。而产业比例结构的差异也会造成环境污染水平显著不同。现今，工业“三废”的大量排放导致生态环境不断恶化，严重制约着经济的进一步增长。据统计，济南市工业废水、废气排放主要集中在石化、钢铁、水泥、煤炭等传统行业。济南市业总产值较高的行业包括石化、汽车制造、钢铁、医药、烟草等，其中煤炭采选、化学原料和化学品制造、钢铁、热电、水泥、食品、医药等行业是济南市工业废水排放的主要来源，钢铁、水泥、石化、电力、通用设备是工业废气排放的主要来源。济南市工业对资源、能源的依赖性较强，所以相较其他产业来说，物耗能耗偏高，因此污染排放量大，对生态环境的破坏力极大，工业结构的调整，尤其是减少重污染工业比重能够对缓解环境污染状况起到积极的作用。

3.2 产业结构升级与工业污染排放的关系分析

随着济南市工业化的进程不断推进，三次产业结构发生较大变化（图 1）。2000—2015年济南市三次产业结构中只有第三产业所占比例处于增加趋势，第一、第二产业都在下滑。第三产业由 46%上升至 57%，第一产业由 10%下降至 5%，第二产业由 44%下降至 38%。其中，2007 年以前第二产业比重先呈缓慢上升趋势，2007 年后呈持续下降趋势；第三产业占比在 2002—2005 年处于下滑趋势，2006—2015 年第三产业比例平稳上升。目前济南市已呈现出以第三产业为重点的后工业化特征。

从研究目的出发，考虑到经济增长会导致污染物排放增加，使用单位 GDP 工业污染物排放量与产业结构指标值进行相关关系分析。结果显示，随着第三产业值高于第二产业值，工业 COD、氨氮、二氧化硫、烟（粉）尘排放量逐渐降低，而降幅出现缓和的迹象。由此可以得出产业结构中第二产业相对比例越小则污染水平越低的结论，与其他学者结论相似，即随着技术的提升，高端第二产业以及第三产业发展又会使环境问题的压力逐步得到缓解（图 2）。

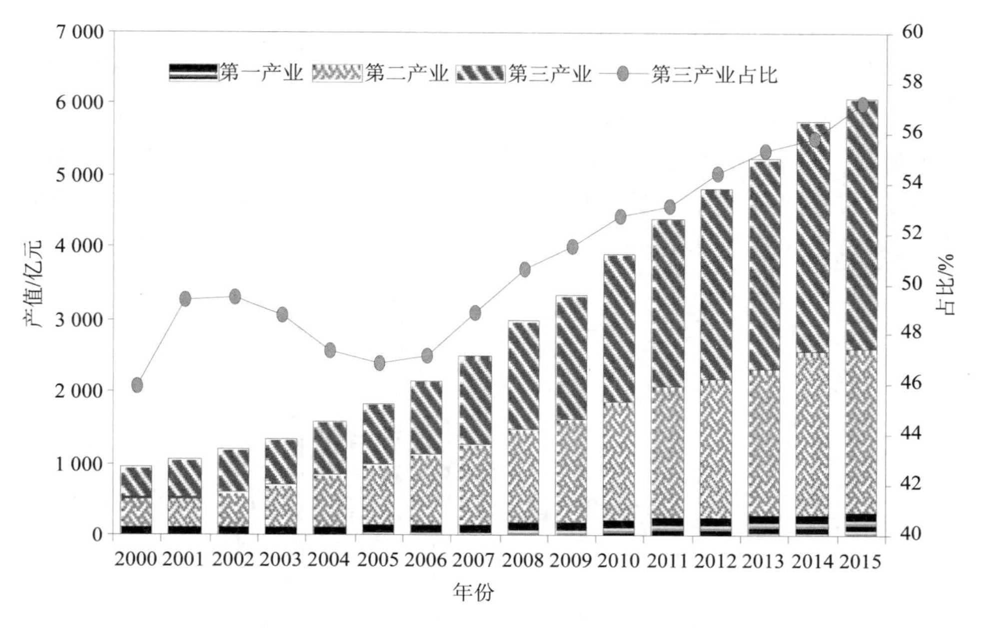

图 1　2000—2015 年济南市产业结构变化特征

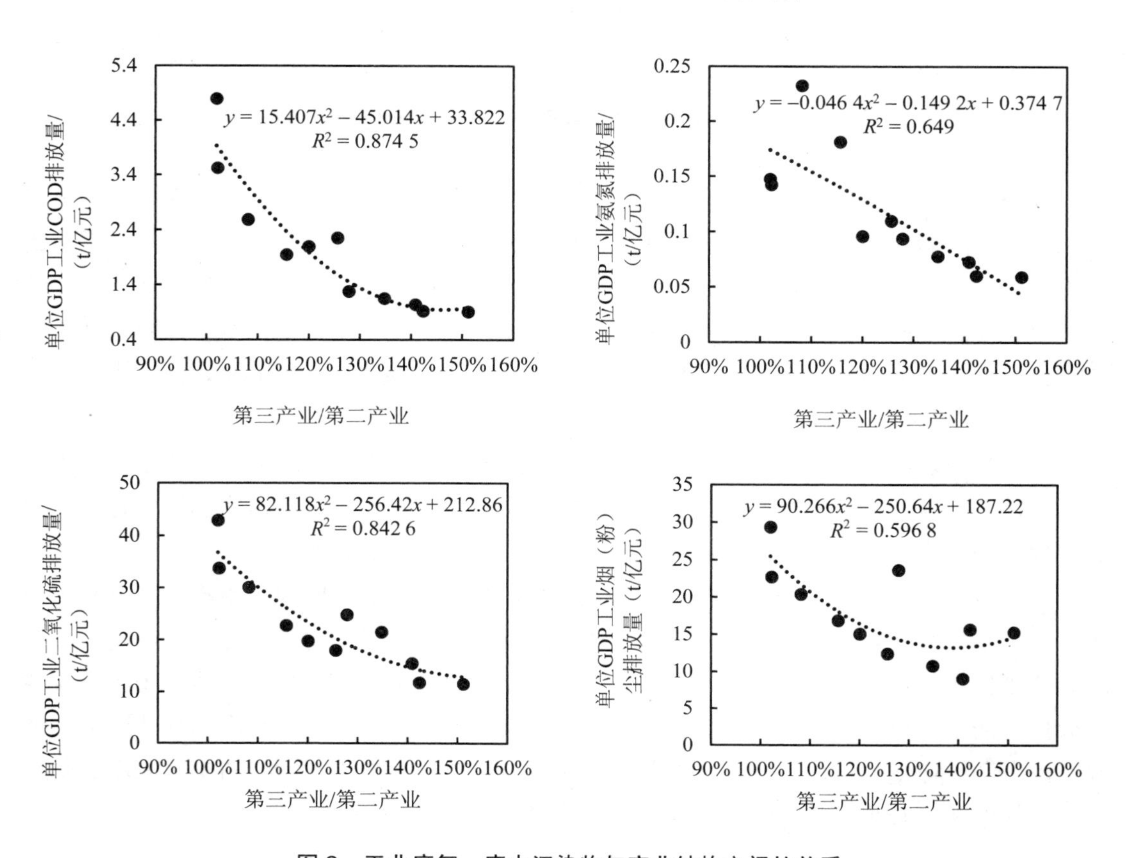

图 2　工业废气、废水污染物与产业结构之间的关系

3.3 城市化与工业污染排放的关系分析

济南市近 10 年来经济发展迅猛，全市 GDP 由 2000 年的 944.13 亿元上升至 2015 年的 6 100.23 亿元，人均 GDP 达到 8.59 万元，是 2000 年的 4 倍。从 2005—2015 年济南市经济发展与城市化发展变化情况来看，如果对济南市城市化水平和人均 GDP 的时间序列数据进行回归分析，回归结果呈线性相关模型：Y=0.009 2 x+0.593 1，相关系数 R^2=0.969 9，说明济南市城市化水平与经济发展水平之间存在显著的现行正相关关系（图 3）。

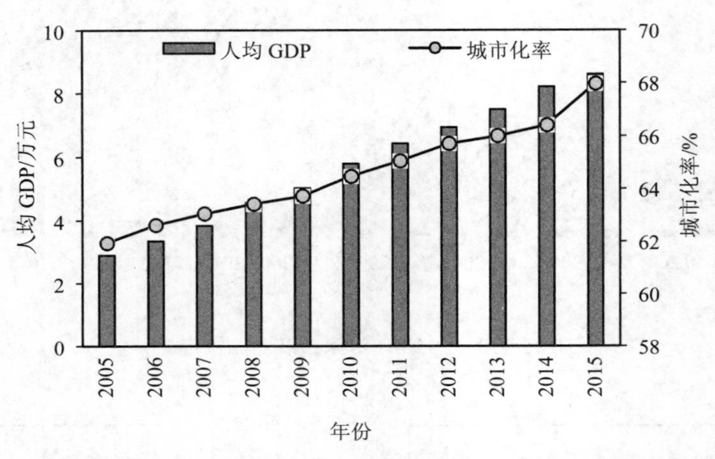

图 3　2005—2015 年济南市城市化与经济发展水平变化特征

2005—2015 年，济南市的 4 种工业污染物排放量与城市化水平（非农业人口占总人口的比重）之间的进行相关分析。从图 4 中可以看出，氨氮和二氧化硫与城市化率之间呈倒“U”形趋势，污染物排放量的曲线经过城市化水平 65%的转折点以后呈下降的趋势，化学需氧量在没有控制其他因素的前提下随着城市化水平的提高有下降的趋势，说明了城市化的进程并非如人们通常所认为的那样必然伴随有环境质量的恶化。而工业烟粉尘排放量仍然处于上升趋势，按照库兹涅茨理论研究分析，城市化水平未达到某一转折点之前，工业污染是不断增加的；经过这个拐点之后，进一步的城市化水平将伴随着持续的工业污染水平下降，因此烟（粉）尘污染趋势未达到那个拐点，加上相比于其他污染物烟（粉）尘污染治理工作起步较晚，导致其排放量呈上升趋势，需加强污染治理工作。

从工业发展角度进行分析，随着城市化水平的提高，工业不断向城市集聚，同时工业污染物也不断得以集中。在工业污染物集中的过程中，治理污染的部门可以获得两个方面的递增规模收益：①治理污染的知识和技术的外溢所带来的规模收益；②多个排污企业共同分摊清洁生产设备的高固定资产。因此，应积极看待城市化对环境治污本身的递增规模收益，有助于环境质量的改善，更重要的是随着技术的进步，治理污染的操作成本随着工业产值的增加而减少，治理污染的总成本最终会随着企业规模的扩大而下降。

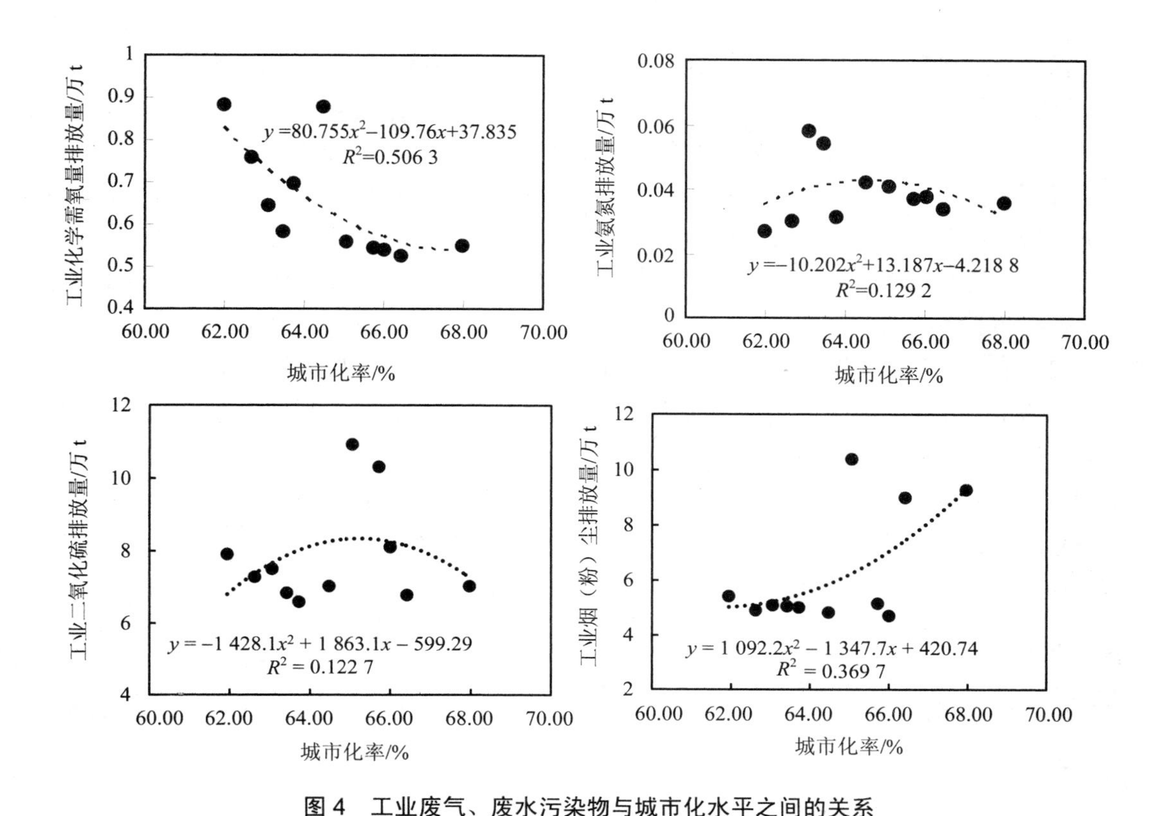

图 4　工业废气、废水污染物与城市化水平之间的关系

城市化本身并不是生态环境恶化的主要原因，城市化如何进行才是关键问题。如果能够处理得当，城市化对人类生态环境起着良好的促进作用，这种促进作用体现在资源集约效应、人口集散效应、环境教育效应以及污染集中治理效应等方面。

4　结论与建议

选取济南市环境与经济的统计数据，定量分析济南市工业污染与产业结构和城市化水平之间的耦合规律。以工业 COD、氨氮、二氧化硫、烟（粉）尘排放量作为环境指标、第三产业与第二产业的比值作为产业结构指标、城镇人口占总人口的比重作为城市化水平指标，分析相关关系。通过分析，可以得到以下结论：

（1）随着济南市工业化的进程不断推进，目前济南市已呈现出以第三产业为重点的后工业化特征。分析 2005—2015 年的产业结构和工业污染排放强度之间的关系表明，随着第三产业值与第二产业值比值增加，工业 COD、氨氮、二氧化硫、烟（粉）尘排放量逐渐降低，而降幅出现缓和的迹象。

（2）2005—2015 年，随着经济的发展济南市城市化率逐年增加，两者之间存在显著的正相关关系。工业污染物排放量与城市化水平关系的定量分析显示氨氮和二氧化硫与城市化率之间呈倒“U”形趋势，污染物排放量的曲线经过城市化水平 65%的转折点以后呈下降的趋势；化学需氧量随着城市化水平的提高有下降的趋势；而工业烟粉尘排放量仍然处于上升趋势。

综合以上分析，本文提出以下参考建议。

（1）产业结构中降低工业比重，发展第三产业。在产业机构升级过程中我们不仅要减少重污染工业在第二产业中的比重，更要降低第二产业在国民经济中的比重，增加第三产业的比重。随着现代化科技的推动，生产专业化的加深，鼓励企业形成较为独立和专一的为生产生活服务的部门。

（2）重点培育产业聚集带。在城市规划与经济发展计划中考虑集聚经济与规模经济效益，避免布局分散造成的土地资源的浪费与生态环境的恶化。重点形成产业聚集带，提倡经济个体间的专业化分工与协作。

（3）提高城市化过程中产业的支撑作用。济南的环境自身脆弱性特点要求经济发展的高效率，将资源优势转化为经济优势，提高城市化发展的产业支撑，解决城市化与产业结构调整之间的矛盾。

参考文献

[1] 杨林燕. 城镇化、产业结构与环境质量——基于省际面板数据的实证分析[J]. 吉林工商学院学报，2014，30（2）：13-17.

[2] 黄一绥. 泉州市城市化与工业污染水平计量模型研究[J]. 福建师范大学学报（自然科学版），2012，28（4）：64-69.

[3] 黄一绥，黄玲芬. 福建省城市化与工业污染的关系研究[J]. 生态环境学报，2009，18（4）：1342-1345.

[4] 马磊. 中国的城市化与工业污染：1995—2005[D]. 上海：复旦大学，2008.

[5] 黄菁. 环境污染与城市经济增长：基于联立方程的实证分析[J]. 财贸研究，2010，21（5）：8-16.

[6] 刘宇，黄继忠. 辽宁省产业结构演变的环境效应分析[J/OL]. 资源与产业，2013，15（2）：110-116.

[7] 白烁. 产业结构升级和城镇化对环境污染的影响[D]. 西安：西北大学，2016.

[8] 周国梅，唐志鹏. 环境优化经济发展的机制与政策研究[J]. 环境保护，2008（20）：20-23.

[9] 肖智，侯双. 我国城市化进程中工业污染排放强度的实证研究[J]. 技术经济，2013，32（1）：96-100.

[10] 李姝. 城市化、产业结构调整与环境污染[J]. 财经问题研究，2011（6）：38-43.

[11] 张燕峰，朱晓东，李杨帆，等. 江苏省城市化与工业污染排放相关性初步研究[J]. 环境保护与循环经济，2010，30（5）：45-48.

[12] 高乙梁. 杭州市城市化进程中的工业污染集中控制对策[J]. 环境污染与防治，2000（6）：1-3

[13] 杨冬梅，万道侠，杨晨格. 产业结构、城市化与环境污染——基于山东的实证研究[J]. 经济与管理评论，2014，30（2）：67-74.

[14] 王瑞鹏，王朋岗. 城市化、产业结构调整与环境污染的动态关系——基于 VAR 模型的实证分析[J]. 工业技术经济，2013，32（1）：26-31.

上市公司负面环境事件的市场响应
——市场差异与投资者关注①

Market Effect on Environmental Violation Events of Listed Companies：Market Difference and Investor Attention

刘倩②1 席岑2 刘轶芳3 王茗萱4 李子秦5

（1. 中央财经大学财经研究院，北京财经研究基地；2. 中央财经大学金融学院；3. 中央财经大学经济学院；4. 公众环境研究中心；5. 中央财经大学经济学院）

摘　要　资本市场对负面环境事件的有效响应是激励行业企业环境保护的重要途径。本文对所有在A股和H股市场交叉上市公司的负面环境信息披露事件的市场响应进行研究，并首次从投资者关注（investor attention）的视角分析负面环境事件市场响应的作用机制和影响因素。研究发现整体上我国负面环境信息披露事件对股票市场造成的冲击弱于其他国家市场，相比来说，A股市场比H股市场反应速度更快，但程度更小；分析反应程度的影响因素，两市场上投资者对公司的关注度越高，市场响应程度越大，信息披露方、行业、公司类型、财务状况等因素也对市场的累计异常收益率有显著影响。本文的结论从投资者关注角度证明了强化重大环境事件信息的临时披露的必要性，并从市场差异角度启示了内地市场落实强制性环境信息披露的可行性，对发展绿色资本市场具有启示意义。

关键词　环境事件　信息披露　投资者关注　绿色金融　交叉上市

Abstract　Effective response of the capital market to the environmental violation events is an essential incentive mechanism for the environmental protection of the company. This paper investigates the market effect of negative environmental information disclosure of all cross-listed companies, and analyzes the influential factors of market reaction to environmental violation events from the perspective of investor attention for the first time. We found that the overall impact of China's negative environmental information disclosure on the stock market is weaker than that of other countries. In

① 感谢公众环境研究中心 IPE 的数据支持（www.ipe.org.cn）

② 刘倩，生于 1981 年 6 月，现任中央财经大学财经研究院副研究员，北京财经研究基地研究成员，气候与能源及金融研究中心执行主任，专业领域为可持续消费、气候融资、绿色金融、碳金融等。
通讯地址：北京市海淀区学院南路 39 号中央财经大学（100081）
电话：（86-10） 62288369；手机：（86）18500135095；传真：（86-10） 62288366；电子邮箱：floraliu2050@hotmail.com。

contrast, the A-share market responses faster than the H-share market, and the H-share market is more responsive than the A-share market. Investors' attention is the common factor affecting market effect in both markets. Besides, disclosure type, industry and other company characters also affect the market effect. This paper proves the necessity of strengthening the temporary disclosure of information on major environmental events from the perspective of investors' attention, and explores the feasibility of implementing mandatory environmental information disclosure in the mainland market from the perspective of market differences. The conclusions give implications developing the green capital market.

Keywords environmental violation events, information disclosure, investor attention, green finance, cross-listing companies

1 引言

在我国环境状况日益严峻、经济发展步入新常态的背景下，绿色金融作为一项创新性市场化制度安排，为推动经济绿色发展提供了新途径，并成为一项国家战略[①]。建设绿色金融体系，不仅要丰富融资工具的种类，也要发展为这些工具提供服务的基础条件，尤其是用于识别绿色企业、绿色项目的环境信息。只有提供了充分的企业环境决策、行为、事件等相关信息，投资者才能判断哪些企业是绿色的，将更多的资金投入绿色企业中，减少对污染性企业的投资。

我国相关主管机构一直十分重视环境信息披露工作，鼓励企业环境信息公开，出台法律法规来规范相关工作（表 1），从环境信息披露的主体、内容、时间、形式等方面提出了原则性要求。各部门间合作正不断加强，环境信息披露试点工作正加紧推进，定期报告的披露数量和质量正逐年改善。然而对于重大环境事件的临时披露，上市公司对环境事故的公告仍存在滞后性，披露标准尚存争议，披露行为缺乏有效监管。

充分的环境事件信息披露对绿色金融市场功能的发挥至关重要。信息披露充分的市场中，环境信息可以通过多种途径影响企业的环境决策（图 1）。企业一旦发生重大环境事故，通常会面临一系列来自政府和其他相关监管机构的罚款以及法院的诉讼，直接降低企业的预期收益。随着金融市场体系的复杂性提高，机构投资者及企业投资人更加有赖于金融市场外部信息作为决策依据。环境事件及其行政处罚带来的经济损失和公司市场价值的大幅

① 早在 1995 年中国人民银行首次将企业环境保护纳入信贷政策。2015 年起我国绿色金融发展开始提速，在中共中央、国务院于 2015 年 9 月印发的《生态文明体制改革总体方案》中，首次明确了建立中国绿色金融体系的顶层设计。2016 年 3 月，全国人大通过的中华人民共和国国民经济和社会发展第十三个五年规划纲要明确提出要“建立绿色金融体系，发展绿色信贷、绿色债券，设立绿色发展基金”，构建绿色金融体系上升为国家战略。2016 年 8 月 31 日，中国人民银行、财政部等七部委联合印发了《关于构建绿色金融体系的指导意见》。同年 9 月，绿色金融首次被中国提到 G20 峰会中，作为核心议题之一受到与会各国的广泛关注和积极响应。

变动会带来产出市场压力、投入市场压力、司法压力、监管压力、社区压力和管理信息，进而引发投资者关切；因此充分、及时的负面环境信息披露会使公司股价大幅波动。现代企业管理制度对于首席执行官的激励与企业业绩又与股价表现直接相关，于是环境信息披露最终会引起公司核心决策层对公司治理的关切，提升经理人关注度，提升公司治理中对环境保护的重视。

表 1　中国环境信息披露相关法律法规

时间	机构	名称	环境信息披露的相关规定
2001 年 3 月	证监会	《公开发行证券的公司信息披露制度内容与格式准则第 9 号—首次公开发行股票申请文件》	要求首次上市的公司要提供关于所进行的生产活动是否符合环境保护的要求
2003 年 9 月	环保部	《关于公司环境信息公开的公告》	对于被省级环保部门列入超标排放和超量排放污染物的污染严重企业进行了强制规定：应在规定期限内公告上一年的环境信息
2005 年 12 月	国务院	《关于落实科学发展观　加强环境保护的决定》	提到了对于上市公司的监管，深化了对于环境监管的精细度，要在政策上引导公司积极承担环境保护的社会责任，在法律上强调公司依法披露环境信息的强制性，在社会舆论上提高对上市企业的监督
2008 年 5 月	上交所	《上市公司环境信息披露指引》	上市公司发生环境保护相关的重大事件，上市公司应当自该事件发生之日起两日内及时披露事件情况；可以在公司年度社会责任报告中披露或单独披露环境信息
2010 年 4 月	财政部	《内部控制配套指引》	将社会责任单独定为一个指引，其中环境保护是《社会责任指引》的重要内容
2010 年 9 月	环保部	《上市公司环境信息披露指南》（征求意见稿）	规定重污染行业上市公司应当定期披露环境信息，发布年度环境报告；发生突发环境事件或收到重大环保处罚的应发布临时环境报告
2011 年 10 月	环保部	《企业环境报告书编制导则》	详细规范了企业环境报告书的编制原则
2015 年 1 月	环保部	《企业事业单位环境信息公开办法》	对事业单位的环境信息提出具体的操作方法
2015 年 4 月	上交所	修订《上海证券交易所上市公司信息披露工作评价办法（试行）》	增加了本所推进监管转型和提高信息披露有效性方面的评价内容，将以扣分为主的评价机制调整为主客观相结合的加减分制度，并相应调整明确了具体计分标准
2016 年 8 月	人民银行等七部委	《关于构建绿色金融体系的指导意见》	逐步建立和完善上市公司和发债企业强制性环境信息披露制度。对属于环境保护部门公布的重点排污单位的上市公司，研究制定并严格执行对主要污染物达标排放情况、企业环保设施建设和运行情况以及重大环境事件的具体信息披露要求。加大对伪造环境信息的上市公司和发债企业的惩罚力度。鼓励第三方专业机构参与采集、研究和发布企业环境信息与分析报告

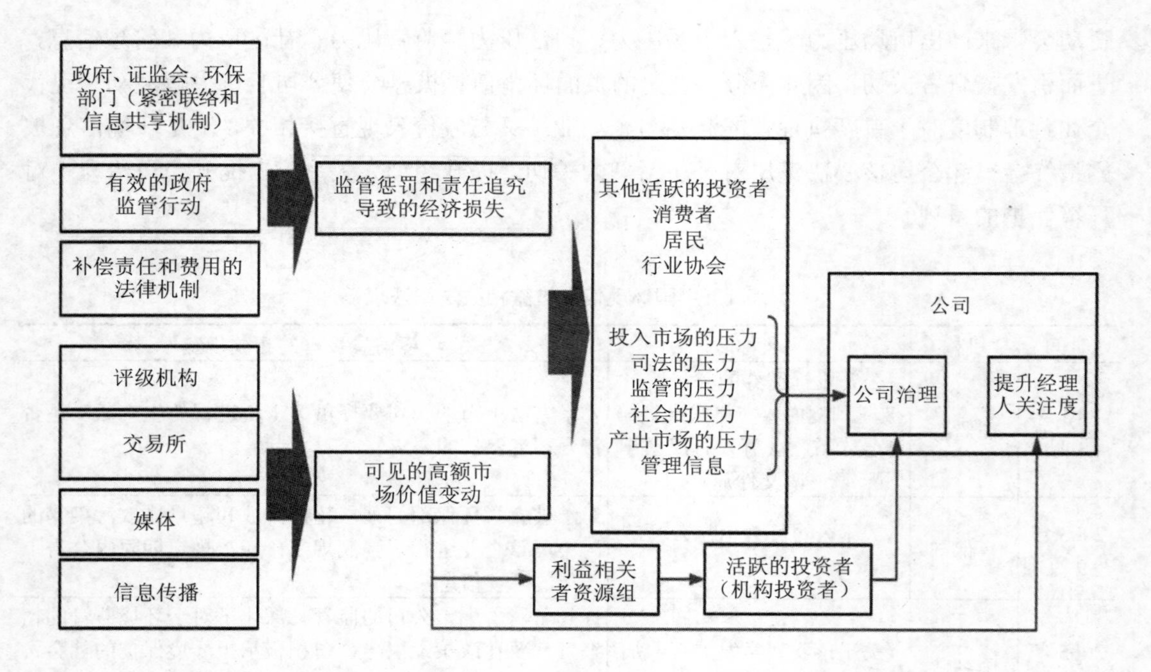

图1 环境信息披露对企业环境决策的作用机制

早在20世纪90年代，发达国家就有相关研究，量化负面环境信息对企业市值造成的短期冲击。Shane 和 Spicer 最早运用事件研究法研究股票市场对外部机构即美国经济优先议会（Council on Economic Priorities，CEP）发布的企业污染报告的反应，发现重污染企业预期未来现金流会偏低，股价也会下降即产生负向的异常收益率。在反应时间方面，研究发现加拿大资本市场上公司在环保起诉案结案并被罚款时，市值降低；而在美国，环保起诉案公开时公司市值即降低。在反应程度上，有学者对全球10个发达国家2003—2006年的环境事件市场反应的研究发现欧洲市场反应最为显著。近年来，学者开始关注新兴市场国家，对阿根廷、智利、墨西哥和菲律宾的研究显示，在国家环境的治理和监管相对偏弱的情况下，资本市场仍可以通过股价的负异常收益来惩治污染企业，环境信息披露对于发展中国家环境治理起到良好的补充作用。关于我国市场对环境事件的反应，早期研究结果并不显著，2008年后环境事件对股价的负面效应明显增强，对单一案例和整个市场的研究都发现中国市场能对企业环境事件披露做出负向反应，但相对其他国家影响程度偏低。

对于造成市场反应差异的原因，学术界从多种角度给出了检验和解释。从信息产生角度，环境信息本身显示了企业的环境治理能力，同一公司多次发布负面环境信息表明其环境业绩恶化，盈利状况受损，因而市场负向反应的程度更大。另外，罚款额的大小衡量了企业的环境事件的违法成本，高额的罚款会降低企业的盈利能力，因而造成股价的异常下跌。在信息传递方面，学者研究了污染程度、媒体报道与市场反应的关系，发现公司毒性物质化学品信息名录（Toxics Release Inventory，TRI）[①]报告中有毒释放物的排放越高，记者就越有可能报道这个事件，引起的股价波动越大。在国内市场媒体还会起到放大作用，媒体对事件报道的越多，企业市值受损越严重。从投资者角度，机构投资者与个人对于环境事件信息的反应也有所差异，国外如一些养老基金专注于绿色投资，机构投资者更加重视企业环境信息，主动管理环境风险；目前国内的机构投资者对环境事件信息的反应较不敏感，投资者对相关国家政策与环境信息的理解不充分，而且需要较长时间去吸收此类信息，其决策还主要依赖对公司盈利能力等财务性信息的关注。

以往的研究中，对环境事件考察的时间、异常收益率的计算方式等多方面的差异，限制了市场反应的可比性，A股和H股交叉上市公司则为这个问题的研究提供了合适的样本，但目前国内的研究仅限于对案例的分析和对市场指数的研究。本文则是对 2008—2016 年的所有交叉上市公司的环境事件市场反应进行研究，对比两个市场的反应差异，以期深化对我国绿色金融市场有效性的发展程度的认识。对市场反应原因的探讨上，本文首次从投资者关注（investor attention）的视角对中国环境事件信息披露的市场反应进行研究，通过加入百度指数的变量，作为衡量市场对披露环境事件信息公司的关注度的指标。研究结果支持了市场反应中关注效应的存在性，为加强我国上市公司重大环境事件信息临时披露提供依据。

2 研究设计

2.1 样本选择及数据来源

本文以 2008 年 1 月 1 日—2016 年 12 月 31 日，内地和香港市场交叉上市的公司发生的重大环境事件作为研究样本。

对于重大环境事件的界定，一方面考虑事件公众影响，选择了受到知名网站或报刊等媒体报道以及由公益组织披露的环境信息；另一方面考虑行政处罚级别，根据原环保部《上市公司环境信息披露指南》第十四条“上市公司因环境违法被省级及以上环保部门处以重大环保处罚的应当在临时报告中披露违法情形和违反的法律条款、处罚时间、处罚具体内容、整改方案及进度”，筛选受到省级及以上环保部门处罚的事件；满足标准之一即纳入筛选范围，剔除事件发生前后 7 个交易日内发生并购重组、违规行为退市风险警示等重大事件的公司，共获得 50 起环境事件。

如何进一步对上市公司的行业划分，采用证监会公布的《上市公司行业分类指引》中的一级行业代码作为行业分类标准，将上市公司分为 19 类；从样本事件的行业分布来看，环境事件行业分布集中在 3 个行业，且以采矿业和制造业居多，合计占到 86%。从公司性

---

① 毒性物质化学品信息名录：美国国会于 1986 年对《超级基金修正案及再授权法》的第 3 款进行修订，并通过了《应急规划与社区知情权法案》，主要措施是编制《毒性物质化学品信息名录》。根据规定，在此法案管辖范围内的工厂要每年根据这一名录，对其所排放到空中、陆地或者水中的化学物质进行报告，报告也包括当年转移到其他地区进行焚烧或者填埋处理的化学品。美国国家环保局根据工厂的报告所整理的数据向公众公开，也就是所谓的《毒性物质排放清单》。

质来看，共涉及央企 34 家，非央企 16 家，其中包括地方国有企业 15 家。

表 2　2008—2016 年 AH 交叉上市公司的环境事件统计

行业	数量	公司类别	数量
采矿业	22	央企	34
制造业	21	地方国有企业	15
电力热力燃气及水生产和供应业	7	民营企业	1

本文使用的上市公司财务数据、行业代码以及个股行情数据等均来自 Wind 数据库。环境事件信息来源于 IPE 网站、环保部网站、地方环保局网站以及各大媒体网站。

2.2　事件研究法

采用事件研究法来考察环境事件信息披露前后的市场反应，具体而言：①事件窗口的选择。我们以市场最早得到环境事件信息的当天作为事件日，即环保处罚公布日与各大媒体报道日较早者。窗口期间选取事件日前 3 天至后 20 天，即（−3，+20）。②估计窗口的选择。研究认为对于（−30，+30）或者其以内的事件窗口，估计窗口可以是 120 天或更长。因此，本文选取（−160，−10）一共 151 个交易日作为估计窗口。③正常收益率估计模型的选择。考虑到股票收益率的厚尾和波动集聚现象，加之我国股票市场行业轮动现象明显，β系数具有时变性，选用 ARMA-GARCH 模型，提高模型精度。即：

$$\begin{cases} R_{i,t}=\alpha_i+\beta_{i0}R_{m,t}+\beta_{i1}R_{m,t-1}+\beta_{i2}R_{m,t-2}+\cdots+\beta_{ip}R_{m,t-p}+\varepsilon_{i,t}+\theta_{i1}\varepsilon_{i,t-1}+\theta_{i2}\varepsilon_{i,t-2}+\cdots+\theta_{iq}\varepsilon_{i,t-q} \\ \varepsilon_{i,t}\big|\,I_{i,t-1}\sim N\left(0,\sigma_{i,t}^2\right) \\ \varepsilon_{i,t}=\sigma_{i,t}\eta_{i,t},\eta_{i,t}\sim i.i.d.N\left(0,1\right) \\ \sigma_{i,t}^2=\lambda_{i0,t}+\sum_{j=1}^{n}\lambda_{ij,t}\varepsilon_{i,t\text{-}j}^2+\sum_{j=1}^{m}\omega_{ij,t}\sigma_{i,t-j}^2 \end{cases} \tag{1}$$

式中，p、q 分别是自回归与移动平均的阶数，α_i、$\beta_{ij}, j=1,2,\cdots,p$、$\theta_{ij}, j=1,2,\cdots,q$ 为待估参数；$R_{i,t}$ 表示研究样本在 t 期的个股报酬率，通过 t 期个股收盘价减去上一交易日个股收盘价，再除以 t 期收盘价获得；$R_{m,t}$ 表示 t 期市场报酬率，即以沪深 300 指数收益率作为 A 股的市场报酬率，以恒生指数作为 H 股的市场报酬率；$\varepsilon_{i,t}$ 为 t 期的残差项；$I_{i,t-1}$ 表示到 t−1 期末所有已知信息的信息集；$\sigma_{i,t}^2$ 为条件方差。$m\geqslant0$，$n\geqslant0$；$\lambda_{ij,t}\geqslant0$，$j=0,1,\cdots,n$；$\omega_{ij,t}\geqslant0$，$j=0,1,\cdots,m$；$\sum_{j=1}^{n}\lambda_{ij,t}+\sum_{j=1}^{m}\omega_{ij,t}\leqslant1$。

根据上述标准，计算每个样本每天的异常收益率 AR_{it}。

$$AR_{it}=R_{it}-\widehat{R}_{it} \tag{2}$$

式中，R_{it}、$\widehat{R}_{it}$ 分别为证券在对应时刻的股价收益率和通过式（1）得到的预测收益率。

事件窗内，时间 t_1 到 t_2 区间内的累计异常收益率通过加总得到：

$$CAR_i(t_1,t_2)=\sum_{t=t_1}^{t_2}AR_{i,t} \tag{3}$$

样本总体的异常收益率和累计异常收益率采用所有样本公司对应指标的算术平均得到：

$$CAR(t_1,t_2)=\frac{1}{N}\sum_{i=1}^{N}CAR_i(t_1,t_2) \tag{4}$$

对于样本累计异常收益的显著性检验，采用 t 检验和 Wilcoxon 检验法，检验统计量为：

$$t=\frac{\overline{CAR}(\tau_1,\tau_2)}{\sigma/\sqrt{N}} \qquad z=\frac{n_{-}+0.5-N/2}{\sqrt{N}/2} \tag{5}$$

在正态假设下，符合 t 分布，自由度为（N−1），N 为样本数。n_{-} 为小于 0 的样本数。t 检验与 Wilcoxon 检验均为单边检验 p 值。

2.3 回归模型

通过多元回归分析，探究环境事件信息披露对窗口期内的市场反应的影响因素。

$$CAR=\alpha+\beta_1\text{lev}+\beta_2\text{roe}+\beta_3\text{size}+\beta_4\text{type}+\beta_5\text{dis}+\beta_6\text{fine}+\beta_7\text{at}+\varepsilon \tag{6}$$

选取窗口期内 CAR 作为被解释变量。在解释变量选取上，基于以往研究，考虑环境事件受到处罚的情况，环境信息的披露方，以及事件公司的公司特征因素，包括公司的盈利能力，公司类型，公司的资本结构，公司的规模，同时在回归中控制了公司的行业因素。解释变量的说明见表 3。

表 3 解释变量说明

变量名称	变量说明
lev	公司资本结构，事件当年资产负债率表示
roe	事件发生当年的净资产收益率，衡量公司的盈利能力
size	公司规模，用公司账面价值+1 取对数替代
type	公司类型，当公司为央企时取 1，否则取 0
dis	披露方类型，分为环保部门披露（包括环保部和地方环保局）和公共监督披露（包括如媒体、非营利组织等的披露）
fine	罚款额，用环境处罚金额（单位：万元）+1 取对数替代
at	投资者关注度，用百度指数的整体指数或 PC 搜索指数取对数替代，衡量投资者对环境事件公司在环境事件信息披露时的关注度

研究表明，关注度增加会使得某只股票被购买的可能性增加，当用户使用搜索引擎来搜索某只股票的名称时，用户对某只股票的关注就直接地显示出来，所以网络总搜索量是投资者关注直接和明确的衡量指标。

为检验投资者关注对事件负面效果的影响，本文引入事件公司的百度搜索指数来衡量投资者对事件的关注度。百度指数是以网民在百度的搜索量为数据基础，以关键词为统计对象，科学分析并计算出各个关键词在百度网页搜索中搜索频次的加权和。根据搜索来源的不同，搜索指数分为 PC 搜索指数和移动搜索指数①。移动指数是随着手机使用度的提高于 2011 年推出，因此本文对于 2011 年之前的样本采用 PC 搜索指数，2011 年后的样本采用整体指数（数值上等于二者之和）。

本文从此角度进行初步分析，将 50 个事件划分为 high_at 和 low_at 两组，分别代表高的投资者关注和低的投资者关注。图 2 刻画了两组股票的平均值和中位数。可见，A 股市场，低关注度的平均异常收益率−0.70%，高关注度组的平均异常收益率−1.18%；H 股市场，低关注度的平均异常收益率−0.85%，高关注度组的平均异常收益率−1.56%。两市场上两者之间均有较大差距，投资者的关注度越高，市场响应程度越大。

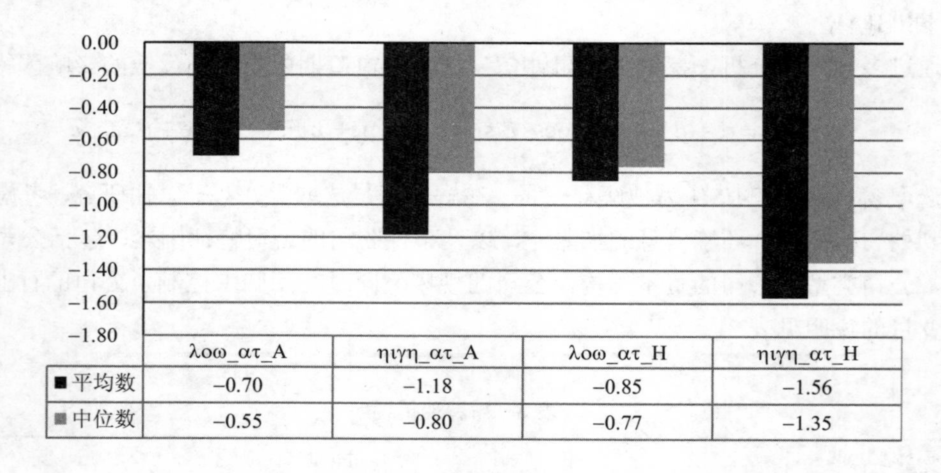

图 2 百度指数与事件日异常收益率

3 研究结果与分析

3.1 资本市场与环保部门处罚效力的比较分析

（1） 资本市场惩罚力度分析。*AR* 从小到大排列选出前 10%，即选出市场负向反应最强烈的五大事件。A 股与 H 股同一事件的市场反应程度不完全一致，但前五大事件中有两件是相同的（表 4、表 5 中公司名称栏用*标注）。这些事件的罚款额不大，但是市场反应

① http：//index.baidu.com/Helper/？ tpl=help&word=#wmean.

强烈。从事件日的异常收益率来看，A 股最大的达到−3.47%，H 股达到了−4.98%，造成上百亿元的异常市值波动；而对于市值本身较大的企业如中国石油来说，较小的市值波动带来的损失也是巨大的。在（−3，20）窗口期内，最大跌幅在−8%左右，造成的市值损失也是数以十亿元计。

表 4　A 股市场负向反应最大的事件

证券简称	事件时间	披露事件	披露方	罚款/万元	异常收益率/%	市值异常损失/10 亿元	最大跌幅/%	市值损失/10 亿元
中国铝业	2015/3/20	烟气出口二氧化硫、氮氧化物、粉尘等主要污染物长期超标排放。	中国环境报	0	−3.47	−29.74	−9.93	−85.16
中国铝业*	2016/11/30	中国铝业股份有限公司广西分公司 大型循环流化床煤气炉改造项目，未验先投	广西壮族自治区环保厅	0	−2.97	−11.19	−3.11	−11.73
中国石油	2015/1/12	中石油兰州石化分公司火炬气燃烧，排放滚滚黑烟，局部空气质量显著恶化	环保部、中国环境报	0	−2.93	−623.37	−7.95	−1 689.82
晨鸣纸业*	2010/10/11	居民举报违规排污	媒体	0	−2.80	−4.69	−7.22	−12.09
鞍钢股份*	2016/11/30	鞍钢鲅鱼圈一期钢铁项目批建不符	辽宁省环保厅	0	−2.77	−19.26	−3.51	−24.37

表 5　H 股市场负向反应最大的事件

证券简称	事件时间	披露事件	披露方	罚款/万元	异常收益率/%	市值异常损失/10 亿元	最大跌幅/%	市值损失/10 亿元
中国铝业*	2016/11/30	中国铝业股份有限公司广西分公司大型循环流化床煤气炉改造项目未验先投	广西广西壮族自治区环保厅	0	−4.98	−15.78	−6.37	−20.20
鞍钢股份*	2016/11/30	鞍钢鲅鱼圈一期钢铁项目批建不符	辽宁省环保厅	0	−4.44	−22.92	−5.74	−29.62
晨鸣纸业*	2010/10/11	居民举报违规排污	媒体	0	−3.57	−5.40	−7.09	−10.71
晨鸣纸业	2010/5/14	环保部点名批评	环保部	0	−2.99	−4.00	−6.06	−8.11
紫金矿业	2008/5/14	环保部通报批评	环保部	0	−2.69	−26.68	−13.70	−135.83

（2）罚款额惩罚力度分析。本文对罚款额进行统计，50 起事件的平均罚款额为 622.25 万元，中位数为 0。表 6 为环保事件罚款额的统计，可以看出在交叉上市公司的环境事件样本中，受到环保部门罚款的数量仅占不到 30%，罚款 10 万元以下占比接近 80%。

表 6　企业罚款额统计

罚款额	事件数	比例/%
0	34	68.00
0～10 万元	5	10.00
10 万～100 万元	3	6.00
100 万～500 万元	2	4.00
500 万～1 000 万元	5	10.00
1 000 万元以上	1	2.00

发达国家市场的早期研究曾指出，监管者和法院的行政处罚过低以致不能起到对环境事件的惩治作用。例如，美国 1990 年发生了 1 400 起惩罚共计 6 132.92 万美元，平均罚款额为 43 806 美元，最高单笔罚款额为 1 500 万美元；加拿大整体罚款水平比美国偏低，阿尔伯特省 1990 年的 8 起事件平均罚款额为 37 275 万元。对比来看，我国目前环保处罚的数量和数额都远远不足。

（3）对比分析。资本市场对于上市公司环境污染的惩罚，反应到市值损失中则要远高于行政处罚的力度。现对 16 件实施环保处罚事件的（−3，10）窗口期内的日最大市值损失额与罚款额进行对比，比值见表 7。由于环保处罚分布不均，从中位数看到平均来说 A 股市场惩罚效力是行政罚款额的 4 545.19 倍；H 股市场高于 A 股市场，是 5 573.69 倍。结合前面的结论来看，尽管两个市场对环境事件的反应程度不同，但是一旦市场关注到环境事件，则公司受到资本市场的惩罚是巨大的。

表 7　最大市值损失额与罚款额比值

	A 股市场	H 股市场	A+H 合计
最大值	−99 606	−257 963	−332 305
最小值	−18.769 3	−78.416 2	−112.974
中位数	−4 545.19	−5 573.69	−9 549.82
均值	−26 168.2	−29 051.5	−55 219.8

3.2　资本市场对企业环境污染事件的反应方向与反应速度

图 3 中横轴为相对于事件日的时间，单位为天；纵轴为各事件股票的累计异常收益率的平均值 *CAR*。可以看出，两市场均会对环境事件的披露做出负向反应。A 股市场比 H 股市场反应速度要快，但是反应幅度要小。这种负向异常反应持续时间较长，从环境事件信

息披露日前即开始，事件日后 3 天内有强烈的负向反应，到第 10 天累计异常收益率才开始逐渐恢复，到 20 天影响仍不会完全消退。

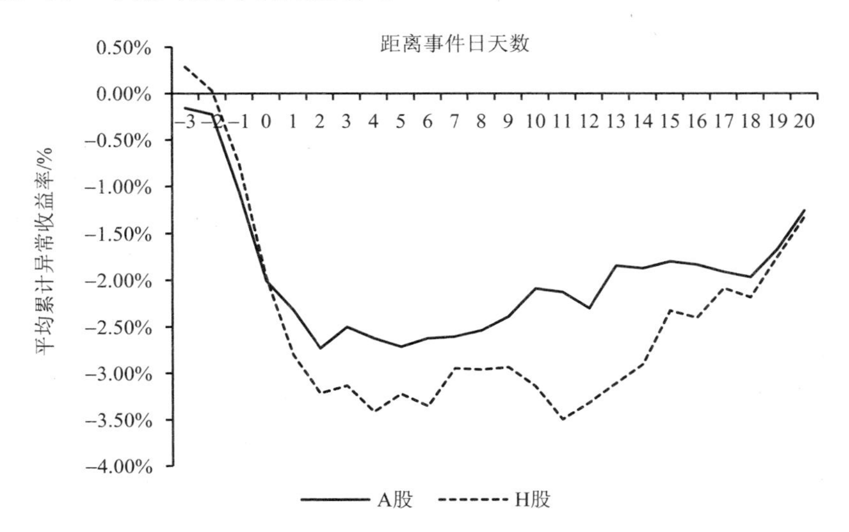

图 3 A 股和 H 股市场上市公司事件日附近平均累计异常收益率

以上结果说明，证实资本市场对环境事件披露的负向反应。下面将采用更严谨的统计方法验证不同事件窗口内环境事件造成的累计异常收益的显著性。基于图 2 的提示，我们选择如下事件窗口，具体包括（−3，3）、（−3，2）、（−3，1）、（−3，2）、（−3，3）、（−3，4）、（−3，5）、（−3，7）、（−3，10）、（−3，15）、（−3，20）。对总样本的不同窗口期的累计异常收益率进行 t 检验和 Wilcoxon 检验。

表 8 环境事件披露的市场反应检验结果

窗口期	A 股市场				H 股市场			
	N	均值/%	t	z	N	均值/%	t	z
−3～0	50	−2.01	−2.84***	−2.72***	50	−1.97	−3.12***	−2.87***
−3～1	50	−2.32	−3.08***	−3.10***	50	−2.80	−4.06***	−3.76***
−3～2	50	−2.73	−3.32***	−3.06***	50	−3.22	−4.03***	−3.69***
−3～3	50	−2.50	−2.52***	−2.20**	50	−3.13	−3.35***	−2.92***
−3～4	50	−2.62	−2.12**	−2.07**	50	−3.42	−2.98***	−2.80***
−3～5	50	−2.71	−1.87**	−2.09**	50	−3.22	−2.71***	−2.78**
−3～7	50	−2.61	−1.54*	−2.41*	50	−2.95	−2.05**	−2.72***
−3～10	50	−2.09	−1.14	−1.75*	50	−3.14	−1.82**	−2.42**
−3～15	50	−1.80	−0.72	−1.06	50	−2.33	−0.93	−1.90*
−3～20	50	−2.35	−0.90	−1.67*	50	−1.33	−0.53	−1.07

注：* $p < 0.1$，** $p < 0.05$，*** $p < 0.01$。

由表 8 可知，两个市场在前面的窗口期有显著为负的累计异常收益率。10 天后则不能拒绝原假设，即不再存在显著不为 0 的异常收益率。说明环境事件对企业股价影响是短期的。而反应幅度上，A 股市场在事件日两天后 *CAR* 达到−3.32%；H 股市场在第 4 天达到−3.42%。学者对中国市场 2010 年的事件研究结果 $CAR_{(0,8)}$=−2.7%，比绝对值更大。但相比其他发展中国家市场来说反应依旧偏弱（表 9）。

表 9　其他国家和市场研究结果比较

研究	事件	主要结果（*CAR*）
Xu et al.（2012）	100 起环境污染事件（中国，2010）	*CAR*[0, +8]= −2.7%
Dasgupata et al.（2001）	居民投诉和环境事件（阿根廷、智利、墨西哥、菲律宾，1990—1994）	−4%～−15%
Dasgupata et al.（2006）	负面环境新闻（韩国，1993—2000）	−5.5%
Gupta，S. and Goldar，B.（2005）	公布的环境业绩较差（印度，1999—2002）	−30%
Lundgren，T.，and Olsson，R.（2009）	环境事件（澳大利亚、德国、加拿大，丹麦、芬兰、日本、荷兰、瑞士、英国、美国，2003—2006）	CAR_{EU}[−7, 7]=−1.2% CAR_{EU}[−20, 20]=−3.6%

样本平均累计异常收益率的变化可能受到不同样本间异常收益率正负抵消的影响，从而对判断资本市场反应时间造成干扰。在排除其他重大事件干扰后，窗口期内异常收益率绝对值达到最大时，认为是市场反应最强烈的日期。我们统计两个市场的不同窗口期内的异常收益率最小值所用天数的平均值，来进一步比较两个市场反应速度的差异。

表 10　异常收益率最小值与所用天数

窗口期	Min（AR_A）/%	天数_A	Min（AR_H）/%	天数_H
−3～20	−3.50	12.58	−4.22	13.82
−3～15	−2.90	4.68	−3.69	5.66
−3～10	−2.70	2.22	−3.48	3.56
−3～7	−2.65	1.54	−3.07	2.16
−3～3	−2.33	−0.06	−2.50	0.38

从表 10 可以看到，H 股达到异常收益率最小的时间要比 A 股时间长，而 H 股的异常收益率的绝对值要大于 A 股，说明 H 股市场的反应速度比 A 股市场略显滞后，但是反应幅度要更大。

3.3 不同特征事件的市场反应

研究区分行业、公司类型等因素，对子样本进行分类统计检验[①]，以比较不同特征事件的市场反应。

（1）行业。区分行业，对不同窗口期的累计异常收益率进行统计检验，发现两市场的响应具有行业差异。A股和H股市场对制造业企业发生环境事件有显著的负向反应，持续时间约为5天。对于采矿业，A股没有显著反应，但H股有显著的负向反应。对于电力、热力、燃气及水生产和供应业也是只有H股在事件日两天内有显著的负向反应。分行业来看，A股市场只对制造业的环境事件信息较为敏感，而H股市场则对所有行业的事件均有不同程度的反应。

（2）公司类型。央企与政府之间的密切关系可以为其带来融资上的便利，减少融资约束，降低融资成本，当陷入困境时也更容易获得政府的支持。因此在过去，当政府把发展经济置于环境保护之上时，密切的政治关联会减弱环保行政处罚的效力。而我国“十三五”规划中提出绿色发展理念，推动经济绿色发展。在此背景下，地方政府、金融机构等利益相关者也提高了对环境保护的重视。理性投资者意识到央企发生负面环境事件，不仅会受到行政罚款，反而容易受到财政支持减少、批贷困难等多方面约束，从而严重恶化企业未来的财务状况，放大事件的后果。因此市场对央企负面环境事件显得越发敏感。

通过检验发现，A股市场对于央企和非央企的负向反应持续时间的长度没有明显差异，在事件日第5天之后都不再显著为负。H股市场对非央企的负向反应持续时间较A股略短，而对央企的负向反应则持续时间相对略长。这表明在H股市场的投资者看来，环境事件对于央企的影响更大，同我们的分析一致。

3.4 市场反应的影响因素

表11展示了各窗口期的累计异常收益率的影响因素回归结果[②]。

表11 回归结果

	A_030	A_0301	A_0302	A_0303	H_030	H_0301	H_0302	H_0303
lev	−0.110*	−0.127**	−0.164**	−0.161*	−0.037	−0.034	−0.020	0.051
	（−1.93）	（−2.15）	（−2.48）	（−1.83）	（−0.68）	（−0.62）	（−0.33）	（0.72）
roe	0.032	0.043	0.064	0.104	0.226***	0.232***	0.267***	0.252**
	（0.36）	（0.48）	（0.64）	（0.78）	（2.77）	（2.78）	（2.93）	（2.33）
size	−0.313	−0.791	−1.252	−1.132	−0.376	−0.043	0.198	0.624
	（−0.46）	（−1.13）	（−1.60）	（−1.08）	（−0.60）	（−0.07）	（0.28）	（0.74）

① 限于篇幅，具体检验结果可与作者联系。
② 篇幅所限，其他窗口期的回归结果可与作者联系。

	A_030	A_0301	A_0302	A_0303	H_030	H_0301	H_0302	H_0303
at	−0.986***	−1.094***	−1.047***	−1.164**	−0.672**	−0.805***	−0.806**	−1.061***
	（−3.13）	（−3.36）	（−2.88）	（−2.39）	（−2.34）	（−2.73）	（−2.50）	（−2.77）
fine	0.107	0.095	0.158	0.037	−0.098	−0.084	−0.120	−0.172
	（0.93）	（0.80）	（1.19）	（0.21）	（−0.94）	（−0.78）	（−1.02）	（−1.23）
type	3.684*	5.647***	5.744**	6.462**	4.041**	4.339**	2.784	2.442
	（1.87）	（2.78）	（2.53）	（2.13）	（2.23）	（2.33）	（1.37）	（1.01）
dis	−2.356*	−2.775*	−3.284**	−3.175	−2.419*	−2.565*	−2.847*	−2.270
	（−1.69）	（−1.92）	（−2.03）	（−1.47）	（−1.90）	（−1.97）	（−2.00）	（−1.34）
Iindustry_1	5.267**	5.554**	5.003*	3.947	−0.377	−0.488	−1.395	−1.900
	（2.35）	（2.39）	（1.93）	（1.14）	（−0.19）	（−0.24）	（−0.62）	（−0.71）
Iindustry_2	12.402***	12.051***	12.356***	9.568*	−1.572	−1.938	−4.602	−7.116*
	（3.56）	（3.34）	（3.07）	（1.78）	（−0.51）	（−0.61）	（−1.33）	（−1.72）
常数项	2.021	13.236	26.797	23.984	5.366	−4.743	−10.042	−24.829
	（0.11）	（0.71）	（1.29）	（0.87）	（0.32）	（−0.27）	（−0.53）	（−1.11）
N	50	50	50	50	50	50	50	50
r^2	0.370	0.407	0.383	0.244	0.350	0.428	0.489	0.477
F	2.607	3.052	2.757	1.431	2.388	3.325	4.248	4.051
p	0.018	0.007	0.013	0.208	0.029	0.004	0.001	0.001

注：括号内为 t 值。
* $p<0.1$，** $p<0.05$，*** $p<0.01$。

A 股市场和 H 股市场较为明显的差异体现在公司财务特征变量的显著性上。A 股市场的负向反应与公司的资本结构相关，资产负债率的系数为负，说明资产负债率越高，累计异常收益率越小，也就是说市场负向反应越强烈。在 A 股市场，公司的财务风险越大，在发生环境事件时，对股价的负向影响越大。H 股市场的负向反应与公司的资本回报率相关，显著为正的系数表明，公司的资本回报率越高，累计异常收益率越大即对环境事件的反应越小。在 H 股市场，具有高资本回报率的公司在发生环境事件时受到的负向影响较小。与之前的结论呼应，在事件日附近，公司类型、行业因素也会影响两市场的反应程度。

在回归中发现，本应作为对环境污染公司起到重要制约作用的罚款额变量的系数并不显著，这与以往的研究并不一致。本研究的对象是 A 股和 H 股交叉上市的公司，通过样本数据特征分析可见实施罚款的事件少，罚款金额小，因而相对于其他因素来说，罚款额对投资者判断这些公司价值时并不能起到决定性作用。但是，市场对于环保部门披露的信息反应程度更大，这表明公众监督和环保部门的惩治披露二者缺一不可。虽然小金额的行政处罚对于企业本身造成的经济损失较小，但是官方的信息披露作用具有权威性，更能引起市场反应。

考察投资者关注度对市场反应的影响。回归结果显示，A 股市场上百度指数在（−3，5）以及之前的窗口期内异常收益率的回归系数显著为负，说明市场关注度越高，累计异常收益率越小，负向反应越大；也就是说，环境事件披露前后，投资者关注度越高，短期内资本市场对事件的负向反应越强烈。H 股市场上一直到（−3，10）窗口期，百度指数的回归系数都是显著的，说明关注效应在相对成熟的 H 股市场上同样存在。

4 结论与启示

（1）以 2008—2016 年我国 A 股和 H 股交叉上市公司发生的环境事件为研究对象，运用事件研究法对我国上市公司环境事件披露的市场反应进行了分析，并采用多元回归分析探讨环境事件披露市场反应的影响因素，研究表明：①整体上我国环境事件披露对股票市场造成的冲击弱于其他国家市场，反应的持续时间为 10 天左右；相比来说，A 股市场比 H 股市场反应要迅速，而 H 股市场比 A 股市场反应程度更大。②不同行业的投资者对于环境事件的反应差异较大，制造业投资者对环境事件信息披露的反应较显著，采矿业仅有 H 股市场有显著的负向反应，而电力、热力、燃气及水生产和供应业两个市场都没有显著反应。对于不同类型的公司，A 股市场央企和非央企的表现相似；H 股市场上，央企的负向反应则明显大于非央企。③市场反应影响因素上，本文的研究发现，无论是 A 股市场还是 H 股市场，投资者关注度都是影响市场负向反应程度的重要因素，投资者对公司的关注度越高，市场反应越大；在监管方面，尽管市场响应对金额较小的行政处罚不敏感，但是环保部和地方环保局的官方信息披露与公众媒体的披露相比更能引发市场响应。此外，在对于发生环境事件公司的价值评估上，A 股市场投资者更关注公司的资本结构，H 股市场投资者更关注公司的盈利能力。

（2）从投资者关注度角度证明了强化重大环境事件信息的临时披露的必要性，并从市场差异角度启示了内地市场落实强制性环境信息披露的可行性。一方面，我国选择自上而下的方式推动绿色金融的发展，将绿色金融作为国家战略，逐步完善相关法律制度体系。然而目前重大环境事件信息的披露多来自媒体、公益组织以及环保部门；上市公司发布临时公告的自觉性较差，报喜不报忧。研究表明，在环保处罚等相关机制相对缺失的情况下，提升资本市场的对环境事件的关注是绿色金融市场功能发挥的关键。而充分的环境信息披露决定了投资者能否及时准确地获得信息并做出反应。因此，强化重大环境事件临时信息披露是我国建设绿色金融市场的当务之急。另一方面，证券价格敏感性作为我国上市公司临时报告信息披露重大性认定标准，需要一个相对有效的市场。本研究表明，尽管存在如紫金矿业股票价格在突发环境事件前后异常波动的情况①，但整体来看我国 A 股市场对于环境事件信息的反应存在且是负向的。与相对成熟的 H 股市场比，A 股市场的反应在行业、公司特征等影响因素上有自身特点，但反应程度上与 H 股相差不大，反应速度也快于 H

① 2010 年 10 月 8 日，环保部门在公布了 956.313 万元的处罚通知后，紫金矿业 A 股涨停，H 股上涨 12.424%。

股市场。这为我国推出落实重大环境事件临时信息披露提供了可行性的支持。

（3）要完善绿色金融体系、充分发挥资本市场对企业污染的惩治作用还需多方配合。①要有一套明确的有执行力的环境信息披露标准体系，并逐步提升企业自身的环境管理能力。A 股市场在推行和落实环境信息披露体系时，可借鉴港交所对企业环境、社会及公司治理（ESG）信息披露制度建立的渐进模式[①]，建立明确标准后，由自愿披露转为半强制性披露，对企业提升环境信息披露能力以及市场完善信息披露体系实施预期管理，并约定一个明确的目标期限，环境信息披露可以逐步落到实处，提升信息质量。②环境信息披露需要良好的信息平台。重大环境事件的信息来源广泛，产生于环境部门的执法和公众参与监督，不存在企业自身信息披露能力的障碍，一旦制度建立，信息平台搭建完善，即可切实落实到位。环保部行政处罚文件不仅应作为专业公告分散发布在各地环保局网站上，还应让市场上的利益相关者更迅速、更便捷地了解相关信息，因此需进一步发挥媒体的信息放大作用，发挥专业 NGO 的信息支持作用以及社会影响力，鼓励第三方专业机构参与、研究和发布企业环境信息与分析报告，从而使更多投资者提高对环境事件信息的关注。这个过程中要重点关注信息的及时性，以保证资本市场可以迅速将其转化为价格信息。③发展绿色金融市场离不开绿色投资者的参与，一方面应继续进行宣传教育，提高公众和金融机构的环境保护意识；另一方面应加强对环境风险的识别和量化模型的研究开发，提升投资者对于环境风险的识别能力，让环境风险更多地纳入实际投融资决策中。

参考文献

[1] 张瑞彬. 上市公司临时报告披露制度研究[J]. 证券市场导报，2002（2）：24-31.

[2] 胡华夏，胡冬. 上市公司环境信息披露的市场效应[J]. 财会月刊，2008（5）：18-19.

[3] 宋双杰，曹晖，杨坤. 投资者关注与 IPO 异象——来自网络搜索量的经验证据[J]. 经济研究，2011（1）：145-155.

[4] 万寿义，刘正阳. 制度安排、环境信息披露与市场反应——基于监管机构相关规定颁布的经验研究[J]. 理论导刊，2011（11）：44-48.

[5] 沈红波，谢越，陈峥嵘. 企业的环境保护、社会责任及其市场效应——基于紫金矿业环境污染事件的案例研究[J]. 中国工业经济，2012（1）：141-151.

[6] 朱谦. 上市公司突发环境事件信息披露的真实性探讨——以紫金矿业环境污染事件为例[J]. 法学评论，2012（6）.

[7] 朱谦. 上市公司突发环境事件信息披露的重大性标准探讨[J]. 法治研究，2012（10）.

[8] 万寿义，刘正阳. 交叉上市公司社会责任缺陷披露的市场反应——基于紫金矿业突发渗漏环保事故的案例研究[J]. 中国人口·资源与环境，2012，22（137）：62-69.

---

① 2011 年 12 月港交所发布了《环境、社会及管治报告指引》的咨询文件，征求意见期为 4 个月，2013 年开始生效，属于自愿信息披露；2015 年 7 月发布修订征询意见，2016 年 1 月 1 日起将一般披露要求提升至“不遵守就解释”的半强制性标准。

[9] 王遥，李哲媛. 我国股票市场的绿色有效性——基于2003—2012年环境事件市场反应的实证分析[J]. 财贸经济，2013（2）：37-48.

[10] 孔东民，徐茗丽，黄京. 环境污染、媒体曝光与不同类型的投资者反应[J]. 华中科技大学学报（社会科学版），2013，27（2）：82-89.

[11] 卢丽娟. 环境信息披露、行业差异与股票价格——来自沪市上市公司的经验证据[J]. 价格理论与实践，2014（6）：102-104.

[12] 马骏. 完善环境信息披露制度[J]. 中国金融，2016（6）.

[13] 复旦大学. 企业环境信息披露指数（2017中期报告）. 2017.

[14] 陈燕红，张超. 环境违法成本视角下的上市公司股价对污染事件响应特征研究[J]. 中国人口·资源与环境，2017（S1）.

[15] Barber，Brad M.，T. Odean. All That Glitters：The Effect of Attention and News on the Buying Behavior of Individual and Institutional Investors[J]. Review of Financial Studies，2008，21（2）：785-818.

[16] Campbell，J.，W. L .，Andrew，A. C .，Mackinlay. The Econometrics of Financial Markets[M]. Princeton University Press，1997.

[17] Darrell W，Schwartz B N. Environmental disclosures and public policy pressure[J]. Journal of Accounting & Public Policy，1997，16（2）：125-154.

[18] Hall，Brian J，J. B. Liebman. Are CEOs Really Paid Like Bureaucrats？[J]. Nber Working Papers，1997，113（3）：653-691.

[19] Hamilton J T. Pollution as News：Media and Stock Market Reactions to the Toxics Release Inventory Data[J]. Journal of Environmental Economics & Management，1995，28（1）：98-113.

[20] Holderness，Clifford G.，R. S. Kroszner，D. P. Sheehan. Were the Good Old Days That Good？ Changes in Managerial Stock Ownership Since the Great Depression[J]. Journal of Finance，1999，54（2）：435-469.

[21] Jonathan M. Karpoff，John R. Lott，Jr，Eric W. Wehrly. The Reputational Penalties for Environmental Violations：Empirical Evidence[J]. Social Science Electronic Publishing，2005，48（2）：653-675.

[22] Kaenzig J，Friot D，Saadé M，et al. Using life cycle approaches to enhance the value of corporate environmental disclosures[J]. Business Strategy & the Environment，2011，20（1）：38-54.

[23] Khanna M，Quimio W R H，Bojilova D. Toxics Release Information：A Policy Tool for Environmental Protection[J]. Journal of Environmental Economics & Management，1998，36（3）：243-266.

[24] Konar S，Cohen M A. Information As Regulation：The Effect of Community Right to Know Laws on Toxic Emissions[J]. Journal of Environmental Economics & Management，1997，32（1）：109-124.

[25] Lanoie P，Laplante B，Roy M. Can Capital Markets Create Incentives for Pollution Control？[J]. The World Bank，1997：31-41.

[26] Laplante，Benoît，S. Dasgupta，N. Mamingi. Capital Market Responses to Environmental Performance in Developing Countries[J]. Policy Research Working Paper，1998.

[27] Laplante B，Lanoie P. The Market Response to Environmental Incidents in Canada：A Theoretical and

Empirical Analysis[J]. Southern Economic Journal，1994，60（3）：657-672.

[28] Lundgren T，Olsson R. How Bad is Bad News？ Assessing the Effects of Environmental Incidents on Firm Value[J]. American J of Finance & Accounting，2010，1（4）：376-392.

[29] Murphy S K. You should be prepared for shareholder activism[J]. San Diego Business Journal，1997.

[30] Shane P B，Spicer B H. Market Response to Environmental Information Produced outside the Firm[J]. Accounting Review，1983，58（3）：521-538.

[31] Xu XD，Zeng SX，Tam CM. Stock market's reaction to disclosure of environmental violation：evidence from China[J]. Journal of Business Ethics，2012，107（2）：227-237.

[32] Zhi，D. A.，J. Engelberg，P. Gao. In Search of Attention[J]. Journal of Finance，2011，66（5）：1461-1499.

我国省级环保投资与区域环境质量效益的量化分析

Quantitative Analysis of Provincial Environmental Protection Investment and Regional Environmental Quality Benefit in China

陆 楠[①]

（环境保护部信息中心，北京 100029）

摘 要 本项目通过数据分析与建模，量化评估我国31个省份在不同经济发展阶段环保投资的环境质量效益。以环境质量达标为约束，即以《环境空气质量标准》（GB 3095—2012）Ⅱ类和《地表水环境质量标准》（GB 3838—2002）Ⅲ类为目标提出了环境质量归一化评价指标，通过协整分析与时差相关分析提取各省份环保投资对环境质量的影响程度及时间相关性。通过曲线拟合明确在不同的经济发展阶段何种环保投资比例能够满足人民生活的最低环境需求。

关键词 环保投资 环境质量效益 协整分析 时差相关分析 曲线拟合

Abstract This project evaluated the environmental quality benefits of environmental investment in 31 provinces at different stages of economic development through data analysis and quantitative modeling. The environmental quality standards as constraints to the ambient air quality standard（GB 3095—2012）level two and surface water environment quality standard（GB 3838—2002）three is presented the environmental quality evaluation index by normalized cointegration analysis, and time difference correlation analysis to extract the degree and time dependence of the provinces of environmental protection investment on environmental quality. Through curve fitting, it is clear that the proportion of environmental investment in different stages of economic development can meet the minimum environmental needs of people's lives.

Keywords environmental protection investment, environmental quality benefit, cointegration analysis, time lag correlation analysis, curve fitting

---

① 陆楠，生于1984年2月；工作单位：环境保护部信息中心，高级工程师；专业领域：环境信息管理与应用；通讯地址：北京市朝阳区育慧南路1号A栋905办公室，100029；联系方式：13810919036，84665811（传真），电子邮箱：lu.nan@mep.gov.cn。

1 引言

环保投资是表征一个国家环境保护力度的重要指标，环境保护投资总量、资金来源、资金使用方向和资金使用效率等对一个国家的环境状况具有重要的影响，是实施可持续发展战略的必要保证，是改善环境质量、实现环保目标的物质保障。30多年来，我国环保投资渠道逐步拓宽，环保投融资政策不断完善，投资总量逐年增加，投资效益逐步提高。数据显示，“十一五”期间，我国环保投资总额已达1.38万亿元，约为同期GDP的1.26%。“十二五”期间我国环保投资已达3.4万亿元人民币，占同期GDP的1.35%左右。这些数据表明，为了提高环境污染治理水平，我国环保投资不断增长。但与发达国家环保投资比例以及我国环境改善的需求相比，我国环保投融资仍存在许多的问题和挑战，如总量仍不足、投资随经济增长的内生增长机制尚未建立、环保设施运行不足投资效益不高、环保投融资政策尚不健全、环保投资口径与统计制度需要进一步完善等，因此深入开展对环保投资的研究，尤其是定量化的分析研究具有重要的价值和现实指导意义。

2 环保投资效益评估方法

2.1 环保投资效益

世界银行（1997）认为，环保投资可以分为两类：一是对污染治理措施的投资；二是对环境服务的投资。其中环境服务的投资金额巨大，回收期长，收益不确定性大，应由政府作为投资主体。而私人部门则可承担大部分污染治理措施的投资，并由政府制定相应的政策辅助。

环境保护投资是一种社会公益性投资，投资的目的不是为了谋求最大的经济效益，而是为了保护环境促进经济的可持续发展。环保投资效应涉及环境效应、经济效应与社会效应。

闻岳春（2012）认为，环保投资的效应应当体现经济效益和社会效益[1]。岳书敬（2011）认为，从投资的总量效应角度考虑，主要采用增量资本产出比、资本产出比、投资产出比三类指标，度量社会投资的总体效应[2]；龚六堂（2004）从投资的结构效应角度考虑，主要按照新古典微观经济学的“资本边际收益率均一化”准则，通过资本流动方向来衡量产业间的资本配置效率[3]；李治国（2003）从投资规模对资金成本变动的反应角度来衡量投资效应，即投资是否与总产出同向变动、与资本成本反向变动[4]。

2.2 环保投资效益评估方法

目前，评价环保投资效益的主要方法是效益分析法。效益分析法包括环境效益、经济效益和社会效益三大指标。

（1）环境效益。获取最大的环境效益是环境保护的最终目的。环境效益是由达标基数、维持系数（亦称持久系数）和强度因子共同决定的。其量化公式为：

环境效益（*E*）=达标基数+维持系数+强度因子

式中，达标基数是项目建设运行达标基数，达标为 1；维持系数是达标运行维持年限，每年取 0.1；强度因子是治理项目高于环境标准的百分率。

一般地，水、气、噪声治理设施的使用寿命均可维持在 10 年左右。因此，环境效益的标准值为 2～2.5，数值越高，环境效益越好，反之亦然。

（2）经济效益。经济效益是一项反映投入与产出关系的指标。一般来说，污染治理项目的经济效益往往差异很大。如果是水、气、噪声的污染治理，主要表现为投入，获得较大的环境效益，而产出表现即经济效益则不明显。还有一些治理项目，其经济效益和环境效益不相上下。为此，可将治理分为直接效益和间接效益两类。直接效益是经过治理收到的节能、节水、降耗、利用等经济效益；间接效益是治理后减免的排污费和超标排污费。经济效益的量化公式为：

经济效益（*E*c）=（直接效益+间接效益）/投资总额

式中，*E*c 的标准值为 1，*E*c 越大，经济效益越高。

（3）社会效益。社会效益是一个维护社会安定，促进可持续发展的重要指标。社会效益是由软因子和硬因子两部分组成。软因子是整体环境质量对社会形成的潜移默化的影响。事实证明，良好的环境条件不仅会使人们表现出愉悦的心情和风貌，而且对社会的可持续发展有着不可估量的作用。但软因子量化却不易，将治理投资与其直接联系起来，进而建立一个有机的相互关系则更难。在此。权且将对环境质量有直接重要影响的水、气、噪声三要素的区域治理达标情况进行重点考虑，间接性地建立起软因子与环境指标之间的内在关系。即软因子=区域性污水达标排放率+区域性废气达标排放率+区域性环境噪声达标率。硬因子是指污染项目治理后，仍出现信访投诉，说明该治理项目没有取得应有的社会效益。因此，社会效益的量化公式为：

社会效益（*S*）=软因子−硬因子=（污水达标排放率+废气达标排放率+环境噪声达标率）−信访重诉率

式中，环境噪声达标率可通过选点抽样监测取得。

国内外也将非参数方法——数据包络分析方法应用于环保投资效应评价中。常常采用两种思路来分析处理：一是将环境排放作为投入要素，与资本和劳动力一起引入生产函数[5]；二是基于方向性距离函数，将环境排放作为非期望产出，与 GDP 等期望产出引入生产函数。

另外，罗鹏（2012）以工业“三废”为研究对象，选取 2004－2010 年我国 30 个省市的面板数据，并采用系统广义矩估计法实证了环保投资对污染物排放的动态影响，实证结果表明，我国环保投资的环境效应为正，但作用有限且具有一定的滞后性[6]。Thomas Brober（2013）应用瑞典制造行业环保投资数据分析环保法规的效应，来验证波特假说[7]。

2.3 环保投资效益定量化分析方法[8]

环保投资具有整体性、两重性、外部性等特征，其效益主要体现在环境效益上，但很多环保投资项目同时有很好的经济效益和社会效益，在衡量其综合效益时，要从整体角度出发，凡是环境保护投资项目对环境、经济、社会所做的贡献，如环境污染的治理、生态环境的改善、就业拉动等均应计为效益，这就需要评价投资项目对整个社会的影响。

适用于环保投资效益评估的模型有 3 类：一类是基于投入产出思想，如环境经济投入产出模型、CGE 模型（Computable General Equilibrium，一般均衡模型）、IOE 模型、可计算动态投入产出模型等，该类模型适用于评估环境保护投资对宏观经济的影响，如评估环保投资对行业增加值、GDP、投资政府收入系数等的影响；第二类是经济计量模型，如 Granger 因子检验法、协整分析法、回归检验模型等，该类模型的特点是以环保投资与宏观经济指标如 GDP 等的相关关系为依据，通过相关系数或回归方程，实证分析环保投资经济效益；第三类是综合效益评估模型，该类模型建立在合理的评价指标体系的基础上，赋予各指标以合理的权重值，得到综合评价指标值，据此评估环保投资综合效益，如投影追踪模型、层次分析法、模糊综合评判模型以及主成分分析法等。

3 我国省级环保投资与区域环境质量效益的量化分析

3.1 环境质量归一化评价指标

为量化评估环境效益，通过参数选择与建模建立环境质量的归一化评价指标 EQ。（本文对目前主要以污染物排放量、减排量作为环保投资环境效益评价指标的研究现状进行创新，围绕环境保护部以环境质量改善为核心的工作重点，将质量作为环境效益的评价指标。）由于需要针对历史数据进行分析，因此需对 1982 年、1996 年、2012 年空气质量标准 GB 3095；1983 年、1988 年、1999 年、2002 年的地面/表水环境质量标准 GB 3838/GHZB 1 的评价指标进行选择，根据指标数据的可获得性和对当前环境质量的指导价值，确定省份的环境质量评价指标为：①大气：SO_2、NO_x/NO_2、PM_{10}；②水：COD、NH_3-N。

则省份环境质量 EQ 的归一化公式为：

$$EQ=\frac{1}{2}\times\left(\frac{1}{3}\cdot\frac{EQ_{SO_2}}{\overline{EQ_{SO_2}}}+\frac{1}{3}\cdot\frac{EQ_{(NO)_x}}{\overline{EQ_{(NO)_x}}}+\frac{1}{3}\cdot\frac{EQ_{PM_{10}}}{\overline{EQ_{PM_{10}}}}\right)+\frac{1}{2}\times\left(\frac{1}{2}\cdot\frac{EQ_{COD}}{\overline{EQ_{COD}}}+\frac{1}{2}\cdot\frac{EQ_{NH_3\text{-}N}}{\overline{EQ_{NH_3\text{-}N}}}\right)$$

式中，$\overline{EQ}$ 为《环境空气质量标准》(GB 3095—2012) II 类和《地表水环境质量标准》(GB 3838—2002) III类中各指标的标准值。

3.2 分析数据及分析方法

3.2.1 分析数据

（1）省份 GDP：1995—2014 年各省份 GDP。

（2）省份人口：1995—2014 年各省份 GDP。

（3）省份环保投资。

- 1995—2014 年各省份工业污染投资，单位：万元。
- 1995—2014 年各省份建设项目“三同时”环保投资，单位：亿元。
- 2004—2014 年各省份城市环境基础设施投资，单位：亿元。
- 省份环境质量：1994—2014 年各省份空气质量、流域断面水质。

3.2.2 分析方法

（1）采用协整分析方法分析 31 省份工业污染投资、建设项目“三同时”环保投资、城市环境基础设施投资三指标与环境质量评价指标 *EQ* 的关联性及影响程度。

（2）采用时差相关分析方法分别分析 31 省份工业污染投资、建设项目“三同时”环保投资、城市环境基础设施投资对环境质量评价指标 *EQ* 影响的时差因素。

（3）拟合出 31 省份环境质量评价指标 *EQ* 随人均 GDP 变化的曲线，计算当 *EQ*=1 时，各省份人均 GDP 的值。

（4）拟合出 31 省份环境质量评价指标 *EQ* 随“环保投资/GDP”变化的曲线，计算当 *EQ*=1 时，各省份“环保投资/GDP”的值。

（5）取人均 GDP 相同的点，按照“环保投资/GDP”为横坐标，环境质量评价指标 *EQ* 为纵坐标，拟合出多条不同人均 GDP“环保投资/GDP”与 *EQ* 的关系曲线，并计算 *EQ*=1 时“环保投资/GDP”数。以人均 GDP 为横坐标，*EQ*=1 时“环保投资/GDP”数为纵坐标，可得达标投资安全线。

3.3 数据分析结果

（1）协整分析。协整分析的目的是分析工业污染投资、建设项目“三同时”环保投资与环境质量评价指标 *EQ* 的关联性以及影响程度。为避免虚假回归问题的存在，首先检验各变量的平稳性，然后再通过检验回归方程残差的平稳性判断变量之间是否存在协整关系。结果显示（图 1），81%的省份工业污染治理投资与环境质量评价指标 *EQ* 存在相关性，其中 86%的省份的数据能体现出正相关的特性；81%的省份建设项目“三同时”环保投资与环境质量评价指标 *EQ* 存在相关性，其中 66%的省份的数据能体现出正相关的特性；97%的省份城市环境基础设施投资与环境质量评价指标 *EQ* 存在相关性，其中 63%的省份的数据能体现出正相关的特性。

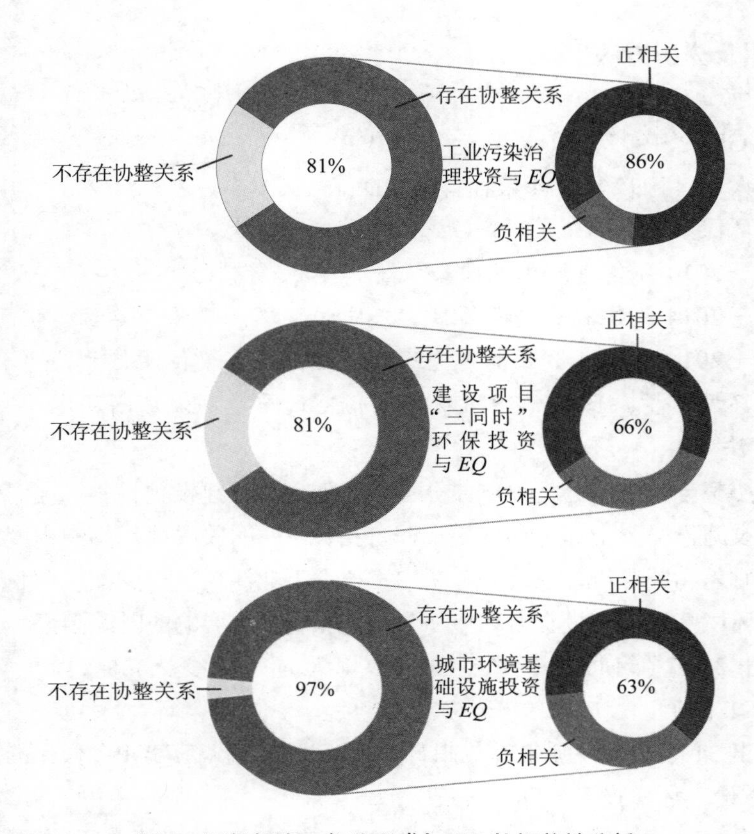

图 1　环保投资三部分组成与 *EQ* 的相关性分析

（2）时差相关分析。通过分析，工业污染投资、建设项目“三同时”环保投资、城市环境基础设施环保投资三部分投资与省份环境质量之间存在一定的相关性，滞后期从 1～7 年不等，绝大多数省份的三部分投资是在 1～2 年内对环境质量产生影响（图 2）。

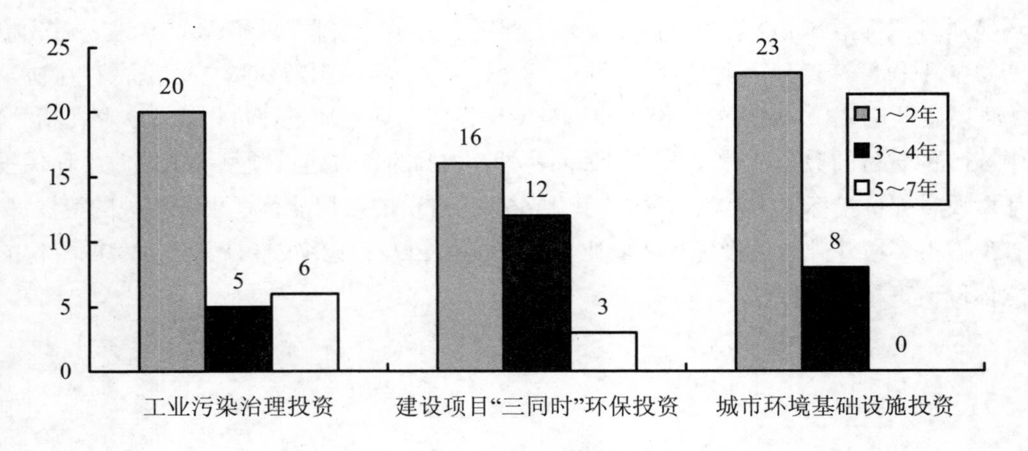

图 2　环保投资三部分组成对 *EQ* 影响的时差因素

（3）曲线拟合。本部分分别拟合 *EQ* 随人均 GDP、环保投资/GDP 变化的曲线，采用 SPSS 进行曲线拟合，首先对异常数据进行了处理，部分拟合结果如图 3、图 4 所示，基本呈现出的规律是目前随着人均 GDP 的增长，环境质量在恶化，即 *EQ* 在增大；随着环保投资/GDP 的比例增大，环境质量在改善，即 *EQ* 在减小。

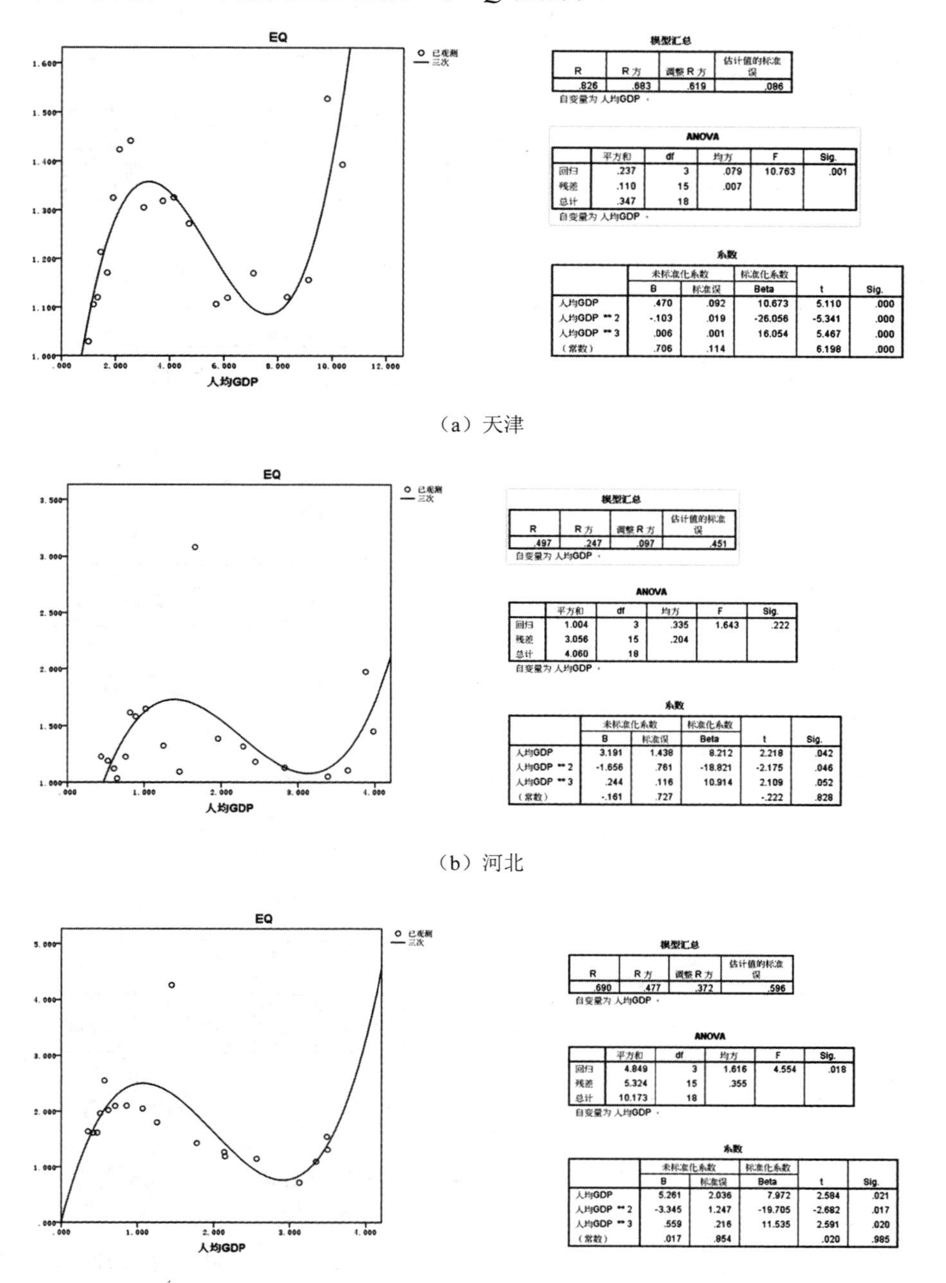

模型汇总

R	R 方	调整 R 方	估计值的标准误
.826	.683	.619	.086

自变量为 人均GDP。

ANOVA

	平方和	df	均方	F	Sig.
回归	.237	3	.079	10.763	.001
残差	.110	15	.007		
总计	.347	18			

自变量为 人均GDP。

系数

	未标准化系数		标准化系数	t	Sig.
	B	标准误	Beta		
人均GDP	.470	.092	10.673	5.110	.000
人均GDP ** 2	-.103	.019	-26.056	-5.341	.000
人均GDP ** 3	.006	.001	16.054	5.467	.000
（常数）	.706	.114		6.198	.000

（a）天津

模型汇总

R	R 方	调整 R 方	估计值的标准误
.497	.247	.097	.451

自变量为 人均GDP。

ANOVA

	平方和	df	均方	F	Sig.
回归	1.004	3	.335	1.643	.222
残差	3.056	15	.204		
总计	4.060	18			

自变量为 人均GDP。

系数

	未标准化系数		标准化系数	t	Sig.
	B	标准误	Beta		
人均GDP	3.191	1.438	8.212	2.218	.042
人均GDP ** 2	-1.656	.761	-18.821	-2.175	.046
人均GDP ** 3	.244	.116	10.914	2.109	.052
（常数）	-.161	.727		-.222	.828

（b）河北

模型汇总

R	R 方	调整 R 方	估计值的标准误
.690	.477	.372	.596

自变量为 人均GDP。

ANOVA

	平方和	df	均方	F	Sig.
回归	4.849	3	1.616	4.554	.018
残差	5.324	15	.355		
总计	10.173	18			

自变量为 人均GDP。

系数

	未标准化系数		标准化系数	t	Sig.
	B	标准误	Beta		
人均GDP	5.261	2.036	7.972	2.584	.021
人均GDP ** 2	-3.345	1.247	-19.705	-2.682	.017
人均GDP ** 3	.559	.216	11.535	2.591	.020
（常数）	.017	.854		.020	.985

（c）山西

图 3　部分省份 *EQ* 随人均 GDP 变化的曲线

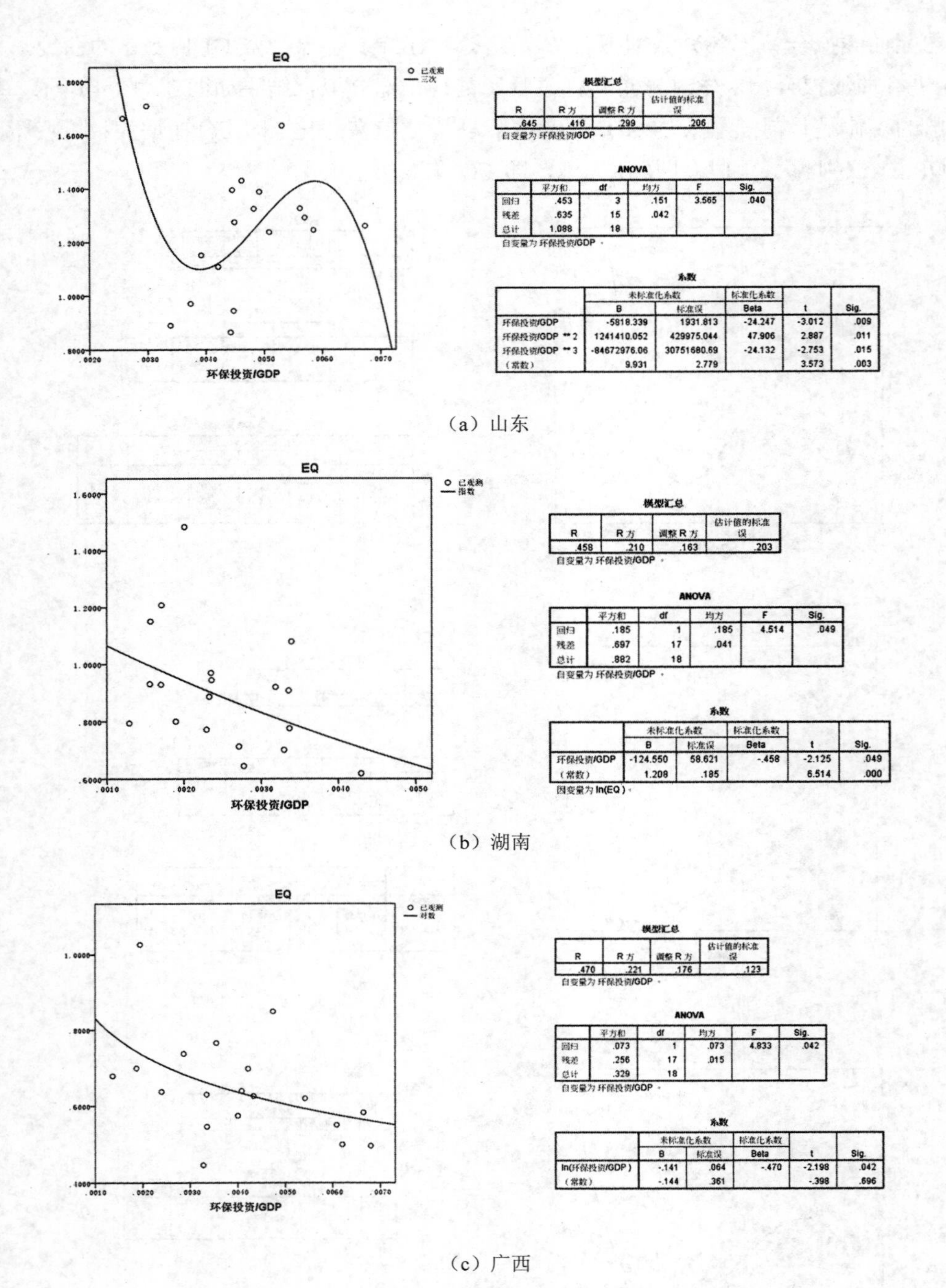

模型汇总

R	R 方	调整 R 方	估计值的标准误
.645	.416	.299	.206

自变量为 环保投资/GDP。

ANOVA

	平方和	df	均方	F	Sig.
回归	.453	3	.151	3.565	.040
残差	.635	15	.042		
总计	1.088	18			

自变量为 环保投资/GDP。

系数

	未标准化系数		标准化系数	t	Sig.
	B	标准误	Beta		
环保投资/GDP	-5818.339	1931.813	-24.247	-3.012	.009
环保投资/GDP ** 2	1241410.052	429975.044	47.906	2.887	.011
环保投资/GDP ** 3	-84672976.06	30751680.69	-24.132	-2.753	.015
（常数）	9.931	2.779		3.573	.003

（a）山东

模型汇总

R	R 方	调整 R 方	估计值的标准误
.458	.210	.163	.203

自变量为 环保投资/GDP。

ANOVA

	平方和	df	均方	F	Sig.
回归	.185	1	.185	4.514	.049
残差	.697	17	.041		
总计	.882	18			

自变量为 环保投资/GDP。

系数

	未标准化系数		标准化系数	t	Sig.
	B	标准误	Beta		
环保投资/GDP	-124.550	58.621	-.458	-2.125	.049
（常数）	1.208	.185		6.514	.000

因变量为 ln(EQ)。

（b）湖南

模型汇总

R	R 方	调整 R 方	估计值的标准误
.470	.221	.176	.123

自变量为 环保投资/GDP。

ANOVA

	平方和	df	均方	F	Sig.
回归	.073	1	.073	4.833	.042
残差	.256	17	.015		
总计	.329	18			

自变量为 环保投资/GDP。

系数

	未标准化系数		标准化系数	t	Sig.
	B	标准误	Beta		
ln(环保投资/GDP)	-.141	.064	-.470	-2.198	.042
（常数）	-.144	.361		-.398	.696

（c）广西

图 4　部分省份 *EQ* 随环保投资/GDP 变化的曲线

(4)达标投资安全曲线。将人均 GDP 分为 10 个区间（0～10 000，10 001～20 000……90 001～110 000），以“环保投资/GDP”为横坐标，环境质量评价指标 *EQ* 为纵坐标，拟合出多条不同人均 GDP“环保投资/GDP”与 *EQ* 的关系曲线，1～10 000，10 001～

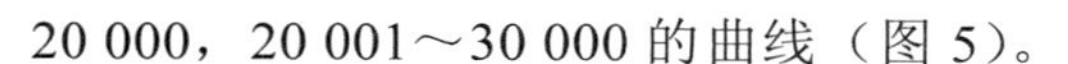
20 000，20 001～30 000 的曲线（图 5）。

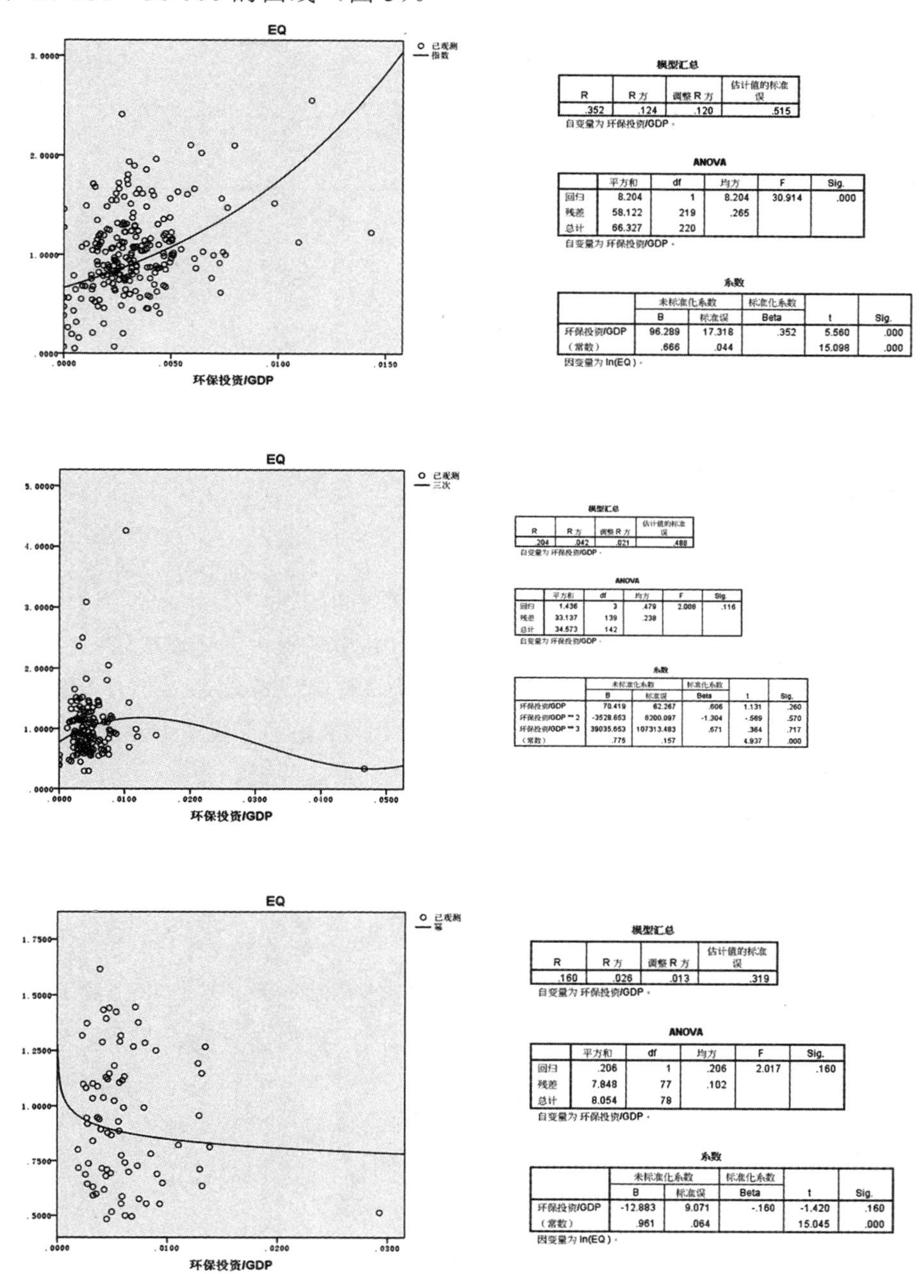

模型汇总

R	R 方	调整 R 方	估计值的标准误
.352	.124	.120	.515

自变量为 环保投资/GDP。

ANOVA

	平方和	df	均方	F	Sig.
回归	8.204	1	8.204	30.914	.000
残差	58.122	219	.265		
总计	66.327	220			

自变量为 环保投资/GDP。

系数

	未标准化系数		标准化系数	t	Sig.
	B	标准误	Beta		
环保投资/GDP	96.289	17.318	.352	5.560	.000
（常数）	.666	.044		15.098	.000

因变量为 ln(EQ)。

模型汇总

R	R 方	调整 R 方	估计值的标准误
.204	.042	.021	.488

自变量为 环保投资/GDP。

ANOVA

	平方和	df	均方	F	Sig.
回归	1.436	3	.479	2.008	.116
残差	33.137	139	.238		
总计	34.573	142			

自变量为 环保投资/GDP。

系数

	未标准化系数		标准化系数	t	Sig.
	B	标准误	Beta		
环保投资/GDP	70.419	62.267	.606	1.131	.260
环保投资/GDP ** 2	-3528.653	6200.097	-1.304	-.569	.570
环保投资/GDP ** 3	39035.653	107313.483	.671	.364	.717
（常数）	.775	.157		4.937	.000

模型汇总

R	R 方	调整 R 方	估计值的标准误
.160	.026	.013	.319

自变量为 环保投资/GDP。

ANOVA

	平方和	df	均方	F	Sig.
回归	.206	1	.206	2.017	.160
残差	7.848	77	.102		
总计	8.054	78			

自变量为 环保投资/GDP。

系数

	未标准化系数		标准化系数	t	Sig.
	B	标准误	Beta		
环保投资/GDP	-12.883	9.071	-.160	-1.420	.160
（常数）	.961	.064		15.045	.000

因变量为 ln(EQ)。

图 5　不同人均 GDP 区间 *EQ* 随环保投资/GDP 变化的曲线

取 10 个变化区间曲线中 *EQ*=1 的值得到如图 6 所示的达标投资安全曲线。

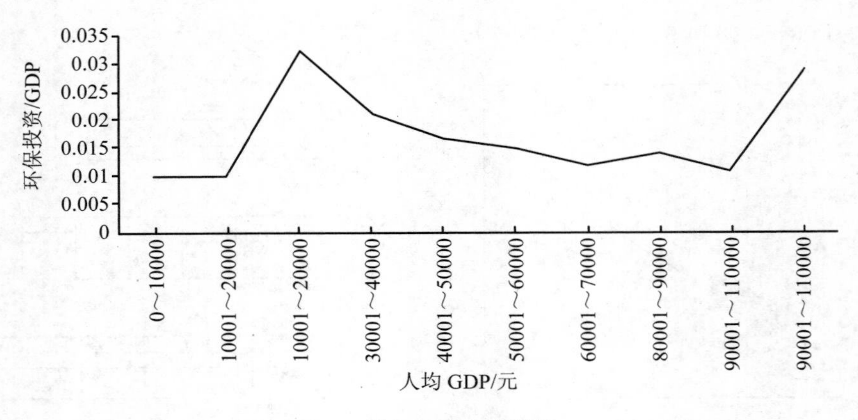

图 6　达标投资安全曲线

4　结论与展望

4.1　结论

（1）在环保投资的环境效益层面，对于绝大多数省份工业污染治理投资的贡献率最高，其次为建设项目“三同时”环保投资，最后为城市环境基础设施建设投资，因此，在实际的环保投资过程中，采取多种措施，优化投资结构，提高投资效率，推动环保投资结构的优化升级，充分发挥投资结构与投资效率的调节作用，推动环保投资综合效益的全面提升。

（2）理论上，环境质量评价指标与城市环境基础设施投资、工业污染源治理投资、建设项目“三同时”环保投资之间具有一定的时差滞后效应，滞后期从 1～6 年不等，其中工业污染治理投资的环境效益显现最快，城市环境基础设施投资次之，建设项目“三同时”环保投资最慢，究其原因，城市污水处理厂、新建项目等建设需要一定的周期，从项目开发建设、竣工验收以及稳定运行所需时间较长，还要充分考虑整体生产线建设周期等因素。

（3）环境质量评价指标随人均 GDP 变化曲线拟合结果并未呈现出明显的发展趋势或环境库兹涅茨曲线的倒“U”形曲线规律，究其原因，我国当前正处于多种污染物排放叠加的高峰平台期，污染物排放的减量因素和增量因素并存，受到来自于经济增长状况和环境政策严格性与持续性的不确定影响较大，可能导致环境质量呈现高位震荡的特征。受城镇化进程滞后的影响，污染物排放处于拐点峰值的时间可能相对较长，与环境质量全面改善还有较大的距离。[9]

（4）针对环境质量评价指标随“环保投资/GDP”变化曲线与达标投资安全区线拟合的分析结果。由于本文采集的数据时间跨度较大（1995—2014 年），因此，*EQ*=1（即满足人民生活最低需求的环境质量）多发生在时间序列的早期，进入污染程度快速升高的中晚期按目前的环保投资力度难以满足环境质量的合格要求，根据发达国家的经验，一个国家在经济高速增长时期，环保投入要在一定时间内持续稳定达到国民生产总值的 1%～1.5%，才能有效地控制住污染；达到 3.0%才能使环境质量得到明显改善。据预测，到 2020 年，发达国家环境保护投资比例将稳定在 5%～6%。世界各国环境保护投资不仅比例增大，而且其增长率还明显地高于国民生产总值的增长率。如此看来，我国环境保护历史欠账较多，投入明显不足。虽然环境保护投资总量较大，但环保投入占 GDP 的比例总体上来说还是偏低的，环保投入的力度还需要进一步持续加强，才能实现“多还旧账，不欠或少欠新账”，我国环保投资需求仍然巨大。

4.2 问题与展望

以往环保投资环境效益的研究中，往往使用污染物减排量来标识环境效益，本文创新性地采用“以环境质量改善”为核心的考核标准，采集了历年环境质量数据并定义了环境质量评价指标 EQ，但是，基于统计口径一致性的考虑，本文采用的环境质量指标主要是大气环境质量考核指标中的 SO_2、NO_2、PM_{10}，水环境质量考核指标中的 COD 和氨氮，未包含土地环境质量的变化及自然资源、生物多样性等因素，这些问题可能会对环境质量变化曲线的拟合带来一些偏差。在未来的研究中，这些问题有待进一步地深入。

参考文献

[1] 闻岳春，吴英姿. 基于 DEA 模型的环保投资综合效率的实证分析[J]. 同济大学学报（社会科学版），2012（1）：111-115.

[2] 岳书敬. 基于低碳经济视角的资本配置效率研究——来自中国工业的分析与检验[J]. 数量经济技术经济研究，2011（4）：110-123.

[3] 龚六堂，谢丹阳. 我国省份之间的要素流动和边际生产率的差异分析[J]. 经济研究，2004（1）：45-53.

[4] 李治国，唐国兴. 资本形成路径与资本存量调整模型——基于中国转型时期的分析[J]. 经济研究，2003（2）：34-42，92.

[5] Gollop，Frank M.，Gregory P. Swinand. From Total Factor to Total Resource Productivity：An Application to Agriculture [J]. American Journal of Agricultural Economics，1998，80（3）：577-583.

[6] 罗鹏. 我国环保投资的环境效应研究[D]. 长沙：湖南大学，2012.

[7] Broberg T.，Marklund P.，Samakovlis E.，Hammar H. Testing the Porter hypothesis：the effects of environmental investments on efficiency in Swedish industry[J]. Journal of Productivity Analysis，2013（40）：43-56.

[8] 吴舜泽，逯元堂，朱建华，等. 中国环境保护投资研究[M]. 北京：中国环境出版社，2014.

[9] 王勇，俞海，等. 中国环境质量拐点：基于 EKC 的实证判断[J]. 中国人口·资源与环境，2016（10）：1-7.

新旧动能转换背景下的环境保护策略研究——以山东省为例

Research on Environmental Strategy under the Background of Innovation to Replace Old Growth Drivers with New Ones——A Case Study of Shandong Province

张梦汝[①] 张利钧 金美英 徐梦辰
（济南市环境研究院，济南 250100）

摘 要 随着我国供给侧结构性改革工作的深入，提出了新旧动能转换这一概念，旨在促进传统行业升级改造和加快新动能转化。本研究以山东省为例，通过解读山东省新旧动能转换工作的具体内涵，分析新时期背景下的环境经济形势，以环境保护的视角，为新旧动能转换工作的推进提出建议。

关键词 新旧动能转换 环境保护策略 环境经济形势分析

Abstract As the work of supply-side structural reform goes on，the concept of innovation to replace old growth drivers with new ones was put forward，aiming to speed up structural improvement and upgrading. In this case study of Shandong Province，by understanding the connotation of innovation to replace old growth drivers with new ones，we analyzed the environmental and economic situation. Finally，the environmental strategy was provided to promote the innovation.

Keywords innovation to replace old growth drivers with new ones，environmental strategy，environmental and economic analysis

前言

自“十二五”时期以来，我国经济增速出现波动下行，供给和需求不平衡、不协调等问题日益突出。2015 年 11 月，在中央财经领导小组第十一次会议上首次提出了“供给侧

① 张梦汝，1988 年 11 月生，硕士，济南市环境研究院助理工程师，主要从事环境规划、环境政策方向研究。通讯地址：山东省济南市高新区旅游路 17199 号环保监控大楼 1122 室，邮编：250010，电话：0531-66626175，手机：13153007310，电子邮箱：mengruzh@163.com.

改革”这一概念，并明确了供给侧结构性改革“三去一降一补”的重点任务，即去产能、去库存、去杠杆、降成本、补短板。随着供给侧结构性改革工作的开展和深入，在不断积累工作经验的基础上，2015 年起，“新旧动能”这一概念频繁出现在各类政府工作会议、讲话及政府工作报告文件中。在 2017 年政府工作报告中，提出了“依靠创新推动新旧动能转换和结构优化升级”的目标；国务院办公厅印发的首个新旧动能转换相关文件《关于创新管理优化服务培育壮大经济发展新动能 加快新旧动能转换的意见》（国办发[2017]4 号）中，明确了“新旧动能转换”是通过培育壮大以知识、技术、信息、数据等新生产要素为经济发展的动能，改造提升传统动能，达到促进经济结构转型、实体经济升级和推进供给侧结构性改革的重要目标。

原环保部为推进供给侧结构性改革的工作，出台了《关于积极发挥环境保护作用促进供给侧结构性改革的指导意见》的文件，提出了推进去除落后和过剩产能、促进提高新增产能质量、推动环保产业发展、完善政策支持等主要工作内容。而新旧动能转换作为当前时期社会经济发展的重要工作方向，既需要生态环境保护的支撑，也对环境管理工作提出了新的要求。自“新旧动能转换”提出以来，专家学者针对这一概念的内涵、相关配套政策等方面开展了研究，但环境领域相关研究开展的较少，本研究旨在通过理解山东省新旧动能转换工作的主要任务，分析新旧动能转换背景下的环境经济形势，从而为环境保护工作支撑新旧动能转换工作提出相关建议。

1 山东省新旧动能转换的内涵

2017 年 4 月，李克强总理前来山东调研时指出，山东省要打造新旧动能转换示范区，带动全国实施新旧动能转换，为巩固全国经济稳中向好提供重要支撑。为响应新旧动能示范区建设工作，山东省提出了通过“四新”实现“四化”的模式，即发展新技术、新产业、新业态、新模式，实现产业智慧化、智慧产业化、跨界融合化、品牌高端化，以高端装备制造业、高端化工、信息产业、能源材料、海洋经济、文化产业、医养健康、旅游产业、现代金融等十大产业作为山东省新动能的主导力量，加快培育新的发展动能，改造提升传统比较优势。

从三次产业的角度来看，农业领域的新旧动能转换工作重点在于推广农业“新六产”模式。根据《山东省人民政府办公厅关于贯彻国办发[2015]93 号文件 推进新农村一二三产业融合发展的实施意见》（鲁政办发[2016]54 号）文件中的意见，大力发展精致农业，推动产业链相加、价值链相乘、供应链相通，实现“三链重构”，加快发展“新六产”（即一产的一份收入，经过二产加工增值为两份收入，再通过三产的营销服务形成三倍效益，产生乘数效益，形成六份收入）。通过生产高品质、高科技含量、高附加值的农产品，着力构建农业与二三产业交叉融合的现代产业体系。

从工业方面来说，新旧动能转换的工作重点在于加快高新技术带动，推动新型工业转化为新动能，促进传统工业的转型升级。继续推进供给侧结构性改革中的去除落后、过剩产能工作，通过技术创新打破制约产业升级转型的瓶颈，改造钢铁、煤炭等传统行业，做优做强实体经济；培育信息技术、生物医药、新材料、高端制造等新兴领域，形成新一批先导性、支柱性的产业。同时，利用大数据、云计算等信息技术手段推动传统生产营销模式的变革，促进从单一产品制造向“产品+服务+连锁”延伸[1]。

作为拉动经济较快稳定增长的主要动力，服务业的新旧动能转换重点工作在于通过“互联网+”等技术创新，加快新业态、新领域的现代服务业发展，同时，注重科技投入和新型人才培养，提升新型城镇化质量，促进以人为本新型城镇化的健康发展。

良好的生态环境是评价供给侧改革成效的重要标准，作为供给侧结构性改革的深化，新旧动能转换是高质量的经济发展，需要遵循“创新、协调、绿色、开放、共享”的五大发展理念，在绿色发展的前提下，新旧动能转换过程中来带的产业结构调整、新兴产业发展以及新型城镇化过程，既需要遵守生态环境保护工作的要求，也需要环境配套政策措施的支撑，因此需要厘清当前经济发展中存在的问题，以及环境保护工作在新旧动能转换过程中面临的形势。

2 新旧动能转换背景下的环境经济形势分析

随着我国经济进入新常态，山东省地区生产总值增长率也出现下滑趋势。2016 年山东省地区生产总值增长率下滑至 7.6%。但从季度增速来看，自 2016 年以来，山东省生产总值增速稳中有升，由 2016 年第一季度的 7.3%，提高至 7.7%，并且 2017 年上半年的增速稳定维持在 7.7%，经济增长势头尚可。根据近年来的经济运行数据、产业发展情况进行分析，山东省经济社会发展还存在一些问题，亟须在推动新旧动能转换工作中解决。

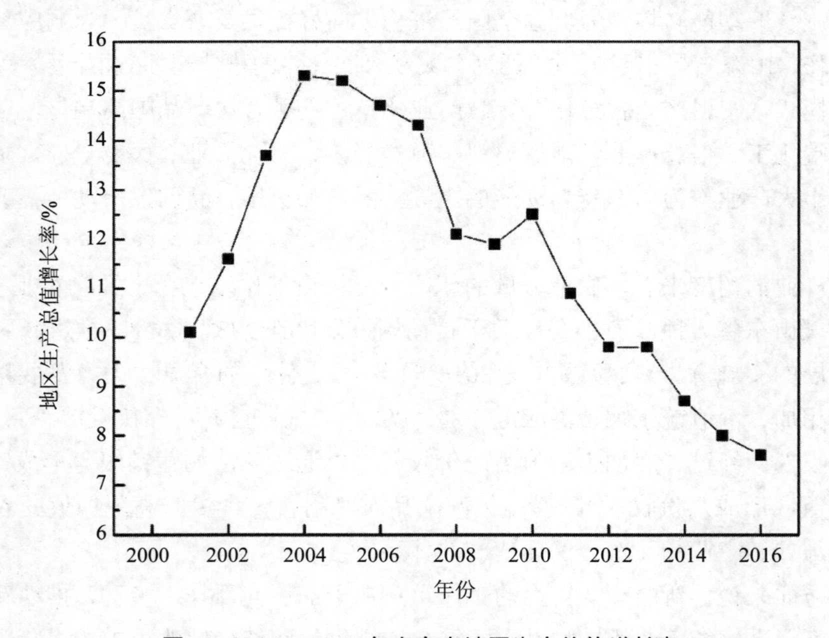

图 1 2001—2016 年山东省地区生产总值增长率

（1）山东省产业结构整体依然不够合理。随着生产力发展和社会进步，山东省第一、第二产业逐渐比重下降，截至 2016 年，山东省三次产业比重为 7.6∶45.1∶47.3，第三产业比重首次超过第二产业，实现了“三二一”的产业结构转变。但第一、第二产业的比重仍然偏高，服务业比重相对偏低，2016 年，山东省的第二产业比重与江苏省、广东省、浙江省相比，也分别高出 0.6、1.9 和 0.9 个百分点[1]，而服务业比重低于全国平均水平 51.6%。

从产业内部结构来看，虽然近年来现代化农业、新型工业化、新兴服务业的发展迅速，但山东省仍然存在产业层次偏低、发展质量不高的特点。①山东省农业存在机械普及程度不够，特色农业集中度不高，农产品精深加工的比例偏低等问题，农业现代化程度仍待提高；②山东省近年来工业化发展提速，但工业盈利能力较弱，2016 年，工业利润增长率 1.2%，远低于全国工业利润增速 8.5%。第三产业与先进省份差距显著，山东省服务业对经济增长贡献率仅为 55.7%，低于 58.2%的全国平均水平。

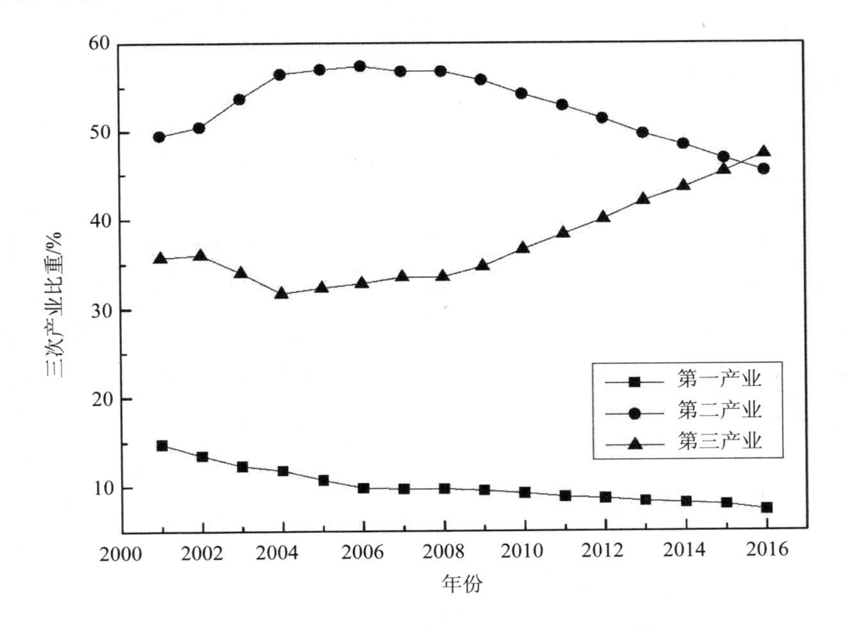

图 2　2001—2016 年山东省三次产业比重情况

（2）工业结构偏重。山东省重工业占工业总产值比重一直保持较高水平，2015 年的轻重工业比重达到 32.05∶67.95；2016 年，山东省轻工业增加值增长 5.5%，重工业增加值增长 7.5%，重工业仍然保持较高的增长速度（图 3）。

从行业分类来看，山东省钢铁、石化等高耗能产业比重高、体量大。2015 年山东省工业增加值排名前十位的行业分别为化学原料和化学制品业、农副产品加工业、通用设备制造业、非金属矿物制品业、纺织业、专用设备制造业、有色金属冶炼及压延加工业、汽车制造业、石油加工炼焦和核燃料加工业、橡胶和塑料制品业，工业行业结构明显偏重。

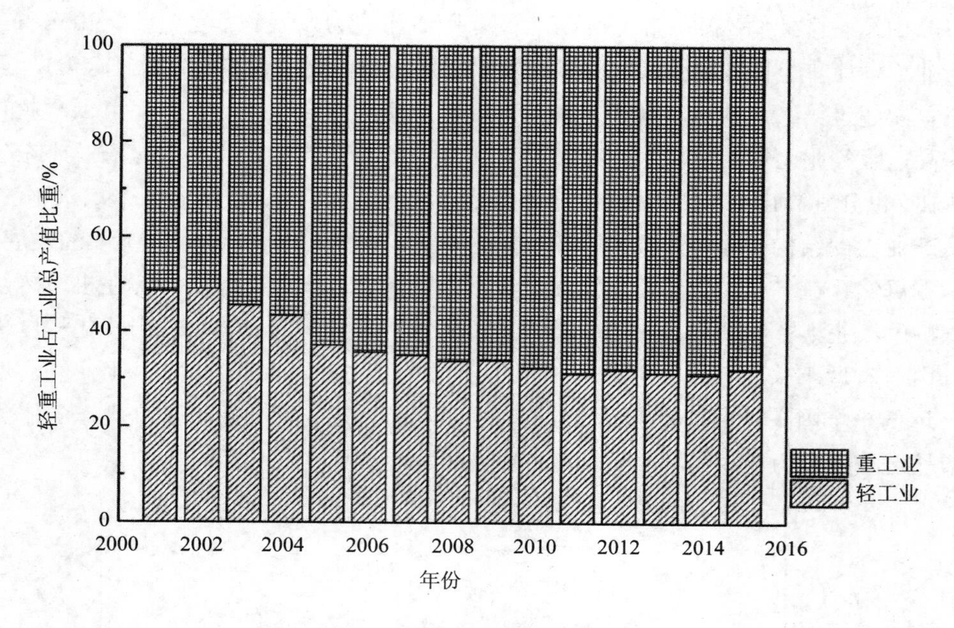

图 3　2001—2015 年山东省轻重工业比重

（3）能源消耗水平高，节能减排形势严峻。虽然山东省万元 GDP 能耗近年来下降趋势良好，但煤炭消费总量仍呈现小幅微涨的状态。2015 年，山东省煤炭消费总量达 4.09 亿 t，居全国首位，而天然气消费占比仅为全国平均水平的一半。由于工业长期以来形成的能源依赖型发展模式，造成工业用能的比重高达 77%，但对经济增长贡献率不足 60%[1]，单位生产总值能耗高于东部地区的平均水平，工业对能源的依赖程度较高。

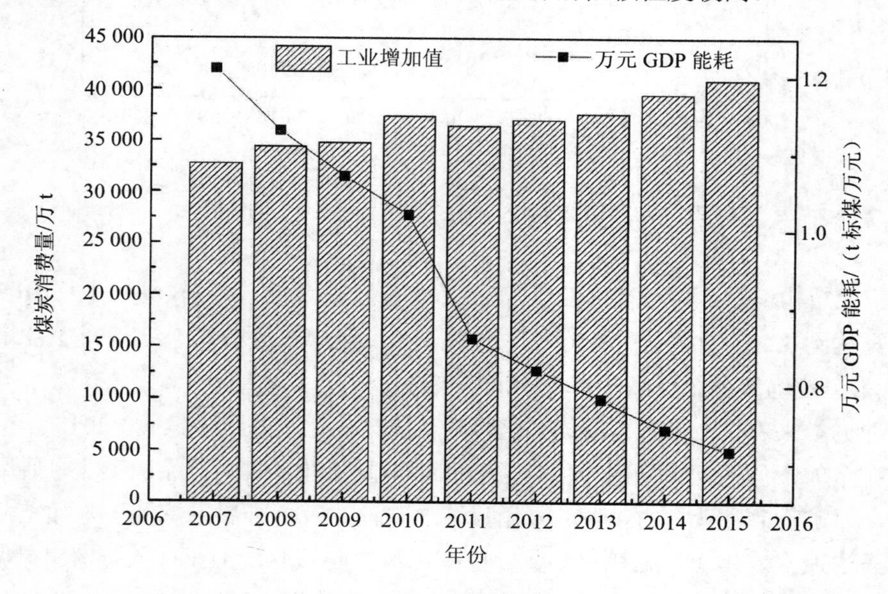

图 4　2007—2015 年山东省万元 GDP 能耗及煤炭消耗量

（4）环境因素压力对经济发展制约程度仍然较高。近年来，虽然山东省在水、大气各项主要污染物减排趋势良好，水环境、大气环境质量呈现逐年好转的趋势，但截至 2016 年，仅有威海市一个城市空气环境质量达到国家二级标准，全省环境空气质量达标形势严峻。2016 年，细颗粒物（$PM_{2.5}$）、可吸入颗粒物（PM_{10}）、CO_2 和 NO_2 平均浓度分别为 66 μg/m^3、120 μg/m^3、35 μg/m^3、38 μg/m^3，细颗粒物和可吸入颗粒物超过国家二级标准。

从工业行业能源消耗情况来看，在工业增加值排名前十位的行业中，万元工业增加值能耗整体水平偏高，污染程度仍然偏高，若仍继续当前的发展模式，严峻的环境压力将难以维系工业的持续发展。

表 1　山东省主要行业工业增加值及能耗情况

排名	行业类别	工业增加值占规模以上工业比重/%	万元工业增加值能耗（标煤）/t
1	化学原料和化学制品制造业	10.0	1.37
2	农副食品加工业	7.7	0.24
3	通用设备制造业	6.1	0.15
4	非金属矿物制品业	5.9	1.22
5	纺织业	5.8	1.13
6	专用设备制造业	4.6	0.15
7	有色金属冶炼及压延加工业	4.6	0.85
8	汽车制造业	4.4	0.17
9	石油加工、炼焦和核燃料加工业	4.1	1.30
10	橡胶和塑料制品业	3.9	0.47

针对山东省经济增长与环境高污染的库兹涅茨（EKC）曲线研究证明，单位 GDP 能耗是山东省环境污染的主要影响因素[3]，在三次产业中，工业比重对山东省的环境污染影响程度较大，第三产业影响相对较小[4]，工业废水、工业粉尘与工业固体废物的排放量则随着人均收入提高而递增。这一结果表明，工业废水、工业粉尘与工业固体废物等污染物产生量仍处于上升阶段，曲线的转折点还未达到[5]，因此，环境质量改善的压力对山东省工业转型升级提出了迫切的要求和更高的标准。

3　环境保护策略建议

经济增长产生的环境问题，需要在经济发展中予以解决。在新旧动能转换工作中，必须要坚持生态环境保护的原则，以绿色发展推动产业转型，发挥环境约束的作用有利于去除落后、过剩产能，环境政策措施的完善有利于促进经济发展质量。一方面，产业结构的优化调整、传统产业的转型升级、过剩产能的去除等变化，将是污染减排、环境质量改善的利好因素；另一方面，生态环境保护工作仍面临经济增量崛起过程中带来的污染物增量和新产业、新业态带来的新型污染物的压力。因此，针对山东省新旧动能转换工作的主要任务，为达到既要通过配套环境政策措施助力新旧动能转换，也要严守生态环境保护底线的目的，提出如下建议。

（1）发挥环境保护工作的倒逼机制，通过严格环境准入，推动落后和过剩产能的退出，提高新增产能的品质。环境准入作为国家行政管理的重要手段[2]，可有效地结合资源禀赋、环境容量等现状，通过设置准入门槛，防治低水平和高污染项目的建设，推动产业结构调整。钢铁、煤炭、水泥、石化、纺织、印染、化工等能源消耗高、环境污染大的传统制造行业，在山东省工业产值中仍占较大比重，按照新旧动能转换工作对传统产业提质增效的要求，可通过严格高耗能、高排放、资源型行业的准入条件，提高环境准入要求和标准，推动绿色发展理念，提升传统行业发展的绿色健康水平。随着《“十三五”环境影响评价改革实施方案》的印发，对环境管理工作提出了以生态保护红线、环境质量底线、资源利用上线和环境准入负面清单（即“三线一单”）为手段，强化空间、总量、准入环境管理的要求，在新旧动能转换工作中，环境管理运用“三线一单”的要求，明确地区的生态承载能力，科学引导工业项目及产业园区等建设项目的选址，既能够促进产业落地、助力新旧动能转换工作，又降低了产业发展的环境影响，确保经济的绿色发展。

（2）完善配套环境经济政策，通过经济杠杆推动传统行业绿色化。通过污水处理收费用改革、水价改革、调整环保电价等方式，对高污染行业、落后工艺企业实行差别电价、水价等措施，利用成本价格手段达到鼓励企业提升工艺水平、主动减排治污，既促进传统行业优化升级，又降低环境治理费用[6]。全面落实 2018 年起正式施行的《中华人民共和国环境保护税法》，制定环境保护税收入使用方案及相关配套措施，推动财税制度的绿色化改革。探索将高耗能、高污染产品纳入消费税征收范围，综合考虑资源产品的稀缺程度、环境损害成本等隐私，出台资源定价。在全面落实排污许可证核发工作的基础上，积极探索排污权有偿使用和交易工作，运用市场手提升企业减排治污、优化生产工艺的积极性，助力传统产业的提质增效。

（3）建立企业环境保护激励机制。完善企业环境信用制度，在落实《山东省企业环境信用评价办法》（鲁环发[2016]204 号）文件的基础上，将企业环境信用计分与评级系统与经济激励手段结合起来，对具有主动提高污染治理工艺、清洁水平达到先进水平等环境保护行为的企业及产品予以认定，并探索在资源使用、水电价格、金融信贷等方面的激励政策，推动产业结构和产品的绿色转型升级。

（4）探索绿色金融体系的落地。绿色金融体系是通过贷款、债券股票发行、保险等金融服务引导社会资金投入环保、节能、清洁能源等绿色产业的相关政策、制度[2]，我国在绿色信贷、绿色债券等方面取得了积极进展[7]，随着《关于构建绿色金融体系的指导意见》顶层设计文件的印发，探索包含绿色信贷、绿色证券、环境污染责任保险在内的绿色金融体系在山东省的试点落地，有利于新旧动能转换背景下环境保护助力金融行业的深化改革。

4 结语

新旧动能转换工作正处于试点起步阶段，作为新时期重点推进的工作，环境保护相关配套政策措施的提出有利于推动其顺利实施，本研究通过浅析山东省经济与环境形势，提出了严格环境准入、完善环境经济政策、建立企业激励机制和绿色金融体系等对策，旨在助力新旧动能转换工作，但环境政策措施的体系性、可操作性仍需要开展进一步研究。

参考文献

[1] 赵丽娜. 产业转型升级与新旧动能有序转换研究——以山东省为例[J]. 理论学刊，2017（2）：68-74.

[2] 毛惠萍，刘瑜. 促进供给侧绿色改革的环境政策研究[J]. 环境科学与管理，2017（6）：12-17.

[3] 杨光，王有邦. 山东省经济增长与环境污染的库兹涅茨关系及成因分析[J]. 鲁东大学学报（自然科学版），2013，29（3）：239-243.

[4] 王钟杰，王有邦. 新时期山东省环境库兹涅茨曲线实证研究[J]. 安徽农业科学，2015，43（32）：325-327.

[5] 李红莉，王艳，葛虎. 山东省环境库兹涅茨曲线的检验与分析[J]. 环境科学研究，2008，21（4）：210-214.

[6] 董战峰. “十三五”环境经济政策体系建设[J]. 社会观察，2015（9）：34-37.

[7] 国家环境经济政策研究与试点项目技术组.国家环境经济政策进展评估 2016[J]. 中国环境管理，2017，9（2）：9-13.

环境经济政策实践

- 长白山国家级自然保护区生态补偿机制的探讨
- 国家重点生态功能区生态补偿监管方式分析
- 迭部县生态系统服务价值评价、管理与开发研究
- 上海市崇明区水资源价值核算及定价机制探索
- 餐饮油烟第三方治理现状及建议——以上海市为例
- 北京市水污染综合治理分析及对策探讨
- 水环境多部门协同管理模型构建研究
- 秋冬季雾霾重污染背景下京津冀区域环境监督检查机制探讨
- 新标准实施后济南市空气质量变化及对策研究

长白山国家级自然保护区生态补偿机制的探讨

Changbai Mountain National Nature Reserve Ecological Compensation Mechanism is Discussed

徐国梅[①]　王　媛　辛培源
（吉林省环境科学研究院，长春　130012）

摘　要　建立长白山国家级自然保护区的生态补偿机制，是白山国家级自然保护区生态环境保护与恢复的关键环节。本文在介绍长白山国家级自然保护区的基本情况后，通过借鉴国内外有关生态补偿的经验，分析保护区主要存在的生态环境问题，探讨生态补偿机制主体与方式，提出生态补偿的保障措施。根据生态补偿的基本特征，结合自然保护区的特殊性和生态系统外部性的特点，探讨如何建立和完善自然保护区的生态补偿机制。

关键词　生态补偿机制　自然保护区　补偿与保障措施

Abstract　The establishment of the ecological compensation mechanism of changbai mountain national nature reserve, Changbai mountain national nature reserve is a key park in the process of ecological environment protection and recovery.This paper introduces the basic situation of changbai mountain national nature reserve, by using the experience of relevant ecological compensation at home and abroad, analyzing the main ecological environment problems of the reserve, discusses the main part and way of ecological compensation mechanism, puts forward the protective measures of ecological compensation.According to the basic characteristics of ecological compensation, combining with the particularity of nature reserve and the characteristics of ecosystem externalities, discusses how to establish and perfect the ecological compensation of nature reserves.

Keywords　ecological compensation mechanism, nature reserve, compensation and guarantee measures

---

① 徐国梅（1962 年生），女，高级工程师，主要研究方向为生态环境保护与环境管理。
地址：吉林省环境科学研究院 吉林省长春市红旗街 1547 号　邮编：130012。
电话 0431-85921707　手机：13756188917　传真：0431-85968916。
E-mail：277234777@qq.com。

长白山国家级自然保护区位于吉林省东南部，区内保存有欧亚大陆北半部十分完整的森林生态系统，在我国同纬度带上，其动植物资源最为丰富，是最具有代表性的典型自然综合体，是世界少有的“物种基因库”。长白山自然保护区是松花江、图们江、鸭绿江的源头，为“三江”中下游地区的重要生态屏障。因此，保护好该区的森林生态系统和生物多样性，具有十分重要的意义。

1 自然保护区的基本情况

长白山国家级自然保护区位于吉林省安图、抚松、长白三县交界处，总面积 190 781 hm^2，1960 年经吉林省人民政府批准建立，1980 年加入联合国教科文组织国际“人与生物圈”保护区网，1986 年晋升为国家级，主要保护对象为温带森林生态系、自然历史遗迹和珍稀动植物。保护区最高峰海拔 2 770 m，区内分布有野生植物 2 277 多种，野生动物 1 225 种，其中东北虎、梅花鹿、中华秋沙鸭、人参等动植物为国家重点保护的物种。该保护区的建立在生物多样性保护方面具有极为重要的意义。长白山为一座休眠火山，其独特的地质结构形成了不同于其他山脉的奇妙景观。保护区内拥有众多的森林、湖泊、瀑布、峡谷、温泉和重要的生物景观资源。因此，研究长白山国家级自然保护区生态补偿机制的问题，具有重要的现实意义。

1.1 地理位置

长白山保护区位于吉林省的东南部，地跨延边朝鲜族自治州的安图县和浑江地区的抚松县、长白县。东南与朝鲜毗邻。地图上位于 E127°42′55″～E128°16′48″，N41°41′49″～N42°51′18″，总面积为 190 781 hm^2，其中林面积 16 081 hm^2；草地 5 683 hm^2；天池水面 402 hm^2；森林覆盖率 87.9%，长白山是一个以森林生态系统为主要保护对象的自然综合体自然保护区。

1.2 生物资源

长白山自然保护区不仅植物类型复杂多样，而且种类十分丰富，是我国重要的物种基因库和生物多样性保护区域，其特殊的地质构造和地理位置，形成了长白山特有的植物区系，主要以红松阔叶林、针叶林、岳桦林、草甸、高山苔原等组成，并从下到上依次形成 4 个植物分布带，具有明显的垂直分布规律。区内现有野生植物 2 639 种，属国家重点保护的有 23 种，其中，国家一级保护植物有人参、东北红豆杉和长白松 3 种。野生动物 1 586 种，属国家重点保护的有 58 种，其中国家一级保护动物有中华秋沙鸭、紫貂、梅花鹿等 9 种。《中国生物多样性保护战略与行动计划（2011—2030 年）》将长白山划定为生物多样性保护优先区域。

1.3 主要生态环境问题

长白山自然保护区自然生态环境相对良好，但受自然因素及人类活动增加影响，区域生态系统服务功能减弱，生态修复与保护迫在眉睫。主要生态环境问题表现如下：

（1）森林系统趋向破碎化，生态屏障功能减弱。受人为和自然因素的影响，以及森林资源过度开发，区域局部森林生态系统遭到破坏。

（2）生境变迁和破坏，生物多样性降低。人类活动的加剧及外来物种入侵，土著种栖息空间被压缩和挤占，栖息地环境发生较大变化。在多方不利因素作用下，长白山区部分珍稀野生动植物资源量不断减少，甚至到了濒危或濒临灭绝的状态。

（3）水土流失依然严重，水源涵养功能减弱。区域水土流失面积较大，侵蚀沟、坡耕地水土流失严重，人为水土流失问题突出，危害区域生态安全、防洪安全及饮水安全。

（4）历史遗留废弃矿山较多，生态破坏程度较高。长白山区矿山开采历史较长，部分始于日伪时期，目前废弃无主矿山数量较多。据调查，长白山区约有 80%的废弃无主矿山未开展矿山生态环境治理与修复，生态破坏和环境污染问题较为严重。

（5）部分水体存在污染，局部区域水体功能下降。区域水利水电工程建设改变河流原有的水文状况、占用大量土地，砍伐树木，导致水体形态和状况改变、土地和森林丧失原有生态功能、珍稀水生物生存环境受到影响、水体自净能力下降等问题，造成了一定程度的水生态破坏。

（6）资源合理利用与保护区有效保护的矛盾较为突出。开展旅游是保护区的五大功能之一，但如果缺乏科学的管理，负面影响也很大。保护区有过多的游人进入，产生不同程度的生态破坏，是对保护区一个严重的威胁。

1.4 建立生态补偿机制的必要性

自然保护区生态补偿机制应当结合当前主体功能区划的政策导向加以重新定位、构建和完善。对自然保护区实施生态补偿的必要性体现在以下几个方面：

（1）实现人与自然和谐发展的要求。贯彻落实科学发展观，就是要在大力发展经济的同时，切实保护好自然生态环境，保护好人类生存繁衍的家园，形成经济发展与生态建设的有机统一，同时保持人与自然的和谐相处。建立生态补偿机制，就是要把生态环境建设保护提升到国家具体管理的层面上来，规范每一个社会成员、社会团体关注我们生存的自然环境，确保对资源的开发利用建立在生态系统的自我恢复能力可承受范围之内，实现可持续发展。

（2）建立生态补偿机制可解决生态环境保护投入不足的问题。生态环境保护是一项投入大、周期长、短期内经济效益不明显的复杂系统工程，不仅需要几代人坚持不懈地努力，更需要更高强度投入才能完成。即使是国家规定的建设任务完成以后，还需要提供强有力的政策支持和稳定资金渠道来保证生态环境保护成果的长期巩固，才能保证生态保护事业的可持续发展。

（3）建立生态补偿机制可提高全民生态保护意识。长白山国家级自然保护区生态补偿机制是以该区生态植被和水源涵养为主的自然资源有偿使用制的重要内容之一，它的建立要求生产者、开发者、经营者改变自然资源是公共物品无须付费的观念，要求整个社会认同自然资源生态服务功能的价值。

2 生态补偿机制的内涵和标准

2.1 生态补偿机制的内涵

生态补偿机制是以保护生态环境、促进人与自然和谐为目的，根据生态系统服务价值、生态保护成本、发展机会成本，综合运用行政和市场手段，调整生态环境保护和建设相关各方之间利益关系的环境经济政策。主要针对区域性生态保护和环境污染防治领域，是一项具有经济激励作用、与“污染者付费”原则并存、基于“受益者付费和破坏者付费”原则的环境经济政策。

长白山国家级自然保护区生态补偿的内涵是指，从环境管理和公共政策的角度出发，通过经济、政策和市场等手段，以长白山保护区生态保护成本、发展机会成本等为依据，向长白山自然保护区的生态环境保护者和建设者提供补偿，以调动其生态保护和建设的积极性，促进保护区的生态保护和生态建设活动。改善保护区以及更大范围区域间的非均衡发展问题，促进区域平衡和协调发展。另外，自然保护区生态补偿机制是为了维护自然保护区生态系统服务功能或者是特定物种持续存在和发展而建立起来协调各利益相关者之间关系的具有激励效应的长效制度安排。

2.2 生态补偿的标准

生态补偿标准是生态补偿机制的核心问题之一，关系到补偿的效果和补偿者的承受能力，也是生态补偿机制建立的难点之一。结合多位学者的观点认为，长白山自然保护区生态补偿标准应采用时间和空间结合的定量研究方法，通过对生态保护者（保护区）对区域生态保护的直接投入、生态受益者（建设者）的获利、生态破坏的恢复成本和生态系统服务的价值 4 个方面的评价估算。

（1）区域生态保护的直接投入。保护区的直接投入是指保护区的工作人员对开发建设工程在建设和投产运行期间对其监管所投入的人力、物力、财力为基础数据（包括人员工资、交通工具、燃修费、设备等费用），同时，还应包括保护区工作人员对其管理和后期的监测所投入的资金。

（2）生态受益者（建设者）的获利。运用市场法，通过产品或服务的市场交易价格和交易量来计算补偿的标准。根据开发建设工程设计的生产能力，计算产品数量或服务利润，合理评价占用破坏保护区资源而获取的利润。

（3）生态破坏的恢复成本。生态恢复是指将通过或丧失功能的生态系统恢复成能够自我维持的自然生态系统，是指修复由于人类活动遭受破坏的生态系统的多样性和动态功能，运用直接成本法，通过对占用自然保护区范围内生态恢复工程进行费用核算，包括土壤（肥力恢复、水土流失控制）、植被（林、草等植被再生），合理计算出土壤和植被恢复成本。

（4）生态系统服务的价值。运用生态系统服务功能价值法，估算生态系统服务功能的价值是最重要的步骤。运用市场价值法、机会成本法、基本成本法、人力资本法、生产成本法和置换成本法等方法估算出生态系统服务功能的价值。生态服务价值主要包括涵养水源、保育土壤、净化大气、防风固沙、生物多样性保护等。

3 生态补偿机制的主体及方式

3.1 生态补偿主体

生态补偿的主体其实是由 3 部分组成：补偿方、如何补偿、被补偿方。其中如何补偿是整个生态补偿环节中的重点和难点。

3.2 生态补偿方式

自然保护区生态补偿方式有资金补偿+实物补偿+政策补偿+智力补偿等。

（1）资金补偿是指中央政府或省级政府、资源开发者、受益者拿出资金用于治理和恢复由于资源开发带来的生态破坏，通过政府财政转移支付、减免税收、信用担保贷款、补偿金和赠款等方式进行补偿。

（2）实物补偿是资源开发者和政府运用物质、劳动力和土地等进行补偿，解决生态保护和建设者、移民的部分生产要素和生活要素，使其恢复生态保护和建设的能力。

（3）政策补偿是上级政府对长白山自然保护区的权利和机会补偿，通过制定各项优先权和优惠待遇的政策，调整产业结构，扶持保护区社区居民进行生产转型，补偿社区居民放弃原有生产方式所付出的机会成本的损失。

（4）智力补偿是通过开展免费的智力服务，提供无偿技术咨询和指导，以提高受补偿者的组织管理水平和生产技能。

4 建立和完善生态环境补偿机制的措施

4.1 加强立法，完善生态补偿机制　建立健全相关法律法规

目前，国家没有关于生态补偿方面的法律法规，虽然在其他法律法规中有关于生态补偿的内容，但是，在处理生态补偿问题时无法做到有法可依。因此，为了推动自然保护区生态补偿机制的建立，国家应该尽快出台相关的法律法规，这是建立和完善生态保护补偿制度的根本保证。

4.2 建立生态功能保护区　逐步实现生态补偿动态化

生态环境一旦遭到破坏，需要几倍的时间乃至几代人的努力才能恢复，甚至永远不能复原。人类为恢复和改善已经恶化的环境，必须做长期不懈的努力，其任务是十分艰巨的，而且有的破坏造成的影响几年甚至十几年以后才能显现出来。因此，生态补偿要机制应该是动态化的，要反映生态修复成本的变化，反映生态环境损害叠加累积的效应，反映人们对生态文明建设成果的更高需求，以与时俱进的生态补偿安排切实保障经济社会的可持续发展，实现人与自然和谐相处。

4.3 建立多种形式的生态补偿途径

补偿方式多样化是生态补偿顺利进行的重要手段，可以增强补偿的适应性和灵活性，

加强生态补偿的针对性，有利于生态补偿在不同区域顺利开展。应充分应用经济手段和法律手段，探索多元化生态补偿方式。可以通过财政转移支付，建立生态补偿基金和重大生态保护计划实施生态补偿。

4.4 颁布生态补偿管理办法 逐步实现生态补偿标准化

生态环境受损后的影响是多方面的，影响的利益主体是多元的。因此，应尽快颁布生态补偿管理办法，使生态补偿标准应按社会、经济、生态分类，并逐步发展成为一个系统的指标体系。规范生态补偿基金的使用，使生态补偿能落实到实施生态保护的主体和受生态保护影响的居民，使之能有效地促进生态保护工作。

4.5 建立生态环境监督和监测管理体系 合理落实生态补偿资金

需要建立专门的监督机构对生态补偿的机制进行监督，保证生态补偿机制构建的双方按照约定进行生态补偿。针对这种现状，需要成立跨部门的机构来实施对长白山国家级自然保护区生态补偿基金管理。

长白山国家级自然保护区区域环境特征和生态地位决定了本区的生态环境监测，除包括水、气、噪声等环境要素的常规监测外，还要重视生态要素的监测，如动植物多样性的监测、动植物种群变动、生境动态变化；另外，各种生态灾害监测，如水土流失、山体崩塌、滑坡、泥石流等的监测也应包括在内。

4.6 制定完善相关配套机制

完善的配套机制可以有力推进长白山国家级自然保护区生态补偿机制的顺利运行。如政策的监督评估机制和政策的激励保障机制等。政策的监督评估机制是通过合理的指标体系对政策的设计、实施管理、实施效果进行评价，对政策的执行进行监督与修正；政策的激励保障机制是建立对政策执行者鼓励、约束，提供相应保障的机制。生态保护补偿并非简单的学术研究问题，而是可操作性很强的实践问题。

4.7 逐步实现生态补偿管理的规范化

构建生态补偿机制，必须建立统一的管理机构，实行统一的管理办法。①要坚持统一的补偿原则。生态补偿必须坚持“谁受益，谁补偿”的基本原则，做到环境开发者要为其开发、利用资源环境的行为支付费用，环境损害者要对其造成的生态破坏和环境损失作出赔偿，环境受益者有责任和义务向提供优良生态环境的地区和人们进行补偿。②要建立统一的管理机构，加强对跨地区、跨流域经济区以及产业间环境问题的监督管理。协调不同功能区之间的补偿。③要实行统一的监督办法。建立生态补偿金使用绩效考核评估制度，严格考核各财政专项补偿资金的使用绩效，更好地发挥财政生态补偿金的激励和引导作用。

5 结论与建设

长白山自然环境条件复杂多样，生态资源十分丰富。吉林省委十届六次全会通过的《中共吉林省委关于制定国民经济和社会发展第十三个五年规划的建议》提出，要让吉林的天更蓝、山更绿、水更清，人居环境更优美。因此，长白山国家级自然保护区对森林生态系统和生物多样性保护具有重要意义。当前及未来一段时期内需要加强人力、物力和财力的投入。进一步认真研究长白山国家级自然保护区生态补偿机制建立、实施和完善。

综上所述，吉林省长白山区近年来相继启动了一系列重大的生态保护与建设工程，局部地区自然生态系统得到一定程度的恢复，但与严峻的生态破坏形势和经济社会发展需求相比仍然存在较大差距，加之长白山区大部分县市均属于经济欠发达地区，财政实力弱，很多生态修复与治理项目资金配套较难，资金投入相对不足的问题比较突出，影响生态保护重点项目的顺利实施。因此，有必要建立长白山国家级自然保护区的生态补偿机制，制定合理的补偿标准。走科技含量高、经济效益好、资源消耗低、环境污染少、人力资源优势得到充分发挥的新路子。

参考文献

[1] 刘润璞. 吉林省自然环境与资源状况分析[M]. 长春：吉林科学技术出版社，2011.

[2] 田瑞祥，王亮，杨增武. 安西自然保护区生态补偿机制的探讨[J]. 环境研究与监测，2013（9）.

[3] 刘应元，丁玉梅. 创新生态补偿机制　发展低碳经济[J]. 生产力研究，2012（4）.

[4] 李坤，陈艳霞，陈丽娟，等. 国内自然保护区生态补偿机制研究进展[J]. 黑龙江农业科学，2011（3）.

[5] 陈传明. 福建武夷山国家级自然保护区生态补偿机制研究[J]. 地理科学，2011（5）.

[6] 孙道玮，陈田，姜野. 长白山自然保护区的旅游资源综合开发与生态环境保护措施[J]. 东北林业大学学报，2005（9）.

[7] 李云燕. 我国自然保护区生态补偿机制的构建方法与实施途径研究[J]. 生态环境学报，2011（12）.

[8] 发改委. 健全生态保护补偿机制　促进生态文明制度建设. 2016-05-09，发展改革委网站.

国家重点生态功能区生态补偿监管方式分析

Analyses on the Supervision Method of Ecological Compensation to National Key Ecological Function Zone

张文彬[①] 马艺鸣

（西安财经学院西部能源经济与区域发展协同创新研究中心，西安 710100）

摘 要 高效的监管是确保生态补偿充分发挥效应的重要条件，文章以国家重点生态功能区转移支付为例，对常用的激励诱导和惩罚两种生态补偿监管方式进行比较分析，以找出不同条件下最优化的生态补偿监管方式。文章构建了满足激励相容条件和参与约束条件的激励诱导和惩罚两种监管方式的最优化模型，求出最优化的激励诱导强度和监管强度；随后对最优化条件下两种监管方式得到的最大化效用进行比较分析，找出了监管部门最优选择的监管成本临界值，结果表明，当惩罚机制下监管成本高于临界值时，激励诱导机制更有利；而当监管成本低于临界值时，惩罚机制更有利，这对完善我国生态补偿监管制度具有重要意义。本文最后从提高监管能力以及加强第三方监管方面提出政策建议。

关键词 国家重点生态功能区 生态补偿监管 激励诱导 惩罚

Abstract The effective regulation is an important condition to ensure that the ecological compensation is more effective. The paper comparative analyses two kinds of incentive and punishment of ecological compensation regulation in order to find out the optimization regulation method under different conditions by taking the national key ecological function zone transfer payment as an example. The paper constructs the optimization model of incentive and punishment two regulation ways to meet the incentive compatibility conditions and participation constraint，for optimization of the incentive strength and the strength of regulation and finds the optimization strength of incentive and regulation. Then comparative analyses maximization of utility of two kinds of supervision way under the optimization condition，finds out the regulatory costs critical value of regulators optimal choice，the results show that incentive mechanism is more favorable when the supervision cost is higher than the critical value in the

① 张文彬，1985 年 1 月生，西安财经学院西部能源经济与区域发展协同创新研究中心，博士，讲师，研究方向为资源环境经济学与生态补偿理论。通讯地址：陕西省西安市长安区韦常路南段 2 号（710100），电话：15934871348，电子邮箱：zhangwbxjtu@163.com。

punishment mechanism, and punishment mechanism is more favorable when the supervision cost is lower than the critical value, which has important significance to perfect the supervision system of ecological compensation in China. The paper finally puts forward some policy suggestions.

Keywords national key ecological function zone, ecological compensation regulation, incentive, punishment

前言

中国经济在创造“增长奇迹”的同时也带来了极大的环境压力，西方国家两个多世纪工业化进程中分阶段出现的环境污染问题在中国工业化过程中集中出现。在巨大的环境压力下，政府和越来越多的学者开始意识到经济增长和环境保护之间需要有所权衡（trade-off）（陆旸，2011）[1]。党的十八届三中全会明确指出要建设生态文明，用制度保护生态环境，随后更是进一步提出“绿水青山就是金山银山”的论断，这需要制定更加合理的环境经济政策，进一步改革生态环境保护管理体制。而在生态环境保护制度中，监管制度是必不可少的，党的十八大报告指出要“加强环境监管，健全生态环境保护责任追究制度和环境损害赔偿制度”。原环保部周生贤部长指出，环境监管是实现环境保护目标的重要保障，也是守住生态红线的最后一道防线，只有在各方共同努力下，环境保护工作才能为生态文明建设提供可靠保障。

部分国内外学者认为健全的监管机制是生态补偿机制有效运行的必要条件。Kagan 等（2003）[2]认为环境治理规制监管是过去 30 多年里发达国家环境质量得以改善的重要原因；而 Doonan 等（2005）[3]、Delmas 和 Toffel（2008）[4]也认为监管是被监管者积极履行环境保护责任的重要影响因素。赵建军等（2012）[5]将生态补偿监管平台列为黄河三角洲高效生态区生态补偿平台之一；王金南等（2006）[6]在探讨我国生态补偿框架及政策效果评价时，指出监管不严导致生态补偿资金在收取和使用上存在很大漏洞，是生态保护效果与预期差别较大的重要原因；易伟明和李志龙（2008）[7]从政府对环境监管部门的再监管缺失、一般性再监管和有效再监管 3 种方式出发，通过博弈模型对环境监管部门的监管行为以及企业的排污行为选择进行分析，认为应将地方环境监管部门纳入国家环保总局的垂直管辖体系，对监管部门进行有效再监管；王江（2013）[8]认为应结合宪政背景和环境保护的实际需求创新和完善我国的环保监管模式，从监管机构设置、监管职权配置和监管权力运行 3 个方面着手实现环境善治的目标；李国平等（2013）[9]认为监管机制不健全是国家重点生态功能区生态补偿绩效低下的主要原因之一。

财政部分别于 2009 年、2011 年和 2012 年发布、改进的《国家重点生态功能区转移支付办法》（以下简称《办法》），在均衡性转移支付体系下设立了生态功能区财政转移支付，从国家角度规定了对重点生态功能区所在区域进行补助的办法。《办法》规定国家重点生态功能区转移支付资金会分配到县级政府财政中，在中央政府和县级政府之间隐含着关于保护生态环境的委托代理关系，中央政府为提供生态补偿委托人，县级政府为保护生态环境的代理人。本文以国家重点生态功能区转移支付为例，借鉴委托代理问题的思路，考察了激励诱导和惩罚两种生态补偿监管机制对监管部门和被监管者行为的影响，从而对这两种监管方式的有效性进行比较分析，并找出两种监管方式的最优选择及其临界值。

1 生态补偿监管必要性分析

本部分主要分析监管部门对县级政府生态环境保护行为进行有效监管条件下，县级政府生态环境保护行为产生的良性结果，以便说明生态补偿监管的必要性。

县级政府的生态环境保护和为发展地方经济而进行的生态开发有时是一个此消彼长的关系，有时也是一种相互促进的关系，不同的保护和开发程度组合，会使生态环境利用从一种状态走向另一种状态。在此过程中，保护与开发的协调程度越高，生态环境状况就越好，越容易呈现良性状态。从生态保护和开发两个角度定义两个函数：一个是生态保护度函数（conservation function，*fc*）；一个是生态开发度函数（exploitation function，*fe*），保护度函数是指国家重点生态功能区内各类主体所有的生态资源和生态环境保护行为变量函数的集合，开发度函数是指国家重点生态功能区内各类主体所有生态资源利用和开发行为变量函数的集合。国家重点生态功能区生态环境保护与开发的状态函数即协调度函数（preservation function，*fp*）就是这两个函数的组合。有无中央政府监管条件下的相应结果如图 1（a）和（b）所示。

若中央政府不对县级政府生态资源保护与开发进行监管限制，其状态函数示意图如图图 1（a）所示，在国家重点生态功能区发展的初始阶段，生态资源和环境的保护度很高，这一阶段的生态资源开发尚未起步，国家重点生态功能区的发展处于相对封闭状态，以自我发展为主，保护与开发的协调度也相对较低。随着开发的不断增强，生态资源给国家重点生态功能区带来的综合收益不断增强，同时也给生态资源保护带来压力和冲击，使得保护度相对下降，但总体上仍然高于开发程度，即 $fc>fe$，国家重点生态功能区整体的协调度处于上升状态，即 *CF* 段；直到保护度和开发度达到一个平衡点后，整体的协调度达到峰值，即 *F* 点。在这之后，随着生态资源开发强度的进一步加大，县级政府的开发行为已经对国家重点生态功能区的资源保护造成了较大的影响，资源保护的力度跟不上开发的强度，即 $fc<fe$，整个国家重点生态功能区的协调度出现下滑，即 *FD* 段；如果中央政府不加监管，县级政府的生态资源开发强度将进一步提高，而生态资源的保护力度继续下降，即 $fc \ll fe$，协调度将进一步下降，直至整个国家重点生态功能区遭到严重的开发破坏而失去其资源价值。因此，也可以说，*D* 点即为国家重点生态功能区协调度的预警状态点，超过这一点，生态资源的价值将被严重削弱，造成无法估量的恶果。

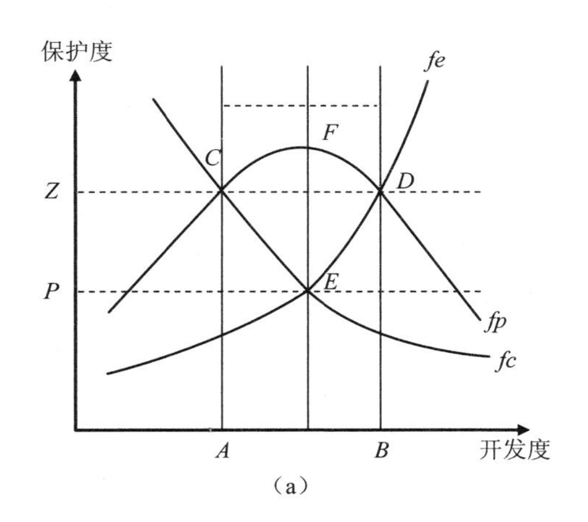

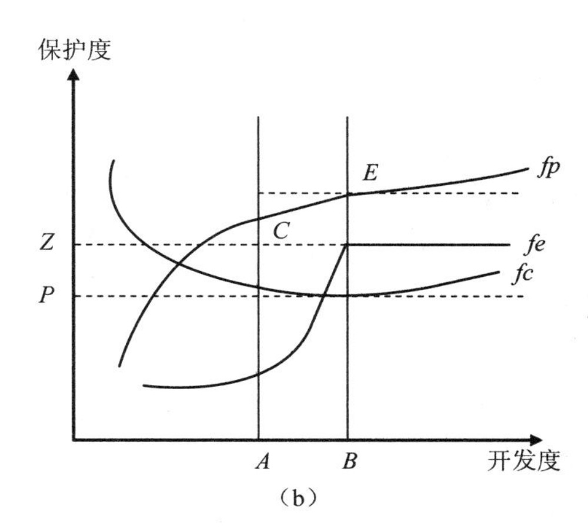

图 1　中央政府监管对生态环境协调状态影响

相反，如果中央政府加强对县级政府生态资源开发行为的监管，对生态资源的保护提出具体明确而又严格的要求，则资源保护度函数和开发度函数的表现形式出现变化，相应地，国家重点生态功能区保护与开发状态也会随之发生变化。如图 1（b）所示，县级政府的资源保护度函数始终保持在一个较高的水平，始终维持在资源保护要求的最低限度 P_1 之上，而与此同时，生态资源开发度也有一个限制要求，在开发强度达到一定水准（Z）或达到国家重点生态功能区开发极限值之后，不再进行大规模的开发，基本能够维持在一个相对稳定的水平上。这时我们可以看到，整个国家重点生态功能区的保护和开发状态在达到一个阶段高峰（E 点）后，非但不会出现状态下降，而且可以继续保持一个较高的发展状态，生态环境能够得到最好的保护。

当然，国家重点生态功能区保护性开发过程中，县级政府的生态保护和开发行为可能不止这两种，还可以具有更多的表现形式，在此只是提出两种理想情景进行分析。通过分析中央政府监管对国家重点生态功能区生态环境保护的必要性之后，下文将中央政府和县级政府在国家重点生态功能区生态补偿中的监管博弈行为进行分析。

2　激励和惩罚机制理论分析

2.1　基本假设

为简化起见，本文作如下假设：

假设 1，国家重点生态功能区生态保护监管过程中主要涉及三类主体：县级政府、中央政府和监管部门。中央政府对县级政府提供同质的转移支付，激励其生态环境保护行为，提高全社会的生态效用；县级政府是国家重点生态功能区生态环境保护的执行者，负责当地具体的生态环境保护工作；监管部门对县级政府的生态保护绩效进行监管考核，这里进一步假设监管部门和中央政府的利益是一致的，不考虑监管部门本身的寻租行为，研究理想状态下监管部门监管政策的效果。

假设 2，县级政府的生态环境保护行为产生的生态效益为 E，虽然生态环境效益值在现实中很难度量，但如果从增加社会效用的角度理解，理论上仍存在一个客观的产出值。为简化分析，假定县级政府的生态效益产出分为两类：高生态效益产出 E_h 和低生态效益产出 E_l。该数值直接影响中央政府获得的生态效用和对县级政府的转移支付，生态效用函数为 $U=U(E_i)$（$i=h$，l），转移支付的函数为 $S=S(E_i)$，并假设存在 $U'(E_i)>0$、$S'(E_i)>0$。县级政府提供的生态效益产出是私人信息，中央政府和监管部门不能了解县级政府的真实生态效益产出。只有县级政府知道自己的真实类型，监管部门仅知道县级政府生态效益产出类型为 E_h 的先验概率为 p，生态效益产出类型为 E_l 的先验概率为 $1-p$。

假设 3，在风险属性方面，因为国家重点生态功能区转移支付的委托人和代理人都为政府部门，因此，假设二者都是风险中性的。

假设 4，监管部门通过选择监管强度和惩罚手段保护中央政府的转移支付效用最大化，具体来说，监管部门根据县级政府提供的生态效益产出水平 E 确定监管强度 $k_i=k(S_i)$，监管成本为 $C=C(k_i)$，查出县级政府造假行为的概率为 $\gamma=\gamma(k_i)$。监管强度越强，监管成本越大，监管部门查出县级政府生态效益产出造假的可能性也越大，也即存在 $\partial C(k_i)/\partial k_i>0$，$\partial\gamma(k_i)/\partial k_i>0$，并进一步假设 $C(0)=0$。

假设 5，监管部门可以采用诱导激励机制和惩罚机制来实施监管，采用 Z 表示激励诱导或者惩罚的程度。监管部门的目标函数为：

$$\max_{k_i,Z} U(E_i)-S(E_i)-C(k_i)$$

监管部门通过设计满足激励相容的最优机制，保证县级政府说真话，并最大化中央政府即自身的效用。

2.2 激励机制分析

假设监管部门决定采用激励诱导机制引导县级政府提高生态环境保护努力。县级政府获得的转移支付是由其生态效益产出决定的，因此低生态效益产出的县级政府有高报生态效益产出，冒充高生态效益产出的县级政府的动机，而理性的高生态效益产出的县级政府没有冒充前者的可能性。因此假设监管部门支付给低生态效益产出的县级政府激励诱导 Z 以增加其真实汇报生态效益产出的收入，降低冒充高生态效益产出县级政府的动机。激励诱导的金额同样应该由中央政府支付，但为了不额外增加中央政府的转移支付金额，也便于和惩罚监管情形进行比较，本文假定激励诱导的金额是中央政府从高生态效益产出县级政府提供的效益中取出来的。

为使高生态效益产出县级政府没有冒充低生态效益产出县级政府以获取激励诱导 Z 的动机，高生态效益产出县级政府获得的生态转移支付 $S(E_h)$ 应不低于低生态效益产出县级政府获得的转移支付与激励诱导之和 $S(E_l)+Z$，即激励诱导 Z 应满足：

$$S(E_h)\geqslant S(E_l)+Z$$

监管部门根据县级政府汇报的类型确定不同的监管强度，汇报高生态效益产出的县级政府存在高报的可能，因此应进行更强大的监管；而汇报低生态效益产出的县级政府不可能存在造假的可能，因此均衡状态下对其监管强度为零。

低生态效益产出县级政府高报生态效益产出的预期收益为：

$$S=\gamma(k_h)\cdot S(E_l)+[1-\gamma(k_h)]\cdot S(E_h)$$

激励相容约束要求低生态效益产出的县级政府获得激励诱导后的收益不低于高报生态效益产出的收益，即存在：

$$S(E_l)+Z\geqslant\gamma(k_h)\cdot S(E_l)+[1-\gamma(k_h)]\cdot S(E_h)$$

参与约束条件要求县级政府至少获得保留收益而不至于退出该契约，国家重点生态功能区转移支付契约是一种强制性契约，中央政府强制县级政府必须参与，因此，本文这里假设参与约束条件恒成立，令保留收益为 S_0，因此存在：

$$S(E_l)+Z\geqslant S_0$$

因此，在激励诱导机制下，监管部门通过设计最优的监管强度和激励诱导力度（k_h、k_l、Z），满足自身的效用最大化。该最优化问题可表述为：

$$\max_{k_i,Z} q[U(E_h)-S(E_h)-C(k_h)-Z]+(1-q)[U(E_l)-S(E_l)-C(k_l)] \tag{1}$$

$$\text{s.t.}\ \ S(E_l)+Z\geqslant S_0$$

$$S(E_l)+Z\geqslant\gamma(k_h)\cdot S(E_l)+[1-\gamma(k_h)]\cdot S(E_h)$$

$$S(E_h)\geqslant S(E_l)+Z$$

$$Z\geqslant 0,\ k_h\geqslant 0,\ k_l\geqslant 0$$

接下来通过式（1）最优化问题对激励诱导 Z 进行求解，首先构造拉格朗日函数为：

$$\begin{aligned}L(k_h,k_l,Z)=&\ q[U(E_h)-S(E_h)-C(k_h)-Z]+(1-q)[U(E_l)-S(E_l)-C(k_l)]+\\&\lambda_1(S(E_l)+Z-S_0)+\lambda_2\{[S(E_l)+Z]-[\gamma(k_h)\cdot S(E_l)+(1-\gamma(k_h))\cdot S(E_h)]\}\\&+\lambda_3[S(E_h)-S(E_l)-Z]\end{aligned} \tag{2}$$

对式（2）求 k_h、k_l、Z 以及 λ_j（j=1，2，3）的偏导数可得最大化的库恩塔克条件为：

$$(\partial L/\partial k_h)k_h=\{-qC'(k_h)+\lambda_2[-\gamma'(k_h)\cdot S(E_l)+\gamma'(k_h)S(E_h)]\}\cdot k_h=0 \tag{3}$$

$$(\partial L / \partial k_l)k_l = [-(1-q)C'(k_l)] \cdot k_l = 0 \tag{4}$$

$$(\partial L / \partial Z)Z = (-q + \lambda_1 + \lambda_2 - \lambda_3) \cdot Z = 0 \tag{5}$$

$$(\partial L / \partial \lambda_1)\lambda_1 = 0，(\partial L / \partial \lambda_2)\lambda_2 = 0，(\partial L / \partial \lambda_3)\lambda_3 = 0 \ (\lambda_j \geqslant 0) \tag{6}$$

接下来通过上述最优条件对激励诱导机制 Z 进行求解。监管部门设计的激励诱导机制应具有现实意义，对报告生态效益产出为 E_h 的县级政府需要进行一定的监管，对报告生态效益产出为 E_l 的县级政府需要进行一定的激励诱导，即存在 $k_h>0$，$Z>0$。由式（4）可知，因为$[-(1-q)C'(k_l)] \neq 0$，所以对报告生态效益产出为 E_l 的县级政府，均衡状态下应不进行监管，即 k_l=0。由式（3）可得：$\lambda_2 = [qC'(k_h)]/[\gamma'(k_h) \cdot (S(E_h) - S(E_l))]$，因此存在$\lambda_2>0$，再由 $\partial L / \partial \lambda_2 = 0$ 可得：$[S(E_l)+Z] - [\gamma(k_h) \cdot S(E_l) + (1-\gamma(k_h)) \cdot S(E_h)] = 0$，整理可得 Z 的表达式为：

$$Z = [1-\gamma(k_h)] \cdot [S(E_h) - S(E_l)] \tag{7}$$

由式（7）可知，监管部门提供给低生态效益产出县级政府的激励诱导强度与监管部门的最优监管强度负相关；与提供给两类县级政府转移支付差额正相关。中央政府的监管强度越大，查出高报生态效益产出的可能性也越大，但同时监管成本也越大，而激励诱导程度也越低，监管部门可以通过平衡监管强度，在激励诱导程度和监管成本之间实现最优选择。

2.3 惩罚机制分析

激励诱导机制在于以下县级政府的预期收益来影响其决策，此外还可以从影响县级政府高报生态效益产出的事后成本入手，而惩罚机制就是从增加县级政府高报生态效益产出行为的事后成本视角来分析的。监管部门非事后查出高报生态效益产出的县级政府设定惩罚 Z，其主要以罚金的形式为代表。只有生态效益产出低的县级政府有高报生态效益产出的可能性；高生态效益产出的县级政府仍然没有冒充低生态效益产出的县级政府的可能性，因为这不仅降低了自身的转移支付水平，还存在事后被惩罚的可能性。

低生态效益产出县级政府真实汇报生态效益产出获得的转移支付收益为 $S(E_l)$，高报生态效益产出的预期收益为：$\overline{S}^* = \gamma(k_h) \cdot [S(E_l) - \overline{Z}] + [1-\gamma(k_h)] \cdot S(E_h)$，激励相容约束条件要求前者不低于后者，即 $S(E_l) \geqslant \overline{S}^* \ \overline{S}$，对此进行整理可用得到激励相容约束条件为：

$$\gamma(k_h) \cdot [\overline{Z} + S(E_h) - S(E_l)] \geqslant S(E_h) - S(E_l)$$

同样假设参与约束条件恒成立，令惩罚机制下的保留收益与激励诱导条件下的保留收益相同，都为 S_0，存在：$S(E_l) - \overline{Z} \geqslant S_0$。

惩罚机制条件下监管部门的目标函数为：

$$\max_{k_i,Z} q[U(E_h)-S(E_h)-C(k_h)]+(1-q)[U(E_l)-S(E_l)-C(k_l)]$$

因此，惩罚机制下监管部门效用最大化问题可表述为：

$$\max_{k_i,Z} q[U(E_h)-S(E_h)-C(k_h)]+(1-q)[U(E_l)-S(E_l)-C(k_l)] \tag{8}$$

$$\text{s.t.}\quad \gamma(k_h)\cdot[\bar{Z}+S(E_h)-S(E_l)]\geqslant S(E_h)-S(E_l)$$

$$S(E_l)-\bar{Z}\geqslant S_0$$

$$\bar{Z}\geqslant 0，k_h\geqslant 0，k_l\geqslant 0$$

通过式（8）最优化问题对惩罚 $\bar{Z}$ 进行求解，首先构造拉格朗日函数为：

$$L(k_h,k_l,\bar{Z})=q[U(E_h)-S(E_h)-C(k_h)]+(1-q)[U(E_l)-S(E_l)-C(k_l)]+$$

$$\lambda_1\{\gamma(k_h)\cdot[\bar{Z}+S(E_h)-S(E_l)]-[S(E_h)-S(E_l)]\}+\lambda_2[S(E_l)-\bar{Z}-S_0] \tag{9}$$

对式（9）求 k_h、k_l、Z 以及λ_j（j=1，2）的偏导数可得式（13）最大化的库恩塔克条件为：

$$(\partial L/\partial k_h)k_h=\{-qC'(k_h)+\lambda_1\gamma'(k_h)\,[\bar{Z}+S(E_h)-S(E_l)]\}k_h=0 \tag{10}$$

$$(\partial L/\partial k_l)k_l=[-(1-q)C'(k_l)]\cdot k_l=0 \tag{11}$$

$$(\partial L/\partial\bar{Z})\bar{Z}=[\lambda_1\cdot\gamma(k_h)-\lambda_2]\cdot\bar{Z}=0 \tag{12}$$

$$(\partial L/\partial\lambda_1)\lambda_1=0，\ (\partial L/\partial\lambda_2)\lambda_2=0\ （\lambda_j\geqslant 0） \tag{13}$$

与激励诱导机制下的监管相同，监管部门为使设计的惩罚机制具有现实意义，对于高报生态效益产出的县级政府必须给予一定数量的惩罚（以罚金的形式），对于汇报为高生态效益产出的县级政府也同样必须进行一定程度的监管，即有 $\bar{Z}>0$，$k_h>0$，而同样根据式（11）可知 k_l=0。根据式（10）和式（12）可得出：$\lambda_1=qC'(k_h)/\{\gamma'(k_h)\,[\bar{Z}+S(E_h)-S(E_l)]\}$，$\lambda_1\cdot\gamma(k_h)-\lambda_2=0$，也即存在$\lambda_1>0$，$\lambda_2=\lambda_1\gamma(k_h)>0$。所以有式（9）最大化的激励相容条件和约束条件等号成立，即存在：

$$\gamma(k_h)=[S(E_h)-S(E_l)]/[\bar{Z}+S(E_h)-S(E_l)] \tag{14}$$

$$\bar{Z}=S(E_l)-S_0 \tag{15}$$

监管部门设定的惩罚金额应该使得县级政府被发现高报生态效益产出并受到惩罚时恰好只能获得基本的保留收益，一方面能够满足县级政府最基本的参与约束条件；另一方面也可以给予低生态效益产出县级政府以足够强度的威慑。最优监管强度与罚金数量同样呈现负相关，监管部门设定的罚金越高，惩罚对县级政府越具有威慑力，高报生态效益产出的预期成本就越高，预期收益相应减少，其高报生态效益产出的可能性也越低；反之，罚金水平越低，对县级政府的威慑力也就越小，县级政府高报生态效益产出的概率越大，因此，监管部门必须提高监管强度，使县级政府高报生态效益产出被发现的概率增加，从而有效地增加其预期成本，降低预期收益。

2.4 两种监管机制的比较分析

监管部门可以通过激励诱导和惩罚两种机制实现监管状态的最优化。在我国的生态环境保护中，惩罚机制被较多的学者研究，一般认为，事后的惩罚力度越强，惩罚越具有威慑力，县级政府高报生态效益产出的概率越低。但是两种机制分别从县级政府高报生态效益产出的预期收益和预期成本两个视角对县级政府的行为选择进行影响，本身的优劣性还需要进一步的讨论。下面分析监管部门如何对这两种监管机制进行合理的选择。

由 $k_l=0$ 可得 $C(k_l)=0$，将 $C(k_l)=0$ 和式（7）代入两种监管状态下的目标函数中，将两个目标函数相减并整理可得：

$$L(k_h,k_l,Z)-L(k_h,k_l,\bar{Z})=q\{-C(k_h)+C(\bar{k}_h)-[1-\gamma(k_h)]\cdot[S(E_h)-S(E_l)]\} \qquad (16)$$

将式（17）代入激励诱导情形下的目标函数中，并对其求 k_h 的偏导数，其最大化的一阶条件为：$q\{-C'(k_h)+\gamma'(k_h)\cdot[S(E_h)-S(E_l)]\}=0$，因此存在：$C'(k_h)=\gamma'(k_h)\cdot[S(E_h)-S(E_l)]$，对方程两边求 k_h 的积分可得：$C(k_h)=\gamma(k_h)\cdot[S(E_h)-S(E_l)]+C_0$（$C_0$ 为任一常数），将其代入式（16）中，可得：

$$L(k_h,k_l,Z)-L(k_h,k_l,\bar{Z})=q\{C(\bar{k}_h)-[S(E_h)-S(E_l)+C_0]\} \qquad (17)$$

由式（17）可知，监管部门在最大化效用时，如何选择激励诱导机制和惩罚机制的条件是：当 $C(\bar{k}_h)>[S(E_h)-S(E_l)+C_0]$ 时，激励诱导机制情形下的效用大于惩罚机制情形下的效用；当 $C(\bar{k}_h)<[S(E_h)-S(E_l)+C_0]$ 时，激励诱导机制情形下的效用小于惩罚机制情形下的效用；当 $C(\bar{k}_h)=[S(E_h)-S(E_l)+C_0]$ 时，激励诱导机制和惩罚机制情形下的效用相同。

可以看出，激励诱导机制和惩罚机制都可以最大化监管部门的效用，但最终实现的利益是存在差异的，当惩罚机制下监管成本高于临界值时，监管部门应该实施激励诱导机制，激励诱导机制比惩罚机制更有利；而当惩罚机制下监管成本低于临界值时，应该采用惩罚机制，惩罚机制比激励诱导机制更有利。

3 结论和政策建议

本文借鉴委托代理模型的思路，分别从高报生态效益产出的县级政府的预期收益和预期成本两个视角出发，构建了满足激励相容条件和参与约束条件的生态补偿激励诱导和惩罚两种生态补偿监管方式最优化模型，通过对比这两种生态补偿监管方式下的中央政府

（监管部门）的最大化效用，找出关于惩罚方式条件下监管成本的一个临界值，当监管部门的监管成本高于这个临界值时，激励诱导机制更有利，反之，当监管成本低于这个临界值时，惩罚机制更有利。结合本文的研究过程和研究结论，对完善我国国家重点生态功能区生态补偿监管制度提出以下政策建议：

（1）提高监管部门的监管能力，降低监管成本。无论采用何种监管方式，监管成本都是重要的影响因素，因此应提高监管部门的监管能力，以采用合理的监管方式，降低监管成本。具体来说，一方面要规范法律法规，积极推进和完善相关的法律法规，着力解决“守法成本高、违法成本低”的问题；另一方面生态保护监管的多部门参与也是造成监管高成本的主要原因之一，多部门管理造成各部门之间相互扯皮、推卸责任，代理主体和代理成本增加，降低中央政府监管成本的当务之急是改变多部门分别对地方生态环境进行监管的现状，尝试将生态环境保护监管的相关负责机构从原有的国土部、农业部和林业局等部门中剥离出来，成立由国务院主管资源环境和生态文明的副总理负责、由生态环境部统一监管的生态环境规制体系。

（2）实施激励和惩罚相结合的监管机制，实现利益诱导和惩罚威慑有效统一。监管机制实际上就包含了一定的惩罚意味，监管部门要求被监管者做出符合监管部门利益的行为选择，这就需要制定、执法和行政手段等强制措施。但是，监管中不能单纯地强调惩罚和强制，还要有利益诱导，充分尊重被监管者的利益。总之，激励机制对于低生态效益产出县级政府具有重要的激励效应，但生态补偿的惩罚机制也是必不可少的，二者相辅相成，能够发挥更大的作用。

（3）加强第三方监管制度的构建，弥补监管部门的监管不足。第三方监管是监管部门正式监管的必要补充，是构建生态文明社会的必然选择，也是中国共产党群众路线和民主制度在生态环境保护方面的具体体现。具体来说，激励当地公众参与生态环境保护的监督。一方面逐渐提高当地居民生态环境保护和监督的决策地位，使其监督建议及部分决策的权力得以制度化，逐渐提高其参与程度；另一方面也要增加物质激励，政府可以成立专门的生态保护激励基金，对积极参与生态保护共同治理的社会公众给予物质奖励，并在其他可能获得私人利益的项目和工作方面给予优先考虑。

参考文献

[1] 陆旸. 中国的绿色政策与就业：存在双重红利吗？[J]. 经济研究，2011（7）：42-54.

[2] Kagan R A，Gunningham N，Thornton D.Explaining Corporate Environmental Performance：How Does Regulation Matter？[J]. Law & Society Review，2003，37（1）：51-90.

[3] Doonan J，Lanoie P，Laplante B. Determinants of Environmental Performance in the Canadian Pulp and Paper Industry：An Assessment from Inside the Industry[J].Ecological Economics，2005，55：73-84.

[4] Delmas M A，Toffel M W.Organizational Responses to Environmental Demands：Opening the Black Box [J]. Strategic Management Journal，2008，29（10）：1027-1055.

[5] 赵建军，郝栋，董津. 黄河三角洲高效生态区生态补偿制度研究[J]. 中国人口・资源与环境，2012，22（2）：15-20.

[6] 王金南，万军，张惠远，等. 中国生态补偿政策评估与框架初探[A]. 庄国泰，王金南. 生态补偿机制与政策设计国际研讨会论文集[C]. 北京：中国环境科学出版社，2006.

[7] 易伟明，李志龙. 环境保护中监管部门行为选择分析[J]. 当代财经，2008（4）：23-26.

[8] 王江. 我国环保监管模式的缺失与创新[J]. 中州学刊，2013（5）：62-27.

[9] 李国平，李潇，汪海洲. 国家重点生态功能区转移支付的生态补偿效果分析[J]. 当代经济科学，2013（5）：58-64.

迭部县生态系统服务价值评价、管理与开发研究

Evaluation，Management and Development of Ecosystem Services in Diebu County，Gansu Province

张 颖[①] 刘 璐 金 笙
（北京林业大学经济管理学院，北京 100083）

摘 要 本研究以甘肃省迭部县为例，根据实测数据和有关调查资料，采用直接市场评价法等对生态系统服务价值进行评价。研究表明，迭部县生态系统碳储量丰富，约占全国陆地生态系统碳储量的 0.2%。2016 年，全县生态系统服务总价值为 115.31 亿元，是当年 GDP 的 10.16 倍。另外，迭部县生态资产负债率低于 10%，远小于国际上 40%～50%的警戒线水平。研究建议迭部县应做好扎尕那、老龙沟等景观、生物多样性的保护和建设等，真正把生态系统服务优势转化为经济优势。

关键词 生态系统服务 价值评价 资源资产 生态经济学 生态系统开发利用

Abstract The paper using the direct market evaluation method etc. evaluated the ecosystem service value based on the observed and the related survey data. The research results show that the carbon storage of ecological system in Diebu county is rich, accounting for 0.2% of the national terrestrial ecosystem carbon storage. In 2016, the total value of ecosystem services in this county was 11.531 billion yuan, which was 10.16 times that of GDP. In addition, the ecological asset-liability ratio in Diebu county is below 10%, which is far lower than that of 40%～50% of the international alert level. It is suggested that the government in Diebu county should do well in the protection and construction of landscape, biological diversity, such as in Zagana, laolonggou, etc., and truly transform the advantages of ecosystem services into economic advantages.

Keywords ecosystem services, evaluation, resources assets, ecological economics, development and utilization of ecosystem

① 基金项目：迭部县“生态系统碳储量价值评估与管理研究”（2016HXFWJGXY014）。
第一作者：张颖，博士，教授、博士生导师。主要研究方向：资源环境价值评价与核算、区域经济学。E-mail：zhangyin@bjfu.edu.cn；地址：100083 北京海淀区清华东路 35 号北京林业大学 39 号信箱。

开展生态系统服务价值评价，并编制有关资源资产负债表，是国家层面的战略要求[1]，也是推进生态文明建设、保护生态环境、建立生态环境保护责任追究制度、落实习近平总书记“绿水青山就是金山银山”重要讲话精神的重大举措[2]。同时，对优化国土空间开发格局、树立生态红线观念、加强生态补偿制度建设和资源环境管制及推进我国资源环境评价与核算的研究等有重要的意义[3]。目前，生态系统服务价值评价研究已有了长足的发展，并与生态学、环境科学、经济学和计算机科学等多学科交织在一起，呈多学科相互促进的发展趋势。本文在实际调研的基础上，以甘南州迭部县为例，对生态系统服务价值评价、管理与开发利用进行研究，以便对有关管理、决策起到参考、借鉴作用。

1 国内外研究现状

生态系统服务价值评价研究主要是在一些国际组织和有关人士的推动下不断发展和完善的，也是随着资源环境经济理论、生态系统理论和环境科学理论，尤其是随着对生态系统服务理论认识的不断深入、丰富而不断完善的[1]。

20 世纪 40 年代，英国学者 Arthur Tansley 提出生态系统的概念后，人们开始关注生态系统服务和资源资产的价值评价问题[4]。1970 年，SCEP（Study of Critical Environmental Problems）对人类对环境的影响进行了评价[5]。1977 年，Westman 对自然的价值进行了探讨和评价[6]。

国际社会支持自然资产核算和生态系统服务价值评价最早是在 1987 年布伦特兰报告和 1992 年里约峰会上。在里约峰会上，通过并签署了呼吁将自然资产核算进行量化和生态系统服务价值评价的信息的文件。

1992 年 9 月，美洲国家组织（Organization of American States，OAS）环境委员会常任理事会举行了关于自然资源与环境核算发展政策研讨会。许多国家的参会者表示对制定自然资源核算体系和生态系统服务价值评价感兴趣，并提出了创立协调方案和加强国家和机构对此承担责任的举措。1993 年，世界环境与发展委员会［或称联合国环境特别委员会或布伦特兰委员会（Brundtland Commission）］编制了《1993 年国民核算手册：综合环境和经济核算》（SEEA-1993）。2003 年又形成了《2003 年国民核算手册：综合环境和经济核算》（SEEA-2003）。针对社会经济发展和对环境经济信息的需求，2005 年联合国统计委员会成立了联合国环境经济核算专家委员会，该委员会主要承担修订 SEEA-2003 的任务，并成为官方制定统计标准的正式国际机构。资源资产价值评价核算的部分内容和生态系统服务价值评价也包括在环境经济核算的内容中。

另外，20 世纪 90 年代，生态系统服务价值评价研究的理论和方法不断涌现。1997 年，Daily 对生态系统服务的价值评价进行了比较系统的研究[7]，Costanza 等也对全球生态系统服务功能进行了评估[8]。在此，由于对资源资产、环境、生态系统和生态系统服务等概念认识、界定的不统一和着眼视角的不同，对生态系统服务价值评价的研究主要是在资源环境经济的范畴内进行的。

21 世纪以来，资源环境经济理论和生态系统服务价值评价的研究不断发展①，对生态系统服务价值评价的研究也越来越深入[9]。

2005 年，联合国千年生态系统评估组对全球 33 个区域开展了评估研究，该项目评估的重点是生态系统和人类福祉的联系，特别是生态系统服务与人类福祉的联系[10]，该研究也对全球一些生态系统服务的价值进行了评估。2014 年，联合国环境规划署公布了《生物多样性和生态系统服务政府间科学政策平台概念框架》（IPBES-24），提出了自然是人类福祉的源泉，自然创造的巨大财富不能只通过国内生产总值来衡量[11]。同年，联合国也正式发布了《环境经济核算体系 2012 中心框架》（System of Environmental-Economic Accounting 2012—Central Framework），简称环境经济核算体系中心框架（SEEA-2012），正式把一些生态系统服务价值评价纳入国民经济核算体系[12]。这是联合国统计委员会继 SEEA-2003 之后又一次对 SEEA 的修改、完善。

在国家层次的生态系统服务价值评价的研究上，许多国家主要依靠国家层次环境经济核算的开展而开展相关研究的。如早期的荷兰、法国和菲律宾等。后期的 G20 国家，主要包括阿根廷、澳大利亚、英国、巴西、加拿大、印度、印度尼西亚、日本、韩国、墨西哥、俄罗斯、南非、土耳其、美国和欧盟地区（德国、法国、意大利等）。尤其是澳大利亚、英国、加拿大和和欧盟地区在国家层次的生态系统服务价值评价研究上有较好的经验和借鉴。

我国也开展了生态系统服务价值评价的研究，最早开始于 1984 年马世骏、王如松先生的《社会-经济-自然复合生态系统》[13]，而后也大多在 Tom Tietenberg 和 Lynne Lewis 著的《环境与自然资源经济学》及罗杰·珀曼等《自然资源与环境经济学》研究的基础上开展的。我国学者也出版了相关论著，如张帆、夏凡的《环境与自然资源经济学》[14]，谷树忠的《资源经济学的学科性质、地位与思维》等[15]，但理论、方法等基本与国外的研究相同，还没有形成我国生态系统服务价值评价的理论、方法体系。近几年，我国的生态系统服务价值评价研究与生态学、环境科学、经济学、计算机科学等有关生态系统价值评估、环境价值评估、经济价值评估的研究交织在一起，更多地采用多学科的理论方法、手段，尤其采用自然科学、计算机科学的理论、方法和手段[16]，并加入了生态补偿、生态文明建设、自然资源资产负债表编制、“一带一路”建设等内容，更好地为我国的资源环境管理和决策服务，这是我国生态系统服务价值评价研究的一个最新进展，也是我国研究的一大特色。

2 研究区域概况、研究方法及数据

2.1 研究区域概况

迭部县古称“叠州”，位于青藏高原的东部边缘，甘肃南部白龙江上游的甘川两省交

① 资源资产、环境和生态系统、生态系统服务等是不同的概念，其内容、范畴有重复的地方，但绝大部分是不同的。资源资产属于经济学范畴，环境和生态系统、生态系统服务则属于环境科学和生态学范畴，不能互相替代。

界处，西秦岭、岷山、迭山贯穿其中，素有甘南“森林之城”的美称，辖区总面积为5 018.3 km^2，全县总人口为5.94万，包括藏族、汉族、回族等17个民族。2016年，全县地区生产总值为11.35亿元，人均生产总值为19 108元，经济增速约为8.1%[17]。另外，迭部县辖区内海拔3 700 m以上山地，保存着古代山谷冰川侵蚀地貌。县域内的白龙江上游沟深谷窄、落差大、水流湍急。境内生物多样性丰富，形成了以原始森林为主，多种野生动物、植物资源组成的丰富的自然生态系统。

迭部县生态系统类型齐全。其中林地面积为39.94万hm^2，森林覆盖率为64.51%，植被覆盖率达到87%，拥有1 671种高等级植物和大熊猫等183种野生珍稀动物，以及130余种野生食用菌和127种药用植物，是甘南杜鹃等数十种珍稀植物的基因库。迭部县牧业用地面积为15.01万hm^2，其中可利用草地面积为13.92万hm^2。另外，迭部县是典型的高山林区气候，现有耕地面积为11 593 hm^2，大多位于岷山、迭山的高山峡谷之中。迭部也有湿地面积 2 780.64 hm^2，占全县总面积的 0.55%左右。迭部县是青藏高原东部重要的绿色生态屏障，也是长江上游地区重要的水源涵养地。

迭部县也是中国最早的藏族区域，其宗教、自然等文化对当地的文化有着十分重要的影响，并且在世界上具有很高的知名度。1928年11月由美籍奥地利裔学者约瑟夫·洛克供稿，美国《国家地理》杂志用46页、49幅图片的篇幅对迭部县卓尼的民俗风情和自然风光进行了全面介绍。迭部特殊的地理位置和文化氛围使得该县的资源环境和文化内容丰富多彩，但是由于经济发展水平相对落后，生态环境的保护、管理和开发利用工作亟待加强。

2.2 研究方法

2.2.1 评价的理论

由于不同生态系统服务不仅具有使用价值，而且还具有非使用价值，况且，大多生态系统服务为公共物品，会产生外部效应[18]。因此，在评价时必须依据一定的理论来揭示其真正的价值。同时，由于生态系统提供的服务的复杂性，在对其价值评价时不仅涉及经济学的理论，还要涉及生态学、环境科学、统计学、管理学等方面的理论。主要有：

（1）经济学理论。主要是福利经济学理论，经济活动的主要目的是增加人们的福利，其福利的增加、减少与生态系统的数量、质量等有关。

（2）生态学理论，主要是生态价值理论。地球上任何一个生物物种和个体，对其他物种和个体的生存都具有积极的价值，具有“环境价值”。

（3）环境科学，大多数环境问题涉及人类活动，自然与人类资源是相互依赖的，互相有价值的，其中一方的任何活动，都会对另外一方产生影响。因此，要寻求人类与环境协同演化、持续发展。

在上述这些理论中，主要是价值体系不同，福利经济学强调的是生态系统服务的“经济价值”，生态价值理论和环境科学理论分别强调的是“生态价值”和“环境价值”。但这些价值理论不应否认“以人为中心”的价值理论体系，也不与“以人为中心”的价值理论相矛盾[19]。因此，尽快形成生态系统服务价值评价的理论共识，这也是目前价值评价面临的挑战。

2.2.2 评价的方法

由于不同理论对价值的理解存在根本性的差异，因此，评价的方法也差异很大。但总体来说评价的方法有基于成本方式的评价方法，基于收入方式的评价方法和效益-费用分析法、综合模型法等。由于生态系统服务的价值构成有使用价值、非使用价值和潜在使用价值，基于成本和基于收入方式的评价方法主要包括三大类，即直接市场评价法、替代市场评价法和假想市场评价法[1]。这些评价方法可以概括为：

（1）直接市场评价法。适用于具有实际市场交易的生态系统服务，以其市场价格作为生态系统服务的经济价值，如食品、原材料。具体评价方法包括市场价值法（DMP）、生态系统服务支出法（PNS）和要素所得/生产函数法（FI/PF）等。

（2）替代市场评价法。适用于那些没有实际市场交易但存在替代品市场的生态系统服务类型。通过计算并利用一定技术手段获得与某种生态系统服务相同结果时所产生的费用，间接地评估其价值。具体有机会成本法（OC）、旅行费用法（TC）、影子工程法（SP）、恢复和防护费用法（MC/RC）、享乐价格法（HP）等。

（3）假想市场评价法。适用于没有实际交易市场和替代品市场的服务，采用人为假想的市场来评估生态系统服务价值。条件价值法（CVM）是假想市场评估法的具体实现方式，通过调查人们对于某种生态系统服务的支付意愿来估计其经济价值。

（4）效益-费用分析法。即当生态系统服务在追求最大经济价值或经济效率的目标下，通过估算生态系统服务的边际效益和边际费用曲线，并寻求二者的交叉点或交叉线，即为生态系统服务的价格或价格曲线。

（5）综合模型法。依据自然科学模型和经济学模型等，根据人口、收入水平、价格水平等影响因素对生态系统服务的效益或损害进行分析，进而确定生态系统服务的价值。该方法分为事前分析模型和事后分析模型，并常借助经济控制论的知识来评价[19-23]。

近年来，随着计算机科学的发展，效益-费用分析法和综合模型法也成了生态系统服务价值评估的热门方法。

另外，对生态系统服务价值评价方法研究虽然有了一定的发展，但是各个方法都存在一定的不足。在评价过程中，即使是对同一生态系统服务进行评价，采用不同的评价方法其评价结果也存在较大的差异。通常情况下，在对生态系统服务价值进行评价时，往往采用多种方法进行评价，并综合不同评价方法的评估结果。

2.3 数据来源

本研究的数据主要来源于实测数据、官方统计数据和相关研究报告等。具体来说：

（1）实测数据。考虑到森林、草地、湿地和农田活生物量的差异，把在迭部县境内按照典型选样的方法，共设置 30 m×30 m 的标准样地 55 个，共实测 220 个样点（55×4）的生物量，覆盖全县境内的所有生态系统类型。具体见图 1、表 1。

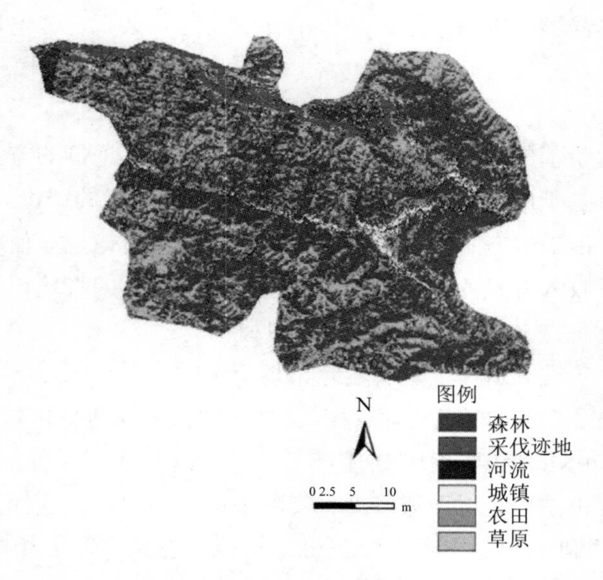

图 1 迭部县森林、草原、城镇与河流等覆盖情况

表 1 样地海拔与植被分布情况

海拔高度/m	样地数量/个	典型植被类型
1 000～2 000	6	农田（玉米、辣椒、荞麦地、油菜地、山桃等）
2 000～2 500	19	16 个森林（油松、白桦、山杏、河柳等）、2 个农田、1 个湿地
2 500～3 000	15	6 个森林（云杉、冷杉、红桦、河柳等）、9 个草地
3 000～3 500	9	5 个森林（云杉、冷杉、柏木和灌草等）、2 个草地、2 个湿地
3 500～4 000	5	3 个森林（高山灌木等）、2 个湿地
4 000 以上	1	1 个草地
合计	55	

数据来源：根据资源整理所得。

（2）官方统计数据。官方统计数据主要来源于《甘南统计年鉴 2008—2015》[24]、《甘南州统计公报》[25]和甘南州统计信息网[17]等。

（3）相关研究报告。主要与森林、草地、湿地和农田生态系统服务价值评价和管理有关的有关研究报告、论文和著作等。如汤姆·泰坦伯格、UN、UNEP、马世骏、王如松、张帆、夏凡、谷树忠、欧阳志云等的研究。

在此基础上，并对所有数据进行信度分析和敏感性检验等，进而得出分析结论。

3 研究结果

根据上述理论、方法，得到的结果如下。

（1）迭部县生态系统碳储量丰富，生态系统活生物量和土壤两大碳库碳储量总量为19 732.0 万 t，平均碳密度为 398.7 t/hm^2，约占全国陆地生态系统碳储量 1 000 亿 t 的 0.2%[25, 26]。具体来说，森林、草原两大生态系统碳库碳储量总量分别为 13 980.0 万 t 和 5 487.0 万 t，分别占迭部生态系统碳储量总量的 71%和 28%，构成迭部区域内生态系统碳储量的主体；而湿地和农田两大生态系统碳储量分别为 84.6 万 t 和 180.4 万 t，在迭部县生态系统碳储量中所占比例较小，分别占总量的 0.4%和 0.9%（表 2，图 2）。

表 2　迭部县生态系统碳储量、价值量

生态系统类型	生物量碳库碳储量价值量/万元	占比/%	土壤有机碳碳库价值量/万元	占比/%	合计/万元
森林	22 137	13.2	145 622	86.8	167 759
草原	11 376	17.3	54 468	82.7	65 844
湿地	67	6.6	948	93.4	1 015
农田	77	3.6	2 088	96.4	2 165
合计	33 658	14.2	203 126	85.8	236 783

数据来源：根据资源整理所得。

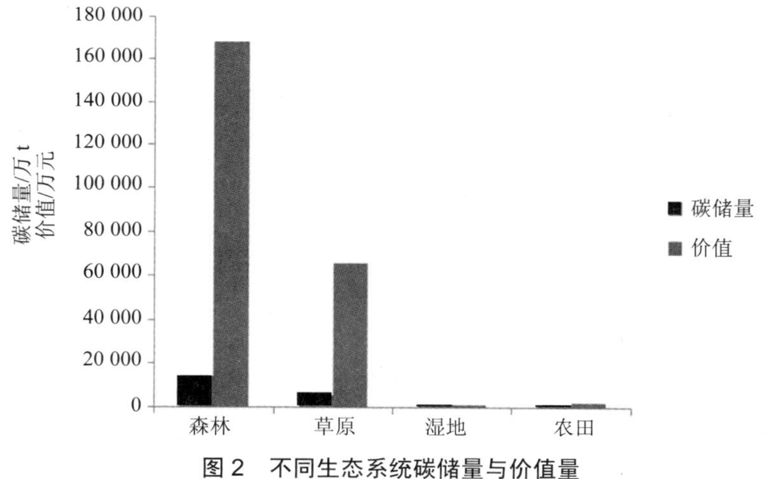

图 2　不同生态系统碳储量与价值量

迭部县生态系统碳储量价值量为 236 783 万元，约为迭部县 2016 年国民生产总值的 2.08 倍，但不同生态系统碳储量价值量存在明显差异。从不同碳库看，土壤碳储量价值构成了迭部县生态系统碳储量价值的主体。具体而言，森林生态系统碳储量价值量最高，为 167 759 万元，草地生态系统碳储量价值量其次，为 65 844 万元，湿地和农田生态系统碳储量价值量最低，分别为 1 015 万元和 2 165 万元。此外，在价格既定的情况下，不同生态系统碳储量的分布特征，主要是由于不同生态系统活生物量碳库和土壤有机碳库碳储量的分布差异不同引起的。

（2）迭部县生态系统服务价值较高，但是不同生态系统服务价值存在较大差异。具体来说，迭部县生态系统服务总价值是 115.31 亿元，是迭部县 2016 年 GDP11.34 亿元的 10.17 倍[24]。而在迭部县生态系统服务价值中，涵养水源服务价值最高，为 50.91 亿元，占迭部县生态系统服务价值的 44.15%，其次为固碳释氧价值，为 24.98 万元，占迭部县生态系统服务价值的 21.66%；而最小的为净化环境服务价值，为 0.35 万元，占迭部县生态系统服务价值的 0.30%。

不同生态系统服务价值的评价结果见表 3。

表 3 迭部县生态系统服务价值评价结果

服务类型	价值/亿元	占比/%
物质生产服务	3.38	2.93
涵养水源服务	50.91	44.15
土壤保持服务	9.60	8.33
净化环境服务	0.35	0.31
固碳释氧服务	24.98	21.66
传粉服务	1.77	1.53
娱乐文化服务	13.90	12.05
生物多样性服务	10.42	9.04
合计	115.31	100.00

数据来源：根据数据整理所得。

因此，在不同生态系统服务价值中，涵养水源价值＞固碳释氧价值＞娱乐文化价值＞生物多样性保护价值＞土壤保持价值＞物质生产价值＞传粉价值＞净化环境价值。

（3）迭部县碳交易的影子价格为 24.12 元/t。根据中国碳交易市场 2014 年 1 月—2017 年 6 月碳交易试点平均价格（表 4），采用最优控制的方法计算得到迭部县碳交易的影子价格为 24.12 元/t。该影子价格为迭部县碳交易的计算价格。它反映了目前的碳交易市场的实际投入和产出的真实经济价值，也反映了碳交易市场的供求状况和资源稀缺程度，是最优的“计划”价格。因此，该价格的存在，说明在生态环境保护的同时可适当进行一些碳汇产品的开发，把生态优势转化为经济优势。

表 4 中国碳交易市场平均价格描述统计

中位数	均值	最大值	最小值	标准差
25.39	25.68	48.28	10.81	8.88

研究表明：迭部县碳交易的影子价格最接近上海碳交易试点的平均成交价 24.12 元/t。若以该价格作为交易价格，2020 年计算的迭部县森林的最优碳汇交易量为

525.923 万元[26-28]。

（4）2016 年，迭部县生态资产负债率低于 10%，远小于国际上 40%～50%的警戒线水平。研究也计算了四大生态系统的生态资产负债率。不同生态系统的生态资产负债率存在一定的差异，但所有生态系统的资产负债率均低于 10%，远低于国际上 40%～50%的警戒线水平。一方面说明迭部县生态环境保护比较成功；另一方面也说明生态资产在保护的同时，开发利用水平有待提高。

4 建议

根据上述研究结论，特提出如下建议：

（1）“绿水青山就是金山银山”。评价结果充分表明了迭部县拥有丰富的生态资本，是发展经济和改善民生的基础。建议迭部县在此基础上，进一步摸清自己的家底，为全国生态文明建设试点示范和贯彻落实“十三五”规划及编制资源资产负债表及干部离任审计等打好基础。

（2）迭部县具有丰富的生态资产，生态资产负载率小于 10%。在加强生态环境保护的同时，应重点做好综合规划，重点做好森林碳汇，特色动植的养殖、种植，生态、文化旅游等开发利用，真正把生态系统服务优势转化为经济优势。

（3）习近平总书记在强调生态文明建设时指出：生态兴则文明兴。文化是永久的。虽然迭部县扎尕那被列入全球农林牧复合生态系统遗产。但这远远不够，建议做好扎尕那、腊子口老龙沟等景观、生物多样性、知识和文化的保护，尤其是标准、规范的制定等，真正把生态环境保护和生态文化建设结合起来，促进生态文明建设的持久发展。

（4）党的十八大报告和我国生态文明建设要求，把资源资产负债表作为干部离任审计和生态文明建设绩效的考核工具[28]。目前，迭部县具备编制资源资产负债表试点示范的条件，建议开展资源资产负债编制的试点工作，把迭部生态环境保护的经验推向全国。但资源资产负债项的编制，应区分资源资产的损耗是由于“经济原因引起的”，还是“自然原因引起的”。对由于经济原因引起的考核是合理的，也是应该加强管理的；但对由于自然原因引起的损耗的考核未必合理。因此，在编制资源资产负债表时，应区分经济原因引起的损耗和自然原因引起的损耗的内容。否则，不加区分的审计和考核起不到资产负债表应起的考核作用，还会造成弄虚作假的现象。

参考文献

[1] 张颖. 资源资产价值评估研究最新进展[J]. 环境保护，2017，45（11）：27-30.

[2] 封志明，杨艳昭，李鹏. 从自然资源核算到自然资源资产负债表编制[J]. 中国科学院院刊，2014（4）：449-456.

[3] 中共中央宣传部. 绿水青山就是金山银山（《习近平总书记系列重要讲话读本》）——关于大力推进生态文明建设[N]. 人民日报，2016-06-14.

[4] Helliwell D R. Valuation of wildlife resources[J]. Regional Studies，1969（3）：41-49.
[5] SCEP，William H M. Man’s impact on the global environment：Assessment and recommendations for action[M]. Cambridge MA：MIT Press，1970.
[6] Westman W E. How much are nature' s services worth[J]. Science，1997（197）：960-964.
[7] Daily G C. Nature’s services：societal dependence on natural ecosystems[M]. Washington，D. C. ：Island Press，1997.
[8] Costanza R，Adrge R，De Groot R，et al. The value of the world’s ecosystem services and natural capital[J]. Nature，1997，387（6330）：253-260.
[9] 汤姆・泰坦伯格（Tom Tietenberg）. 自然资源经济学[M]. 北京：人民邮电出版社，2012.
[10] UN et al. Millennium Ecosystem Assessment：Biodiversity synthesis report. Washington D. C. ，World Resources Institute，2005.
[11] UNEP. 生物多样性和生态系统服务政府间科学政策平台概念框架（IPBES-24）[EB/OL]. [2014-01-09] http：//www. docin. com/p-791114082. html？qq-pf-to=pcqq. c2c.
[12] United Nations，European Union，Food and Agriculture Organization of the United Nations，et al. System of Environmental-Economic Accounting 2012—Central Framework[R]. United Nations，New York，2014.
[13] 马世骏，王如松. 社会-经济-自然复合生态系统[J]. 生态学报，1984，4（1）：1-9.
[14] 张帆，夏凡. 环境与自然资源经济学（第三版）[M]. 上海：格致出版社，2016.
[15] 谷树忠. 资源经济学的学科性质、地位与思维[J]. 资源科学，1998，20（1）：16-22.
[16] 迈克里・弗里曼. 环境与资源价值评估——理论与方法[M]. 北京：中国人民大学出版社，2002.
[17] 甘南统计信息网. 2015 年迭部县国民经济和社会发展统计公报[EB/OL]. （2016-06-21）[2017-06-06] http：//www. gnztj. gov. cn/htm/20166/23_3058. htm.
[18] 黄平，龚勇安. 提倡环境价值不能否定“以人为中心”[J]. 兰州学刊，2001（3）：33-34.
[19] 孟杨. 自然资源资产审计对象与范围探析——借鉴挪威和新西兰自然资源资产核算经验[J]. 经济研究导刊，2015（14）：265-266.
[20] 张大鹏，粟晓玲，马孝义，等. 基于 CVM 的石羊河流域生态系统修复价值评估[J]. 中国水土保持，2009（8）：39-42.
[21] 张艳丽，吴铁雄，呼格吉勒图. 条件价值评估法对伊金霍洛旗生态系统服务价值的评估应用[J]. 生态经济，2011（1）：365-369.
[22] 周延，陈红光，孟军. 基于 CVM 的城镇河流生态系统服务非使用价值评估[J]. 林业经济，2014（8）：109-113.
[23] 张颖，潘静，Ernst-August Nuppenau. 森林生态系统服务价值评估研究综述[J]. 林业经济，2015（10）：101-106.
[24] 甘南州统计局，国家统计局甘南调查队. 甘南统计年鉴（2015）[M]. 北京：中国统计出版社，2016.
[25] 甘南州统计局. 甘南州 2015 年国民经济和社会发展统计公报[EB/OL]. （2016-06-21）[2017-06-06] http：//www. gnztj. gov. cn/htm/20166/23_3058. htm.

[26] 荣启涵，史一棋. 我国陆生系统碳储量约 1 000 亿吨[EB/OL].（2016-02-10）[2017-06-10] http：//www.cas. cn/cm/201602/t20160214_4531930.shtml.

[27] 薛智超，闫慧敏，杨艳昭，等. 自然资源资产负债表编制中土地资源核算体系设计与实证[J]. 资源科学，2015，37（9）：1725-1731.

[28] King RT. Wildlife and Man[J]. NY Conservationist，1966（20）：8-11.

上海市崇明区水资源价值核算及定价机制探索

Study on Water Resources Value Accounting and Pricing Mechanism in Chongming District of Shanghai

胡诗朦[①] 张 勇* 陆文洋 杨 凯

（华东师范大学 生态与环境科学学院，上海 200241）

摘 要 水资源无价或低价随意使用的观念加剧了水资源浪费和水环境污染的现象，而对水资源价值的定价研究是更好地理解其价值的有效途径，能够进一步加强对水资源的合理管控。本文从水资源的三类定价者出发，探讨政府、市场、科学家在定价过程中的作用及相互关系。结合正在建设国际生态岛的上海市崇明区，在收集相关统计数据的基础上，分别识别出不同类型的水资源定价方法，并对2013—2016年崇明水资源价值进行了初步核算。

关键词 水资源价值 定价者 定价机制 崇明

Abstract The concept of priceless or low cost of water resources exacerbates water waste and water pollution，Pricing research on water resources value is an effective way to understand the value of water resources and to further strengthen the rational control of water. This paper discusses the role and interrelations of government，market and scientist in pricing process. Combined with the construction of the international Eco-Island of Shanghai Chongming District，in the collection of relevant statistical data，the pricing methods of different types of water resources value are recognized and the preliminary accounting of Chongming water resources value from 2013 to 2016 has been got.

Keywords water resources value，price setter，price mechanism，Chongming

① 胡诗朦，女，汉族，硕士研究生，研究方向为环境规划与管理。联系电话：13761860769，E-mail：595953307@qq.com。
基金项目：上海市科学技术委员会科研计划项目“崇明水资源资产核算技术研究”（项目批准号：15 dz1208102）。
* 通讯作者：张勇，E-mail：yzhang@des.ecnu.edu.cn，联系电话：13564596205；邮政编码：200241，地址：上海市东川路500号华东师范大学生态与环境科学学院427室。

前言

水资源作为人类生存发展必需的自然资源，在维护生态系统稳定、推动经济社会发展等方面有着不可估量的作用。然而，水资源无价或低价随意使用的观念长期存在，加剧了水资源浪费和水环境污染的现象。水资源价值识别与核算无疑是节约水资源、保护水环境的有效途径。对水资源价值的探索揭示了水资源价值种类繁多，包括政府定价的水资源税、市场定价的城市供排水价格、非政府非市场定价的各类生态系统服务价值等，也暴露出我国水资源管理现存的问题，即水资源税偏低、水价制定不合理、非政府非市场定价结果差距较大等。因此，深入探索水资源价值的定价者、定价机制是解决当前问题的有效策略。

上海市崇明区由崇明、长兴、横沙三岛组成，是世界上最大的河口冲积岛、中国第三大岛，位于长江入海口，全岛三面环江、一面临海。崇明区水资源丰沛，共有河道 17 260 条，水库 4 座，湖泊 3 个，池塘 7 848 个，水产养殖场 1 667 个，水面率达到 9.54%，水资源无疑是崇明建设国际生态岛的支撑性资源；崇明三岛较为独立，水资源状况不受其他陆域干扰，便于开展水资源价值研究；崇明三大产业对水资源需求较大，能够充分体现水资源的经济、社会价值；同时，崇明近年来加快建设国际生态岛，强调以水系为脉、以生态为底，突出“两横十二纵”的风景河道，提出了自然湿地保有率上升 7%、水面率上升 0.76%的生态指标，全区着力加强水资源管控，进一步凸显崇明水资源价值识别与保护的重要性，也提出了全面认识水资源价值的需求。因此，以上海市崇明区为例研究水资源价值的定价者与定价机制是十分合适的。

1 崇明水资源现状及其实物量、价值量特点

1.1 崇明概况

崇明区由崇明、长兴、横沙三岛组成，陆域总面积为 1 411 km^2（图 1）。全区地处北亚热带，气候温和湿润，四季分明。

作为上海市 2040 规划确定的全球卓越城市的国际生态岛，崇明区近年来经济总量平稳增长、生态环境质量不断改善。2016 年，全区完成增加值 311.7 亿元，三次产业结构调整为 7.3∶43.7∶49.0。工业总产值为 377.5 亿元，海洋装备产业是崇明区经济发展的主导产业。农业总产值为 58.9 亿元，种植业、渔业对崇明农业产值贡献较大。全区户籍人口逐年减少，2016 年末共有户籍人口为 67.1 万，城镇居民人均可支配收入达到 4.2 万元，生活水平逐步提高。2016 年崇明区环境空气质量优良率为 78%，高于上海市的 75.4%；地表水质达标率为 97.3%，远高于上海市主要河流断面水环境目标达标率的 63.3%；饮用水水源水质全面达标。国际生态岛建设帮助崇明区在发展经济的同时进一步加强生态环境保护，取得了良好成效。

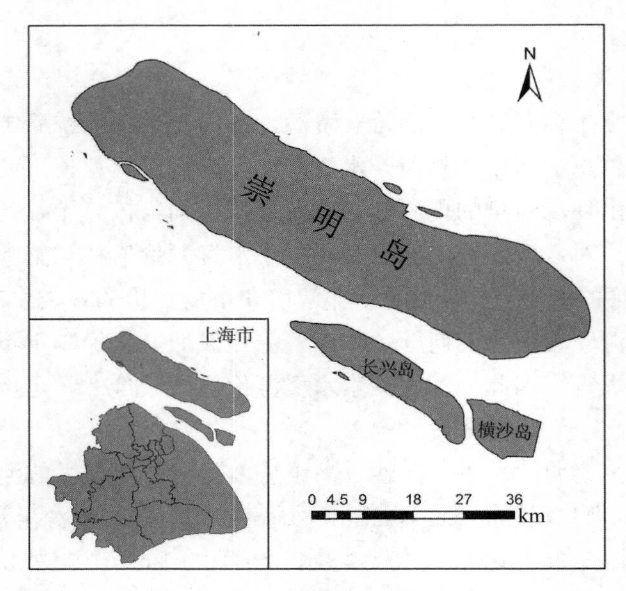

图 1　崇明区地图

1.2　崇明水资源现状及特点

《上海市第一次水利普查暨第二次水资源普查公报》显示，崇明河面率为 10.14%，居全市第二位；河湖槽蓄容量为 1.7 亿 m^3，居全市第三位；地表水资源量多年平均值为 4.6 亿 m^3，历史最大值为 11.3 亿 m^3，历史最小值为 1.5 亿 m^3。结合崇明遥感图（图 2）、水系分布图（图 3），可对崇明主要水资源类型进行进一步识别和分析。

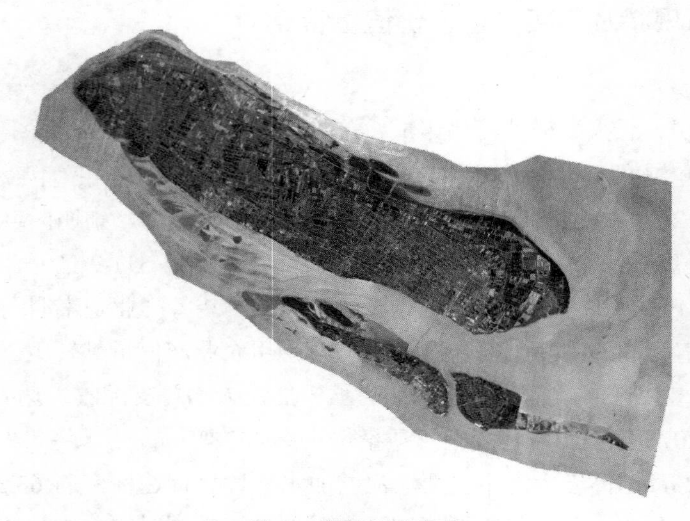

图 2　崇明区遥感图

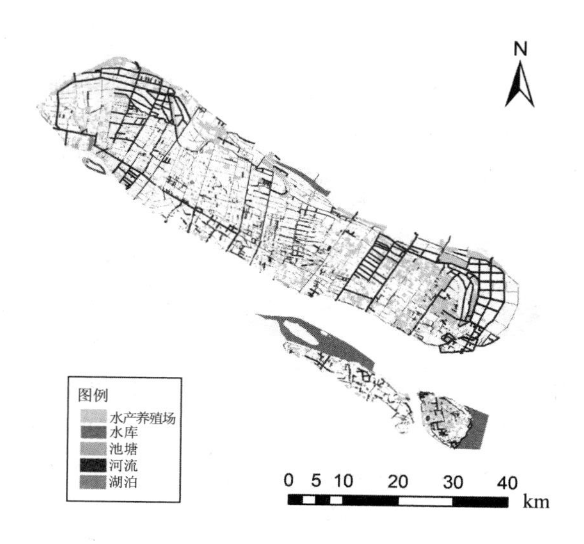

图 3　崇明区水系分布图

崇明地区主要水资源类型如表 1 所示。

表 1　崇明地区主要水资源类型

	河道	水库	池塘	湖泊	水产养殖场
数量	17 260	4	7 848	3	1 667
长度/km	10 604.26	—	—	—	—
面积/hm^2	—	6 474.83	84 224.26	169.68	11 257.93

河道以长度表示，水库、池塘、湖泊、水产养殖场则以面积表示。崇明地区水库主要包括青草沙水库、东风西沙水库、边滩水库等，湖泊主要包括明珠湖、北湖等。崇明地区水产养殖业发展良好，共有水产养殖场 1 667 个，水产养殖场总面积甚至大于崇明湖泊、崇明水库的面积。

崇明岛近年来加快建设国际生态岛，在建设过程中严守生态红线，如东滩鸟类国家级自然保护区的核心范围为一类生态空间范围，禁止一切开发活动；东滩鸟类国家级自然保护区的非核心范围、东风西沙水库饮水水源一级保护区、青草沙水库饮水水源一级保护区等重要湿地等为二类生态空间范围，实行最严格的管控措施，四大水库的落成为崇明集约化供水保驾护航。同时，全区加快污水管网、污水处理厂及相关处理设施的建设，全力推进直排污染源截污纳管，进一步防治面源污染。近年来，全区普及自来水使用，建设自来水厂 4 座，生产能力达到 25 万 t/d；建设污水处理厂 18 座，城镇污水处理率达到 93%，污水处理能力达到 9 万 t/d。

崇明地区水资源现状具有以下几个特征：①水资源总量丰富，全区河道长度 10 604.26 km，约占上海全市河道总长度的 34%，水资源补给来自地表径流和水利工程引入河网的淡水，并以长江来水为主导；②地表水水质总体优良，以Ⅲ类水为主，2016 年崇明区地表水质达标率为 97.3%，远高于上海市主要河流断面水环境目标达标率的 63.3%，优良的水质有效地保证了水生态系统服务功能；③崇明区水资源开发利用情况不高，水资源连通性、河网完整性维持较好，良好的水资源条件有助于国际生态岛建设。

1.3 崇明水资源实物量列表

与水资源开发利用各环节相关的实物量表征了水资源的部分价值，本文根据 2013—2016 年历年崇明统计年鉴、国民经济和社会发展统计公报、相关政府报告，对崇明水资源价值相关的实物量进行了识别、梳理和计算，主要分为三类：①水资源存量，包括地表水资源量；②直接水资源实物量，包括生活用水量、售水总量、工业用水量等；③间接水资源实物量，包括与水资源价值核算相关的数据，如蔬菜、粮食等农产品产量、产值，渔业产品产量、产值，工业 COD 排放总量等。这些数据能够表征水资源的生态系统服务功能，并能辅助核算水资源价值。具体数据如表 2 所示。

表 2 2013—2016 年崇明水资源价值相关实物量类型

实物量类型	实物量	2013 年	2014 年	2015 年	2016 年
水资源存量	地表水资源量/亿 m^3	4.60	暂无数据	暂无数据	暂无数据
	河湖槽蓄容量/亿 m^3	1.70	暂无数据	暂无数据	暂无数据
直接水资源实物量	自来水供应人口/万	34	34	34.50	59
	人均生活用水量/t	74.42	73.69	73.69	31.22
	供给生活用水/万 t	2 530.10	2 505.30	2 542.90	1 842
	工业用水/万 t	473	446	1 083	936
	售水总量/万 t	2 493	2 468	2 583	4 079
间接水资源实物量	工业 COD 排放总量/t	4 236.07	4 033.70	4 033	3 527
	粮食种植面积/hm^2	37 909	37 591	37 750	33 550
	粮食产量/t	253 629	247 373	253 369	225 705
	粮食产值/万元	77 089	74 599	75 248	62 048
	蔬菜种植面积/hm^2	32 981	31 763	30 767	30 612
	蔬菜产量/t	969 182	949 594	904 674	882 047
	蔬菜产值/万元	157 672	147 068	145 878	152 617
	水果种植面积/hm^2	7 140	6 738	6 423	5 360
	水果产量/t	150 267	219 826	128 188	135 873
	水果产值/万元	39 956	42 616	39 461	41 544
	渔业产品产量/t	60 740	63 234	57 113	53 808
	渔业产品产值/万元	162 402	163 842	153 040	135 465
	洪水调蓄量/m^3	1 696 805.93	1 696 805.93	1 696 805.94	1 696 805.94

2 上海市崇明区水资源价值的定价者及其实现机制探索

水资源定价过程中，根据其定价者和定价机制的不同，可分为政府定价、市场定价、非政府非市场定价。

2.1 政府定价与实现机制

政府定价的水资源价值主要是水资源税，之前称为水资源费。依据《中华人民共和国水法》《取水许可和水资源费征收管理条例》《上海市取水许可和水资源费征收管理实施办法》，结合崇明区实际情况，凡在崇明区范围内利用取水工程或设施，直接从江河、湖泊取用水资源的单位和个人（以下简称取水户）应按照规定缴纳水资源税。针对地表水的征收标准如表 3 所示。

表 3 崇明区地表水水资源税 单位：元/m^3

	公共供水取水	自建设施及其他取水
征收标准	0.10	0.10

注：数据来源为 2015 年崇明县水务局、崇明县发展和改革委员会、崇明县财政局颁布的《崇明县水资源费征收管理实施意见》。

2.2 市场定价与实现机制

水资源市场定价主要是制定城市供排水价格，具体价格由自来水公司制定，但由政府管理部门最终发布实施。崇明区自来水公司隶属于崇明区水务局，结合本区居民用户、非居民用户和特种行业的实际用水情况，制定了崇明区供排水价格，具体如表 4 所示。

表 4 崇明区供排水价格表 单位：元

用户类型	地区	现行水价（阶梯用水量）	污水处理费	合计
居民自来水	各乡镇	1.92（0～220 m^3）	0.90×90%=0.81	2.73
		3.30（220～300 m^3）		4.11
		4.30（300 m^3 以上）		5.11
学校、社会福利院、养老院等	全部乡镇	2.12	0.90×90%=0.81	2.93
非居民自来水	各乡镇	2.89	2.01×90%=1.81	4.70
特种行业——饮料	全部乡镇	5.39	2.01×90%=1.81	7.20
特种行业——洗车	全部乡镇	6.59	2.01×90%=1.81	8.40
特种行业——桑拿	全部乡镇	8.19	2.01×90%=1.81	10.00
特种行业——足浴	全部乡镇	11.59	2.01×90%=1.81	13.40

2.3 非政府非市场定价与实现机制

水资源中有大量内容无法通过水资源税、城市供排水价格体现，如洪水调蓄、水质净化、旅游休闲等生态系统服务功能，需要引入非政府非市场定价全面评估水资源价值。其中，科学家深入研究生态系统服务领域专业知识、探索水资源价值评估方法、开展了大量的非政府非市场定价研究。

由科学家开展的水资源价值定价探索主要针对各类生态系统服务，具体有以下三类：

第一类包括渔业产品、农产品和旅游等生态系统服务。提供产品的生态系统服务将水资源部分价值与市场交换价值相结合，科学家通过计算产品产值表征水资源的部分价值。而旅游资源的稀缺性和旅游过程中的排他性，使其可以通过市场交换表征价值，可以利用支付给水资源的旅游收入进行计算。

第二类包括水质净化、灾害预防、控制疾病等基础性生态系统服务。它们可以通过市场间接实现，是维持提供产品的生态系统服务的基础。科学家核算时通常采取“影子价格法”（即从市场上挑选出与其相同或相近的商品，通过该商品价格对这类生态系统服务的价值进行估算）或“替代工程法”（即利用新工程建造的费用估计生态系统破坏所带来的经济损失）。

第三类包括气候调节、营养物质循环、文化、精神等生态系统服务。这些生态系统服务关系到地区的生态系统结构或功能的稳定性或是无法通过市场手段得以定价，因此无法融合于现行的经济系统当中，需要科学家研究其定价策略。

2.4 三类定价者的相互关系

政府、市场、非政府非市场定价的水资源量存在包含关系，市场定价的水资源量包含于政府定价的水资源量中，且二者同时包含于非政府非市场定价的水资源量中。自来水公司仅对城市供排水环节涉及的水资源量进行定价，崇明自来水公司 2016 年售水总量为 4 079 万 t。政府则对包括自来水公司在内的取水户的取水量定价，2016 年政府收取的供水企业水资源费为 655.63 万元，根据表 3 计算可知，相应的水资源量为 6 556.3 万 t。而非政府非市场定价则包含崇明区的全部水资源，取地表水资源量多年平均值 4.6 亿 m^3，即 4.6 亿 t。政府、市场、非政府非市场定价对应的水资源量的分析如图 4 所示。

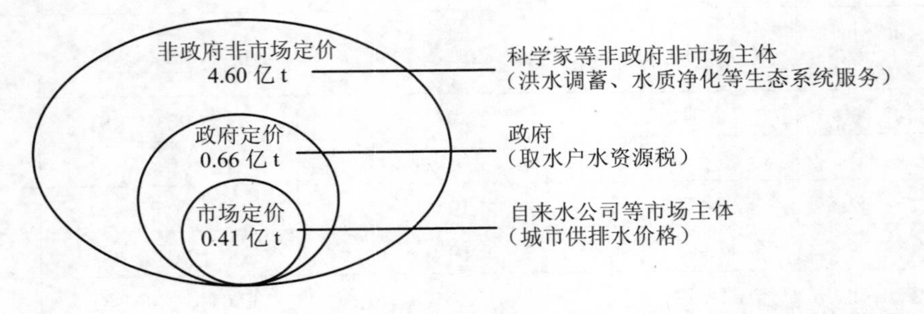

图 4　三类定价者对应的定价水资源量关系

市场定价的水资源量约占崇明水资源总量的 8.9%，政府定价的水资源量约占 14.3%。非政府非市场定价的水资源价值（如洪水调蓄、固碳释氧等生态系统服务价值）占据崇明水资源总价值的绝大部分，对非政府非市场价值的定价方法和价值应给予更多的关注。

3 基于定价者与定价方法的崇明水资源价值初步核算

3.1 崇明水资源价值定价者与定价方法识别

本文借鉴“千年生态系统评估”的分类体系，基于上文对于政府、市场、非政府非市场三类定价者的介绍，对崇明水资源价值的定价者与定价方法进行识别，具体结果如表 5 所示。

表 5 基于“千年生态系统评估”的崇明水资源价值定价者与定价方法识别

水资源功能	水资源价值类型	定价者	定价方法
水资源存量	水资源量	目前暂无	目前暂无
	河湖槽蓄容量	目前暂无	目前暂无
实物功能	取水量	政府	收取水资源税
	居民生活用水	市场	制定城市供排水价格
	产业用水	市场	制定城市供排水价格
	渔业产品	非政府非市场	计算渔业产品市场价值
	农产品	非政府非市场	计算农产品市场价值
生态功能	固碳释氧	非政府非市场	替代工程法、影子价格法
	气候调节	非政府非市场	替代工程法
	净化水源	非政府非市场	替代工程法
	洪水调蓄	非政府非市场	替代工程法
	物质循环	非政府非市场	影子价格法
	生物多样性	非政府非市场	支付意愿法
文化功能	旅游	非政府非市场	分摊法
	休闲	非政府非市场	定性分析法
	教育	非政府非市场	定性分析法
	美学	非政府非市场	定性分析法
	科研	非政府非市场	定性分析法

3.2 崇明水资源价值核算框架及初步核算结果

根据上文确定的不同水资源价值的定价者与定价方法，我们可以列出水资源各项价值的计算公式和需要的相关数据，具体如表 6 所示。

表 6　崇明水资源价值核算方法

水资源价值类型	计算方法	资料需求
取水量	取水量×水资源税（费）	政府收取的水资源费（崇明县供水企业基本情况公开表）
居民生活用水	用水量×水价	居民用水量（表 2）、居民用水水价（表 4）
产业用水	用水量×水价	产业用水量（表 2）、产业用水水价（表 4）
渔业产品	单价×产量	渔业产品产值（表 2）
农产品	单价×产量	蔬菜产值（表 2）、水果产值（表 2）、粮食产值（表 2）
固碳	造林成本×二氧化碳固定量	水生浮游植物的初级生产力[以 C 计取其平均值为 0.79 g·C/（m^3·d）[10]]、造林成本价（260.90 元/t）[9]
释氧	工业制氧成本×氧气产生量	水生浮游植物的初级生产力[以氧计取其平均值为 1.975 g（O_2）/（m^3·d）[10]]、工业制氧成本（400 元/t）[9]
气候调节	以空调制冷替代水面蒸发降低的热量	空调效能比、蒸发水量、耗电量
净化水源	以污水处理厂去除 COD 替代水体自净	水体容纳 COD 的纳污能力（表 2 中工业 COD 排放总量）、单位 COD 的处理成本（1 112.6 元/t）[9]
洪水调蓄	单位水库库容造价×洪水调蓄能力	单位水库库容造价（6.11 元/m^3）、调蓄深度（保守取值平均调蓄深度 1 m）[9]
物质循环	营养物质的循环总量分别乘各营养元素的影子价格	参与循环的氮、磷、钾的元素总量
生物多样性	不同级别保护动物的物种数×相应的支付意愿价格	各级保护动物物种数、支付意愿价格
旅游	旅游收入×支付水景观的比例	地区旅游收入、游客支付给水景观的金额
休闲	—	水景观公园、水景观休闲方式
教育	—	鸟类、湿地保护教育、环境教育资料等
美学	—	自然水景观、人造水景观的照片、视频、文字资料等
科研	—	鸟类、湿地保护、外来物种入侵、河口生态等各类科研资料

根据历年崇明区国民经济和社会发展统计公报、崇明统计年鉴、崇明区相关水质数据、土地利用类型遥感数据等，对 2013—2016 年崇明水资源价值进行初步核算，结果如表 7 所示。

表 7　2013—2016 年崇明水资源价值初步核算结果

单位：万元

水资源价值类型	水资源价值		2013 年	2014 年	2015 年	2016 年
水资源存量	水资源量		暂不计算	暂不计算	暂不计算	暂不计算
	河湖槽蓄容量		暂不计算	暂不计算	暂不计算	暂不计算
实物价值	取水量（数据不全不列入总计）		无数据，暂不计算	无数据，暂不计算	无数据，暂不计算	655.63
	居民生活用水		10 879.40	10 772.80	10 934.40	9 412.60
	产业用水	工业用水	2 223.10	2 096.20	5 090.10	4 399.20
		农业用水	无数据 暂不计算	无数据 暂不计算	无数据 暂不计算	无数据 暂不计算
		第三产业用水	无数据 暂不计算	无数据 暂不计算	无数据 暂不计算	无数据 暂不计算
	渔业产品		162 402	163 842	153 040	135 465
	农产品	粮食	77 089	74 599	75 248	62 048
		水果	39 956	42 616	39 461	41 544
		蔬菜	157 672	147 068	145 878	152 617
生态价值	固碳释氧	固碳	6 349.09	6 349.09	6 349.09	6 349.10
		释氧	24 335.35	24 335.36	24 335.36	24 335.36
	气候调节		无数据 暂不计算	无数据 暂不计算	无数据 暂不计算	无数据 暂不计算
	净化水源		471.30	448.79	448.71	392.41
	洪水调蓄		1 036.75	1 036.75	1 036.75	1 036.75
	物质循环		无数据 暂不计算	无数据 暂不计算	无数据 暂不计算	无数据 暂不计算
	初级生产		无数据 暂不计算	无数据 暂不计算	无数据 暂不计算	无数据 暂不计算
	生物多样性		无数据 暂不计算	无数据 暂不计算	无数据 暂不计算	无数据 暂不计算
文化价值	旅游		无数据 暂不计算	无数据 暂不计算	无数据 暂不计算	无数据 暂不计算
	休闲		定性 暂不计算	定性 暂不计算	定性 暂不计算	定性 暂不计算
	美学		定性 暂不计算	定性 暂不计算	定性 暂不计算	定性 暂不计算
	教育		定性 暂不计算	定性 暂不计算	定性 暂不计算	定性 暂不计算
	科研		定性 暂不计算	定性 暂不计算	定性 暂不计算	定性 暂不计算
总计			482 413.99	473 163.99	461 821.41	437 599.43

水资源取水量、休闲、美学等价值目前数据不足，暂不计算。因此，2013—2016 年崇明水资源价值初步核算结果分别约为 48.24 亿元、47.32 亿元、46.18 亿元、43.76 亿元，总体来看，4 年水资源价值略有降低。但从数据中我们不难发现，固碳释氧、洪水调蓄等生态功能与价值保持较为良好，说明崇明近年来水污染控制与修复工作开展顺利，卓有成效。造成 3 年水资源价值下降的主要原因在于渔业产品和农产品的减产。崇明农业、渔业发达，实物功能与价值占崇明水资源价值的比重较大，故农业和渔业的减产直接影响了水资源价值。在建设国际生态岛时应注重保持崇明优良的农业、渔业条件，保证水资源实物功能与价值的进一步实现。

4 总结与讨论

本文以水资源价值定价者为出发点，通过分析政府、市场、科学家在定价过程中的作用与相互关系，探索水资源定价机制，并以崇明水资源为例，查阅相关统计资料得出 2013—2016 年崇明水资源价值的初步核算结果。具体结论如下：

（1）水资源价值核算是推进节水型社会建设、加强水环境保护的有效措施，能够帮助政府进一步加强水资源调控。水资源价值核算分为三步：①实物量核算是工作量巨大、过程复杂的基础性统计工作，需要与专业人士、专业部门合作完成；②价值量核算是数据需求量大的价格核算工作，需要相关部门提供充足的价格数据；③非政府非市场价值的核算是需要深入研究探讨的工作，科学家通过不断探索选择合适的定价方法。水资源价值核算需要形成应用性成果，从政府角度可以为崇明进一步建设国际生态岛、推进绿色生态发展提供政策分析和战略建议，从企业角度可以为“取、供、用、排”各环节涉及的企业提供咨询服务。

（2）从定价机制来看，政府、市场、科学家分别是水资源价值的定价者；从定价者相互关系来看，三者各司其职，彼此配合。其中，政府依据国家法律法规制定水资源税；市场充分发挥资源配置的作用，自来水公司制定城市供排水价格；非政府非市场定价则以科学家为主导，针对难以定价的生态系统服务开展探索研究。包括水资源在内的各类环境资源在满足经济社会发展需求的同时，提供了大量生态系统服务，这些公共资源在实际定价中应充分考虑其对经济、社会、生态系统等的贡献，需要政府、市场、非政府非市场手段共同定价。

（3）从定价者对应的水资源量来看，非政府非市场定价包含崇明区全部水资源，约为 4.6 亿 t；政府定价的水资源量包含所有直接取水户的取水量，约为 6 556.3 万 t，约占崇明区水资源的 14.3%；而市场定价的水资源量包括自来水厂出售的水量，约为 4 079 万 t，约占崇明区水资源的 8.9%。从价值实现认可度的角度来看，市场定价认可度最高，自来水公司制定的城市供排水价格通过市场化运作可以得到有效实现，政府定价的水资源税得到严格落实，但二者相加却远远没有反映出水资源的全部价值，需要第三方继续对水资源的非市场、非政府的价值进行评估和核算，并利用各种途径和手段，促使这些以生态服务为主的水资源价值得以实现。这不仅是向真实的水资源价值迈进了一步，也是完善政府定价、市场定价的重要工作。

（4）从生态系统服务分类方法来看，“千年生态系统评估”给出的分类方法易于群众普及和教育、充分考虑人类福祉，并与生产生活需要高度结合，能够很好地描述崇明水资源对经济社会发展做出的贡献，但其分类描述比较笼统，不能显著地体现水资源生态功能与特点，故本文借鉴“千年生态系统评估”对生态系统服务的分类方法，结合崇明实际将水资源供给、调节、支持、文化四类服务合并成为实物、生态、文化三类生态系统服务，并强调了水资源洪水调蓄、水质净化等生态功能的重要性。

（5）在对崇明水资源进行定价者、定价方法的识别后，本文得出 2013—2016 年崇明水资源价值初步核算结果分别约为 48.24 亿元、47.32 亿元、46.18 亿元、43.76 亿元，其中渔业产品、农产品的减产是水资源价值逐年递减的主要原因，政府需加强对农业的大力发展。本文受限于数据的可获得性，部分年份地表水资源量、游客对水资源的支付意愿、对各级保护物种的支付意愿等数据暂时缺失，目前无法全面核算水资源价值，今后将继续获取数据、持续探索研究，从物质循环等水资源生态价值核算、水资源文化价值定价方法、分乡镇水资源实物量核算、分乡镇水资源价值核算等几个方面继续开展研究。

（6）针对水资源存量这一概念，部分观点认为水资源存量没有进行市场交换，不进入社会经济系统，因此不具有市场价值；但从生态系统角度来看，水资源存量是水资源提供各种社会经济和生态系统服务功能的基础，拥有巨大价值。特别是其中的漕蓄量，在生态系统中发挥着重要的防洪作用，建议今后进一步加强对水资源存量价值的研究。

（7）水资源价值评估和核算仍需进一步研究与发展，今后在对崇明水资源价值的研究中需持续收集相关数据资料，统一统计口径；加强对崇明小微水体的水量、水质监测并汇总分析；核算过程中充分考虑经济、社会、生态、文化等多种要素，从经济学、环境科学、生态学、社会学等多角度采取核算手段，综合分析水资源价值；对水资源价值进行逐年核算、逐年对比，结合水资源价值的年际变化形成水资源价值分析报告，为崇明建设国际生态岛献计献策。

致谢

本文研究得到了上海市环境科学研究院、崇明区各政府部门的大力支持，在调研过程中得到了崇明东滩国家级鸟类自然保护区、西沙湿地、明珠湖公园等旅游景点及相关休闲公园、相关乡镇的技术人员和管理人员积极配合和经验分享，特此致谢。

参考文献

[1] 甘泓，秦长海，汪林，等. 水资源定价方法与实践研究 I：水资源价值内涵浅析[J]. 水利学报，2012，39（3）：289-295.

[2] 谢高地. 生态系统服务价值的实现机制[J]. 环境保护，2012（17）：16-18.

[3] 操建华. 生态系统产品和服务价值的定价研究[J]. 生态经济，2016，32（7）：24-28.

[4] 孙敏，汪翙. 水资源价格对水资源保护的作用[J]. 水资源保护，2004，20（6）：62-63.

[5] 汪党献，王浩，尹明万. 水资源水资源价值水资源影子价格[J]. 水科学进展，1999，10（2）：195-200.

[6] 袁汝华，朱九龙，陶晓燕，等. 影子价格法在水资源价值理论测算中的应用[J]. 自然资源学报，2002，17（6）：757-761.

[7] 张昌顺，刘春兰，李娜. 生态服务价值实现机制[J]. *Journal of Resources and Ecology*（资源与生态学报英文版），2015，6（6）：412-419.

[8] 谢高地，张彩霞，张昌顺，等. 中国生态系统服务的价值[J]. 资源科学，2015，37（9）：1740-1746.

[9] 孟庆义，欧阳志云，马东春. 北京水生态服务功能与价值[M]. 北京：科学出版社，2012.

[10] 汪益嫔，张维砚，徐春燕，等. 淀山湖浮游植物初级生产力及其影响因子[J]. 环境科学，2011，32（5）：1249-1256.

[11] 吴彤. 基于 GIS 和遥感的崇明岛土地资源承载力研究[D]. 上海：华东师范大学，2007.

[12] Deniel P.Loucks，Eugene Z.Stakhiv，Lynn R.Martin. Sustainable Water Resources Management[J]. Journal of Water Resources Planning and Management，2000，126（2）：57-62.

[13] Costanza R. The value of the world’s ecosystem services and natural capital[J]. Nature，1997，387：253-260.

餐饮油烟第三方治理现状及建议——以上海市为例

The Present Situation and Suggestions for Third-Party Governance of Cooking Fume Pollution：Take Shanghai for Example

李立峰
（上海市环境科学研究院低碳经济研究中心，上海 200233）

摘　要　破解餐饮油烟扰民难题需要推行第三方治理，并对推行过程予以有效引导和管理。本文以上海为例，在对数十家餐饮单位、第三方治理企业、环保部门、有关检测机构等开展调研的基础上，识别出当前上海餐饮油烟第三方治理的主要经验和问题，并提出若干对策建议。主要建议包括：以餐饮单位为主要监管对象，通过在线监控、投诉处置、随机抽查开展监管，以不扰民、不超标、勤维保为监管重点；以第三方治理单位为次要监管对象，充分发挥信用体系和合同契约的作用；新、改、扩建餐饮单位按照有关标准安装高效净化设备，现有餐饮单位只要通过设备清洗维保等方式能实现达标、不扰民，则不需立即更新设备，环保部门组织制订循序渐进的低效净化设备更新计划；环保部门积极采购社会服务，建立油烟第三方治理企业信用体系，向餐饮店主提供宣传引导等服务，继续探索和推广净化设备租赁等商业模式创新。

关键词　第三方治理　管理机制　餐饮油烟

Abstract　Third-party treatment, effective guidance and management in the implementation process are necessary for solving the cooking fume nuisance problem. This paper summarizes the main reference experiences and problems of the third-party treatment of cooking fume in Shanghai and puts forward some suggestions, based on the research on catering business, dozens of third-party treatment enterprises, environmental protection departments and relevant testing institutions. The main suggestions are that: the regulatory, the main objects of which are catering industry, should be carried out through online monitoring, complaint handling and random inspections, and the regulatory focus should be no nuisance, no excess emissions and regular maintenance; the third party, as a secondary regulatory object, should play the role of the credit system and the contract spirits; new restaurants should install cleaning equipment to make sure the emission within the relevant standards, and the existing ones don't need to update the equipment immediately as long as they reach the standards by cleaning and maintenance of equipment, and environmental protection departments should develop a gradual and inefficient purification equipment renewal plan；environmental protection departments actively should purchase social services，provide restaurant owners with publicity and guidance services，establish the corporate credit system for third-party treatment of cooking fume，continue to explore and promote the cleaning equipment rental and other business model innovations.

Keywords third party treatment，management mechhism，cooking fumes

1 引言

由于我国许多餐饮单位油烟较重且毗邻居民住宅等客观现状，产生了“有中国特色”的油烟扰民问题。对于一些已基本完成产业结构“退二进三”的中心城区来说，餐饮油烟相关投诉已占到环保相关投诉的近一半。油烟问题看似简单，却涉及技术、经济、社会诸多难题，又需跨部门协调联动，处置难度较大。餐饮油烟的治理，除了减少用油、改善烹饪方式等少量源头减量行为以外，更多依赖于末端的净化。近年来我国大力倡导环境污染第三方治理，为油烟扰民这一棘手问题带来了新机遇。

1.1 “第三方治理”概念说明

有些油烟净化设备提供商不太理解第三方治理的概念，以为餐饮单位为第一方、净化设备提供商属于第二方、其他提供清洗维保的服务商才是第三方。实际上，按照我国环境污染第三方治理的通用概念，餐饮单位（排污者）和政府是传统意义上的被监管方（第一方）和监管方（第二方），而不论油烟净化设备提供商还是其他清洗维保服务商，都属第三方治理单位。

本文中的餐饮油烟第三方治理，是指产生油烟的餐饮单位通过合同约定等方式，委托专业企业或个人进行油烟净化及异味消除设施安装、维护的行为，以及产生油烟的餐饮单位或政府有关部门通过合同约定等方式，委托专业企业或个人进行油烟在线监控设施及平台的安装、维护的行为。

1.2 餐饮油烟第三方治理适用性

如果只是简单地安装净化设备，然后由餐饮单位自行负责运行维护，类似于工业企业传统的自行治理模式，或者最多属于狭义的第三方治理——第三方只提供设备。实际上，油烟净化设备需及时有效的清洗维护才能保证净化效果、清洗时又要兼顾废水和固体废物合法处置，这些是餐饮单位自身难以做到的，一般需要委托专业单位；在环保部门要求开展在线监控的情况下还需要第三方提供监控设备。因此，餐饮油烟领域尤其需要广义、全过程的第三方治理。上海、北京等地均将餐饮油烟列为环境污染第三方治理的重要试点领域。

1.3 调研概况

课题组通过现场咨询、问卷调研和电话访谈的方式调研了各类餐饮单位 38 家、第三方油烟净化和在线监控企业 20 余家，以及中国环保产业协会、上海市环境保护产品质量监督检验总站、上海市环境监测中心、上海市环境监察总队、上海市餐饮烹饪行业协会、上海某环保部门及环境监察支队、第三方油烟浓度检测机构等。

2 国内餐饮油烟第三方治理现状分析

2.1 油烟污染及投诉概况

从狭义上来讲，餐饮油烟指食物在烹饪、加工过程中挥发的油脂、有机质及其加热分解或裂解产物[1]；从广义上来讲，餐饮油烟气还可能混杂着燃料燃烧产生的废气。但目前上海及国内许多地区餐饮业普遍使用清洁燃料，造成扰民的主要因素还是狭义的油烟。

不同餐饮店规模、菜系、烹饪方式、温度、食材、食用油、燃料对油烟的浓度、产生量、成分等会有不同的影响。因油烟成分复杂，有的油烟会具有一定的吸入毒性、免疫毒性和改变毒性，是可疑致癌因子[2]。

一般情况下，油烟扰民主要是异味问题，特别是中式餐馆炒菜油烟、川湘菜的辛辣气味，以及火锅店、烧烤店、蛋糕店气味等。一些年长者表示对油烟气味敏感，认为油烟污染导致或加重其呼吸道疾病、心脏病、高血压等[3]。此外，上海、北京、香港、美国等地 $PM_{2.5}$ 排放清单数据显示，餐饮油烟也是空气中 $PM_{2.5}$ 的来源之一。

餐饮油烟已成为不少城区和郊区中心镇环保投诉的热点。以上海为例，大部分餐饮网点邻近居民区，由于历史原因，设在居民楼和商住楼中的达 30%左右，因此投诉量大。2016 年，所有 7 个中心城区的 12345 环保投诉热线中餐饮油烟投诉比重均在 30%以上，其中长宁、静安、虹口、黄浦 4 个区已达 40%以上。从月度变化来看，夏季是上海餐饮油烟投诉的高峰，冬季则投诉最少。

基于大连的一项实测研究，在未安装油烟净化装置的无组织排放情况下，餐饮店规模越大，油烟的产生负荷和产生浓度往往越高[4]。但我国有些大餐饮店经济效益相对较好、环保意识和管理水平较高，因此油烟净化装置安装运行情况相对较好，离居民楼也有一定距离，投诉较少；反之，有的中小型餐饮店出于成本考虑，不愿安装或未有效运行油烟净化设施，又往往靠近居民住宅，因此扰民问题较多。上海中小型餐饮单位数量占全部餐饮单位数量的 80%左右[5]，成为油烟投诉的主要对象。

2.2 餐饮油烟治理概况

2.2.1 油烟净化与在线监控技术概况

目前油烟处理技术主要有机械法（包括惯性分离法、过滤法）、静电沉积法、液体洗涤法、催化燃烧法等[6,7]，其中最常用的是高效静电法。异味去除技术以紫外光解法为主，也有活性炭吸附技术，但耗材成本较高。随着对异味去除要求的加严，高效静电+紫外光解的复合模式越来越多。国外餐饮油烟扰民问题相对较少，但也有一些油烟治理技术可供我国借鉴。欧美大型餐饮业及食品加工厂采用热氧化法焚烧处理居多，中小型餐饮业采用催化净化法处理居多，部分采用水幕法治理油烟；日本有特殊陶瓷治理饮食业油烟的专利报道，还有带滤料的穿孔锥形筒吸收油烟的方法以及水溶液和泡沫吸收方法等。图 1 为上海某大厦裙楼顶部油烟净化专用间及排放口。

图 1　上海某大厦裙楼顶部油烟净化专用间及排放口

目前餐饮油烟在线监控技术有三种原理：对静电油烟净化设备电流、电压的监控；对高压电源的监控；对油烟浓度的监控。其中，最常用的是对电流电压的监控，即监控净化设备是否运行以及电流电压是否合理，但此原理有一定弊端，如有的净化企业表示其净化设备更节电，在这种监控原理下反而容易误报为故障；有的企业采用光解净化技术，也会出现类似问题。针对油烟浓度的在线监测有相关尝试，但探头易受油烟和粉尘影响，有的净化企业表示探头沾上油烟之后可能短短数天之后准确度就严重下降（探头成本较高，难以频繁更换），且采样排放口和流速流量工况也不易满足技术规范要求，因此该技术总体尚不成熟，尚不能作为执法依据。此外，异味在线监测技术虽已存在，但在我国环保监管中使用尚较少，环境监测人员在验收或投诉处置时有时仅靠嗅觉判断。图 2 为上海某油烟在线监控终端。

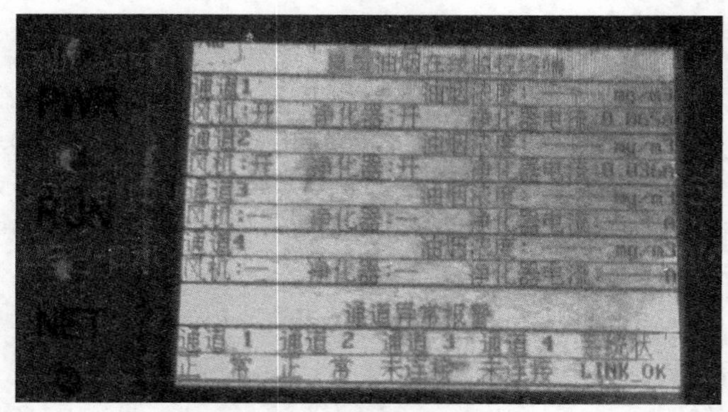

图 2　上海某油烟在线监控终端

2.2.2　油烟净化与在线监控产品认证及评价

2014 年起，国家取消了油烟治理企业资质要求。目前，国内较正规的油烟净化和在线监控企业大多申请中国环境保护产业协会（以下简称中环协）认证。截至 2017 年 6 月底，获得中环协认证且在有效期内的饮食业油烟净化类产品有 522 种、来自 430 家企业，其中注明通过上海市《餐饮业油烟排放标准》（DB 31/844—2014）的有 11 种产品；获得中环协认证且在有效期内的油烟在线监控设备有 23 种、来自 22 家企业。中环协从 2012 年起开展环保产业行业信用等级评价、污染治理设施运行服务能力评价和自动监控系统运行服务能力专项评价工作，已覆盖部分油烟净化和油烟在线监控企业。

2.2.3 政府监管与服务

餐饮油烟扰民问题主要是随着信访和热线投诉进入环保部门视野的，因此油烟监管最初是以投诉处置和执法为主。在处置过程中，环保部门发现油烟问题看似简单，却往往涉及技术、经济、社会诸多难题，又需跨部门协调联动，处置难度不小。随着投诉量的增加，不少基层环保部门感到疲于应付。因此，越来越多地区开始变被动为主动，从源头上加强管理，如制定管理要求、推进高效净化设备安装、推广在线监控等。例如，南京市从 2011 年开始在玄武区试点规模餐饮企业油烟排放在线监控，到 2013 年南京已实现了经营面积 1 000 m^2 以上的规模餐饮企业在线监控；广州市到 2015 年已实现了规模 100 个餐位以上的近千家餐饮企业全部安装油烟在线监控系统，同时环保部门通过招标聘请有专业资质的企业负责各餐饮店油烟净化装置的维护与保养。《浙江省餐饮油烟管理暂行办法》要求餐饮单位至少需一年清洗 4 次油烟净化设备，每次需在运维记录上签字盖章，还规定餐饮单位每年污染物排放许可年检时随带相关记录表；《秦皇岛市饮食业油烟污染防治管理办法》规定环保部门将通过媒体公示不合格净化设施及其厂家，并取消在该市的经营资格。

在政府提供服务方面，不少地方的环保部门会召集餐饮单位，在提出设备安装与维护等管理要求的同时，也给予部分指导。广州环保部门近年还发布了《荔湾区餐饮油烟综合治理规范化技术指引》（2011）、《广州市饮食服务业污染治理技术指引》（2013）[8]，通过表格和文字的形式介绍了常用油烟治理技术、治理工艺选择、工程设计与维护要求等，为餐饮单位和有关机构提供了便利。总体来说，政府对餐饮单位的指导培训服务仍待加强。

2.3 上海主要经验及存在的问题

上海近年来油烟净化设施日益普及，但也出现了与其他地区类似的一些问题，如有的餐饮单位安装设备而不运行、低效设备充斥市场、油烟浓度达标但异味投诉仍强烈、清洗维保不到位导致净化效果迅速下降等。因此，上海采取了加严法规与标准、加强监管与服务等手段，各区均将油烟治理作为环保工作的重要内容，并陆续开展了油烟第三方治理，取得了积极成效。但在取消事前审批验收的最新形势下，政府如何进一步加强过程监管、提高服务水平，如何引导推动油烟第三方治理市场健康发展，仍需深入探索。

2.3.1 主要经验

（1）《上海市大气污染防治条例》对油烟净化规定更加细化。2014 年修订并实施的《上海市大气污染防治条例》第九十八条对“未按照规定安装油烟净化和异味处理设施或在线监控设施、未保持设施正常运行或者未定期对油烟净化或异味处理设施进行清洗维护并保存记录的”情况明确了处罚规定。这一规定有针对性地指向了油烟净化设施的首要问题——清洗维护不到位，以及油烟扰民的主要投诉点——异味问题，同时覆盖了在线监控设施要求。

其覆盖范围比 2016 年修订的国家《大气污染防治法》第一百一十八条更全面、更细化，后者仅规定“排放油烟的餐饮服务业经营者未安装油烟净化设施、不正常使用油烟净化设施或者未采取其他油烟净化措施，超过排放标准排放油烟的，由县级以上地方人民政府确定的监督管理部门责令改正，处五千元以上五万元以下的罚款；拒不改正的，责令停业整治”。

（2）加严油烟排放标准和净化效率要求，在一段时间内遏制了低效设备泛滥现象。2014 年发布的上海市《餐饮业油烟排放标准》（DB 31/844—2014）是该领域首个地方标准，在油烟浓度限值、去除效率、异味浓度等多个方面均严于国标。其中，90%去除效率要求与台湾《餐饮业油烟空气污染物管制规范及排放标准（草案）》及《澳门食肆及同类场所油烟、黑烟和气味污染控制指引》的要求一致。国家与上海标准的对比见表 1。

表 1　国家标准与上海餐饮油烟排放标准对比

	《饮食业油烟排放标准（试行）》（GB 18483—2001）	上海市《餐饮业油烟排放标准》（DB 31/844—2014）
油烟最高允许排放浓度	2.0 mg/m^3	1.0 mg/m^3
最低油烟去除效率	小、中、大型油烟净化设施分别为 60%、75%、85%	新建企业应安装使用在认证检验中油烟去除效率≥90%的设备，否则视同超标
异味浓度	—	餐饮服务企业产生特殊气味并对周边环境敏感目标造成影响时，应采取有效的除味措施，排放的臭气浓度不得超过 60（量纲一）
其他要求	—	现有企业如不能达到排放浓度要求，也需要更换更高去除效率的设备

2015 年实施这一排放标准以后的一段时间内，低端不正规产品得到了一定遏制，正规产品的市场形势得到好转、价格得到回升。

（3）政府环保部门牵头建立第三方治理管理机制。在《上海市饮食服务业环境污染防治管理办法》（2004）、《上海市人民政府印发关于加快推进本市环境污染第三方治理工作指导意见的通知》（2014）等文件的基础上，市环保局编制了《上海市环境污染第三方治理管理办法》，将为餐饮油烟第三方治理管理机制奠定基础。

长宁区环保部门在餐饮项目审批环节，要求凡是敏感区域以及达到一定规模的餐饮企业必须安装油烟在线监控；在此基础上，分类引进专业从事油烟净化设备的厂家或供应商，并引进提供清洗维护保养服务的机构；结合在线监控、日常检查及投诉处置，对餐饮单位制定强制性委托第三方治理的标准；探索对第三方治理服务机构的服务质量、技术水平、服务价格、治理效果等进行综合考核，实行优胜劣汰的竞争机制。

黄浦区环保部门近年来针对区内餐饮单位开展了现有净化设备效果认定、排放浓度检测、低效设备更换、在线监控设备安装等工作，要求餐饮单位与第三方签订维保合同。要求商业楼宇内餐饮均采用餐饮店和楼顶两级净化，油烟必须在楼顶高空排放。环保部门通过油烟在线监控平台发现数据异常时，委托平台维保企业先行调查原因，可有效缓解环境监察支队检查执法任务繁重的问题。结合实际管理需求，环保部门还组织有关研究机构探索编制了《黄浦区餐饮油烟第三方治理暂行管理办法》，从合同签订、过程管理、激励机制、信用体系、法律责任等方面进行了规定。

（4）净化设备企业探索建立全过程第三方治理模式。某油烟净化设备厂商承接了某郊区中心镇约70%的餐饮店业务，根据环保部门要求，设备安装后均与餐饮店签订了维保合同。该公司采取了全过程负责模式，凡餐饮单位安装其产品，该公司收取固定的全年维护费用，负责维护和修理。油烟排放事宜完全由该公司负责，出故障时，环保局可直接电话通知该公司前往解决；且餐饮单位与该公司的合约规定，如因净化器本身问题产生环保罚款则由该公司支付。该模式实际运行效果较好，尚未出现罚款情况，目前该公司已将这一模式成功推广到其他部分地区。

（5）部分企业提供的净化设备租赁模式能较有效解决餐饮单位后顾之忧。上海市的净化器提供方式主要为厂家直销或经销商经销，但近年也出现了净化器租赁模式，设备无需购买，只需向净化器厂商按月或按年交固定租金，厂商免费负责设备安装、定期清洗维修、到期设备更换等全部服务，也属于典型的全过程第三方治理。既能免除因油烟扰民带来的纠纷、处罚或停业损失，又能满足一些频繁易主的中小餐饮单位的需求，已得到市场的初步认可，具有一定的发展潜力。

2.3.2 存在的问题

（1）净化设备良莠不齐、低端不正规产品充斥市场。经调研，油烟净化行业内良莠不齐。高效净化设备油烟去除效率超过90%，甚至达到95%，有些还可去除异味；但同时也有不少低端、低效甚至冒牌产品，单位风量价格低至高效净化设备的两三成以下。有的正规设备企业表示，目前国内大部分餐饮店安装的仍是低端净化设备，平均净化效率可能只有30%左右，有的几乎形同虚设。过去有些餐饮企业只是为应付环评审批和竣工环保验收，因此会选择尽量低价的设备。据调研，上海市《餐饮业油烟排放标准》2015年实施后的一年多时间内遏制了低效设备泛滥现象，但随后又出现了一定反弹，低效设备再次充斥市场。有些产品表面上具有中环协认证、有合规的检测报告，甚至符合上海地标，但实际销售价格远低于合理范围，原因之一是采取不诚信经营方式，如实际提供的产品尺寸远小于送检产品，明显不满足实际风量要求。

在取消餐饮单位环评审批和竣工环保验收的新形势下，安装低效设备以应付事前审批的情况可能会减少，但同时也更加需要加强事中事后监管。

（2）正规净化设备最大的问题是清洗维护不到位。一些餐饮店因法规要求或居民投诉而安装净化设备后，不愿花钱维保，有的为了应付环保局要求虽签订维保合同却不执行；对于自行开展清洗的大中型餐饮店来说，基本可以做到一个月左右清洗一次烟罩钢板，但管道里面就难以自行清洗了。上海市餐饮烹饪行业协会表示，不少餐饮企业各方面成本较高，如监管力度不强，就不会花钱维护环保设施，往往会使用到坏为止。

目前，市场上各类净化设备的有效运行都有赖于定期清洗维护，否则油烟颗粒物很快会黏附在净化设备中，即使再高效的设备，净化效率也会不断下降、直至形同虚设，如果运行只是白费电力。不少净化设备企业和油烟在线监控单位都表示餐饮用户没有定期清洗电场是净化效果下降的首要原因；长期不清洗还容易导致设备故障（如电场集板密度高、易集油，会造成短路、低效），维修或更换带来更大成本；更严重的还会发生火灾。

（3）非专业清洗易引发设备故障、责任难界定。有的餐饮单位发现净化器需清洗时，有时为节省成本请非专业或不了解本品牌净化器的清洗维保人员（如请根据消防要求清洗风管的人员顺便清洗净化器），很容易造成净化器故障或降低机器寿命。造成故障后，究竟是设备本身质量问题还是清洗过程不当造成的，责任很难厘清。因此，不少人认为，由设备提供商负责清洗是多数情况下的最佳选择。

（4）现场清洗可能引起废水和固体废物的二次污染问题。净化设备一般是在餐饮单位现场清洗，如此则易引起废水短时超标问题，有时甚至排入雨水管道。因此，应加强宣传引导和抽查监管，使清洗废水进入油水分离设施，废活性炭等吸附材料依法处置。有个别净化设备厂商将设备运回本企业清洗，且具有合规的废水处理设施和危废处置方案，但此类规范清洗成本较高，一年维保费用有时相当于新买一台净化设备，对餐饮单位有较大挑战。

（5）部分中小餐饮单位难以承受高效净化设备安装和规范化维保的成本。有的中小餐饮单位经营不善、效益不佳；也有的受广大居民欢迎、但各方面成本已较高，利润不足以支撑高效净化设备安装和规范化维保的成本。但如果不解决油烟净化问题，同样需要付出罚款和停业整改等代价。在监管要求加严的背景下，预计将有更多餐饮企业被迫转型或采取菜品涨价等应对措施。

（6）油烟浓度在线或便携式监测技术不成熟，尚不能作为执法依据。如前所述，油烟浓度在线或便携式监测技术总体仍不成熟，尚不能作为执法依据，削弱了环保行政处罚力度。此外，现场采样监测也容易遇到困难，如现场采样时饭店降低烹饪行为以致结果暂时达标、油烟浓度达标而异味问题仍然扰民、有些老式房屋爬楼顶采样困难、现场采样条件无法满足技术要求等，给油烟监管增加了难度。因此，目前一些区主要依据净化设备未安装或不正常运行进行处罚。

（7）油烟执法困难，部门间权责不清。执法过程中存在部门权责不清晰、不合理的一些问题，近年已出台了一些针对性的文件，如《中共中央 国务院关于深入推进城市执法体制改革改进城市管理工作的指导意见》（2015 年 12 月）及《城市管理执法办法》（住房和城乡建设部令第 34 号，2017 年 5 月 1 日起施行），将餐饮服务业油烟污染领域与城市管理相关部分的行政处罚权交由城管执法部门，但地方实际执行仍处于过渡期，仍存在权责不清、互相推诿、处置周期长等问题。

（8）部分餐饮店因房屋结构等历史原因造成设备安装或维保困难。油烟扰民投诉以老餐饮店居多，有些老餐饮店由于历史原因处在老式居民楼或其他房屋中，有些因结构原因，在不关闭的情况下难以安装或改造烟道，且排放口高度和走向易存在问题。此类情况需依法要求改为不产生油烟经营项目或搬迁。值得注意的是，有的受油烟投诉的老餐饮店排放口高度不到 15 m，只需高空排放或清洗风管即可做到达标、不扰民，从投诉处置的角度来说，不再具有净化设备安装和维保的需求，对第三方治理市场推广不利；所幸，目前多数区规定此类情况仍需安装净化设备。此外，还有一些净化设备因安装位置问题难以维保。

（9）除异味技术尚不够成熟。目前去除异味虽有紫外光解、活性炭吸附等技术，但总体来讲尚不够成熟、经济，因此有些异味扰民问题在短期内仍难以彻底解决。

3　初步建议

3.1　以在线监控、投诉处置、随机抽查、信用体系作为油烟监管的四大抓手

建议以餐饮单位为主要监管对象——通过在线监控、投诉处置、随机抽查 3 种方式进行监管；以第三方治理单位为次要监管对象——以信用体系为抓手，减少直接监管和干预。如图 3-1 所示。

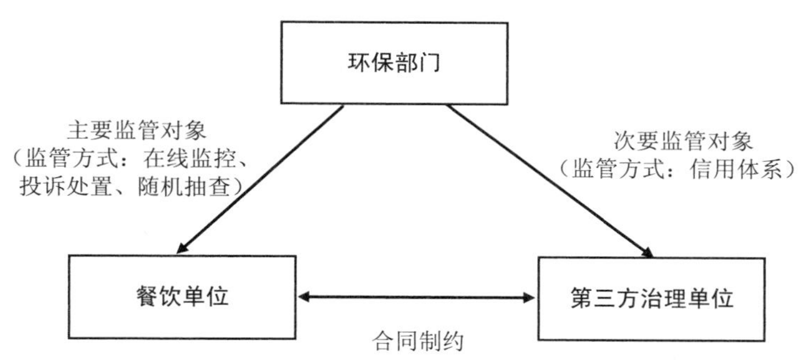

图 3　餐饮单位油烟污染治理基本监管模式建议

3.2　以不扰民、不超标、勤维保为监管重点

环保部门对现有餐饮单位油烟污染的监管重点按优先级降序应依次为：①不扰民；②不超标；③净化设备运行和清洗维保情况良好；④在线监控设备运行情况良好。现有餐饮单位只要通过设备清洗维保等能实现达标、不扰民，则不需立即更新设备；如无法实现，则需更换高效净化设备。

3.3　制订循序渐进的低效净化设备更新计划

新、改、扩建餐饮单位应按照有关标准安装高效净化设备；对于能达标、扰民不严重但油烟去除效率低于 90%的现有设备，建议环保部门组织制订循序渐进的更新计划，用 5 年左右时间逐步推进更换，为第三方治理市场健康发展奠定基础，同时逐步实现所有餐饮企业的油烟稳定达标排放。

环保部门可联合质监等部门，组织开展净化效率第三方检测。检测前，餐饮单位或维

保单位可对净化设备进行清洗维保。经有 CMA 资质的环境检测机构检测，实际净化效率低于 90%的，列入设备淘汰名单，按净化效率由低到高，每年淘汰 20%，更换为高效净化设备，5 年时间全部完成更新。5 年后组织下一轮检测并制定下一轮淘汰名单。

3.4 继续推广油烟排放在线监控，鼓励探索油烟浓度或间接指标在线监测、便携式监测

通过公开招投标、阳光目录等手段，继续推广餐饮油烟污染源的在线监控，根据实际情况采用合理监控技术。鼓励有关企业继续探索油烟浓度、异味浓度或其他间接指标（因浓度监测难度大）的在线监测，以及手持便携式监测技术。待这些监测技术较成熟后：①应尽快完善在线监测功能在监控系统中的整合应用；②可将便携式监测技术应用于现场执法；③可探索部分餐饮污染源周边环境敏感点空气中油烟浓度或异味的在线监测监控。

3.5 完善统一监控平台运维企业管理机制

建议对环保部门油烟统一监控平台运维情况进行监管和第三方评估，督促其提升运维管理水平；探索引入运维企业竞争机制；为保证数据客观真实，建议未来环保部门油烟统一监控平台运维企业、本区餐饮单位油烟监控终端安装企业、本区餐饮单位油烟净化设备企业应互相独立，任何企业及其实际关联企业同一时间只能承接上述三种业务中的一种。

3.6 建立完善第三方治理企业信用体系

建议环保部门委托相关机构开展油烟第三方治理效果评价，结合油烟在线监控、信访处置、现场检查、违法处罚情况、餐饮单位评价情况、受影响居民评价情况等（未来还可参考中环协运营能力评价结果，该评价目前尚未覆盖到油烟治理领域），排除餐饮单位自身责任后，对服务于本地区的油烟治理企业进行综合评价和排名。评价结果纳入本地区油烟第三方治理企业信用体系，结合有关行业协会等编制的油烟第三方治理企业及设备参考目录，以及油烟第三方治理单位及相关负责人环境信用信息，在环保部门网站发布并动态更新。

加强第三方治理企业信用体系建设，覆盖第三方净化、检测、在线监控领域。可单独建立油烟第三方治理企业信用体系，也可整合到环境污染第三方治理企业甚至更大范围企业的信用体系中。将企业行为记入诚信记录，减少环保设备运行和检测等过程中的造假现象。第三方检测应随机抽取被测单位和检测单位。

3.7 向餐饮店主提供宣传引导等服务

环保部门除监管执法职能外，更多发挥宣传引导等服务职能。在油烟投诉发生前主动提供服务，既能防污染于未然，又能建立良好互信关系，避免餐饮业主只感受到环保部门监管执法的铁面角色。①针对中小餐饮店，由于目前入门门槛低、中小店主容易忽视环保，环保部门更应加强对其提供主动、免费的服务，如发放油烟净化设备参考目录与维护指南，发放有助于提升环保意识、减轻扰民的环保宣传品，甚至组织有关机构提供现有净化设备维护培训等。②针对大中型餐饮店，除提供上述服务外，通过宣传教育激励其从企业形象、声誉、社会责任等方面加强油烟治理，对接餐饮烹饪行业协会，将油烟治理与此类协会推行的“绿色餐厅”等工作相结合，鼓励餐饮单位自发提升环保意识、提升管理水平。

3.8 环保部门积极采购评估培训等第三方服务

为有效缓解环保部门人力精力不足的局面，更加聚焦和提升政府管理职能，充分发挥社会参与作用，建议积极借用外力，采购第三方服务，如编制餐饮油烟第三方治理合同模板，油烟第三方治理效果评价、排名，信用体系相关名录的编制和更新等。

3.9 充分发挥行业组织作用

充分发挥环境服务业商会、环保产业协会、餐饮烹饪行业协会等行业组织的作用，推动油烟第三方治理行业自律，政府仅在后台发挥一定的引导和监管功能。

例如，上海市餐饮烹饪行业协会、上海市食品安全工作联合会持续委托开展油水分离器产品质量检测，并联合发布检测结果公示（已公示 7 批），公示内容包括产品型号、产品介绍、联系方式、参考价格等。可探索采取类似方式，由上海市餐饮烹饪行业协会与相关环保协会、政府环保部门等联合开展油烟净化设施产品质量委托检测和结果公示，作为对中环协全国性认证和信用评价等工作的有效补充。

建议餐饮烹饪行业协会在“绿色餐厅”等评比时，对于安装使用高效油烟净化设备并积极维护保养、取得良好环境效益和社会效益的餐饮企业予以优先考虑。

3.10 加强商业模式和管理模式创新

鼓励商业模式创新，探索部分成熟模式的推广。例如，对于净化器租赁模式，设备无需购买，只需向净化器厂商按月或按年交固定租金，厂商免费负责设备安装、定期清洗维修、到期设备更换等全部服务，属于典型的全过程第三方治理。既能免除因油烟扰民带来的纠纷、处罚或停业损失，又能满足一些频繁易主的中小餐饮单位的需求，已得到市场的初步认可，可探索推广。

同时，加强政府管理模式创新。例如，有的地区环保部门与“大众点评”开展试点合作，鼓励顾客对餐厅油烟治理等环保表现进行点评，既引导公众选择餐厅时考虑环保表现、践行绿色消费，又对餐饮单位油烟治理带来了社会压力；还可借鉴台湾夜市经验，对产生油烟的流动餐饮摊点或油烟净化设备临时出现故障的小型餐饮店等，探索采用移动式小型油烟净化设备的可行性。

致谢

感谢中国环境保护产业协会、上海市环保局、市环境监测中心、市环境保护产品质量监督检验总站、市餐饮烹饪行业协会、部分区环保局和环境监察支队、众多餐饮单位、油烟净化企业、油烟在线监控企业、油烟浓度检测机构给予的宝贵指导和协助。感谢上海市环境监测中心林立、市环境科学研究院何校初、复旦大学环境科学与工程系王波、华东师范大学地理科学学院吴诗雪等给予的协助支持。

参考文献

[1] 上海市《餐饮业油烟排放标准》(DB 31/844—2014).

[2] 徐岚，张迪生，李京. 油烟污染现状与治理措施研究[J]. 黑龙江环境通报，2009，33（4）：83-85.

[3] 张文波. 餐饮油烟污染环保执法困境与法律对策研究[J]. 北京政法职业学院学报，2014，2：43-47.

[4] 施巍，等. 餐饮服务性行业油烟无组织排放核算办法的研究[C]. 中国环境保护优秀论文集，2005：1842-1846.

[5] 林立，何校初，等. 上海餐饮油烟污染特征研究[J]. 环境科学与技术，2014，37（120）：546-549

[6] 张杰，袁寿其，袁建平，等. 烹饪油烟污染与处理技术探讨[J]. 环境科学与技术，2007，30（9）：80-82.

[7] 马焕焕，王安. 餐饮油烟污染危害及治理建议[J]. 绿色科技，2015：199-201.

[8] 广州市环境保护局. 广州市饮食服务业污染治理技术指引[J]. 广州环境科学，2013，28（2）：33-40.

北京市水污染综合治理分析及对策探讨

Analysis and Comprehensive Countermeasures of Water Pollution Control in Beijing

李云燕[①] 葛 畅 潘 冉
（北京工业大学 循环经济研究院，北京 100124）

摘 要 为切实加大水污染防治力度，国务院发布了《水污染防治行动计划》，提出了针对重点流域水质优良、地级及以上城市建成区黑臭水体及京津冀区域水污染控制的指导目标。同时，北京市提出“到 2017 年，中心城、新城的建成区应基本消除黑臭水体；到 2030 年地表水全面消除劣Ⅴ类水体”的总体目标。本文通过分析北京市水环境质量现状、污染源现状及重点流域污染防治情况，梳理当前水环境管理目标及政策，目前存在的问题主要有污染总量巨大、治污成本高且生活污水排放责任难以落实，区域协调不力，水污染问题仍较为严重。根据北京市水污染现状及防治情况提出对策建议，以期为进一步防治水污染及京津冀联防联控提供参考和借鉴。

关键词 水污染防治 水污染治理 对策探讨

Abstract In order to increase water pollution control efforts, the State Council issued the “water pollution prevention action plan”, aiming at key river water quality is excellent, the prefecture level and above city built-up area of malodorous black and Beijing Tianjin Hebei regional water pollution control guidelines. At the same time, Beijing put forward, “by 2017, the central city, the new city built area should basically eliminate black and foul water body, to 2030 surface water comprehensive elimination of poor class V water” overall goal. In this paper, through the analysis of pollution control in Beijing city water environmental quality and pollution status and key watersheds, according to the Beijing city will put forward suggestions and pollution status of the situation, in order to further the prevention and control of water pollution and the Beijing Tianjin Hebei defense and to provide reference for joint control.

Keywords water pollution prevention and control, water pollution control, countermeasures

---

① 李云燕，教授，博士生导师，主要从事环境经济与管理、环境规划与评价、环境污染治理政策以及低碳经济、循环经济等领域的研究；葛畅、潘冉，硕士研究生，主要从事环境经济与管理领域的研究。E-mail：yunyanli@126.com。

前言

为进一步加强水污染防治力度，国务院发布了《水污染防治行动计划》（水十条），提出了“到 2020 年，长江、黄河、淮河等七大重点流域水质优良（达到或优于Ⅲ类）比例总体达到 70%以上，地级及以上城市建成区黑臭水体均控制在 10%以内，京津冀区域丧失使用功能（劣于Ⅴ类）的水体断面比例下降 15 个百分点左右”的指导目标。为此，北京市在《北京市水污染防治工作方案》中明确提出“到 2017 年，中心城、新城的建成区应基本消除黑臭水体，地表水水体水质优良比例保持稳定，劣Ⅴ类的水体断面比例比 2014 年下降 24 个百分点；到 2030 年，地表水全面消除劣Ⅴ类水体”的总体目标。

为实现水污染防治总体目标，北京市相继出台了《北京市水污染防治工作方案》《北京市进一步聚焦攻坚　加快推进水环境治理工作实施方案》等一系列规章制度和管理办法。为了解当前北京市水污染防治情况，进一步加强水污染综合治理，本文通过分析北京市水环境质量现状、污染源现状及重点流域污染防治情况，梳理当前水环境管理目标及政策，根据北京市污染现状及防治情况提出对策建议，以期为进一步防治水污染及京津冀联防联控提供参考和借鉴。

1　北京市水环境现状分析

1.1　水环境质量现状分析

北京市地属海河流域，辖区内从东到西分布着北运河系、永定河系、潮白河系、大清河系和蓟运河系等水系，流域面积约 4 423 km^2，占北京市土地总面积的 27%，承担着中心城区 90%的排水任务[1]。

北京市水资源紧缺。2016 年，北京市常住人口总量为 2 172.9 万人，比“十一五”初期增加 569.5 万人，城市功能拓展区和城市发展新区的人口增加十分明显。与此同时，生活用水、农业用水与工业用水呈下降趋势，而环境用水却逐年增加[2]。在水资源增量不显著而人口大量增加的情况下，北京市人均用水量逐年减少。“十三五”初期，北京市人均用水量 178.6 m^3，而同期全国人均用水量数据为 446 m^3。由此可见，北京市水资源短缺程度严重[3]。

北京市水污染严重。截至 2017 年 7 月，北京市共有 104 条河段，有水河流 99 条段，长度 2 423.7 km；黑臭水体 141 条段，其中建成区黑臭水体 57 条段，非建成区黑臭水体 84 条段。河流水质呈“两头高、中间低”的特征，Ⅱ～Ⅲ类水质河段长度占 48.6%，Ⅳ～Ⅴ类水占 11.5%，劣Ⅴ类水占 39.9%。河流污染最为严重，湖泊污染次之，水库水环境质量先良好再下降[4]（图 1～图 7）。

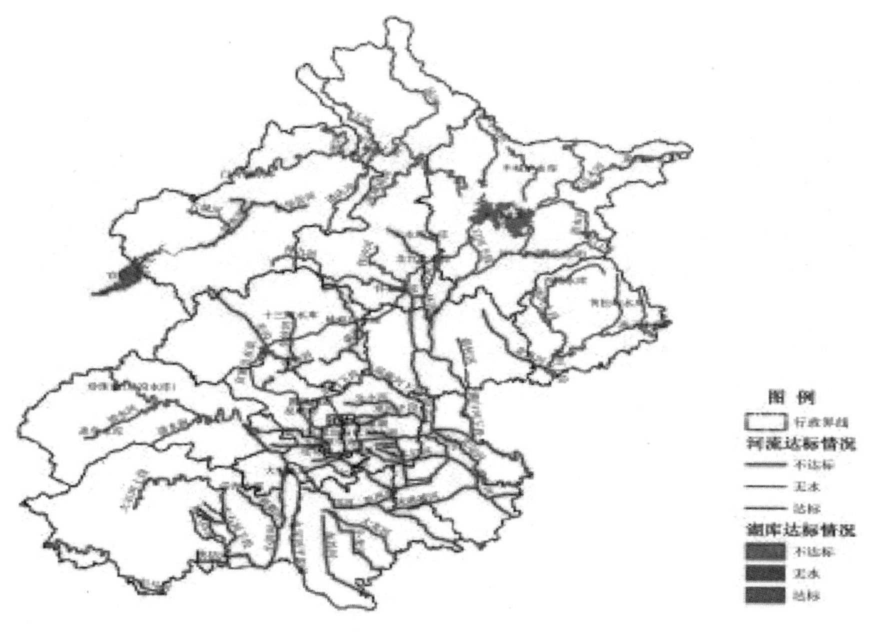

图 1　2017 年 7 月北京地表水水质达标评价

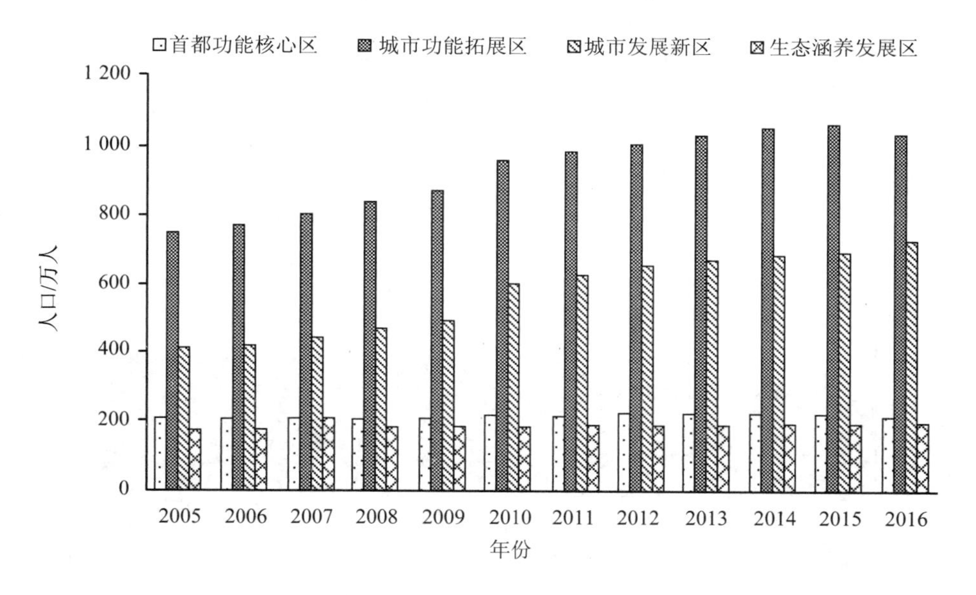

图 2　北京市人口分布情况

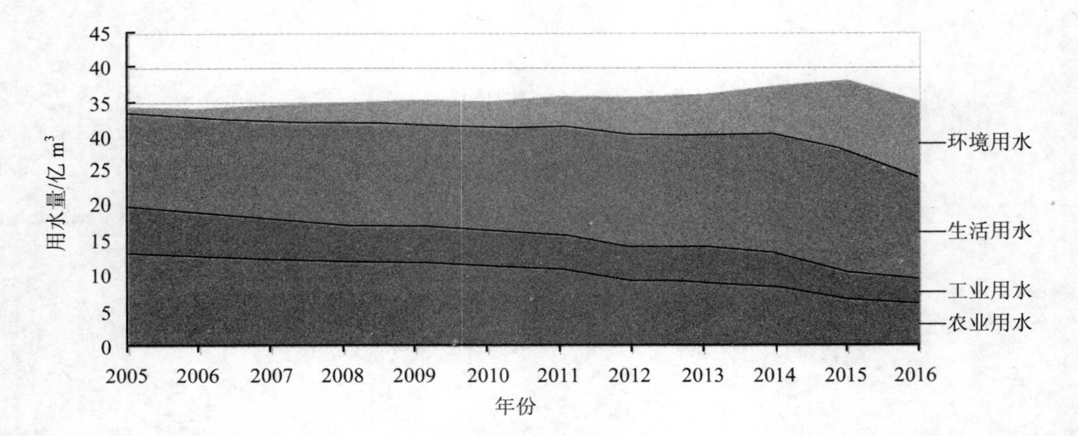

图 3　按用途划分北京市用水量

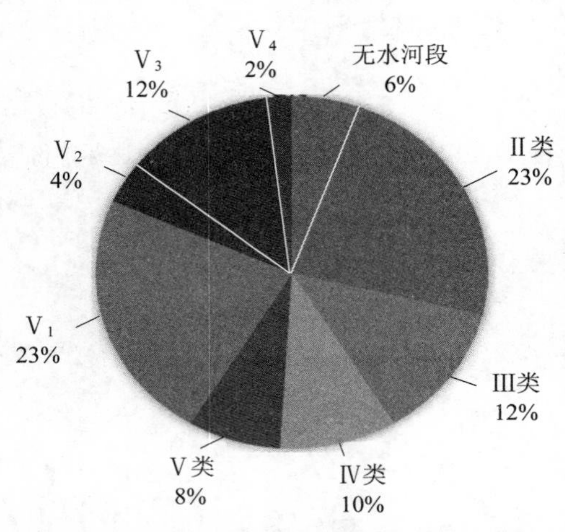

图 4　2017 年 7 月北京市河段水质条数情况

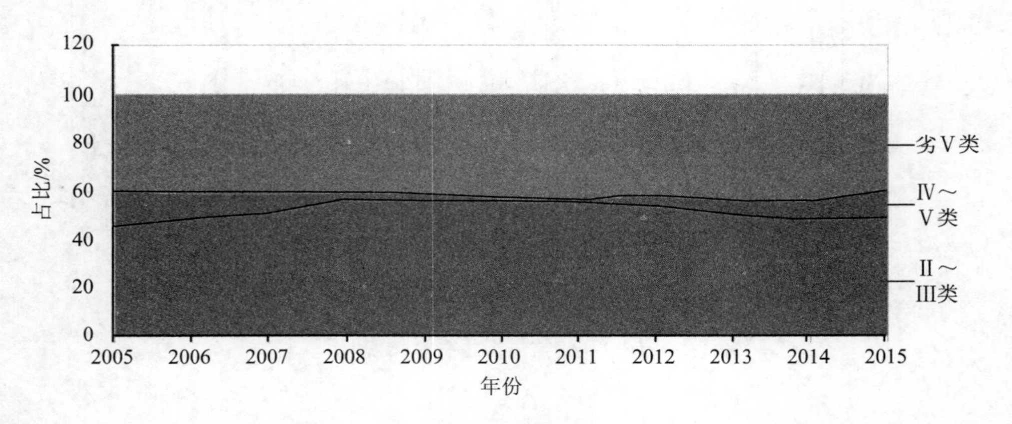

图 5　河流水质占比情况

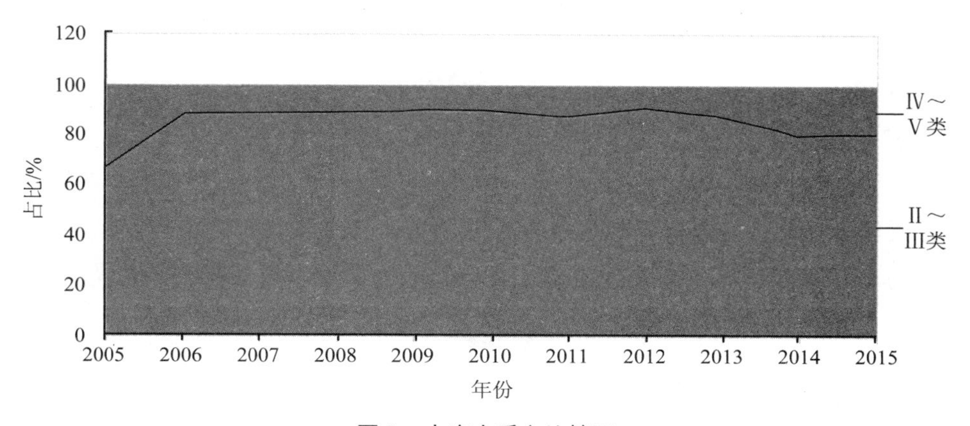

图 6 水库水质占比情况

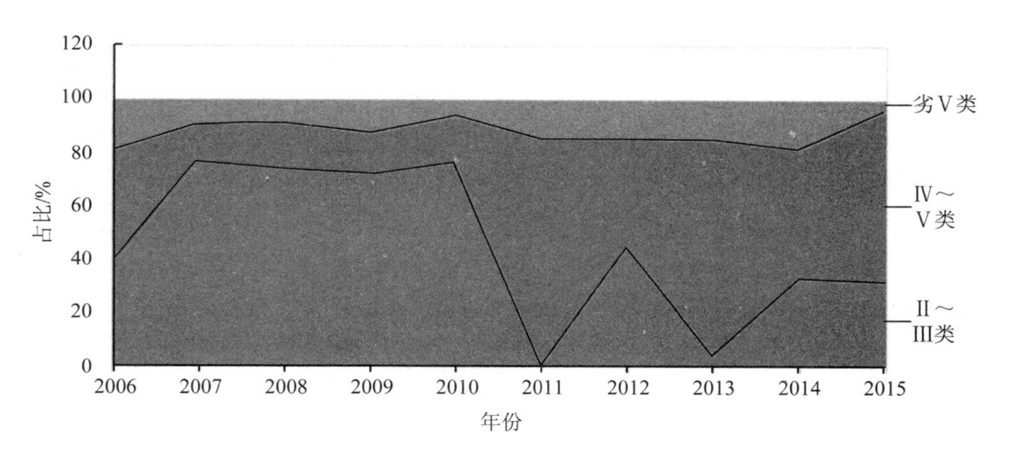

图 7 湖泊水质占比情况

从各行政区水污染现状看，北京市 16 个行政区河段水质均为Ⅱ类及以下；密云、延庆、门头沟、西城与崇文区境内均为Ⅳ类及以上水质河段，较其他行政区水质较好；丰台、昌平、大兴与石景山区水质较差；朝阳区与通州区水质整体最差，朝阳区 17 条河段中 13 条均为劣Ⅴ类水质，通州区除通州北干渠为Ⅴ类水质外，其余 13 条河段也均为劣Ⅴ类水质，北京市仅有的两条Ⅴ_1水质河段就有一条在通州境内[5]。由此可见，密云区、怀柔区、门头沟区与延庆区的水水体环境较佳；大兴区与朝阳区水污染治理任务十分艰巨，而作为城市副中心的通州区水体污染最为严重，这将直接影响到北京市的综合发展（图 8～图 11）。

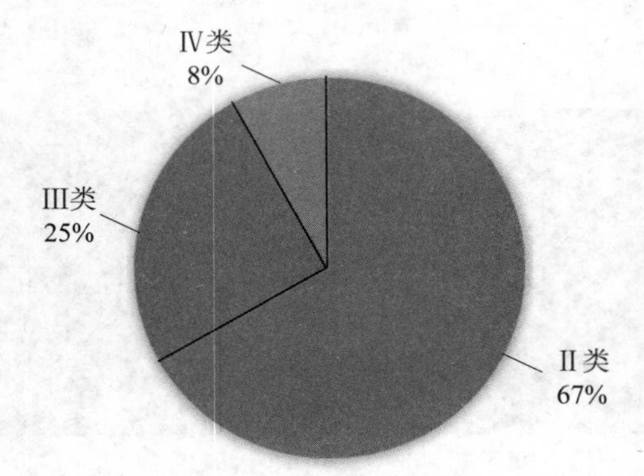

图 8　密云区水质比例情况

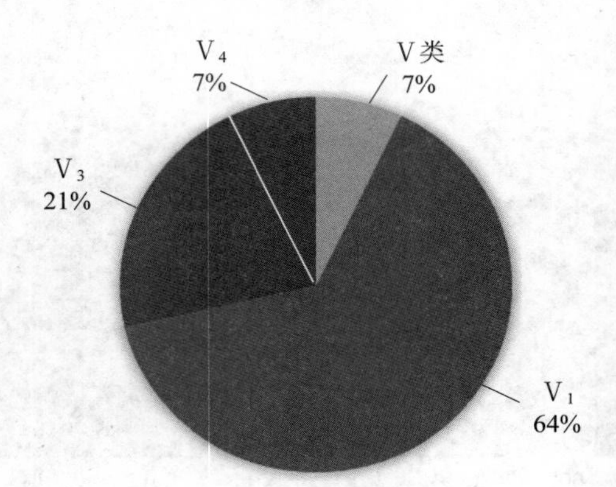

图 9　通州区水质比例情况

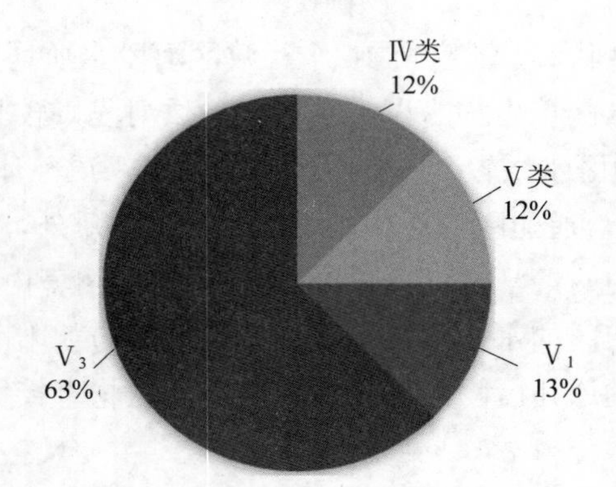

图 10　大兴区水质比例情况

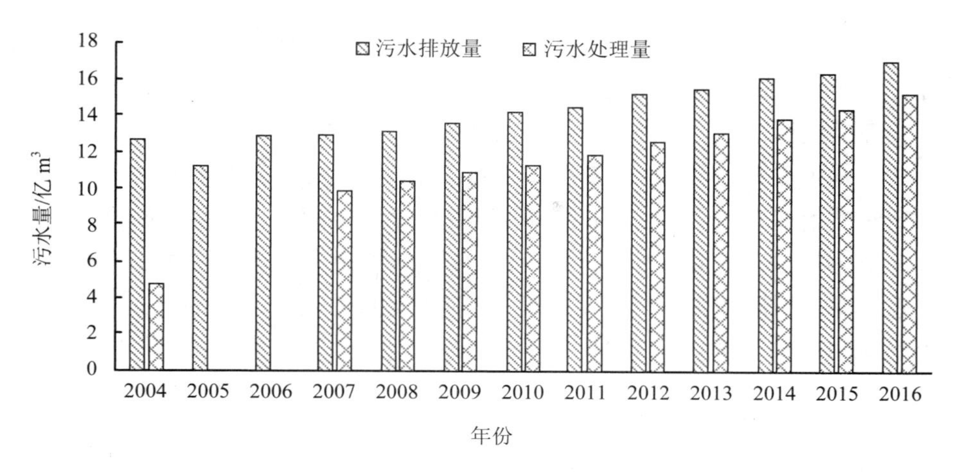

图 11　北京市污水排放量与处理量

1.2　污染源现状分析

北京市近 10 年污水排放量呈现递增趋势，污水处理能力逐年提升。到 2016 年末处理污水由 2007 年 3 亿 m^3 降为 1.7 亿 m^3。北京市的水体污染源主要分为点源污染和面源污染[6]。点源污染主要包括工业污染与生活污染，面源污染则主要由农药、化肥的流失污染、水土流失污染以及畜禽养殖业粪污水排放导致，在人口密集、农业活动频繁的顺义、平谷、朝阳、大兴、通州、房山等地水体污染最为严重。

对于点源污染，随着北京市经济规模扩张迅速，产业结构以第三产业为主，人口密集，由此带来的水污染问题十分严重。2016 年，北京市第三产业产出占总产出的 80.3%，常住人口高达 2 172.9 万人。随着人口数量的不断增加以及工业污染源治理力度的不断加大，北京市污水构成发生了很大变化，生活污水比例由“十五”初期的 67.3%上升到“十三五”时期的 94%，工业废水排放仅 0.9 亿 t，占比 6%。河流中污染物挥发酚、重金属等污染明显降低，主要以氨氮和耗氧有机物污染为主[7]。可见，生活污染源是影响北京市地表水环境质量的主要因素。

在点源污染严重时，面源污染常常被忽视。随着人们对点源污染控制能力的提高，面源污染的严重性将会越来越突出。面源污染分为农村面源污染与农业面源污染。农村面源污染包括农田径流（化肥、农药流失）、水土流失、村镇生活污水、农村固体废物及畜禽养殖等造成的污染[8]。随着丰水期降雨量的增加，地表径流携带着流失的化肥和农药进入水体，导致地表水水质下降。北京市规模化畜禽养殖场也是污染源之一。农业面源污染包括畜禽废水与养殖业废水等。畜禽废水、粪便、污水和恶臭的排放给环境带来巨大压力，如蓟运河系的金鸡河污染呈急剧上升趋势，其主要污染源则为顺义区乡镇养猪场未经处理的养殖废水直接排入。

1.3　工业、城镇、农村水污染防治现状分析

在工业水污染治理方面，北京市取缔了不符合国家和本市产业政策的小型造纸、制革、

印染、电镀、农药原药等严重污染水环境的生产项目，对工业园区及工业园区以外的污水排放企业，督促其建设污水处理设施或对污水进行委托处理，全面禁止污水直排，最终实现了污染企业的达标排放。另外，对化工、制药、食品加工等重点行业强制性进行清洁生产审核，并鼓励企业开展自愿性清洁生产审核，基本实现处理达标后排放[9]。

在城镇污水治理方面，根据《北京市加快污水处理和再生水利用设施建设三年行动方案（2013—2015 年）》，北京市对现有雨污合流排水系统进行雨污分流改造，严格开发建设项目配套水污染防治设施建设和验收管理，限制水污染防治设施未建成、未经工程验收或未达到工程验收标准的住宅项目和其他排放污水的建设项目。新建了高碑店、小红门、槐房污泥无害化处理等处置工程，及时清运城市垃圾，严格禁止违法倾倒，严控污染物进入城市排水系统[10]。

农业农村水污染治理难度相对较大。针对农村污染，北京市实施了农村清洁工程，全面推进农村环境连片整治，以区为单元，实行农村污水处理设施统一规划、统一建设、统一管理。对农业的治理则更为具体：通过禁止新建、扩建规模化畜禽养殖场（育种、科研用途除外）达到对水污染的基本控制，对禁养区内的畜禽养殖场（小区）进行关闭或搬迁；对保留的畜禽养殖场（小区）全面实施雨污分流，并敦促其配备粪便污水贮存、处理、利用设施；开展农作物病虫害绿色防控，着力推广使用低毒、低残留农药；通过禁止新建水产养殖场并限制使用抗生素等化学药品，实现对水源保护区、自然保护区及其他环境敏感区域的源头保护[11]。

1.4 重点流域污染防治现状分析

根据多年来水污染治理经验，北京市确定了以“截污控源、内源治理、生态修复”作为黑臭水体的主要治理措施，从河内、岸上两方面齐抓共管。采取修建截污管线，收集河污水、清淤、微生物处理污染物、加强河岸垃圾清理等措施治理重点流域水污染问题。

永定河流经延庆、门头沟、石景山、丰台、大兴五区，是流经北京市境内最长的一条河流。近年来，永定河沿岸及其上游流域的人口不断增加，工农业用水和生活用水剧增，污水排放量不断增加带来了严重的有机污染和富营养化问题，导致流域生态环境恶化。根据《永定河综合治理与生态修复总体方案》，提出将集中利用 5～10 年时间，将永定河划分为 4 个区段，推行公司化运作模式，打造流域治理协作新平台，逐步恢复永定河生态系统。目前，除大兴区境内的所有 3 条河段、延庆区内新华营河为劣Ⅴ类水外，其余 7 条有水河段均为Ⅳ类水质及以上[12]。

潮白河流经除门头沟、房山、平谷区外的北京市各区，是拥有河段最多的河系。潮白河水系河段水质两极分化，近一半为Ⅱ～Ⅲ类水质河段，主要集中在密云区与怀柔区；另一半为劣Ⅴ类水质河段，主要集中在通州、昌平、朝阳、通州及大兴区，水体污染严重。北京市政府将污水通过管道汇入河段下游污水处理厂再引中水至上游以及整治河段沿岸生活及商业散乱排污、提升污水处理厂处理能力以及新建污水处理厂的方式，基本消除潮白河、温榆河、通惠河以及亮马河河段黑臭水体，治理效果显著；但潮白河大量河段仍为劣Ⅴ类水质的情况，水污染治理任务仍然艰巨。

北运河域内人口密集、产业集中、城市化水平高，承担着中心城区 90%的排水任务。正因为如此，北运河河道自净能力不足，地表水污染严重。为贯彻《京津冀协同发展规划纲要》国家重大战略部署，加快推进通州区市行政副中心建设，把北运河作为通州区骨干水系将成为水生态环境提升的着力点，升级改造污水处理厂，北运河流域内污水处理率已达到 98%，COD、NH_3-N、TP 和 TN 年污染削减率大幅增加，脱氮除磷效果显著。

1.5 存在的问题

2016 年，北京完成 315 亿元水务固定资产投资，万元 GDP 水耗较上年降低 3%，再生水利用量达到 10 亿 m^3，污水处理率达到 90%，重要水功能区水质达标率达到国家考核要求，基本完成第一个污水治理“三年行动方案”，全市污水处理能力提升了 70%。启动实施聚焦攻坚补短板的第二个“三年治污方案”后，完成了 25 条段黑臭水体治理、417 km 的污水收集管线和 230 个村庄污水处理设施建设。全市污水处理能力由 2012 年由 83%提高到 90%，其中城六区达到 98%，水污染处理能力提升明显[13]。

然而北京市地表水污染问题仍十分严重，劣Ⅴ类水占河流总长度近 50%的局面仍未改变。在水污染治理工作中仍存在以下困境：①总量巨大。北京市规模扩张迅速，常住人口庞大，商业区、住宅区不断扩张，污水排量不断增加，对各污水处理厂、自有污水处理设备是严峻的挑战。②成本较高。高昂的地价使新建污水处理厂的成本巨大，而更新老旧设备、引进先进技术以提升现有污水处理厂处理能力的代价十分昂贵。③生活污水的排放责任难以落实。北京市水污染更多由于生活污水排放导致，各居民小区的污水处理不到位，零散餐饮服务业的污水排放不规范，如无有效监督，很难将污水处理落实到位[14]。④区域协调不力。跨区河段的治理由于治理责任不明晰而更加困难，区与区之间对界河的治理缺乏规制与激励制度，因而加强临区的协调是重中之重。⑤未形成自然生态链。虽然北京市污水治理有一定成效，但多基于工业处理，后期运维费用昂贵，不能实现自然维持。

2 北京市水环境目标及管理政策

2.1 水环境质量目标

根据“十三五”规划纲要，实现水环境质量目标。①要全面推进节水型社会建设，落实最严格的水资源管理制度，实施全民节水行动计划。建立水效标识制度，推广节水技术和产品。加快非常规水资源利用，实施雨洪资源利用、再生水利用等工程，用水总量控制在 6 700 亿 m^3 以内。②深入实施《水污染防治行动计划》，加强重点流域、海域综合治理，严格保护良好水体和饮用水水源，加强水质较差湖泊综合治理与改善。推进水功能区分区管理，主要江河湖泊水功能区水质达标率达到 80%以上。地级及以上城市建成区黑臭水体控制在 10%以内。开展京津冀晋等区域地下水修复试点，整治主要河口海湾污染，推进京津冀水源涵养区生态修复治理[15]。③加强环境基础设施建设，加快城镇垃圾处理设施建设。完善收运系统，提高垃圾焚烧处理率，做好垃圾渗滤液处理处置；加快城镇污水处理设施和管网建设改造，推进污泥无害化处理和资源化利用。实现城镇生活污水、垃圾处理设施全覆盖和稳定达标运行，城市、县城污水集中处理率分别达到95%和85%。

根据北京市“十三五”规划，北京市水环境质量目标有：①恢复河湖水系生态功能，2017 年中心城、新城的建成区基本消除黑臭水体，2020 年重要水功能区水质达标率提高到77%，丧失使用功能（劣V类）的水体断面比例比2014年下降24个百分点，重要河湖水系基本还清。2020年全市生态环境用水量达到12亿 m^3。统筹截污治污、水源保障和生态治理，完成清河、凉水河、温榆河、通惠河等河流水环境治理，加快还清城市河湖。②恢复和建设大尺度湿地，构建“一核、三横、四纵”的湿地总体布局。恢复湿地8 000 hm^2，新增湿地3 000 hm^2，全市湿地面积增加5%以上。③提升重点区域水源涵养功能。加强饮用水水源保护，在重要水源区上游和源头全面实施生态清洁小流域建设，完成 2 000 km^2 小流域综合治理，全市山区主要水土流失区域实现全面治理。④全面推进水污染治理，基本实现城镇污水全收集、全处理，城乡污水处理率提高到95%以上。基本实现污水管网全覆盖，中心城污水处理率达到99%，新城污水处理率达到95%[16]。集中处理与分散处理相结合，因地制宜通过城带村、镇带村、联村和单村模式推进重点村庄污水收集及处理设施建设。

2.2 水环境管理政策

为促进北京市水污染防治政策实施，2015年北京市人民政府通过《北京市水污染防治工作方案》，明确了消灭劣V类水体的时间，提高了水体排放标准，增加了污泥处置费用，因而被称为北京市“水十条”。为巩固第一个“三年治污行动方案”成果，达到《北京市水污染防治工作方案》目标要求，2016 年北京市又出台了第二个“三年治污行动方案”，提出2018年年底基本消除全市黑臭水体的目标。而2017年出台的《北京市进一步聚焦攻坚加快推进水环境治理工作实施方案》要求将三年的任务两年内完成：全市141条黑臭水体要在今年年底前提前全部完成水质改善。《北京市黑臭水体治理清淤工程资金奖励补贴办法》与《水污染防治专项资金绩效评价办法》等使用经济手段对水污染治理实现制度激励。《水污染防治行动计划实施情况考核规定（试行）》《北京市水污染防治工作方案实施情况考核办法（试行）》《北京市黑臭水体整治效果评估细则（试行）》则从绩效考核角度为北京市政府及其他相关部门完成水如治理目标提供监督与考核政策[17]。

目前水环境管理政策从以下几个方面加强水环境治理工作。①严格环境风险控制，全面推行排污许可。定期评估沿河流、湖库的工业企业、工业园区的环境和健康风险，落实防控措施。根据国家公布的优先控制化学品名录，对高风险化学品生产、使用进行严格限制，并逐步淘汰替代。依法启动排污许可证核发工作，制定并发布分阶段实施目录。②加大资金投入，充分发挥市场机制作用。积极争取中央财政资金支持，以奖励、补贴、贴息等形式，重点支持饮用水水源保护、污水处理、污泥处理处置、河湖生态补水、河道整治、畜禽养殖污染防治、水生态修复、应急清污、水环境监测网络建设等项目。对环境监管、环境风险防范能力建设及运行费用予以必要保障。③调整产业结构，深入推进经济结构转型升级。严控新增不符合首都功能的产业。全市区域内不再发展一般性制造业和高端制造业中比较优势不突出的生产加工环节，加快构建科技含量高、资源消耗低、环境污染小的高精尖产业结构。依法淘汰落后产能，修订《北京市工业污染行业、生产工艺调整退出及设备淘汰目录》。④强化科技支撑，大力发展环保产业[18]。推广运用先进适用技术。加大自主创新产品在水处理工程中的应用，提高关键技术设备的国产化率。重点推广饮用水净化、节水、水污染治理及循环利用、城市雨水收集利用、再生水安全回用、水生态修复、畜禽养殖污染防治、污泥处理处置、重点行业废水深度处理等技术。

2.3 河湖（水库）生态保护红线划定

“十三五”规划明确指出，要推动建立和完善生态保护红线管控措施。到 2020 年，基本建立生态保护红线制度。推动将生态保护红线作为建立国土空间规划体系的基础。各地组织开展现状调查，建立生态保护红线台账系统，识别受损生态系统类型和分布。按照自上而下和自下而上相结合的原则，各省（区、市）在科学评估的基础上划定生态保护红线，并落地到水流、森林、山岭、草原、湿地等生态空间。计划于 2017 年年底前，京津冀区域、长江经济带沿线各省（区、市）划定生态保护红线；2018 年年底前，各省（区、市）全面划定生态保护红线；2020 年年底前，各省（区、市）完成勘界定标。

生态红线即在提升生态功能、改善环境质量、促进资源高效利用等方面必须严格保护的最小空间范围与最高或最低数量限值，包括环境质量安全底线和自然资源利用上线等，生态保护红线，即划定必须受到保护的耕地、森林、绿地等生态环境的红线。党的十八届三中全会第一次将划定生态红线明确列入全会文件中，新的《环境保护法》首次将划定生态保护红线写入法律，明确国家在重点生态功能区、生态环境敏感区和脆弱区等区域划定生态保护红线。

北京划定生态保护红线对北京环境保护和治理的意义重大。红线是对城市无序扩张、对城市中建设用地的无序供给进行的底线性约束，划定红线表明北京未来环境污染治理方向已经从末端向源头转移。过去北京更注重煤改气、提高工业企业排放标准等末端治理措施，但这些措施对于一个产业不合理、功能布局定位尚不够清晰的城市来说，不能从根本上解决问题。从根本上落实源头治理，要划定河湖水系、湿地等生态保护红线，划定饮用水水源保护区以及南水北调工程管理和保护范围。同时建立耕地保护责任落实和补偿制度，实施区县跨界断面水质生态补偿。归属于京津冀地区的北京生态保护红线规划提上日程，北京将实行最严格的生态资源源头保护制度，划定生态保护红线。目前，天津出台并实施了生态用地保护红线划定方案，虽然河北已划定海洋生态保护红线，但整体生态红线仍处于缺位状态。

3 对策建议

3.1 全面控制水污染物排放，加强工业、城镇、农村水污染治理

治理工业水污染，依法取缔不符合国家和北京市产业政策的严重污染水环境的生产项

目。制定重点行业专项治理方案，实施清洁化改造，严禁污水直排；企业排放工业废水经预处理达到规定要求后才能进入园区污水集中处理设施；推进工业园区企业污水排放在线监测设施建设，鼓励企业开展自愿性清洁生产审核。

治理城镇水污染排放，及时清运城市垃圾尤其是北运河、潮白河等重点流域沿岸垃圾，禁止违法倾倒，严控污染物进入城市排水系统。因地制宜采用调蓄池、沿河收集管线、下凹绿地、湿地、蓄滞洪区等方式；同时强化垃圾渗滤液处理，建设完善渗滤液处理设施在线监测系统，实时监控其排水量和排水水质。

治理农村水污染，禁止新建、扩建育种及科研外的规模化畜禽养殖场，形成全市规模化猪场、牛场粪便污水治理，并实现资源化利用，生态涵养发展区全部施用环境友好型农药，提高全市化肥农药利用率。重要水源保护区、地下水严重超采区、地下水防护性能较差区等重点区域逐步退出小麦等高耗水农作物种植。

3.2 强化水环境质量目标管理，保障水生态环境安全

强化环境质量目标管理，制定各区水环境质量目标。各区对未达到水质目标要求的水体制定整治方案，将治污任务逐一落实到汇水范围内的排污单位，明确防治措施及达标时限，定期向社会公布。市政府对水质不达标的区域实施挂牌督办，必要时采取区域限批等措施。深化污染物排放总量控制，完善主要污染物排放总量指标分配和统计监测考核体系，根据国家统一要求，选择对水环境质量有突出影响的总氮、总磷等污染物，研究纳入污染物排放总量控制约束性指标体系。严格控制环境激素类化学品污染，完成环境激素类化学品生产使用情况调查。监控评估水源地、农产品种植区、水产品集中养殖区和畜禽养殖区风险，实施环境激素类化学品淘汰、限制、替代等措施。稳妥处置突发水环境污染事件市、区政府要制定和完善水污染事故处置应急预案，落实责任主体，明确预警预报与响应程序、应急处置及保障措施等内容，依法及时公布预警信息。

3.3 深化重点流域污染防治，强化重点污染源监督管理

切实加快重点流域治理，针对不同流域具体情况，制定切实可行的治理方案。防治潮白河流域污染，通过生态清洁小流域建设、面源污染治理、农村环境综合整治等措施，确保密云水库、怀柔水库、潮河、白河等Ⅱ类、Ⅲ类水体水质保持稳定。防治北运河流域污染，通过生态补水、初期雨水收集处理、雨污分流改造、城乡接合部污水支户线完善等措施，确保长河、北护城河、土城沟、清河上段等水体水质稳定，改善永定河下段、凉水河上段、通惠河下段、坝河下段等水体水质，消除清河下段（沙子营断面）等劣Ⅴ类水体。开展北沙河、新凤河、玉带河、小场沟等黑臭水体污染溯源和专项治理，消除郊区段的黑臭水体。防治永定河流域污染，通过生态补水、面源污染治理、农村环境综合整治等措施，确保永定河山峡段等Ⅱ类、Ⅲ类水体水质稳定，改善妫水河下段、永定河平原段等水体水质。通过乡镇（村）污水处理设施建设、污水处理设施升级改造、面源污染治理等措施，消除大龙河（皋营桥断面）等劣Ⅴ类水体。开展大石河等黑臭水体污染溯源和专项治理，消除黑臭水体。防治蓟运河流域污染，通过乡镇（村）污水处理设施建设、污水处理设施

升级改造、面源污染治理等措施，消除沟河下段（东店断面）等劣Ⅴ类水体。

3.4 加强河湖水生态保护，科学划定生态保护红线

科学划定生态保护红线，加强河湖生态红线管控。河湖生态保护红线一旦划定，只能增加，不能减少，原则上按禁止开发区域的要求进行管理，严禁不符合主体功能定位的各类开发活动，严禁任意改变用途。河湖生态保护红线划定工作的科学划定是在准确识别河湖生态功能重要区域和生态环境敏感脆弱区域空间分布的基础上，由各级水利部门依据生态保护红线划定意见和河湖划界的相关技术规范要求。首先，确权划界，纳入市、县域生态保护红线方案的河湖及相关水利工程要完成管理和保护范围的划界工作，明确水域及水利设施用地性质。其次，切实加强在自然修复基础上的岸坡整治、清淤疏浚、生态治理、水系沟通、绿化美化、配水保洁等综合措施运用，大力开展全流域系统治理，重塑健康自然弯曲河岸线，营造自然深潭浅滩，持续推进水生态保护和修复，保障河湖生态功能永续利用；还要加快启动重要河湖岸线管理保护规划编制工作，实现岸线功能分区管理。北京市生态保护红线划定应以维护自然生态系统功能、改善城市人居环境、保障区域生态安全为目标，基于北京市现有各类禁建区、重要生态功能区、生态敏感区划定生态保护红线范围。北京市生态红线应包括主要生态涵养区，主要分布在北京市西部和北部的山区、中心城四环至六环的绿色空间以及五大水系主要河道及周边范围，北京市以上述重要生态区域为基础，划定生态保护红线，红线区面积应不少于市域面积的35%。

3.5 强化水环境保护责任，严格环境执法监督

强化水环境保护主体责任，建立完善环境保护责任制度。各类排污单位要严格执行环保法律法规和制度，切实加强污染治理设施建设和运行管理，确保污染防治设施正常运行和污染物排放稳定达标。重点排污企业必须取得排污许可，自觉接受社会监督，将企业环境行为纳入社会信用体系。严格监督考核，每年对各区政府、市有关部门年度任务完成情况进行考核，考核结果作为对领导班子和领导干部综合考核评价的重要依据。对未通过年度考核的，要约谈区政府和市有关部门相关负责人，并对有关区和企业实施建设项目环评限批。对不顾生态环境盲目决策，导致水环境质量恶化，造成严重后果的领导干部要追究责任。

严格水环境污染执法监督，加大执法力度。有序整合不同领域、不同部门、不同层次的监管力量，构建权威统一的水污染防治监管执法体系，建立环保机构监测监察执法垂直管理制度；强化对浪费水资源、违法排污、破坏河湖生态环境等行为的执法监察和专项督察。健全环境行政执法与刑事司法的衔接联动机制，推行环境污染第三方监测评价机制。完善环保公益诉讼制度，严格实行生态环境损害赔偿制度。健全行政执法与刑事司法衔接配合机制，联合调查、信息共享等机制，公安部门要明确机构和人员负责查处环境犯罪，对涉嫌构成环境犯罪的，及时依法立案侦查。严厉查处违规排污行为，重点打击监测数据弄虚作假、不正常使用水污染物处理设施，或者未经批准拆除、闲置水污染物处理设施等环境违法行为。

参考文献

[1] 刘艳菊，陈颀，亓学奎，等. 北京地表水冬季水化学特征和质量现状[J]. 环境科学与技术，2014（S2）：166-174.

[2] 王长松，李舒涵，王亚男. 北京水文化遗产的时空分布特征研究[J]. 城市发展研究，2016（10）：129-132.

[3] 孙艳芝，鲁春霞，谢高地，等. 北京城市发展与水资源利用关系分析[J]. 资源科学，2015（6）：1124-1132.

[4] 曹和平，顾兴国，郭来喜. 基于供需构造的北京水循环动态失衡及修复机理[J]. 中国环境科学，2015（4）：1271-1280.

[5] 李旭. 北京市再生水利用的环境经济综合影响评价[D]. 北京：中国地质大学，2014.

[6] 李磊. 首都跨界水源地生态补偿机制研究[D]. 北京：首都经济贸易大学，2016.

[7] 黄庆旭，何春阳，史培军，等. 气候干旱和经济发展双重压力下的北京水资源承载力变化情景模拟研究[J]. 自然资源学报，2009（5）：859-870.

[8] 李坚，崔海洋，尚光旭，等. 北京水生态文明建设评估与预测[J]. 水资源与水工程学报，2016（3）：23-26.

[9] 郑少博. 南水北调原水水源对北京供水管网水质的影响及控制技术[D]. 哈尔滨：哈尔滨工业大学，2015.

[10] 刘程. 北京长河滨水区空间形态演变及可持续发展策略研究[D]. 北京：清华大学，2013.

[11] 孙西桥. 城市水环境治理中的政策困局及对策探讨——以北京西南部为例[J]. 科技资讯，2012（24）：242.

[12] 于淼，魏源送，刘俊国，等. 永定河（北京段）水资源、水环境的变迁及流域社会经济发展对其影响[J]. 环境科学学报，2011（9）：1817-1825.

[13] 马东春. 缓解北京水资源供需矛盾的公共政策分析[J]. 黑龙江水利科技，2006（1）：67-69.

[14] 刘年磊，蒋洪强，卢亚灵，等. 水污染物总量控制目标分配研究——考虑主体功能区环境约束[J]. 中国人口·资源与环境，2014（5）：80-87.

[15] 北京水资源状况及用水结构分析[J]. 北京社会科学，2000（1）：40-44.

[16] 李芬，孙然好，杨丽蓉，等. 基于供需平衡的北京地区水生态服务功能评价[J]. 应用生态学报，2010（5）：1146-1152.

[17] 张杰平. 跨流域调水补偿制度创新研究[D]. 武汉：武汉大学，2012.

水环境多部门协同管理模型构建研究

Research on Model about Multi-sector Synergy Management of Water Environment

张　茜[①]　王燕鹏
（郑州大学环境政策规划评价研究中心，郑州　450000）

摘　要　在“两山论”的形势和要求下，本文对水环境多部门协同管理进行研究。在协同论的基础上，利用频度分析和理论分析等方法确定水环境多部门协同管理的影响变量，进而识别和控制影响变量，构建水环境多部门协同管理模型，并将模型应用于许昌市水环境多部门管理。

关键词　协同论　水环境　多部门　协同管理模型

Abstract　Under the situation and requirements of “two mountains”, the multi-sector synergy management of water environment was researched. On the basis of the synergetics, the influence variables of multi-sector collaborative management of water environment are determined by frequency analysis and theoretical analysis, and then the influence variables are identified and controlled. The multi-sector synergy management model of water environment was constructed and the model was applied to Xuchang.

Keywords　synergetics, water environment, multi-sector, synergy management model

前言

2015年9月11日，中共中央政治局审议通过了《生态文明体制改革总体方案》，提出“绿水青山就是金山银山的理念，山水林田湖是一个生命共同体的理念”[1]，“绿水青山就是金山银山”（以下简称“两山论”）是习近平总书记在浙江任省委书记时提出的理念，即“我们追求人与自然的和谐，既要绿水青山，又要金山银山”。“两山论”是当代中国发展方式绿色化转型的本质体现，强调经济发展和环境保护相协调。在环境管理方面，要求经济发展相关部

① 张茜，出生于1991年6月，任职于郑州大学环境政策规划评价研究中心，专业领域：环境工程专业环境经济政策研究，通讯地址：河南省郑州市文化路97号，邮编：450000，手机：13083609261，邮箱：272560641@qq.com。

门与环境保护相关部门协同管理，在作出经济发展决策时充分考虑对环境的影响。

现有的多部门分工负责的水环境管理体制不能满足水环境管理和水质改善的要求。我国的水环境管理职责分散在环保、水利、农业、住建等多个部门，形成“九龙治水”的格局[2]，导致部门间职责交叉重叠[3]，各部门在水环境管理中职责不清，容易发生“扯皮”现象，并且部门之间缺少有效协同，导致水环境管理中多部门的“脱节”[4]。新时期环境管理迫切需求加强部门协同。《水污染防治行动计划》中明确了要完善流域协作机制，建立健全跨部门的水环境保护议事协调机制[5]。《关于全面推行河长制的意见》[6]《关于省以下环保机构监测监察执法垂直管理制度改革试点工作的指导意见》等一系列的环境管理的改革均对部门之间的协同联动提出了要求。

我国的水环境管理多部门协同已有实践经验[7, 8]，关于协同模型的研究也较为丰富[9,10]，但关于水环境多部门协同管理模型少有研究。本文利用协同理论，对水环境多部门协同管理进行深入研究，对水环境协同管理影响因素进行识别，构建水环境多部门协同管理模型，旨在为我国水环境多部门协同管理的研究和实践提供分析思路和技术支撑。

1 相关理论概述

1.1 协同论

协同论（synergetics）是研究不同事物的协同机制和共同特征的一门学科，也被称为协同学，是20世纪70年代以来在多学科研究基础上逐渐形成和发展起来的一门新兴学科[11]。主要内容是协同效应、伺服原理、序参量、自组织原理等。协同论具有广阔的应用范围，其普适性特征与管理系统具有的复杂性和开放性特征相契合，为管理研究引入协同论提供了可能[12]。

1.2 协同论与水环境多部门管理的契合性

（1）协同论的普适性。协同论的普适性首先体现在发现了复杂现象背后的一般规律。协同论不仅发现了存在于自然界中的一般规律，而且还发现了连接无生命自然界与有生命自然界的共同本质规律。这些一般原理和规律所体现出的普适性，为研究一些复杂事务的演化提供了新的方法和模式。

协同论的普适性除了体现在发现了复杂现象背后的一般规律外，还体现在它在当今世界广泛的应用领域。从协同学理论的应用来看，它广泛地应用于不同的系统的现象分析中。例如，社会学领域中，舆论的形成模型、政府、大众传播媒介与舆论之间的相互关系等；经济学领域中，分析经济周期的波动、技术革新和经济事态发展等；物理学和化学领域的应用更是极其普遍的。[13]

综上所述，协同学的广泛适用性是显而易见的。它所发现的规律的普遍性和广泛适用性为研究水环境多部门之间的关系提供了新的思维模式与理论视角。

（2）水环境管理中横向政府职能部门是一个复杂的开放系统。协同学的研究对象是复杂的开放系统。水环境管理中横向部门管理系统如物理系统、社会系统和生物系统一样，也是一个由相互依存的子系统构成的开放系统。

水环境管理中横向职能部门管理系统是一个复杂的系统。从组织结构上看，政府的横向职能部门管理结构是指某一级政府的职能部门设置，由履行不同职能的众多部门（子系统）所构成。在不同的国家，具体机关的设置不尽相同，但基本上都是由办公机构、办事机构、组成部门、议事协调机构等多个部门组成，完全是一个复杂的系统。在水环境管理中，从横向部门来看，涉及水利、环保、发改、住建、财政、流域管理委员会、水污染防治领导小组等多个部门，仅从国家《水污染防治行动计划》上看，水环境管理涉及的部门就有 31 个之多，可见，将水环境管理中横向部门看作是一个系统，各个水环境管理部门看作是各个子系统，满足复杂性要求。从政府职能上看，政府部门的职能内容涉及行政系统对公共事务进行的管理行为，具有明显的整体性特征。在水环境管理中，水环境管理的运行过程可以分为决策、计划、组织、监督、协调、控制等各个环节，水环境管理职能的履行不可能仅仅依靠某一个部门，而需要各部门的通力配合，才能使水环境管理的整体性得到体现。水环境管理中横向部门职能的整体性、多样性决定了其是一个复杂而庞大的系统。

水环境管理中横向部门管理系统是一个开放的系统。开放性是系统有序发展和产生协同效应的前提条件之一，也是适用协同理论的关键。水环境管理中横向部门管理系统的管理对象是复杂的水环境管理事物，水环境管理的复杂性决定了仅仅依靠某一个部门是不可能处理好这些事务的，需要在开放性思维指导下的合作与沟通。

2 水环境多部门协同管理模型的构建

2.1 水环境多部门协同管理影响变量的确定

以水环境部门协同、水环境多部门管理、水环境横向部门管理等为关键词进行文献筛选，共梳理和分析了 38 篇文献，统计频次超过 2 的变量指标，得到部门结构、部门信息共享、联合执法、统一监测、部门文化、部门信任关系、统一规划等水环境对部门协同管理影响变量。考虑到部门利益及部门目标也是影响部门协同管理的主要因素，因此确定出水环境多部门协同管理影响变量如表 1 所示。

表 1 水环境多部门协同的影响变量

编号	变量指标
1	部门结构（权力或职责）
2	部门信息共享
3	联合执法
4	统一监测
5	部门文化
6	部门信任关系
7	联合规划
8	部门利益
9	部门目标

2.2 影响变量分析

（1）序参量识别。在水环境管理系统中，政府部门之间权力和责任的划分是各个部门相互联系、相互作用的纽带。水环境具有整体性特点，但水环境管理的责任和权力并不集中在一个部门，而是分散在水利、环保、住建等众多部门，各个部门在水环境管理中的职责和权力的划分就构成了系统的结构。要使水环境管理系统实现高效管理水环境、改善水环境质量的功能，合理的结构即部门权利和责任划分是重要的。而部门之间的其他纽带诸如信息共享、统一监测、联合执法等都是在部门权责划分的基础上进行的。如果没有部门在水环境管理系统中的权责划分，就不存在水环境政府部门管理系统，更加不存在各个部门之间的水环境信息共享，此时各个部门的组织文化和信任关系也不存在联系和影响关系，部门协同也毫无意义。

根据协同论的内涵，序参量支配状态变量。水环境管理中，水环境管理权责在各部门的分配使得部门之间存在联系，且它是其他变量产生影响的依据。例如，部门间统一监测状况会影响部门之间的监测协同，但其产生影响的前提是部门之间监测权责的划分。因此，部门结构支配其他影响变量。

综上所述，水环境政府部门管理系统中，部门结构（权力和责任）是影响部门协同的序参量，其他影响变量均为状态变量，如表2所示。

表2　水环境多部门协同的序参量与状态变量

编号	变量指标	变量属性
1	部门结构（权力或职责）	序参量
2	部门信息共享	状态变量
3	联合执法	状态变量
4	统一监测	状态变量
5	部门文化	状态变量
6	部门信任关系	状态变量
7	联合规划	状态变量
8	部门利益	状态变量
9	部门目标	状态变量

（2）状态变量分类。已有研究[14]指出，跨部门协同就是以目标、机构、业务和服务等要素的整合和业务协同为特征的行政模式。参考徐娜[15]等从“政务”和“关系”两个维度研究的跨部门协同治理的部门整合过程中对政务整合深度的分类，本文将影响水环境多部门协同的状态变量分为资源整合变量、行动整合变量和部门价值取向整合变量。资源整合变量为部门信息共享，行动整合变量为联合规划、联合执法、统一监测，部门价值取向整

合变量为部门文化、部门信任关系、部门利益和部门目标。

2.3　影响变量控制框架构建

根据协同论，序参量是控制系统协同状态的关键变量，只要控制系统的序参量即可使系统逐步达到协同状态。对水环境多部门协同管理而言，控制序参量即使多部门达到权责分配能够完全覆盖水环境管理的各个方面，且部门之间无职责交叉、无权责不一。然而，根据我国水环境管理体制改革历程和经验，这种状态的部门结构目前是难以达到的，因此，本文提出在最大限度上控制序参量即优化部门结构的基础上，对状态变量进行控制，使水环境多部门管理系统逐步达到协同状态。

（1）序参量控制框架。水环境多部门协同管理的序参量是部门结构，以共同目标为导向，通过分析现有部门结构与实现共同目标之间的契合性来分析序参量存在的问题，进而进行控制。第一步，本文以共同目标的实现为导向，建立水环境管理目标体系；第二步，进行水环境管理部门的筛选和部门现有水环境管理职责的梳理；第三步，根据部门职责，进行水环境管理部门和水环境管理目标体系的响应关系的建立；第四步，根据响应关系，以水环境管理目标体系来系统梳理现有水环境部门职责配置的问题，以此提出优化建议。

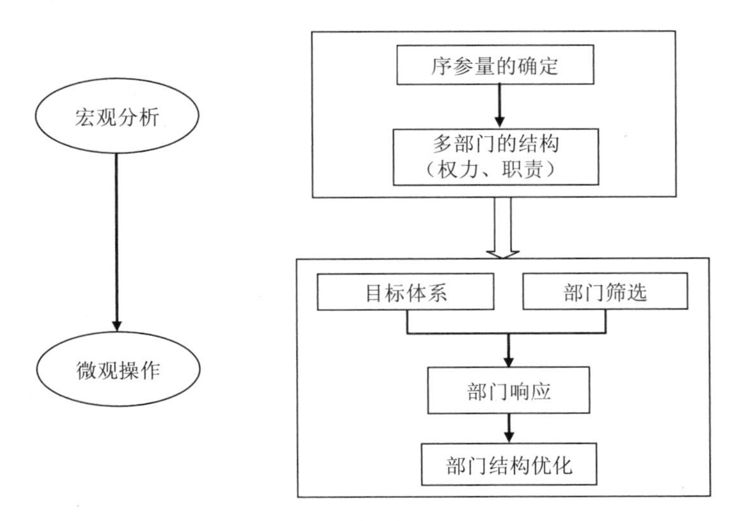

图 1　序参量控制框架

（2）状态变量控制框架。本文将状态变量分为资源整合变量、行动整合变量和价值取向整合变量。通过构建相应的机制或制度来控制状态变量。

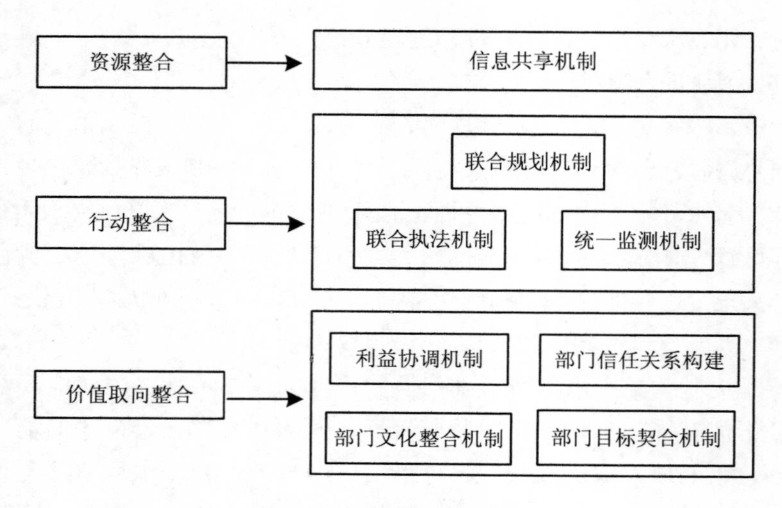

图 2　状态变量控制框架

2.4　模型构建

根据水环境多部门协同管理的影响变量的确定和分析，构建水环境多部门协同管理模型如图 3 所示。该模型包含 3 个层次。

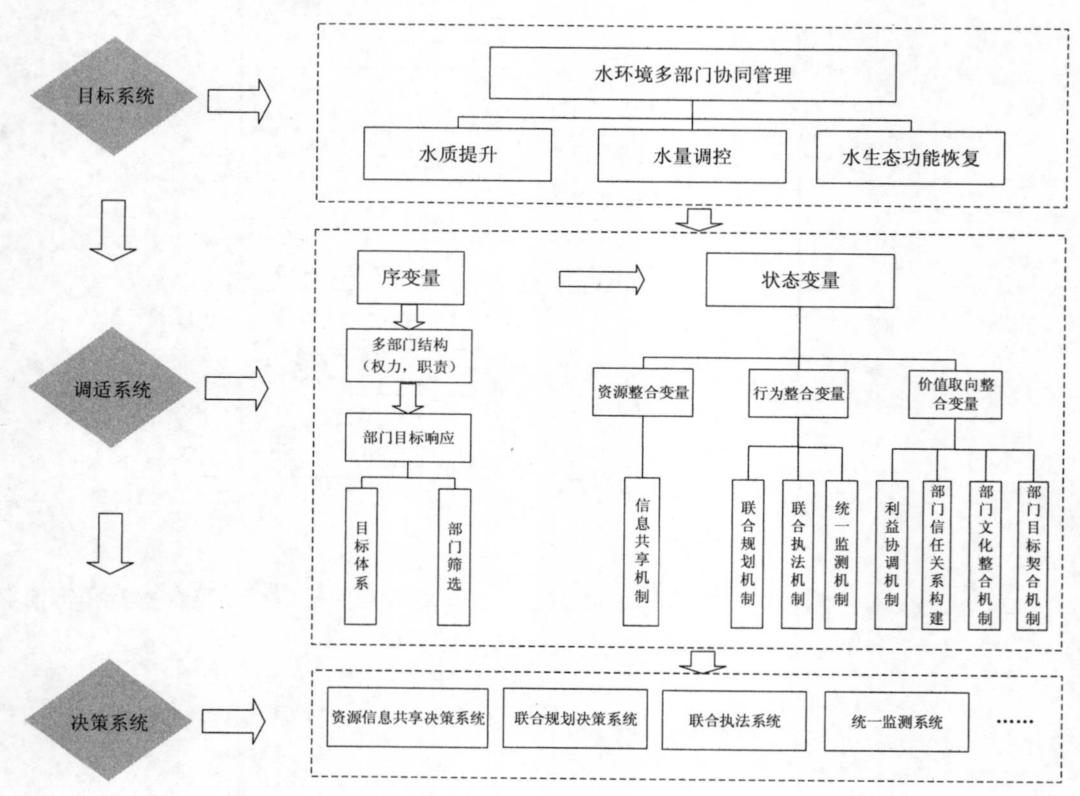

图 3　水环境多部门协同管理模型

第一个层次是目标系统，主要从水环境质量提升、水量调控和水生态功能恢复 3 个方面确定水环境管理的目标。

第二个层次是调适系统，主要包括序参量和状态变量两级模块：

（1）序参量和状态变量是影响水环境多部门管理的变量，通过序参量和状态变量的优化和调试，可以实现模型的目标。

（2）序参量模块的实现需要合理的部门结构，通过目标体系构建和部门筛选，进行目标部门响应，分析部门结构存在的问题。

（3）状态变量的影响变量分别是资源整合、行动整合以及价值取向整合。资源整合、行动整合以及价值取向整合是通过各个机制和制度的构建达到的，通过分析水环境多部门管理系统中存在的相关机制和制度，将其与该模块中的机制和制度进行对比分析，可得出水环境多部门管理系统中状态变量存在的问题。

第三个层次是决策系统，根据上述分析系统的结果，对水环境多部门协同管理提出对策建议。

3 水环境多部门协同管理模型在许昌市的应用

3.1 许昌市水环境多部门协同现状

许昌市现有的管理机制主要是部门协调机制，可分为两类，分别是议事协调机构和联席会议。其中议事协调机构分为领导小组、环境委员会和指挥部等，具体如表 3 所示。

表 3 清漯河流域（许昌段）的部门协调机制

序号	协调机制类型	表现形式	实例
1	议事协调机构	领导小组	许昌市市区河湖水系管理考核领导小组；“海绵城市”建设工作领导小组；企业环境行为信用评价工作领导小组；环保综合督查领导小组；环保执法专项行动领导小组
2		环境委员会	许昌市环境保护委员会
3		指挥部	清漯河流域（许昌段）水环境综合指挥部；许昌市环境污染防治攻坚战指挥部
4	联席会议	联席会议	环保工作绩效考核管理联席会议制度；“海绵城市”建设的联席会议制度；许昌市环保公安环境执法联席会议制度

许昌市协调机构的构建涉及水环境管理事物的诸多方面，在水环境管理中发挥了一定的效用。许昌市部门协调机制的构建特点是针对具体的工作建立相应的机制，缺乏系统性，且存在重复建设的现象，例如，“海绵城市”建设工作同时存在领导小组和联席会议两种形式。说明许昌市在部门协调方面需要更加系统的机制研究和构建。

3.2 水环境多部门协同管理模型应用

（1）序参量分析。根据水环境多部门协同管理模型，利用频度分析、理论分析、专家咨询等方法筛选许昌市水环境管理目标和部门，通过梳理各部门水环境管理职责，构建部门与目标的响应关系，如图 4 所示。

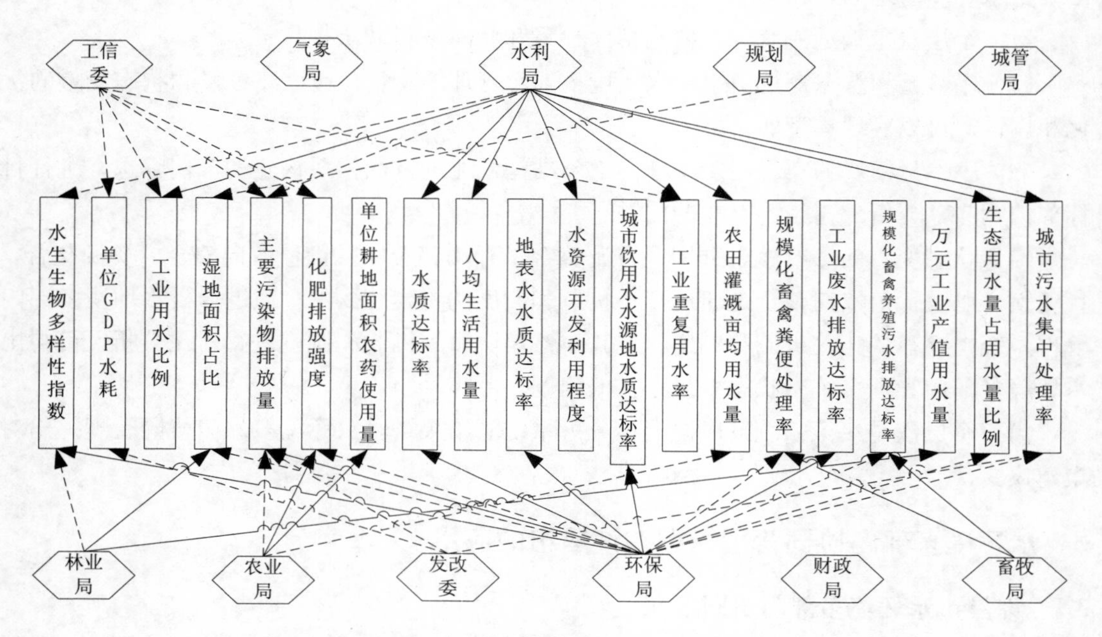

图 4　许昌市水环境管理目标与部门响应关系图

图 4 中实线表示该目标的职责负责部门，虚线表示该目标的间接辅助部门，如果某个目标同时与两个部门实线对应，则这两个部门在该目标处存在职责交叉；如果某个目标处没有指向它的实线，说明该目标是水环境管理职责规定的空白区域。分析图 4 发现，许昌市的水环境管理目标和部门响应关系较好，其部门结构不存在明显问题。

（2）状态变量分析。由表 3 可知，许昌市现有的协调机制分为两种类型，一种是宏观性的水环境管理机制，如许昌市环境保护委员会；另一种是针对某一具体的水环境管理事务而建立的，如“海绵城市”建设的联席会议制度。这些协调机制在一定程度上促进了多部门协同，但这种机制构建体系造成的机构冗余、重复建设问题也制约着部门协同，导致水环境管理机制体系不系统，不利于水环境常态化管理。

对比水环境协同管理模型中控制状态变量需要构建的机制，许昌市仅构建了联合执法机制，需要建立信息共享机制、统一监测机制、联合规划机制、部门利益协调机制等。

4　结论与展望

（1）本文以协同论为理论基础，通过频度分析和理论分析方法得到协同的影响变量，借役使原理将影响变量区分为序参量和状态变量，其中序参量为部门结构，状态变量为部门信息共享、联合执法、统一监测、部门文化、部门信任关系、联合规划、部门利益和部门目标。建立序参量和状态变量的控制框架，最终构建出水环境多部门协同管理模型。

（2）将水环境多部门协同管理模型应用于许昌市，得到许昌市部门结构较为合理，但其部门协调机制构建不够系统，资源整合变量、行为整合变量及价值取向整合变量均未得到控制，建议其构建信息共享机制、联合监测、联合规划、利益协调等机制。

（3）本文中关于状态变量的控制手段主要是构建机制或制度，本文中所列出的控制状态变量的机制或制度不够具体和完善，需进一步细化。

参考文献

[1] 李炯. 习近平“两山论”创新性及其现代化价值[J]. 中共宁波市委党校学报，2016，3（38）：90-101.

[2] 王赫. 我国流域水环境管理现状与对策建议[J]. 环境保护与循环经济，2011，31（7）：62-65.

[3] 冯彦，杨志峰. 我国水管理中的问题与对策[J]. 中国人口·资源与环境，2003，13（4）：37-41.

[4] 宋国君，韩冬梅. 中国水污染管理体制改革建议[J]. 行政管理改革，2012（5）：13-17.

[5] 石效卷，李璐，张涛. 水十条水实条——对《水污染防治行动计划》的解读[J]. 环境保护科学，2015（3）：1-3.

[6] 贾绍凤. 河长制要真正实现“首长负责制”[J]. 中国水利，2017（2）：11-12.

[7] 曹姣星. 生态环境协同治理的行为逻辑与实现机理[J]. 环境与可持续发展，2015，40（2）：67-70.

[8] 李建平. 改革进程中的政府部门间协调机制[M]. 北京：社科文献出版社，2014.

[9] 白列湖，王孝军. 刍议管理协同机制模型之构建[J]. 系统科学学报，2009，17（3）：42-45.

[10] 耿小平，王波，马钧霆，等. 基于 BIM 的工程项目施工过程协同管理模型及其应用[J]. 现代交通技术，2017，14（1）：85-90.

[11] 赫尔曼·哈肯. 协同学：大自然构成的奥秘[M]. 上海：上海译文出版社，2005.

[12] 潘开灵，白烈湘. 管理协同理论及其应用[M]. 北京：经济管理出版社，2006.

[13] 赖先进. 论政府跨部门协同治理[M]. 北京：北京大学出版社，2015.

[14] 蔡立辉，龚鸣. 整体政府：分割模式的一场管理革命[J]. 学术研究，2010（5）：33-42.

[15] 徐娜，李雪萍. 治理体系现代化背景下跨部门协同治理的整合困境研究[J]. 云南社会科学，2016，（4）：145-150.

秋冬季雾霾重污染背景下京津冀区域环境监督检查机制探讨

Research on Environmental Supervision and Inspection Mechanism of Beijing-Tianjin-Hebei under the Air Pollution of Fog and Haze in Winter and Autumn

李云燕　殷晨曦　孙桂花

（北京工业大学 循环经济研究院，北京 100124）

摘　要　京津冀地区的雾霾治理现已进入攻坚阶段，呈现出以轻度污染为主、秋冬季重霾频袭为常态的特征。本文以减少重霾天数、提升空气质量占比为目的，通过梳理京津冀地区大气污染执法监督相关的法律法规，对比分析雾霾治理不同阶段的污染特征、主要驱动因素、治霾举措，结合近两年典型的重霾污染实例，探讨现阶段京津冀地区有效创新环境监督检查机制以及落实区域协同治理的具体举措。以深化、细化、实化区域协同、环境监督检查机制为主线，提出了大气污染治理环境绩效考核、创新五步法环保督察、点穴式整改重点污染问题、稳固小散乱污企业等具体执行举措。

关键词　秋冬雾霾污染　环境监督检查　协同治理　京津冀地区

Abstract　Haze governance of Beijing-Tianjin-Hebei has entered into a critical period，which reflects some norm characteristics，such as frequently happened severe haze and continued terrible air quality. In order to reduce the days of severe haze and improve the air quality in Beijing-Tianjin-Hebei，this paper combed the laws and regulations related to law enforcement supervision of air pollution，and comparatively analyzed the characteristics，driving factors and measures of haze governance at different periods. Based on the typical severe haze cases in nearly two years，mechanism innovations of supervisory mechanism in Beijing-Tianjin-Hebei were discussed in specifics，as well as the concrete implementations of regional cooperative governance. By deepening and refining the supervisory

---

基金项目：国家社会科学基金研究项目（编号：15BJY059）：基于 DPSIR 模型框架的京津冀雾霾成因分析及综合治理对策研究；北京市社科基金项目（编号：14JGB036）：京津冀地区雾霾污染控制政府绩效评估模式的构建。

作者简介：李云燕，教授，博士生导师，主要从事环境经济与管理、环境规划与评价、环境污染治理政策以及低碳经济、循环经济等领域的研究；殷晨曦、孙桂花，硕士研究生，主要从事环境经济、绿色金融等领域的研究。E-mail：yunyanli@126.com。

mechanism, this paper put forward some specific supervisory measures, including air pollution control environmental performance evaluation, environmental inspectors, innovation of five-step acupuncture focused on the rectification of pollution, severe punishment of small and scattered polluters, etc.

Keywords severe haze pollution in autumn and winter, supervisory mechanism, coordinated governance, Beijing-Tianjin-Hebei

前言

2017 年是《大气污染防治行动计划》第一阶段目标的收官之年，通过狠抓大气污染防治，京津冀雾霾问题有所减轻，但形势依然严峻，尤其是冬季雾霾严重频发。受不利气象条件影响，加之经济回暖、生产复苏等原因，2017 年上半年京津冀及周边地区“2+26”城市细颗粒物（$PM_{2.5}$）平均质量浓度同比上升 5.4%，首次出现不降反升的情况，北京市同比上升 3.1%，石家庄等城市上升 30%以上，完成《大气污染防治行动计划》减排目标压力巨大[1]。京津冀地区的雾霾治理现已进入攻坚阶段，大气污染特征与 2013 年相比，已发生显著变化，由大面积、长时间持续性污染转变为以轻度污染为常态，采暖季以及不利气象条件下重霾频袭的治霾瓶颈期。能否完成 2017 年空气质量改善目标关键在于秋冬季重污染天气的应对。面对秋冬季大气扩散条件转差的不利局面，当前大气治理工作仍存在薄弱环节，除了在大范围内实施调整产业结构、优化能源结构等战略举措，以及继续做好压减燃煤、控车减油、治污减排等工程减排外，还要采取超常规执法环境监督手段，做好管理减排和区域联防联控，采取更加严格的手段，减少重污染天气发生的频次和程度。

京津冀地区的环保监查执法得不到根本转变，大气污染则很难根治。如何打好雾霾攻坚战、建立长效环境监查机制，仍是新常态下京津冀地区空气质量发生根本性好转前的阵痛。面对京津冀地区违法企业偷排偷放、污染治理设施不正常运行等顽疾，以及“小散乱污”企业难以治理等突出问题，必须创新环境管理模式，采取新方法新手段，进一步强化环境执法监督，依法严惩违法排污行为，加大对环境污染犯罪行为的打击力度，狠抓“小散乱污”企业环境整治。

1 环境执法监督相关法律法规

环保相关法律法规是环境执法监督的基本规范和准则底线[2]。不论在区域层面，还是在地方政府层面，重视治霾已达到前所未有的高度，重点雾霾防治地区多已出台史上最严的大气污染防治政策。我国现已颁布的大气防治政策法规数量之多、条目之全远超英美空气重污染期间颁布的清洁空气法案[3]，但空气总体质量还远未达到公众预期。治霾之痛折射出环境监督检查之困、严格执法之难（表 1、表 2）。

表 1　京津冀地区大气污染治理法律法规汇总表

	时间	区域	名称
1	2014-04	全国	中华人民共和国环境保护法
2	2015-08	全国	中华人民共和国大气污染防治法
3	2013-09	全国	大气污染防治行动计划
4	2016-11	全国	“十三五”生态环境保护规划
5	2017-02	全国	关于划定并严守生态保护红线的若干意见
6	2017-04	全国	中华人民共和国环境保护税法
7	2016-07	京津冀	京津冀大气污染防治强化措施（2016—2017 年）
8	2017-02	京津冀	京津冀及周边地区 2017 年大气污染防治工作方案
9	2015-12	京津冀	京津冀协同发展生态环境保护规划
10	2016-01	京津冀	有关建议设立京津冀生态环保基金的提案
11	2013-09	京津冀	京津冀及周边地区落实《大气污染防治行动计划》实施细则
12	2014-01	北京市	北京市大气污染防治条例
13	2015-01	天津市	天津市大气污染防治条例
14	2016-01	河北省	河北省大气污染防治条例

表 2　京津冀地区大气治理相关措施文件表

	时间	区域	名称
1	2015-12	全国	关于印发《2016 年国家重点监控企业名单》的通知
2	2016-07	全国	关于进一步规范排放检验加强机动车环境监督管理工作的通知
3	2016-12	全国	关于调整新能源汽车推广应用财政补贴政策的通知
4	2016-09	京津冀	京津冀环境资源审判协作框架协议
5	2016-12	京津冀	建筑类涂料与胶粘剂挥发性有机化合物含量限值标准
6	2017-08	京津冀	京津冀及周边地区 2017—2018 年秋冬季大气污染综合治理攻坚行动方案
7	2016-02	北京市	北京市 2013—2017 年清洁空气行动计划重点任务分解 2016 年工作措施
8	2016-03	北京市	北京市环境保护局对举报环境违法行为实行奖励有关规定（暂行）
9	2016-06	北京市	北京市燃气（油）锅炉低氮改造以奖代补资金管理办法
10	2016-11	北京市	北京空气重污染应急预案
11	2017-01	北京市	北京市有机化学制品制造业大气污染物排放标准（DB 11/1385—2017）
12	2017-01	北京市	北京市大气污染物综合排放标准（DB 11/501—2017）
13	2017-02	北京市	北京市“十三五”时期环境保护和生态建设规划
14	2017-04	北京市	北京市环境保护局对举报环境违法行为实行奖励有关规定
15	2017-04	北京市	北京市 2013—2017 年清洁空气行动计划重点任务分解 2017 年工作措施
16	2017-08	北京市	符合规定排放、耗能标准的机动车车型和非道路移动机械的认定
17	2016-06	天津市	天津市环境违法行为有奖举报暂行办法
18	2016-11	天津市	天津市重污染天气应急预案
19	2017-02	天津市	天津市人民代表大会关于农作物秸秆综合利用和露天禁烧的决定
20	2017-02	天津市	环境安全隐患排查工作方案
21	2015-01	河北省	河北省大气污染深入治理三年（2015—2017）行动方案
22	2016-06	河北省	关于做好化解钢铁煤炭去产能公示公告工作的通知
23	2017-03	河北省	河北省“十三五”控制温室气体排放工作实施方案

现行大气污染控制措施在注重对污染源管控、从末段治理转向前端治理、清洁能源生产等科技手段的基础上，强调加快建立严防严惩、权责分明的环境督查体系，完善群众信息上报渠道。《“十三五”生态环境保护规划》中明确提及，我国统一监管的环境管理体制仍不健全，权责一致的协调联动机制尚未建立；尚未建立统一、微观的生态监测监控网络，不能及时智能发现重大生态破坏行为；基层环保部门人员队伍和装备严重不足，导致执法力量薄弱。执法和监督是长久以来大气污染治理的薄弱环节：一是缺乏严刑峻法的压力敦促，二是缺失翔实落地的文件方案。

2 京津冀重霾污染特征

环境监督检查机制的建立应结合京津冀地区的不同阶段、季节雾霾污染特征，以及重霾发生前后空气质量的时间、空间变化特征，以期高效精准防治、降低治霾的政府支出以及社会成本。环境监督检查待解决的核心问题是有效预防和精准打击，雾霾污染特征分析应以长短期结合、不同阶段同期对比为重点[4]。雾霾长期污染特征分析有助于环境监督检查的战略部署工作，以重霾爆发前后为重点的雾霾短期污染特征服务于日常环境侦查工作，不同阶段雾霾污染特征的对比有助于环保部门合理预测并设计下一阶段的环境监督检查方案。为突出区域环境监督检查的研究重点，污染特征分析以北京及其周边主要重污染城市为重点考察对象，以重霾天气的时空变化特征为主线。

图 1 为 2012—2016 年京津冀地区细颗粒物年均质量浓度折线图。京津冀地区 $PM_{2.5}$ 污染水平整体呈缓慢下降趋势，三省市中河北细颗粒物平均污染水平较严重，北京、天津次之；2013—2016 年，京津冀地区细颗粒物年均质量浓度虽呈下降趋势，但仍在《环境空气质量标准》（GB 3095—2012）二级限值附近徘徊。

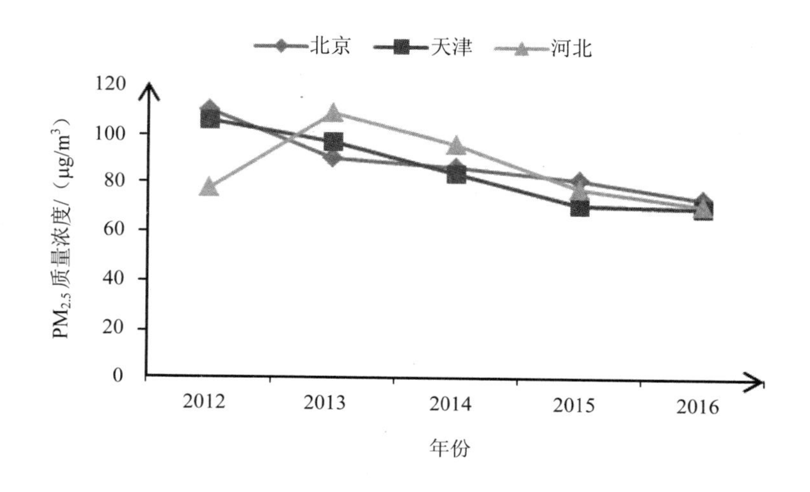

图 1 2012—2016 年京津冀地区细颗粒物年均质量浓度折线图

注：2012 年京津冀地区的细颗粒物年均质量浓度采用 PM_{10} 年均质量浓度代替。

图 2 是 2015 年 7 月—2016 年 7 月北京及周边主要城市 AQI 月均值折线图。北京与周边主要城市的 AQI 月均值总体变化趋势和季节变化趋势基本一致。这五个城市污染程度由重到轻排序：保定＞廊坊＞北京＞唐山＞天津。五个城市的 AQI 峰值均出现在 12 月中旬，谷值出现在 7—9 月。

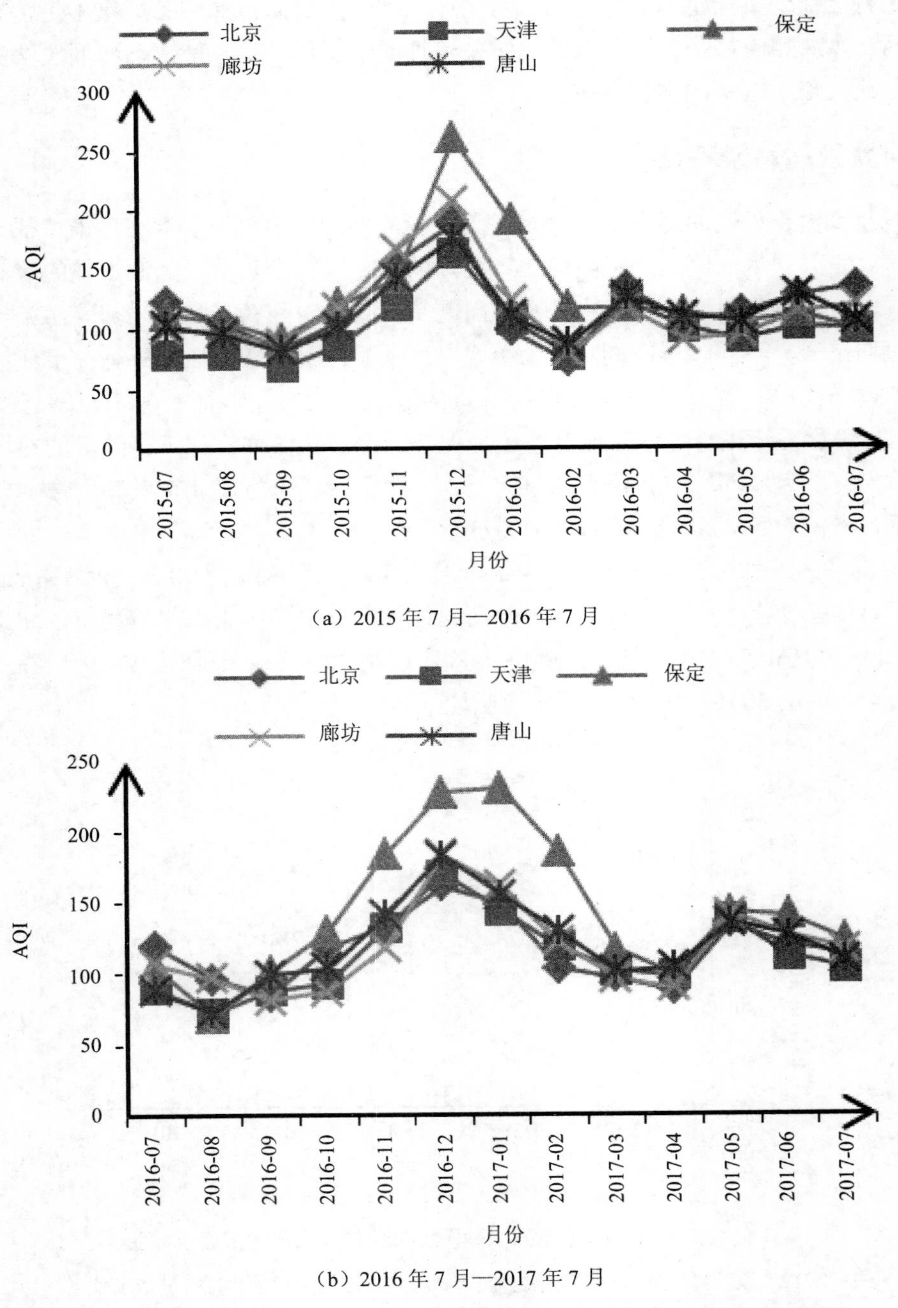

（a）2015 年 7 月—2016 年 7 月

（b）2016 年 7 月—2017 年 7 月

图 2　2015 年 7 月—2017 年 7 月北京及周边主要城市 AQI 月均值折线图

2016 年上半年，京津冀及周边地区细颗粒物平均质量浓度同比下降 14.3%，高于 8.5% 的全国平均水平。与 2016 年同期相比，2017 年北京及周边主要城市的 AQI 指数略有回升，尤其是 5 月。外部原因是 2017 年上半年气象条件总体不利，空气流动变缓，区域温度明显偏高，易形成大范围静稳、高湿及逆温等不利气象条件，2017 年 1—2 月出现多次持续空气重污染过程，拉升区域 $PM_{2.5}$ 质量浓度。主要内部原因是经济形势回暖带来的制造业扩张，以及 2015 年以来颁布出台的各项大气污染防治法规政策的执行效果和减排成效的下降。以《大气污染防治法》为代表的一系列法规政策严格规范了从源头到末端治理的具体举措和防治手段，但随着时间的推移，污染企业层出不穷的反侦查手段以及地方政府环境执法积极性的下降，使得空气质量出现恶化苗头，这一现象凸显了环境监查的重要性，以及创新环境监查体制的必要性。

图 3 是 2016 年 11 月 9 日—11 月 10 日北京及周边主要城市 AQI 实时数据。此次重霾污染中，天津、廊坊和唐山三个京津冀东部城市呈现出相似的变化规律，在相同的时间节点，与北京和保定的峰谷值相反。北京最先出现重霾天气，其次是保定，直至北京和保定 AQI 指数二次达峰开始回落时，天津、廊坊、唐山相继出现重霾天气。

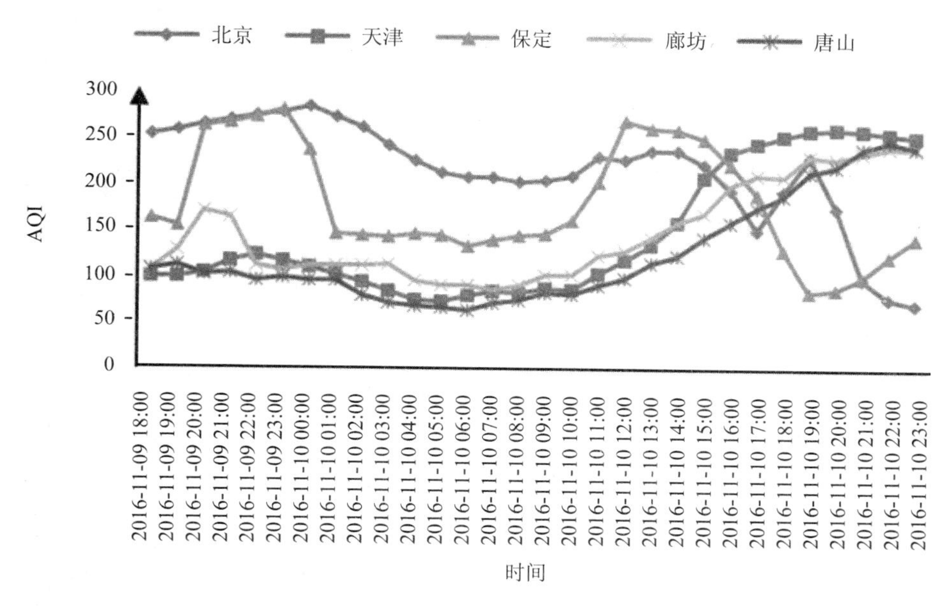

图 3　2016 年 11 月 9 日—11 月 10 日北京及周边主要城市 AQI 实时数据

此次北京市及周边地区的 $PM_{2.5}$ 化学分析结果表明，硝酸盐仍是本次过程中 $PM_{2.5}$ 的最主要组分，表明机动车尾气排放仍是北京主要污染来源之一。从气象因素看，京津冀及周边地区近日处于不利污染物扩散的气象条件。此次重污染过程中污染物来源贡献较大的依旧是燃煤、机动车和工业源，而燃煤污染物主要来自原煤散烧和中小锅炉排放。重霾爆发时，北京大气 $PM_{2.5}$ 源解析结果表明机动车排放已成为 $PM_{2.5}$ 的首要来源，年均占本地排放源的 31.1%；在雾霾天气严重等极端不利条件下，其比重甚至会达到 50%以上。重型柴油车颗粒物和氮氧化物的排放，又占机动车排放总量的 90%和 60%左右。

因受不利气象条件影响，2017 年 6 月下旬后期到 7 月初，$PM_{2.5}$ 质量浓度呈明显上升的特征。图 4 中，2017 年 7 月 1—3 日北京及周边主要城市的空气质量走势大体一致。北京的空气污染较为突出，7 月初空气质量的峰值均高于其他城市，AQI 指数高达 185，同期其他城市的 AQI 指数均处于中低位水平。廊坊市的 AQI 指数走势与北京最为接近，但其变化趋势，包括峰值和谷值的出现，略早于北京。北京、廊坊保定的空气污染最严重，唐山次之，天津空气污染相对较小，均处于中轻度污染。此次空气污染外因是大气稳定性增强，高温高湿，小风静风频率增加，阵性降水减少，进入“桑拿天”。受此影响，污染扩散条件不利，区域污染物不断积累上升。

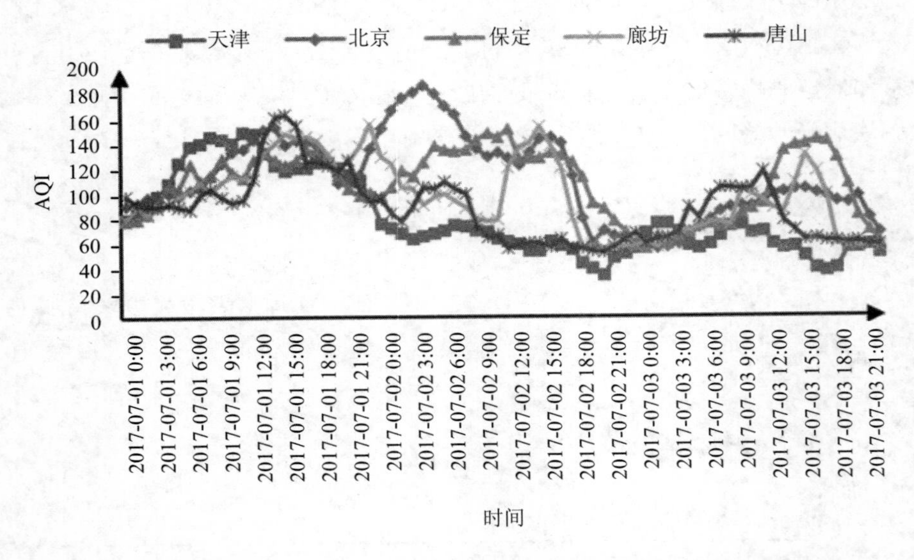

图 4　2017 年 7 月 1—3 日北京及周边主要城市 AQI 实时数据

除受不利气象条件以外，局地性质的机动车污染和传输性质的燃煤污染，是近 1 年来空气质量转差，尤其是 $PM_{2.5}$ 质量浓度偏高的主要内因。局地污染加重主要体现在 $PM_{2.5}$ 中硝酸盐占比较高。机动车污染问题突出，与机动车污染紧密关联的硝酸盐在近期上午持续出现显著峰值，且在 $PM_{2.5}$ 质量浓度中排第一位，占比达到 20%左右。同时，工业源排放和货运交通对硝酸盐的贡献更大。由于大气污染治理进程和能源结构的差异，北京市燃煤消耗量低，夏季各月二氧化硫月均质量浓度低至 5 $\mu g/m^3$ 左右，硫酸盐是第二高组分，占比达到 15%左右，仅次于硝酸盐。但周边区域夏季燃煤消耗量仍很大，高温高湿弱风天气有利于硫酸盐的生成，在传输的作用下，区域的燃煤污染以硫酸盐的形式影响到区域北部，特别是北京市。环境监查机制是确保政策法规执行到位、发现潜在大气污染风险的防治保障机制。环境监查待解决的核心问题是有效预防和精准打击，应以长短期结合、不同阶段同期预防为重点。

3 京津冀地区环境违法排污问题调查剖析

中央第一环境保护督察组对京津冀地区开展了一系列专项环境保护督察行动，对环境保护和污染治理及执法监督过程中存在的问题进行深入剖析并形成督察意见，京津冀地区大气环境保护存在的主要问题有：

（1）扬尘污染防治不到位，排查遏制力度不足。施工扬尘、道路扬尘、料场扬尘等管控不够有力，建筑施工违规行为比较多见；北京市纳入监控管理系统的渣土车 9 000 余辆，但由于管理不到位，有 4 800 多辆实际脱离监控，导致非法倾倒问题时有发生。建筑垃圾及渣土车管理由 6 个部门分段负责，轮流牵头，多头管理；煤质监管分工交叉，市级质监、工商部门互相推诿。部分基层政府和有关部门在城乡结合部整治中主动作为不够，存在"以拆代管""待拆不管"等问题，一些城乡结合部地区长期处于环境监管缺失状态。棚户区改造项目拆除现场扬尘污染问题较多，地铁施工工地夜间作业车辆造成扬尘污染严重，施工工地和裸露土地较多，过境和本地渣土车较多，工地渣土露天堆放，苫盖不完全，施工现场土方覆盖不完全。

（2）村级环保压力传导不到位，网格化管理不完善。环境治理责任不明确，没有充分调动起社区、村干部的积极性，没有充分发挥环保网格员的监管作用。周边存在无证照餐饮企业、违章建筑、违法倾倒施工渣土和垃圾等现象；乡镇周边聚集大量家具加工厂，部分企业夜间生产，粉尘直排环境，对上述问题未能及时巡查发现并进行整改。街道、乡镇应切实提高思想认识，进一步强化属地主体责任，在全面推进年度各项治理任务有效落实的同时，有针对性地制定整改措施，确保大气污染治理工作落到实处，不断改善环境质量。

（3）小散乱污企业排污问题突出，整改取缔不彻底。北京市朝阳区金盏乡 10 余家木材加工厂均无环保治理设施和环保手续，粉尘污染严重，均不在清单内；朝阳区十里河建材市场聚集了 30 余家石材加工厂，均无法提供环保手续，无营业执照或注册地为异地，安装有大型切割机等大型加工设备，车间内充满粉尘，部分粉尘未经处理直接排放，黏合胶露天搅拌，VOCs 无组织排放严重，车间内异味刺鼻。邢台市已列入当地"散乱污"企业停产取缔名单的隆尧县西尹村高架桥下散煤场、尹村镇前良春才铸造厂、山口镇宏利楼板厂、山口镇国庆楼板厂、山口镇云峰水泥制品厂、山口镇金瑞楼板厂、山口镇国雷楼板厂等 6 家工厂，未达到"两断三清"的取缔标准；2017 年 10 月底前完成整治任务的巨鹿县宁峰橡胶制品厂未按要求停产整改，检查时仍正在生产，尚未安装挥发性有机物治理设施，废气直排。

（4）存在劣质散煤管控、燃煤锅炉整治和燃煤散烧治理排查整改不彻底。衡水市督查组对武邑县劣质散煤管控专项实施方案落实情况进行现场检查，武邑县淑珍煤场、武邑忠良煤点、龙店乡薛庄村何英志、龙店乡闫家庄高宝志销售处 4 家煤场未按照要求建设围挡，已上报已完成散煤销售网点搬迁取缔的武邑县北关煤场，生产设备尚未清理。石家庄市气代煤、电代煤任务为 47.83 万户，截至目前仅完成 3.92 万户，完成率仅为 8.2%，其中新华区、桥西区、井陉县、新乐市、赵县、元氏县、平山县、灵寿县完成率均为 0。应加速淘汰 10 蒸吨及以下燃煤锅炉，以及茶炉大灶、经营性小煤炉；燃煤锅炉排放的二氧化硫、氮氧化物和颗粒物大气污染物执行特别排放限值。

（5）机动车污染突出，非道路移动机械污染防控不利。近郊进京路口入夜后重型柴油车污染严重，部分车辆已超出 10 年以上，车辆冒黑烟现象时有发生。对外埠货运车辆尾气执法检测手段不足，处罚力度偏弱，多按低限处罚，且劝返效果不佳，罚款变相成为过路费。非道路移动机械污染排放突出，但缺乏相应治理政策措施，目前仅约 1/3 在用机械能达到第三阶段排放标准。通过抽查发现，有的机动车检测场管理不到位，不按标准规范进行检测操作，检测数据异常，存在重型车花钱过关现象。天津港靠岸船舶燃油二氧化硫排放量巨大，国家要求从 2017 年起使用硫含量不高于 0.5%燃油，但截至督察时尚处于方案制定阶段，工作滞后。

（6）企业自动监控设施不正常运行，甚至弄虚作假。根据督察组各阶段督查的结果发现，企业自动监控设施在运行过程中出现不正常运行甚至弄虚作假的行为。一是修改系统参数导致数据失真。企业降低实测物的参数或者设置参数上限，使上传的烟尘、二氧化硫、氮氧化物等污染物排放量与实际排放量严重不符。二是干扰仪器环境条件影响监测数据。有些企业改变监测仪器外部的环境条件，如增加冷凝器温度，导致采样管内水分较多，使得监测浓度低于实际浓度。三是不按规范传输原始数据。部分企业在生产过程中产生的氮氧化物等污染物的浓度的原始数据未上传至监控平台。四是有些企业生产排放出的污染物的浓度长期维持在某个值附近，变化幅度很小，监测设施运行不正常。

4 京津冀大气污染区域环境监督检查机制构建

结合京津冀地区重霾天气的污染特征以及主要形成原因，构建区域环境监督检查机制。建议以重霾爆发前的信息共享平台为基础，依托重霾爆发时的合作侦查手段，强化执法联动举措，严格执行雾霾爆发后的责任共担方案。

京津冀大气污染区域环境监督检查机制构建框架如图 5 所示。信息共享平台建设是重霾爆发前环境监督检查的基础工作和先决条件，包括智慧环保平台建设、跨区域交通数据联网、空气质量自动监测预警。合作侦查是基于信息共享的预测预警结果，在重霾爆发之前或爆发时，跨区域，以专项突破为重点，开展不定期巡查的执法前准备工作。执法联动是依托合作侦查的线索，在重霾爆发时或爆发后，以关停、惩治、处罚非法排污企业的联合执法行动。联合部署侦查工作保障措施主要包括加强组织领导、严格责任追究、强化督办落实、加大整改宣传等内容。整改方案还进一步细化明确责任单位、整改目标、整改措施和整改时限，实行拉条挂账、督办落实、办结销号，基本做到了可检查、可考核、可问责。责任共担，在重霾爆发后，各项原因已追溯明朗，是执法行动结束后的追责反省的内部过程，也是环保负责人和侦查、执法人员的二次监督，对于治污不理想的主要负责人应有计划地进行约谈，建立环保责任人终生追责的保障细则，加快实施环境绩效考评，并建立责任时限清单，强力推动工作进展。区域大气环境监督检查是一项贯穿重霾污染前后的责任落实机制，其建立、落实及有效实施需要依托于一系列的前期保障机制，包括跨区域多部门的合作互通、空气质量预测预警方法创新、生态补偿激励机制、机动车尾气减排、污染源控制、产业结构调整以及清洁能源比例提高的必要硬性举措。

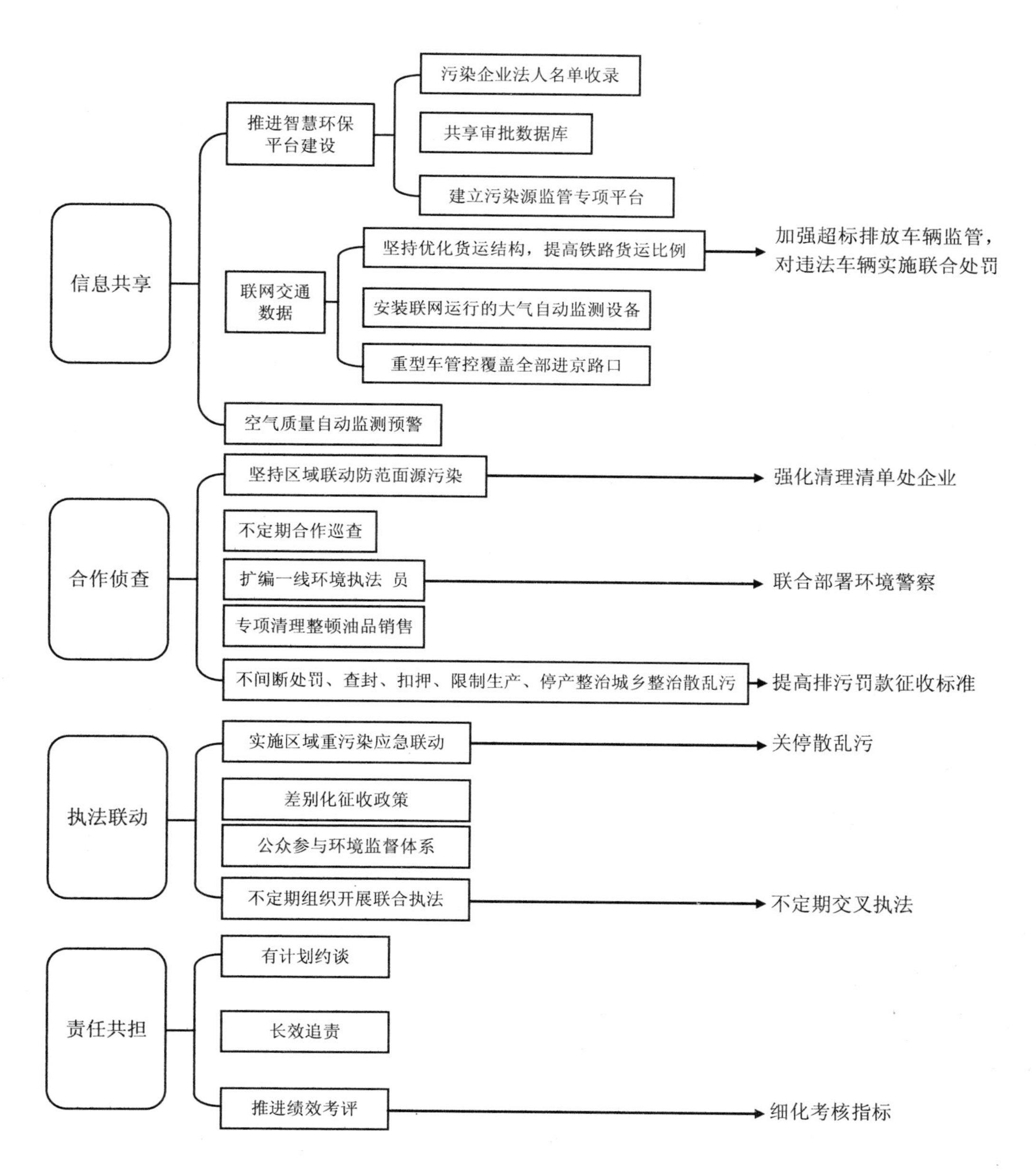

图 5 京津冀大气污染区域环境监督检查机制构建框架

5 京津冀大气污染区域环境监督检查保障举措

（1）重视环境绩效考核，客观全面评价环保工作效果。建立健全环境绩效管理体系不仅能为全面客观地衡量政府环境保护工作的实际效率、效果和经济性提供平台，更能为促进环境管理水平的持续提升提供保障和动力。大气污染控制政府绩效评估，一方面是梳理政府的治霾工作历程、发现工作中的弊端、避免以后工作中的失策；另一方面可以督促政府采取更有效的措施，确保治理措施落到实处，提高政府大气污染精细化管理水平：对大气污染综合防治不作为、慢作为的地方，强化考核问责；对每季度空气质量改善幅度达不到目标任务或重点任务进展缓慢或空气质量指数持续“爆表”的城市和区县，公开约谈当地政府主要负责人；对未能完成终期空气质量改善目标任务或重点任务进展缓慢的城市和区县，严肃问责相关责任人，实行区域环评限批。

（2）创新“五步法”环保督察管理思路，以点带面、点穴式整改推进整治工作。环保部各级相关部门应遵循“督查、交办、巡查、约谈、专项督察”五步法开展执法工作，将环保问题与主管政府部门直接挂钩，并通过不断跟踪和专项督察，确保问题得到改善。对整改慢的进行约谈，对不执行、问题突出的进行专项督察，实现环保督察的常态化，震慑并遏制企业违法行为。在督查过程中，发现典型案例，督促积极整改，强化压力传导。按照以点扩面、产业链条、挂图作战等方式，全面查处名单外散乱污企业。在督查过程中，及时总结发现的问题，积极探索，挖掘具有典型意义的问题，对典型问题进行回头看，力求问题整改不反复，对重点典型案例尤其是曝光的案件“回头看”，确保以点带面，全面推进督查区域的整治工作。及时总结工作经验，针对特殊问题进行“点穴式”整改。根据人员特长进行组合分工，将督查组分为多个小组，利用热点网格、无人机、挥发性有机物快速测定仪等先进技术与装备，实施精准督查。采用点位抽查与面上全覆盖相结合、明察与暗访相结合、各自督查与密切协作相结合的督查方式，不打招呼、直奔现场展开督查工作，发现问题及时调整战略战术，利用各组员专业和业务专长互相支援。

（3）加强燃煤管控督查，打好控煤攻坚战。京津冀地区机动车排放包括汽油车排放和柴油车排放，汽油车保有量巨大，在静稳条件下对城区贡献明显，而柴油车则单车排放量大，一次颗粒物排放显著。提高新能源、煤炭清洁利用的比例，对改善京津冀空气质量会有明显作用。可再生能源最终取代化石能源是大势所趋，但是可再生能源大规模发展面临着巨大的问题是间歇性和不可预测性。解决这一问题有两个关键突破口：一是要推进火电深度调峰，二是要积极发展应用储能技术。尤其是河北，须集中力量打好控煤攻坚战，实施八大控煤工程，并组织开展全省环境大检查和利剑斩污行动，严厉惩处环境违法行为以及环境监管不作为、乱作为、失职渎职行为。

（4）产业升级精准实施、全面攻坚，重视城乡结合部、背街小巷的环境整治工作。应多引进和扶持高科技、高附加值产品，提高产业的配套能力和集聚度，提升自身产业的高科技和现代化，加快服务业升级，转移资源、劳动密集型产业，使高能耗、高排放、高污染的行业退出市场。加强对产业和企业结构调整和布局的指导，继续完善产业发展指导目录，明确鼓励、限制和禁止的产业，坚持经济贡献大、规模化经营的产业和企业的发展方向。将疏减工作与产业调整、城市治理、环境建设相结合，深入推进疏解整治促提升十大专项行动，聚焦重点区域、重点领域、重点项目，有的放矢开展工作。完善市场退出机制，对不符合发展方向的产业或企业，通过迁移补贴、提高投资强度等手段，推进产业和企业转移和退出。重视城乡结合部、背街小巷的环境整治工作，加大违法建设、出租大院整治力度，集中疏解拆除低级次产业，建设回迁居民绿地花园，注重生态涵养。

（5）做好环境风险防控，抓好环保设施专业化升级。坚持属地管理、分级负责和谁主管、谁负责的原则，确保把问题解决在源头、化解在基层。督促重大环境风险企业开展隐患排查治理，健全和完善环境应急预案，落实企业主体责任。巩固无煤化成果，限时完成小燃煤锅炉清零工作，点抓好核心区以及背街小巷、城乡结合部。优化燃气电厂运行模式，非采暖季调峰发电、采暖季以热定电。以天然气为主体，外阜电厂余热和工业废热等为补充，推进远郊区各类燃煤设施清洁能源改造。在利用天然气的方式上往精细化方向发展，提前提高煤炭资源税政策预案。对涉及废气排放的区内企业布设工业减排设施物联网，进行大数据分析计算，达到形成大气污染源识别系统，及时发现定位偷排污染源与高污染贡献区域，提供环保检查管理方向；形成企业减排设施在线监控系统，加快引入高精尖环保设备，保障企业环保减排设施正常运行，达标排放；形成污染事件全过程分析系统，对污染事件预先诊断区内高影响方位、关键街乡，进而提前管控。

（6）加强机动车污染防治，重拳治理重型柴油大货车排放污染。以严查重型柴油车、在用轻型汽油车为重点，实行社区、街、乡、村分管落实的监管模式，充分发挥多部门协作，建立移动源监管清单。以重柴油车位重点，严查在用车辆尾气超标排放行为。严格机动车年检场环保管理制度，加强远程监控，现场巡查。严格生产销售领域的车用油品，确保本市销售的车用油品符合相应标准。加强对成品油储油、发油、卸油等环节油气排放情况的执法检查，实施规模以上加油站油气回收在线监控改造工程，实现远程监测、管理和控制[5]。强化部门联动，齐抓共管，区环保局可联合区市政市容委、区住建委、区城管执法局、朝阳交通支队、区交通执法队等部门，轮流牵头每周开展夜间联合执法行动，对建筑垃圾运输车和施工机械排放超标的环境违法行为，采取零容忍。狠抓源头治理，注重全程监管，主抓出口关和上路关，执法人员采取蹲点守候、流动巡查等方式入户施工工地，对出场的运输车辆逐一检查，同时加大施工机械监管，保障上路车辆尾气排放合格。开展区域综合交通治理，打造交通运行组织高效、交通节点微循环畅通、各种交通方式配合完善、空间资源匹配共享的交通综合治理示范区。建议建立 1～3 km^2 的区域综合交通治理示范区。

（7）全面加大扬尘治理力度，形成部门合力。研究推进施工工地场界环境空气中颗粒物浓度的在线监测、评价和考核，鼓励企业采用高效自动洗轮机、多功能抑尘射雾器、高空喷雾抑尘装置等技术，进一步较少扬尘污染。对未达到扬尘控制要求的施工企业，高限征收扬尘排污收费，并纳入企业信用体系。制定实施道路扬尘治理方案，组织开展道路分级清扫保洁，严格城市道路保洁考核标准，按季度公布各乡镇道路清扫保洁情况，推广城市道路器械清扫保洁组合新工艺，落实公路养护单位责任，加大郊区公路的除尘清扫保洁力度，有效减少路面积尘。针对春季易产生扬尘污染的问题，环保局、住建委、城管执法局可联合开展扬尘治理专项执法检查，重点检查施工工地、水务局和园林局及市政施工现场、裸露土地及砂石料场等易产生扬尘的单位及场所，特别是对环保部第一季度空气质量专项督查通报相关问题进行回头看检查。发现问题立即责令施工单位停工整改，不达标的工地一律不得复工，确保问题整改到位不反弹。

（8）强化环境监管执法，打好环境监管执法组合拳。省市两级环保、城管、质监、工商、交管等执法部门协调联动，全面推挤网格化环境监管模式，通过实施环境监管网格化管理，解决环境监管中存在的盲区死角，推动环境监管关口前移、工作落地。切实加大违法行为曝光力度，充分利用《中华人民共和国环境保护法》赋予的连续处罚、查封扣押、停产限产等新手段，严厉查处具有典型意义的环境违法案件。组织实施环保有奖举报，推行环保执法人员双随机抽查制度。落实环保督察实施方案，加大典型违法案例的公开曝光力度，提高震慑力，付出经济成本、声誉成本，倒逼其守法合规、技改升级。坚持重典治乱、铁拳铁规治污，以打击恶意违法排污和数据造假行为、督促工业污染源达标排放为重点，强化环保部门与公安部门、检察机关和审判机关的衔接配合，打好环境监管执法组合拳。有效数据传输率达不到90%或1个月内行政区域多家企业超标排放的地区，实行挂牌督办，跟踪整改销号。

（9）健全县域大气污染协同治理机制，严格环保督查问责。加快组织编制县域大气污染防治中长期规划，明确区域大气污染防治的路线图、时间表，进一步深化信息共享机制，加快推动联合立法、统一标准等重点工作。实施重污染应急联动减排措施，减少污染在城市间的传输，深入组织开展联动执法，严厉打击涉气企业偷拍偷放、超标排放、弄虚作假等环境违法行为。抓好各项制度的落实，强化执纪问责，强化各级党委、政府和有关职能部门履职尽责，落实网格化监管、生态环境损害责任追究，加快形成定人、定责、履责、问责的网格化环境监管格局[6]。完善环境保护责任目标考核管理机制，强化地方党委、政府和相关部门落实环保责任和分工。建立环境保护部门与公安机关联动执法联席会议、常设联络员和重大案件会商督办等制度，完善案件移送、联合调查、信息共享和奖惩机制。充分发挥行政执法与刑事司法衔接信息共享平台作用，实现环境污染案件网上移送、网上办案、网上审理[7]。

（10）加快推广完善排污许可证，稳固小散乱污企业整治成果。从源头做好重点污染源的排污许可管理，做到持证排污、依法排污。落实税费调节，增强企业减排意愿，从根源上降低污染物的排放总量。督促企业落实治污主体责任，健全完善环境违法企业黑名单制度，在政府采购、工程招投标、财政奖补等方面予以限制或禁止。加强工业大气污染防治综合治理，重点行业要满足特别排放限值要求，率先完成排污许可证发放工作，实施挥发性有机物综合治理。建议创新排污许可管理和总量控制制度，对于企业的污染物排放实行流量管理。对整改后反弹、屡教不改等环境污染问题、易反复企业和行为严厉打击。对已经核实的量大面广散乱污企业，本着先停后治的原则，区别情况分类处置。城乡结合部近郊地区的散乱污企业整治是大气污染防治强化督查第一阶段的重点，各级党委、政府要彻底排查、集中摸底，反复排查的散乱污企业清单上报环境保护部。涉大气污染物排放列入淘汰类的，一律依法依规关停取缔，落实两断三清、挂账销号，坚决杜绝已取缔散乱污企业异地转移和死灰复燃。

参考文献

[1] 孙宝磊，孙暠，张朝能，等. 基于 BP 神经网络的大气污染物浓度预测[J]. 环境科学学报，2017，37（5）：1864-1871.

[2] 蓝庆新，陈超凡. 制度软化、公众认同对大气污染治理效率的影响[J]. 中国人口·资源与环境，2015（9）：145-152.

[3] 姜玲，叶选挺，张伟. 差异与协同：京津冀及周边地区大气污染治理政策量化研究[J]. 中国行政管理，2017（8）：126-132.

[4] 赵新峰，袁宗威. 京津冀区域政府间大气污染治理政策协调问题研究[J]. 中国行政管理，2014（11）：18-23.

[5] Bishop J D K，Martin N P D，Boies A M. Quantifying the role of vehicle size，powertrain technology，activity and consumer behaviour on new UK passenger vehicle fleet energy use and emissions under different policy objectives[J]. Applied Energy，2016，180：196-212.

[6] 卓成霞. 大气污染防治与政府协同治理研究[J]. 东岳论丛，2016（9）：183-187.

[7] Wang Z，Pan L，Li Y，et al. Assessment of air quality benefits from the national pollution control policy of thermal power plants in China：A numerical simulation[J]. Atmospheric Environment，2015，106：288-304.

新标准实施后济南市空气质量变化及对策研究

Study on Air Quality Change and Countermeasures in Jinan City under New Standard

徐梦辰[①] 张利钧 张梦汝 金美英
（济南市环境研究院，济南 250100）

摘　要　空气质量事关民生大计，是社会经济与生态发展水平的标志。本文根据最新空气质量监测数据，分析了新标准实施后济南市空气质量状况，明确了大气质量变化特点和主要污染特征，在此基础上提出了进一步改善济南城市空气质量的对策建议，以期为环境保护及管理工作提供技术支撑。

关键词　新标准　空气质量　对策　济南市

Abstract　Air quality is about people's livelihood and the mark of social economy and ecological development level. According to the latest air quality monitoring data，we analyze the air quality in jinan city after the new standard，defining the characteristics of atmospheric quality and the characteristics of major pollution. On the basis of this，some countermeasures are proposed to improve the air quality in jinan city. It is to provide technical support for environmental protection and management.

Keywords　new standard，air quality，countermeasures and suggestions，Jinan City

前言

环境空气质量作为城市环境质量的重要组成部分，直接影响着人类健康与生态安全，是当前生态文明建设与可持续发展的基础保障[1, 2]。近年来，随着我国工业化、城镇化进入中后期阶段，以机动车数量剧增为特点的现代交通运输正迅速发展，煤炭、石油等化石

① 第一作者信息：徐梦辰，男，济南市环境研究院，山东济南人，硕士、助理工程师，主要从事环境规划、环保科研等工作。
联系电话：18653122827；通讯地址：山东省济南市历下区奥体中路康桥颐东公馆 16 号楼-908 室；邮政编码：250100；邮箱：2258951461@qq.com。

燃料消耗与日俱增，造成城市空气质量下降、大气污染严重。当前，二氧化硫、颗粒物等传统污染尚未根本解决，以 $PM_{2.5}$ 和臭氧为代表的二次污染以及雾霾频发、能见度降低等现象又变得日益显著，我国城市空气开始向复合型污染转变[3, 4]。为应对这一新形势、新变化，我国自 2013 年施行新《空气质量标准》（GB 3095—2012）（以下简称“新标准”），并配套实施《环境空气质量指数（AQI）技术规范（试行）》（HJ 633—2012）（以下简称“新评价体系”）。新标准收紧 NO_2、PM_{10} 等污染物浓度限值，将 O_3、$PM_{2.5}$ 等污染物纳入监测项目，同时提高数据统计要求；而新评价体系则用空气质量指数（AQI）取代空气污染指数（API），并增加空气质量信息的发布频次。

济南市地处鲁中山地与鲁北平原的过渡带、黄河中下游地区，承载着山东省及省会城市群生态安全格局构建、区域大气联防联控等重要功能，承担着带动山东省会城市群发展的重要任务。近年来，严重的空气污染问题已经成为制约济南市发展的重要因素。按照国家要求，济南市 2013 年开始实施新标准及评价体系。空气质量标准调整后，空气质量监测数据的统计口径发生变化，导致 2013 年前后官方公开的空气质量数据可比性较差。因此，有必要研究新标准实施后济南市的空气质量变化趋势及污染特征，提出促进空气质量改善的对策建议，为当地环境保护及管理工作提供技术支撑。

1 数据来源

研究数据来源于济南市环境自动监测监控系统分析平台，包括平台公布的 2013—2017 年上半年济南市 $PM_{2.5}$、PM_{10}、SO_2、NO_2、CO、O_3 逐日平均浓度、月平均浓度、季平均浓度及年平均浓度等。该平台数据基于济南市 20 个空气质量监测站点（图 1），包括济南化工厂、市监测站、省种子仓库、机床二厂、科干所、开发区、农科所、长清党校、蓝翔技校、山东鲁能、经济学院、实验学校、山东建筑大学、济南宝胜、泉城广场、锦屏中学、市博物馆、商职学院、长清大学城和济南西城区，其中国控点 9 个，省控点 8 个，市控点 3 个，经环境保护部、山东省环保厅和济南市环保局认定。20 个点位均位于人口密集的中央区域、覆盖全市市区，故监测数据可以代表济南市市区整体大气环境质量状况。

2 济南市空气质量变化

2.1 环境空气质量指数变化

2016 年济南市环境空气质量指数（AQI）变化情况如图 2 所示，全年监测天数 366 天，有效监测天数 364 天，空气质量等级为优和良的天数合计 162 天，空气质量良好率为 44.51%，全年共出现污染日 200 天，占全年有效监测天数的 54.95%。其中，空气质量等级优的天数为 5 天，占比 1.37%；空气质量等级良的天数为 159，占比 43.68；轻度污染 133 天，占比 36.54%；中度污染 43 天，占比 11.81%；重度污染 2 天，占比 5.77%；严重污染 3 天，占比 0.82%。

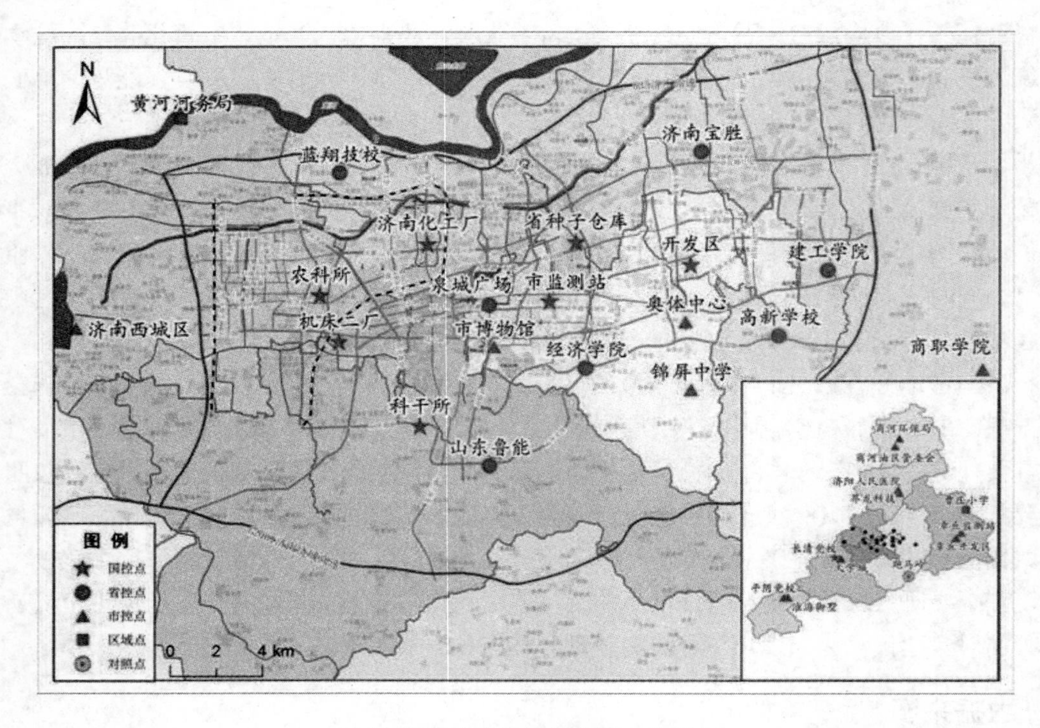

图 1 济南市空气质量监测点位分布

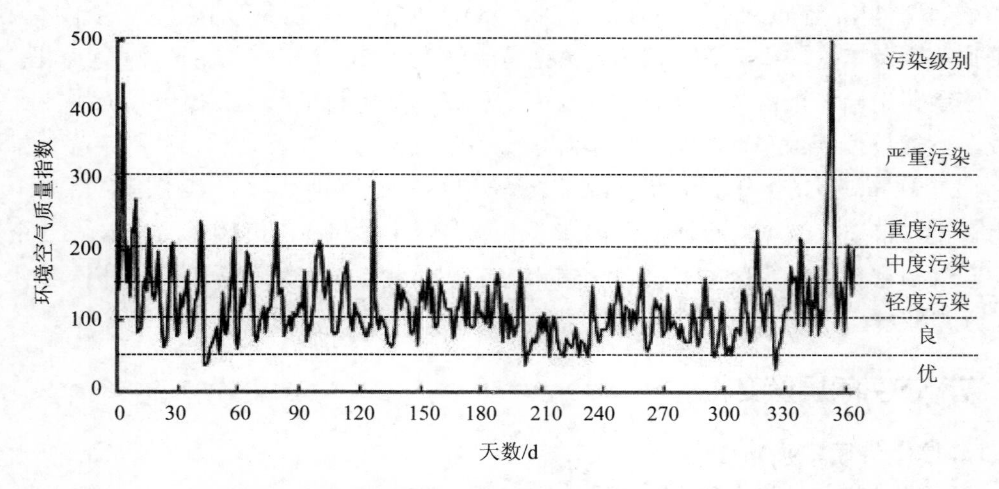

图 2 济南市 2016 年环境空气质量指数变化

由表 1 可知，2016 年济南市出现的 200 天大气污染日中，以 PM_{10} 为首要污染物的天数为 127 天，占总污染天数的 35.38%；有 127 天以 $PM_{2.5}$ 为首要污染物，占比 35.38%，与 PM_{10} 相同；有 95 天以 NO_2 为首要污染物，占比 26.46%；以 PM_{10} 和 $PM_{2.5}$ 为共同首要污染天数为 8 天，占比 2.23%；有 2 天以 NO_2 为首要污染物，占比 0.56%。

表 1　2016 年首要污染物出现天数

首要污染物	PM_{10}	$PM_{2.5}$	O_3	PM_{10}，$PM_{2.5}$	NO_2
出现天数/d	127	127	95	8	2
占比情况/%	35.38	35.38	26.46	2.23	0.56

2.2　小时变化特征

将 2016 年全年（1 月 1 日—12 月 31 日）每日 24 h 各主要污染物浓度值进行统计分析，得出每一小时的年均浓度值，如图 3 所示。PM_{10} 与 $PM_{2.5}$ 均呈“双峰双谷”型的变化趋势，8:00—9:00 与 21:00—22:00 分别达到污染峰值，5:00—6:00 与 15:00—16:00 分别达到最低值，PM_{10} 的这一变化趋势较 $PM_{2.5}$ 更为明显。SO_2 浓度在 10:00 达到最高，表现出先增后减的“单峰”变化趋势。NO_2 浓度于 13:00—14:00 和 20:00—21:00 分别达到最低值和最高值，表现出先减后增的“单峰单谷”变化趋势。O_3 浓度于 14:00—15:00 到达峰值，呈“单峰”变化趋势。CO 浓度在 8:00—9:00 与 21:00—22:00 达到峰值，于 2:00—3:00 与 14:00—16:00 达到最低值，呈“双峰双谷”的变化规律。

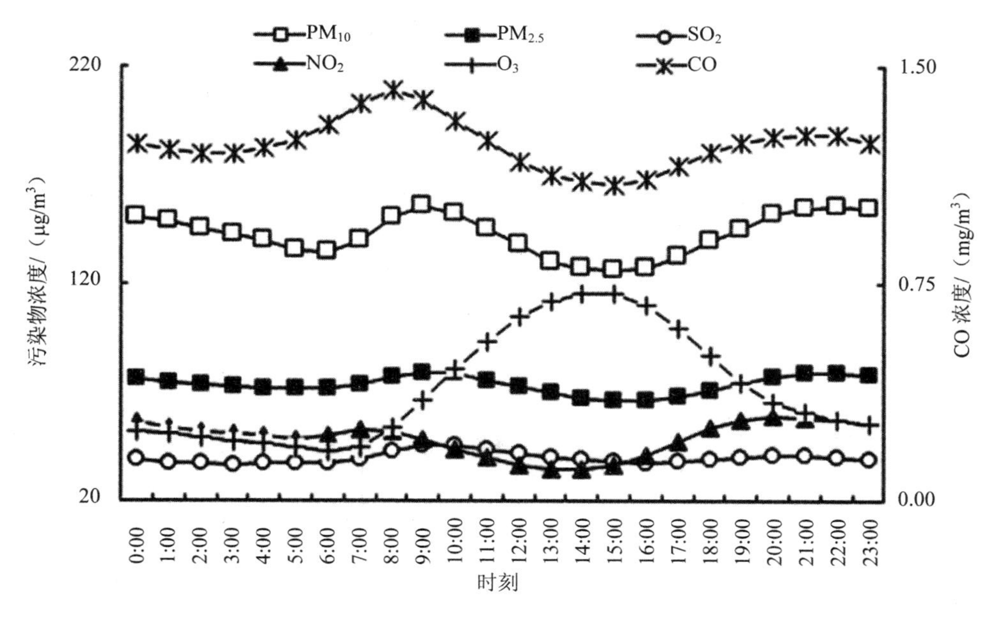

图 3　主要空气污染物小时变化趋势

2.3　月超标率变化特征

2016 年济南市各类大气主要污染在不同月份中超标天数的比例如图 4 所示。其中，PM_{10}、$PM_{2.5}$ 每月均有超标现象，在春、秋、冬三季尤为频繁，1 月、3 月、4 月、12 月超标率均在 50%以上，12 月份超标率最高，分别为 64.52%和 77.42%；夏季超标现象较少，8 月份超标率最低，分别为 9.68%和 6.54%。SO_2 全年未出现超标现象。NO_2 在夏季和秋季

10 月未超标，其余月份均出现超标现象，其中 1 月、9 月份超标率较高，分别为 16.13%和 10%，其他月份均在 10%以下。CO 仅 1 月、12 月出现超标，O_3 仅 5 月出现超标，且超标率均在 4%以下。

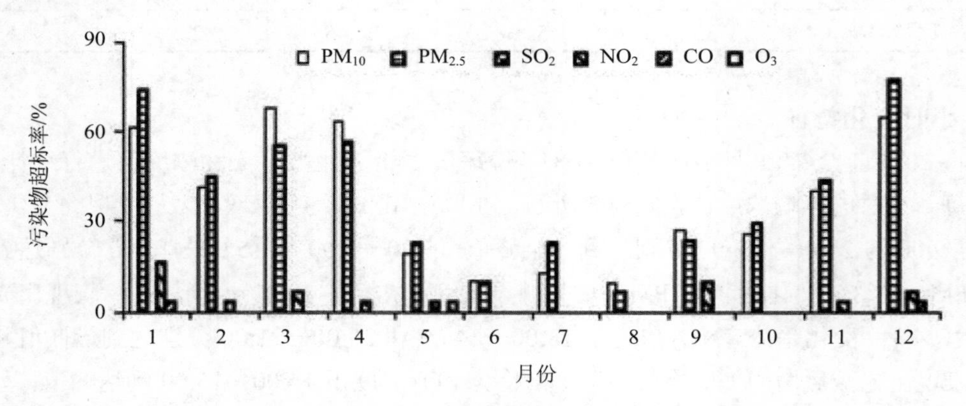

图 4　2016 年主要空气污染物各月超标率

2.4　季节变化特征

根据气象学方法将全年分为春（3—5 月）、夏（6—8 月）、秋（9—11 月）和冬（12 月—次年 1 月）四季进行分析。如图 5 所示，PM_{10} 季节变化基本遵循“冬季＞春季＞秋季＞夏季”的变化规律，这主要由于冬季 PM_{10} 受燃煤取暖影响显著，而夏季受风沙天气影响显著。$PM_{2.5}$ 和 SO_2 季节变化规律一致，冬季最高，秋季和夏季次之，夏季最低。NO_2 和 CO 均遵循“冬季＞秋季＞春季＞夏季”的规律。O_3 呈现“夏季＞春季＞秋季＞冬季”的变化规律，这是由于 O_3 的生成条件限制，夏季气温高、光照强，利于光化学反应生成 O_3。

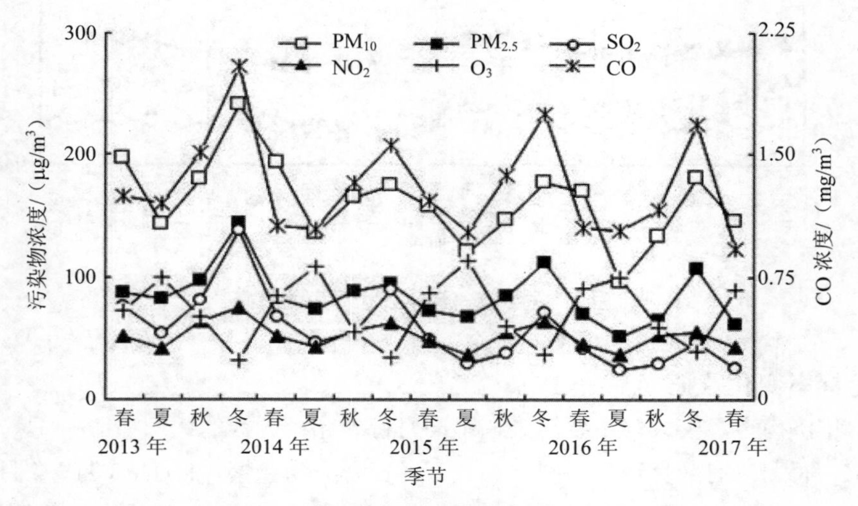

图 5　主要空气污染物季节变化趋势

2.5 年际变化特征

图 6 为济南市 2013—2017 年上半年主要空气污染物年际变化，由图 6 可知，PM_{10} 年均浓度自 2013 年起持续下降，至 2017 年上半年略有回升；$PM_{2.5}$、SO_2、NO_2 均呈逐年下降趋势；O_3 表现为逐渐上升的变化规律；CO 则呈现震荡下降的变化态势。总体来看，除 O_3 外其他主要污染物浓度基本呈现逐年降低的态势，说明新标准实施后济南市空气污染得到有效控制，大气环境质量正逐步改善。

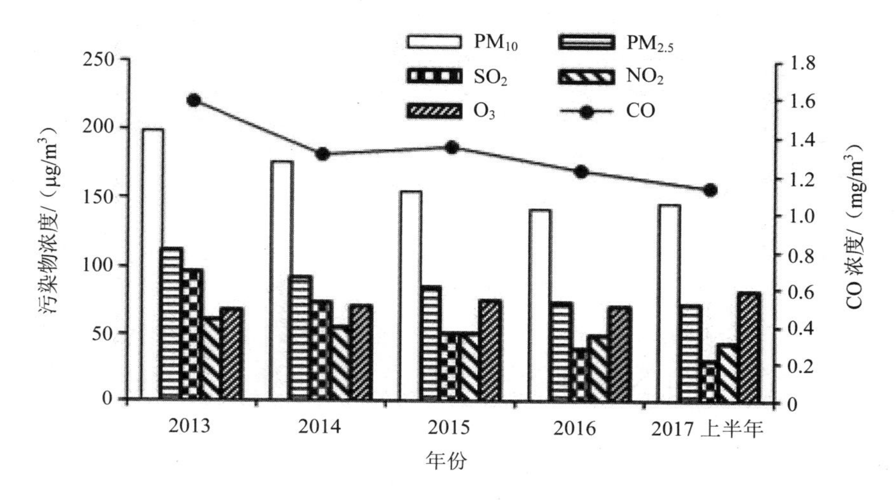

图 6 主要空气污染物年际变化趋势

3 济南市空气质量状况及污染源分析

3.1 空气质量状况

2016 年济南市空气污染天数为 54.95%，其中以 PM_{10} 和 $PM_{2.5}$ 为首要污染物，占总污染天数的 70%以上，由此可见大气颗粒污染物已成为城市环境空气污染物中的“罪魁祸首”。日变化和月变化上，各项污染物呈现不同变化趋势；季节变化上，O_3 夏季污染最为严重，其他污染物均为冬季污染严重；年际变化上，除 O_3 外其他主要污染物浓度呈现逐年降低的态势，证明新标准实施后济南市环境空气质量正逐步改善，但新型的 O_3 污染问题开始凸显。近年来，济南市空气质量在全国 74 城市排名中一直处在倒数 10 位的行列，因此对大气污染防治刻不容缓。

3.2 大气污染源分析

（1）自然原因。我国北方秋冬季节气温下降，大气出现逆温层，污染物在地面附近大气中聚集，不容易辐散，这也是雾霾天气多数出现在冬季及其前后的原因[5]。一方面，冬季气温低，北方城市都有采暖的需要，热力公司大量燃烧煤炭，成为大气污染物尤其是 PM_{10} 和 $PM_{2.5}$ 的主要来源；而在夏季，由于城市规模越来越大，热岛效应越发显著，与全球气候变暖相叠加，高温天气越来越多，增加了空调、风扇的使用量，这些用电都来自以煤炭为主的发电厂，也带来大气污染；华北地区春季多风沙，所以，济南市大气中春季固体颗粒浓度较高。另一方面，随着全球变暖，风速有变小的趋势，风速越来越小，大气中的污染物就不容易消散，这也是大气污染和雾霾天气增加的因素之一。

（2）人为原因。①工农业城市产生大量污染物，如发电厂、水泥厂、化工厂都会产生大量空气颗粒物；②随着人们生活水平的提高，汽车保有量不断增加，不仅造成交通拥挤，而且对大气污染贡献非常大，是 $PM_{2.5}$ 的污染源之一；③城市建设过程中，房地产迅猛发展，城市轻轨大面积施工建设，建筑扬尘增加导致大气中 PM_{10} 含量居高不下；④随着城市中高楼数量增加，地面建筑对风速的影响越发显著，空气流动性降低，污染物不容扩散。

4 济南市空气质量改善对策建议

20 世纪五六十年代，发达国家也曾经历严重的大气污染，带来社会经济的重大创伤，通过采取系列措施，现在已经基本解决大气污染问题[6]。例如，日本采取建全法制、加强管理、制定政策、开展研究和完善监测体系等措施。英国措施有实行交通管制、推广柴油机替代燃料、升级污染防治技术、提升污染治理权限等。美国治理措施主要为：划分空气质量控制区、限制污染源、建立空气质量保护区以及制定强制治理措施等。借鉴国内外经验，根据济南市实际，特提出以下对策：

4.1 提升环保意识，树立科学发展理念

党的十八大提出经济建设、文化建设、社会建设、政治建设和生态建设的“五位一体”的思想，只有 GDP 的增长不是真正意义上的社会发展，以环境污染、生态退化、资源耗竭换取的经济增长是不可持续的。而随着生活水平的提高，民众对良好环境的关注度日益提升，过去频发的雾霾天气不仅让百姓不满意，也严重影响到济南宜居城市的形象。因此，应该通过舆论媒体，借助环保督察、生态创城等行动，向公众宣传环境保护的重要性和必要性，向各级领导干部宣传良好的环境对区域发展的重大影响。进一步贯彻落实习总书记关于“青山绿水就是金山银山”的指示精神，立足实际，对现有产业提升改造，将延伸当地优势产业作为重要任务，加强新旧动能转换，加快供给侧结构性改革。

4.2 识别薄弱环节，制定专项治理措施

PM_{10}、$PM_{2.5}$ 是当前济南市大气污染的最主要污染物，这与全市正处于加快发展期，对棚户区大规模改造、地铁建设与道路整修建设有关。可通过相应措施大幅度降低大气颗粒物污染。①规范施工，济南市施工工地，要制定规章制度确保施工工地达到环保标准，运输建材、物料和转运土方确保无扬尘、无遗撒；②加强工地裸露地面绿化和铺装，对工地堆放的石灰、水泥、沙子使用篷布等进行覆盖；③扩大道路机械化洒水和清扫面积，严禁露天焚烧树叶垃圾；④加强餐饮油烟污染治理，餐饮服务经营场所全部安装高效油烟净化设施，取缔露天烧烤。

对于煤炭发电、采暖及化工企业带来的污染，应使用低硫低灰优质煤，推广天然气、

太阳能、生物质能等清洁能源使用。针对日益增多的汽车污染，要通过收取环境污染治理费，促使消费者购买小排量或清洁能源汽车；严格执行机动车报废制度，并对超标的在用车强制安装尾气净化器；对以公共服务为目的的公交汽车、环卫和邮电车辆积极推广清洁燃料。

4.3 建立监测网络，鼓励社会参与监督

加大大气污染监测，通过构建完善监测网络，实现对大气污染的动态监测，并通过预警系统，及时反馈各监测点大气状况。对偷排污染物的企业，要按照其排放数量及治理所需费用，予以罚款并进行停产整顿，鼓励企业通过技术改造，对废物的回收利用，减少对大气环境的破坏。对重点污染企业，应通过群众参与的形式，全方位进行监督。

4.4 扩大绿化面积，构建生态治污体系

粉尘是主要的物理性大气污染物，而绿色植物具有降尘滞尘作用。植物滞尘量的大小与物种以及作物生长特征有关，总叶面积大、叶面粗糙多绒毛、能分泌粘性油脂或浆汁的物种对尘埃吸附能力强，除尘效果明显，如毛白杨、悬铃木、雪松、女贞、泡桐等乔木植物，而灌木草本类与乔木组成立体林带来的降尘净化功能更佳。园林部门在进行道路绿化时，应根据具体情况选择恰当树种以达到美化环境和净化空气功能的统一，同时利用藤蔓植物对建筑物进行立体绿化。

4.5 优化产业结构，加快新旧动能转化

在当前我国推动供给侧结果改革背景下，济南应加快产业结构优化调整，优先发展高新技术产业、服务业和先进制造业，构造一个有利于资源节约与环境保护的产业体系。促进经济发展方式的转变，推动第一、第二产业向第三产业的转型，巩固以第三产业为主的产业结构。大力扶持现代服务业，诸如金融、物流业、旅游业、信息服务业、商务服务业、会展等城市重点服务业。按照低能耗、高效率、低排放的目标和要求，适度发展科技含量高、高附加值、信息密集、排污少的新型工业项目。综合考虑环境容量以及总量控制等重要因素，协调区域污染控制与可持续发展的关系。合理规划产业布局，关停资源浪费大、生态破坏严重的“散乱污”企业，为科技含量高、资源利用充分、环境友好型的大型企业提供更大的环境容量，以此推动污染的控制和社会经济的可持续发展。

参考文献

[1] 云雅如，王淑兰，胡君，等. 中国与欧美大气污染控制特点比较分析[J]. 环境与可持续发展，2012（4）：32-36.

[2] 李绥，朱蕾，石铁矛，等. 城市街区可吸入颗粒物污染防治规划策略[J]. 城市发展研究，2014，21（1）：42-45.

[3] 邓霞君，廖良清，胡桂萍，等. 近 10 年中国主要城市空气 API 及与气象因子相关性分析[J]. 环境科学与技术，2013，36（9）：70-75.

[4] 吴善兵. 我国 $PM_{2.5}$ 的组成来源及控制技术综述[J]. 环境科学，2013（9）：28-40.

[5] WANG Hanlin，ZHUANG Yahui，WANG Ying，et al. Long-term monitoring and source apportionment of $PM_{2.5}/PM_{10}$ in Beijing，China [J]. Journal of Environmental Sciences，2008，20（11）：1323-1327.

[6] 《环境保护》编辑部. 国外大气污染防治的区域协调机制[J]. 环境保护，2010（9）：25-29.

环境经济政策评估

- 北戴河海洋生态系统服务价值评估
- 成都市环境绩效评估应用研究
- 基于 IUPCE 的江西省农业循环经济发展评价与障碍因素分析
- 生猪养殖碳排放脱钩效应及其驱动因素分析——以江西省为例
- 生态文明背景下的大气污染经济损失评估——以陕北国家级能源化工基地为例
- 湖北省工业水污染防治收费政策的绩效研究

北戴河海洋生态系统服务价值评估

Value Assessment of Marine Ecosystem Service in Beidaihe

柏 祥[①] 赵忠宝 郝英君 刘小丹 魏建梅 吴玉红 何 鑫 李克国
（河北环境工程学院，秦皇岛 066102）

摘　要　作为全球三大生态系统之一，海洋生态系统在全球范围内具有重要的生态服务功能。对海洋生态系统服务价值进行评估，对于海洋生态环境保护和综合管理具有重要意义。以北戴河海洋生态系统为对象，从食品生产、氧气生产、固定二氧化碳、净化水质、增加空气湿度、休闲娱乐、知识扩展、科学研究和生物多样性维持共 9 个方面对其服务价值进行了评估。结果表明，北戴河海洋生态系统服务总价值为 35.58 亿元/a，其中文化功能占比最大，为 85.98%，供给功能占比最小，为 2.98%，间接使用价值远大于直接使用价值。在海洋经济的发展过程中，应重视海洋生态系统的服务价值，加强海洋生态环境的保护力度，改善海洋生态环境，实现区域的可持续发展。

关键词　海洋生态系统　服务功能　价值评估　北戴河

Abstract　As one of the three ecosystems on earth，marine ecosystem has important ecological service worldwidely. It is meaningful in marine ecological environment protection and comprehensive management to evaluate the service value of marine ecosystem. Marine ecosystem was taken as object to evaluate its service value in terms of food and oxygen production，carbon dioxide fixation，water purification，air humidity increase，entertainment，knowledge expansion，scientific research and biodiversity maintenance. The results showed that the total vaule of marine ecosystem service in Beidaihe was 3.558 billion RMB·a，in which cultural function had the highest proportion（85.98%），while supply function was the lowest（2.98%）. Indirect use value was much higher than direct use value. In marine economy development，service value of marine ecosystem should be paid great attention to strengthen marine ecological environment protection and improvement，realizing regional sustainable development.

Keywords　marine ecosystem，service function，value assessment，beidaihe

---

① 柏祥，河北环境工程学院，讲师，主要从事生态环境保护方面的教学和研究工作。

前言

占地球表面积 70.8%的海洋提供了丰富的资源与服务，已经成为人类社会和经济可持续发展的基础，也将成为和谐生态的重要构建部分。Costanza 等[1]研究表明，全球生态系统所提供的服务中 63.0%来自海洋。在陆地生态系统受到不同程度的破坏和退化之后，作为世界三大生态系统之一，海洋生态系统以其巨大的生态服务功能价值成为人类未来的期望所在，它不仅作为自然界稳定的资源库、基因库、能源库和有机碳库，为人类提供了丰富的食品和原材料，而且对于改善全球生态环境、维持全球生态平衡等方面也具有十分重要的作用[2]。长期以来，人们在利用海洋生态系统提供的海洋资源的过程中，只注重其直接使用价值和市场价值，忽略了海洋资源的生态价值，导致对海洋资源一系列无序无度地开发利用，使海洋生态系统遭到了不同程度的破坏，海洋生态系统服务功能下降，支撑能力锐减。因此，开展有关海洋生态系统服务功能及其价值评估的研究，对人们更好地认识和保护海洋生态系统、合理开发和利用海洋生态系统以及促进人类社会的可持续发展等具有重要的战略意义。

海洋生态系统服务价值是海洋生态资本价值的重要组成部分[3]，联合国千年生态系统评估计划（MA）中提出海洋生态系统服务功能包括供给、调节、文化和支持 4 类，Chen 等[4]基于 MA 的框架并考虑海洋生态系统的特殊性，提出了海洋生态系统服务分类指标体系，将其分为 4 组共 14 项（图 1）。张朝晖等[5]、石洪华等[6]、郑伟[7]对桑沟湾生态系统服务价值进行了评估，得出桑沟湾生态系统 2003 年和 2004 年的总服务价值分别为 6.07 亿元和 10.51 亿元。吴珊珊等[8]和王其翔[9]分别评估了渤海和黄海生态系统的服务价值，2005 年渤海生态系统和 2006 年黄海生态系统的服务价值分别为 2 451.09 亿元和 2 930.70 亿元。

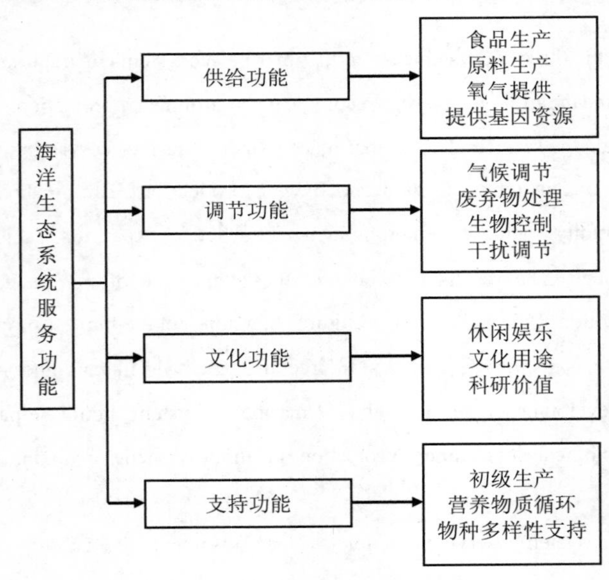

图 1　海洋生态系统服务价值评估指标

对海洋生态系统服务功能价值进行评估，可以充分地了解和认识海洋生态系统对当今和未来社会的经济贡献，在政策制定和海洋管理过程中就会充分考虑影响海洋生态系统服务的各种人类活动成本，就会将海洋生态系统和人类社会作为整体来实现共同发展。北戴河海洋以“滩缓浪柔、沙软潮平”的独特特征成为本地区的名片，吸引了众多游人的目光，成为本地区旅游的招牌。但是，随着旅游业的发展，北戴河海洋受到了来自陆源的不同程度的环境压力。在对渤海生态环境特征分析的基础上，许妍等[10]依据生态红线划定目标，从“生态功能重要性、生态环境敏感性、环境灾害危险性”三方面建立了渤海生态红线划定指标体系，其中北戴河海域属于黄线区，即资源环境承载力较弱、退化较严重而亟须修复的区域，但仍在生态环境保护中发挥重要的作用。因此，北戴河海洋生态环境处于亚健康状态，威胁着区域的可持续发展。近年来，政府部门加大了对北戴河海洋生态环境的治理力度，以求改善当地海洋的生态环境。北戴河海洋生态系统所具有的各种服务功能使其成为本地区自然资产的重要组成部分。对北戴河海洋生态系统服务功能价值进行评估，对于更好地了解本地区海洋自然资产价值具有重要的意义，同时也可为海洋生态系统的利用和保护提供科学借鉴，为本地区的可持续发展提供科学参考和依据。

1 研究区概况

据《北戴河志（1988—2003 年）》记录，在第四纪过程中，北戴河沿海共发生了 3 次海侵，时间分别距今约 10 000 年、7 000～5 800 年和 1 900～1 700 年，3 次海侵对北戴河海岸的形成具有重大影响。目前，北戴河海岸东起黑河口（39°53′10″N，119°31′53″E），西至戴河口（39°48′02″N，119°26′37″E），全长 23.0 km。其中岩岸 10.8 km，占河北省岩石岸线的 52%。另外还分布着平均 15 m 宽的绵软沙滩。北戴河海域面积约为 330 km^2，属温带海洋气候，水质洁净，风浪较小，平均潮位为 88 cm，多年平均波高为 0.5 m，季节变化不明显。水温多年平均为 12.0℃，1 月最低，平均为−1.3℃，8 月最高，平均为 26.1℃。表层海水平均盐度为 29.8‰。固定冰期从 1 月下旬—2 月中旬，不足一个月，平均厚度 20～30 cm。北戴河海洋动物资源丰富，有鱼类 68 种，其中包括国家二类重点保护鱼类文昌鱼，无脊椎动物的生物量以三疣梭子蟹为多，底栖动物共 11 类 150 种，潮间带生物量共有 163 种，群落以双壳类和甲壳类为多。

2 评估指标体系和方法

在进行海洋生态系统服务功能价值评估时，要考虑当前的技术困难和可操作性以及人们的认识程度。参考有关学者的研究成果，基于物质量可量化、价值量可货币化、数据可获得性三条评估原则，陈尚等[11]在海洋生态系统服务功能分类指标体系的基础上对 14 个海洋生态系统服务功能评估指标进行了删减、拆分和增加，形成了新的评估指标体系。该指标体系仍由供给服务功能、调节服务功能、文化服务功能和支持服务功能 4 个要素组成，删减了原料生产、提供基因资源、生物控制、干扰调节、文化用途、初级生产和营养物质循环，将食品生产拆分为养殖生产和捕捞生产，增加了生态系统多样性维持，共计 9 个指标。张朝晖等[12]在对桑沟湾生态系统和南麂列岛生态系统服务与价值评估时提出来另外的评估指标体系，包括供给服务功能、调节服务功能、文化服务功能和支持服务功能 4 个要素共计 15 项。

本研究借鉴陈尚等[11, 13]和张朝晖等[12]提出的评估指标体系和方法，综合考虑数据的可获得性等北戴河海洋生态系统实际情况，建立了供给服务功能价值、调节服务功能价值、文化服务功能价值和支持服务功能价值 4 项共计 9 个指标的北戴河海洋生态系统服务价值评估体系。其内容如表 1 所示。数据参照《秦皇岛市北戴河区国民经济和社会发展统计资料（2014 年）》、政府相关部门提供的数据以及文献数据。

表 1　北戴河海洋生态系统服务价值评估指标体系

	功能类型	服务功能	功能指标
北戴河海洋生态系统服务功能	供给功能	食品生产	海产品
		氧气生产	释放氧气
	调节功能	气候调节	固定二氧化碳
		水质净化	净化水质
		增加空气湿度	增加湿度
	文化功能	休闲娱乐	旅游、景观与美学
		知识扩展	知识扩展
		科学研究	科学研究
	支持功能	生物多样性维持	物种保护

3　结果与分析

3.1　供给功能价值

3.1.1　食品生产价值

食品生产指海洋生态系统提供鱼类、贝类、虾蟹、头足类、海藻等海产品。根据统计资料，北戴河海洋水产资源丰富，2014 年海产品产量为 1 360 t，占全区水产品总产量的 97.14%。基于海产品产量占水产品总产量的比重与海产品产值占水产品产值的比重基本相同，假设北戴河海洋海产品产量占本地区水产品总产量的比重与海产品产值占水产品产值的比重相同，海产品产值占全区水产品产值的比重也为 97.14%，北戴河区 2014 年水产品总产值为 3 880 万元，估算得出北戴河区海产品产值约为 3 769.03 万元。采用市场价值法评估，北戴河海洋食品生产功能的价值为 3 769.03 万元。

3.1.2　释放氧气价值

海洋生态系统的释放氧气功能是海洋植物通过光合作用实现的，产生的氧气释放进入大气供人类享用。2005 年渤海海域平均初级生产力（以 C 计）为 112 g/（$m^2 \cdot a$）[8]，随着环境的演变和人类活动的影响，渤海海域平均初级生产力逐年下降，近年来的初级生产力约为 77.53 g/（m^2·a），则氧气释放量约为 207.01 g/（m^2·a），即 207.01 t/（km^2·a）。北戴河海洋面积为 330 km^2，氧气制造成本为 1 000 元/t，因此计算得出北戴河海洋释放氧气价值约为 6 831.33 万元/a。

3.2 调节功能价值

3.2.1 固定二氧化碳价值

固定二氧化碳指海洋生态系统通过吸收二氧化碳，减少大气中二氧化碳的含量，这是通过海洋生态系统及各种生态过程对二氧化碳的吸收来实现的。同样地，海洋初级生产力（以 C 计）约为 77.53 g/（m^2·a），则固定二氧化碳的量为 284.54 g/（m^2·a），即 284.54 t/（km^2·a）。北戴河海洋面积为 330 km^2，二氧化碳制造成本为 1 050 元/t，因此计算得出北戴河海洋固定二氧化碳价值约为 9 859.31 万元/a。

3.2.2 水质净化价值

北戴河海洋生态系统水质净化功能主要来源于对进入海洋的各种污染物质的消除分解能力，以达到处理废弃物与保持水质清洁的目的。污染物质种类繁多，形态各异，由于资料限制，在此仅考虑北戴河海洋生态系统对氮和磷的生物净化功能。浮游植物在进行光合作用时是按照一定的比例来吸收碳、氮和磷的，根据藻类的近似分子式 $C_{106}H_{263}O_{110}N_{16}P$，浮游植物在利用碳、氮和磷时的比例为 106∶16∶1，即 Reddield 比值，且这个比值是相对固定的。因此根据浮游植物固定的碳量可以估算出同时固定的氮和磷的量。同理，根据海产品中鱼类产量及其自身的氮、磷可估算出鱼类固定的的氮和磷的量，进而可估算出鱼类固定并移除氮和磷的价值。

由以上分析可知，北戴河海洋生态系统浮游植物固定的碳量为 285.54 t/（km^2·a），根据浮游植物光合作用过程中同化碳∶氮∶磷=106∶16∶1，固定氮和磷的量分别为 43.10 t/（km^2·a）和 2.69 t/（km^2·a）。生活污水处理氮成本和磷成本分别按 1 500 元/t 和 2 500 元/t 进行评估，则北戴河海洋生态系统浮游植物固定氮、磷的价值分别 2 133.45 万元/a 和 221.93 万元/a，合计 2 355.38 万元/a。

根据统计资料，2014 年北戴河海洋生态系统海产品产量为 1 360 t，其中海鱼产量占比约为 47.70%，即 648.72 t。海鱼的蛋白质含量平均为 17.20%，蛋白质的含氮量为 16.00%，含磷量平均为 0.20%，则海产品中海鱼固定的氮磷量分别为 17.85 t 和 1.30 t，生活污水处理氮成本和磷成本分别按 0.15 万元/t 和 0.25 万元/t 进行评估，则北戴河海洋生态系统海鱼固定氮、磷的价值分别为 2.68 万元和 0.33 万元，合计 3.01 万元。

因此，北戴河海洋生态系统固定氮、磷的价值分别为 2 136.13 万元和 222.26 万元，即北戴河海洋生态系统水质净化价值约为 2 358.39 万元。

3.2.3 增加空气湿度价值

作为全球水分循环的重要组成部分，世界海洋每年有 44.8 万～50.5 万 km^3 的海水在太阳辐射的作用下被蒸发，向大气供应 87.5%的水汽。这些水汽增加了空气湿度，调节了区域气候。

采用人工方法使空气湿度增加 1%的成本约为 4.68 万元/km^2，由于海洋水汽蒸发使北戴河的年平均空气湿度较秦皇岛北部地区的青龙满族自治县高 3%，北戴河海洋面积为 330 km^2，则北戴河海洋生态系统增加空气湿度的价值为 4 633.20 万元。

3.3 文化功能价值

3.3.1 休闲娱乐价值

休闲娱乐是指海洋生态系统和海岸带所形成的独有景观和美学特征，并进而产生的、被人们所利用的旅游机会及开展娱乐活动的机会，此类服务通常可以产生直接的商业价值，或带动邻近行业产生直接的商业价值。

2014 年，北戴河的游客接待量为 742.49 万人次，这些游客绝大多数因海洋慕名而来。按 80%的涉海旅游估算，北戴河海洋年游客接待量约为 593.99 万人次，按涉海旅游平均餐饮住宿消费 500 元/（人次）估算，则北戴河海洋游客消费额为 296 995.00 万元。涉海旅游景点的门票年收入为 4 812.22 万元，因此北戴河海洋生态系统的休闲娱乐价值约为 301 807.22 万元。

3.3.2 知识扩展服务价值

知识扩展服务功能指由于海洋生态系统的复杂性与多样性而产生和吸引的科学研究以及对人类知识的补充等服务功能，此类服务通常具有潜在商业利用价值。根据全球浅海文化价值[12]进行估算，近年来浅海文化价值约为 8.63 万元/km^2，北戴河海洋面积为 330 km^2，则北戴河海洋生态系统知识扩展服务价值为 2 847.90 万元。

3.3.3 科学研究服务价值

科学研究服务价值是生态系统用于科学研究所产生的潜在价值。我国单位面积生态系统的平均科研价值为 3.82 万元/（$km^2 \cdot a$），北戴河海洋面积为 330 km^2，则北戴河海洋生态系统科研与教育服务价值为 1 260.60 万元/a。

3.4 支持功能价值

支持服务是保证海洋生态系统为人类提供供给、调节和文化服务所必需的基础服务，即对于其他生态系统服务的产生所必需的那些基础服务。结合北戴河实际，海洋生态系统支持服务功能价值评估时考虑生物多样性维持服务，该服务是指海洋中不仅生活着丰富的生物种群，还为其提供了重要的栖息地、产卵场、越冬场和避难所等庇护场所。同时还指由海洋生态系统产生并维持的遗传多样性、物种多样性和生态系统多样性，它们既是生态系统的一部分，也是产生其他生态系统服务功能的基础，对于维持生态系统的结构稳定与服务的可持续供应具有重要意义。

参考吴珊珊等[8]的研究结果，2005 年渤海海域生物多样性维持功能价格为 0.52 元/（$m^2 \cdot a$），近年来约为 0.68 元/（$m^2 \cdot a$），即 68.00 万元/（$km^2 \cdot a$），北戴河海洋面积为 330 km^2，则北戴河海洋生态系统生物多样性维持功能价值为 22 440.00 万元/a。

3.5 综合分析

基于本研究确定的 4 项共计 9 个指标的评估体系，北戴河海洋生态系统服务年价值总额为 35.58 亿元，其中文化功能占比最大，为 30.59 亿元，占服务总价值的 85.98%。其次分别为支持功能和调节功能，分别为 2.24 亿元和 1.69 亿元，占比分别为 6.65%和 6.31%。供给功能占比最小，为 1.06 亿元，占服务总价值的 1.06%（表 2、图 2）。

表 2　北戴河海洋生态系统服务价值

	功能类型	服务功能	指标价值/（万元/a）	功能价值/（万元/a）	比例/%
北戴河海洋生态系统服务功能价值	供给功能	食品生产	3 769.03	10 600.36	2.98
		氧气生产	6 831.33		
	调节功能	固碳释氧	9 859.31	16 850.90	4.73
		水质净化	2 358.39		
		增加空气湿度	4 633.20		
	文化功能	休闲娱乐	301 807.20	305 915.72	85.98
		知识扩展	2 847.90		
		科学研究	1 260.62		
	支持功能	生物多样性维持	22 440.00	22 440.00	6.31
总计			355 806.98	355 806.98	100.00

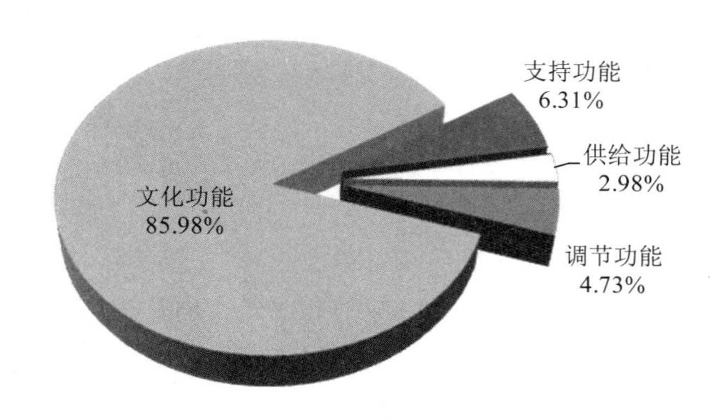

图 2　北戴河海洋生态系统服务功能结构

4　结论

北戴河海洋生态系统服务总价值为 35.58 亿元/a，其中以文化功能为主。供给功能最小，其价值仅占总价值的 2.98%，说明北戴河海洋生态系统的间接使用价值远大于直接使用价值。同时，海洋生态系统服务价值约为本区 GDP 的 87.06%。因此，北戴河海洋生态系统具有重要的生态地位，应当引起政府部门和社会各界的高度重视。

本研究仅对北戴河海洋生态系统服务功能中的 9 个方面进行了价值评估，造成评估价值与实际价值之间存在偏差。此外，没有考虑海洋生态系统服务价值的空间异质性，未能反映出海洋生态系统服务价值的区域差异性。但是，总体来看，北戴河海洋生态系统拥有巨大的生态服务价值，结合北戴河区其他生态系统服务价值可以推断，本地区具有相当大的自然生态环境服务价值。随着海洋经济的发展，海洋资源的开发力度逐渐加大，在此过程中应重视海洋生态系统的服务价值，特别是间接价值。切实加强海洋生态环境的保护力度，尽快恢复受损生态系统，改善海洋生态环境，使海洋经济成为本地区经济的重要推动力，实现区域的可持续发展。

致谢

本文受资助于秦皇岛市环境保护局重点咨询项目（QHYZB-2016-016）。

参考文献

[1] Costanza R，D'Arge R，de Groot R，et al. The value of the world's ecosystem services and natural capital[J]. Nature，1997，387：253-260.

[2] 程娜. 海洋生态系统的服务功能及其价值评估研究[D]. 大连：辽宁师范大学，2008.

[3] 陈尚，任大川，李京梅，等. 海洋生态资本概念与属性界定[J]. 生态学报，2010，30（23）：6323-6330.

[4] Chen S，Zhang Z H，Ma Y，et al. Program for service evaluation of marine ecosystems in China waters[J]. Advance in Earth Science，2006，21（11）：1127-1133.

[5] 张朝晖，吕吉斌，叶属峰，等. 桑沟湾海洋生态系统的服务价值[J]. 应用生态学报，2007，11（18）：2540-2547.

[6] 石洪华，郑伟，丁德文，等. 典型海洋生态系统服务功能及价值评估——以桑沟湾为例[J]. 海洋环境科学，2008，27（2）：101-104.

[7] 郑伟. 海洋生态系统服务及其价值评估应用研究[D]. 青岛：中国海洋大学，2008.

[8] 吴珊珊，刘容子，齐连明，等. 渤海海域生态系统服务功能价值评估[J]. 中国人口·资源与环境，2008，18（2）：65-69.

[9] 王其翔. 黄海海洋生态系统服务评估[D]. 青岛：中国海洋大学，2009.

[10] 许妍，梁斌，鲍晨光，等. 渤海生态红线划定的指标体系与技术方法研究[J]. 海洋通报，2013，32（4）：361-367.

[11] 陈尚，任大川，夏涛，等. 海洋生态资本理论框架下的生态系统服务评估[J]. 生态学报，2013，32（19）：6254-6263.

[12] 张朝辉，叶属峰，朱明远. 典型海洋生态系统服务及价值评估[M]. 北京：海洋出版社，2008.

[13] 陈尚，杜国英，夏涛，等. 山东近海生态资本评估[M]. 北京：海洋出版社，2012.

成都市环境绩效评估应用研究

Applied Research on Environmental Performance Evaluation of Chengdu

魏 微[①] 尚英男 江沂璟
（成都市环境保护科学研究院，成都 610072）

摘 要 本文采用主题框架模型和“DRSIR”模型，构建了由环境健康、生态保护、环境治理、资源与能源可持续利用 4 个二级指标、11 个三级指标及 28 个四级指标构成的成都市环境绩效评估指标体系，并采用目标渐进法、均权法、环境绩效指数法等评价方法，测算了 2011—2015 年成都市的综合环境绩效指数，研究结果表明：2011—2015 年成都市综合环境绩效表现良好，总体呈上升趋势，但是二级指标中生态保护指标绩效水平最差，三级指标中噪声、生态环境、环境管理指标绩效离目标水平存在很大差距，各地区之间的环境绩效水平差距很大，随时间的波动性也较大。各区（市）县应有针对性地采取措施，提高综合环境绩效水平。

关键词 成都市 区域环境绩效评估 指标体系

Abstract This paper constructed environmental performance assessment system of Chengdu by using the theme framework and “DRSIR” model, including 4 second-level indexes (environmental health, ecological protection, environmental treatment, resources and energy sustainable utilization), 11 third-level indexes and twenty-eight fourth-level indexes. The environmental performance indexes were estimated from 2011 to 2015 by the integrated evaluation methods of target asymptotic method, weighting method, environmental performance index method, etc. The results showed that the comprehensive environmental performance index of Chengdu was good and increased in general, while the performance of ecological protection was the worst, and the three third-level indexes (noise, ecological environment, environmental management) had a great distance with target level; there is a big gap between the areas of Chengdu, and the environmental performance indexes of each area showed obvious fluctuations with time. Each area of Chengdu needs to be targeted take measures to improve the level of comprehensive environmental performance.

---

① 魏微，女，硕士，2014 年毕业于四川大学应用化学专业，同年 8 月进入成都市环境保护科学研究院工作，主要从事环境规划与环境政策研究。

Keywords Chengdu, regional environmental performance evaluation, index system

前言

新常态下环境管理转型的优先领域是开展地方环境绩效评估研究，环境绩效评估是环境管理和污染治理成效量化的一种主要表现形式和技术手段 [1]。国外环境绩效评估研究和实践已经取得了一定成果[2]。环境绩效评估研究在我国起步较晚，早期以企业环境绩效为重点[3-6]，近年来区域环境绩效评估得到越来越多的重视，曹颖[7]、曹东[8]、蒋洪强等[9]对我国政府环境绩效评估做了相关研究。但是，总体来看，国内区域环境绩效评估工作还处于起步阶段，许多关键问题需要探索，制度建设尚处于起步期[10, 11]。

成都市是四川省省会城市，位于四川省中部，四川盆地西部，1993 年被国务院确定为西南地区的科技、商贸、金融中心和交通、通讯枢纽，是设立外国领事馆数量最多、开通国际航线数量最多的中西部城市。党的十八大以来，中央关于建设中国特色社会主义事业“五位一体”的总体布局和“四个全面”战略布局，十八届五中全会“绿色发展”理念等一系列生态文明建设理论，国务院批准的“成渝城市群规划”对成都建设国家中心城市的战略定位，以及四川省委“三大发展战略”和“加快绿色发展、建设美丽四川”的决定，为成都建设美丽中国典范城市提供了重大历史发展机遇。但成都市仍面临能源资源约束趋紧、生态环境污染较重、生态系统较为脆弱、区域环境问题分化、环境风险依然存在等问题。在成都市开展环境绩效评估应用研究，有助于全面了解和把握成都市的环境状况，促进政府发现环境污染现状、趋势与影响以及环保管理工作中的优势和存在的问题。同时，为我国市级环境保护管理工作提供技术支持。

1 研究区域和材料

本文研究时间为 2011—2015 年，研究范围为成都市，包括下辖所有区（市）县。本文以 2011—2015 年统计数据为基础，采用的数据主要来自《成都统计年鉴》《成都统计手册》《成都环境质量报告书》《成都环境统计年报》《成都市城市（县城）和村镇建设统计年鉴》等，从源头保证了评估的可信性和公证性。

2 研究方法

2.1 指标体系的构建

本文采用“驱动力—压力—状态—影响—响应（DPSIR）”模型，结合主题框架模型，识别出与成都市环境绩效相关的主要问题，按照政策相关性、精简性、代表性、可比性、科学性、数据可得性为原则，确定了 4 个二级指标、11 个三级指标、28 个四级指标，最终构建了成都市环境绩效评估指标体系。

2.2 指标标准化处理

本文采用目标渐进法得到初始环境绩效指数。目标渐进法将指标的原始统计（或经过处理的）数据转换成 0～100 具有可比性的指标得分，100 表示环境绩效目标，0 表示观察到的最低数值，标准化得分大于 100 时取 100。环境绩效目标设置的依据主要来自国际标准目标值、规划目标值、理想状态目标值、全市最优目标值、经验目标值。各指标的具体目标值见表 1。

表 1 成都市环境绩效评估指标体系及权重分配

<table>
<tr><th>二级指标</th><th>三级指标</th><th>四级指标</th><th>目标值</th><th>单位</th></tr>
<tr><td rowspan="11">环境健康（25%）</td><td rowspan="3">空气质量（5%）</td><td>PM_{10} 年平均浓度（1.67%）</td><td>WHO 0.02</td><td>mg/m^3</td></tr>
<tr><td>SO_2 年平均浓度（1.67%）</td><td>WHO 0.04</td><td>mg/m^3</td></tr>
<tr><td>NO_2 年平均浓度（1.67%）</td><td>WHO 0.04</td><td>mg/m^3</td></tr>
<tr><td rowspan="2">水质（5%）</td><td>河流监测断面水功能区达标率（2.5%）</td><td>最优 100</td><td>%</td></tr>
<tr><td>集中式饮用水水源地水质达标率（2.5%）</td><td>最优 100</td><td>%</td></tr>
<tr><td rowspan="2">噪声（5%）</td><td>道路交通噪声（2.5%）</td><td>全市最优 58.3</td><td>dB</td></tr>
<tr><td>区域环境噪声（2.5%）</td><td>全市最优 48.3</td><td>dB</td></tr>
<tr><td rowspan="2">环境卫生（5%）</td><td>污水处理率（2.5%）</td><td>最优 100</td><td>%</td></tr>
<tr><td>生活垃圾无害化处理率（2.5%）</td><td>最优 100</td><td>%</td></tr>
<tr><td>废物管理（5%）</td><td>工业危险废物安全处置率（5%）</td><td>最优 100</td><td>%</td></tr>
<tr><td rowspan="6">生态保护（25%）</td><td rowspan="2">城镇绿化（12.5%）</td><td>人均公园绿地面积（6.25%）</td><td>生态县 12</td><td>m^2</td></tr>
<tr><td>建成区绿化覆盖率（6.25%）</td><td>国家生态园林城市标准 45</td><td>%</td></tr>
<tr><td rowspan="4">生态环境（12.5%）</td><td>环境质量指数（3.125%）</td><td>最优 100</td><td>量纲一</td></tr>
<tr><td>水网密度指数（3.125%）</td><td>最优 100</td><td>量纲一</td></tr>
<tr><td>植被覆盖指数（3.125%）</td><td>最优 100</td><td>量纲一</td></tr>
<tr><td>生物丰度指数（3.125%）</td><td>最优 100</td><td>量纲一</td></tr>
<tr><td rowspan="7">环境治理（25%）</td><td rowspan="5">污染控制（12.5%）</td><td>工业 SO_2 排放强度（2.5%）</td><td>全市最优 0.018</td><td>kg/万元工业增加值</td></tr>
<tr><td>工业烟尘排放强度（2.5%）</td><td>全市最优 0.05</td><td>kg/万元工业增加值</td></tr>
<tr><td>废水 COD 排放强度（2.5%）</td><td>生态市 2</td><td>kg/万元 GDP</td></tr>
<tr><td>废水氨氮排放强度（2.5%）</td><td>生态市 0.8</td><td>kg/万元 GDP</td></tr>
<tr><td>工业固体废物排放强度（2.5%）</td><td>全市平均值 323.242</td><td>kg/万元工业增加值</td></tr>
<tr><td rowspan="2">环境管理（12.5%）</td><td>本级环保能力建设资金使用总额占 GDP 比重（6.25%）</td><td>全市最优 1.108</td><td>‰</td></tr>
<tr><td>环境信访办结比例（6.25%）</td><td>最优 100</td><td>%</td></tr>
</table>

二级指标	三级指标	四级指标	目标值	单位
资源与能源可持续利用（25%）	能源利用（12.5%）	单位 GDP 煤炭消耗量（12.5%）	最优 1.56	kg/万元 GDP
	资源利用（12.5%）	用水普及率（3.125%）	最优 100	%
		燃气普及率（3.125%）	最优 100	%
		工业固体废物综合利用处置率（3.125%）	最优 100	%
		工业用水重复利用率（3.125%）	生态县 80	%

在数据标准化的过程中，目标渐进法的数据采用折线型无量纲化方法。指标的标准化处理方法如下：

正向指标标准化：即当观测值越大表示绩效越好。

$$t_{ij}=\begin{cases}100, & a_{ij}\geqslant a_{目标值}\\ \dfrac{a_{ij}-a_{\min}}{a_{目标值}-a_{\min}}\times 100, & a_{ij}<a_{目标值}\end{cases} \tag{1}$$

负向指标标准化：即当观测值越小表示绩效越好。

$$t_{ij}=\begin{cases}100, & a_{ij}\geqslant a_{目标值}\\ \dfrac{a_{ij}-a_{\max}}{a_{目标值}-a_{\max}}\times 100, & a_{ij}<a_{目标值}\end{cases} \tag{2}$$

式中：a_{ij}——指标值；

$a_{\max}$ 和 $a_{\min}$——指标的最大值和最小值。

2.3 指标权重的确定

本文采用均权法对成都市环境绩效指标分配权重系数，均权法即各同级指标平均分配权重，避免了人为因素和主观因素的影响，具体权重见表 1。

2.4 综合评价

指标进行标准化处理后，依据权重的分配进行综合评价。本文采用环境绩效指数（EPI）来表征成都市环境保护治理情况及改善环境状态的环境管理能力水平，指数越高，表示环境绩效越好，计算公式如下：

$$\mathrm{EPI}=\sum_{i=1}^{n}(w_i x_i) \tag{3}$$

式中：i—— 指标序数；

n—— 指标总数；

w_i—— 第 i 个指标权重；

x_i—— 第 i 个指标的标准化值。

由四级指标开始，采用此方法逐级加权求和得出评估指标体系中各指标的得分，以及最后的综合环境绩效指数得分，结果分为 4 个等级：优秀（80≤EPI＜100）、良好（70≤EPI＜80）、一般（60≤EPI＜70）、差（EPI＜60）。

3 评估结果与分析

3.1 一级指标

根据前述评估框架和公式计算得到成都市 2011—2015 年综合环境绩效的评价结果，如图 1 所示。五年综合环境绩效得分均在 70 分以上，平均得分为 72.25 分，综合环境绩效水平良好。五年中，表现最差的是 2011 年，得分为 70.12 分，2012 年有明显提高，但是 2013 年却略有下降，2014—2015 年又有较大提高，表现最好的是 2015 年，得分为 74.44 分，成都市综合环境绩效总体呈上升趋势。

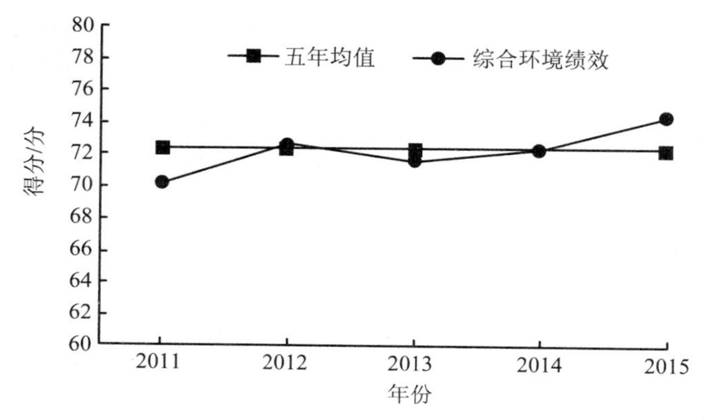

图 1 2011—2015 年成都市综合环境绩效

成都市各地区 2011—2015 年综合环境绩效等级分布如图 2 所示。2011 年有两个地区处于“差”等级，2012 年有 1 个地区处于“差”等级，2013—2015 年均没有处于“差”等级的地区。2011—2015 年处于“良好”以上地区的综合环境绩效占比分别为 80%、86%、75%、68.75%和 81.25%。从等级分布也可以看出，尽管 2011—2015 年成都市综合环境绩效水平并没有表现出逐年增高，但总体是趋好的。

3.2 二级指标

本文运用雷达图对成都市 2011—2015 年二级指标绩效进行分析，结果如图 3 所示。2011—2015 年成都市各二级指标之间差异较大，五年均值各指标表现为资源与能源可持续利用（20.83）＞环境健康（18.26）＞环境治理（17.84）＞生态保护（15.32）。

成都市各地区环境健康指标绩效等级分布如图 4 所示。2011—2015 年处于“良好”以上地区的环境健康指标占比分别为 53.3%、80%、56.3%、43.8%和 56.3%。从等级分布来看，环境健康指标绩效在 2012 年表现最好，环境健康指标绩效在 2012—2014 年呈下降趋势，2015 年有所改善，但仍低于 2012 年绩效。

成都市各地区生态保护指标绩效等级分布如图 5 所示。2011—2015 年均没有处于“优秀”等级的地区。2011—2015 年处于“良好”以上地区的生态保护指标占比分别为 13.3%、20%、6.3%、18.8%和 31.3%，2013 年最低。从等级分布来看，生态保护指标绩效总体上是趋好的，但是离目标水平差距很大。

成都市各地区环境治理指标绩效等级分布如图 6 所示。2011—2015 年处于“良好”以上地区的环境治理指标占比分别为 66.7%、53.3%、50%、75%和 87.5%。从等级分布来看，环境治理指标总体得分较高，总体上是趋好的。

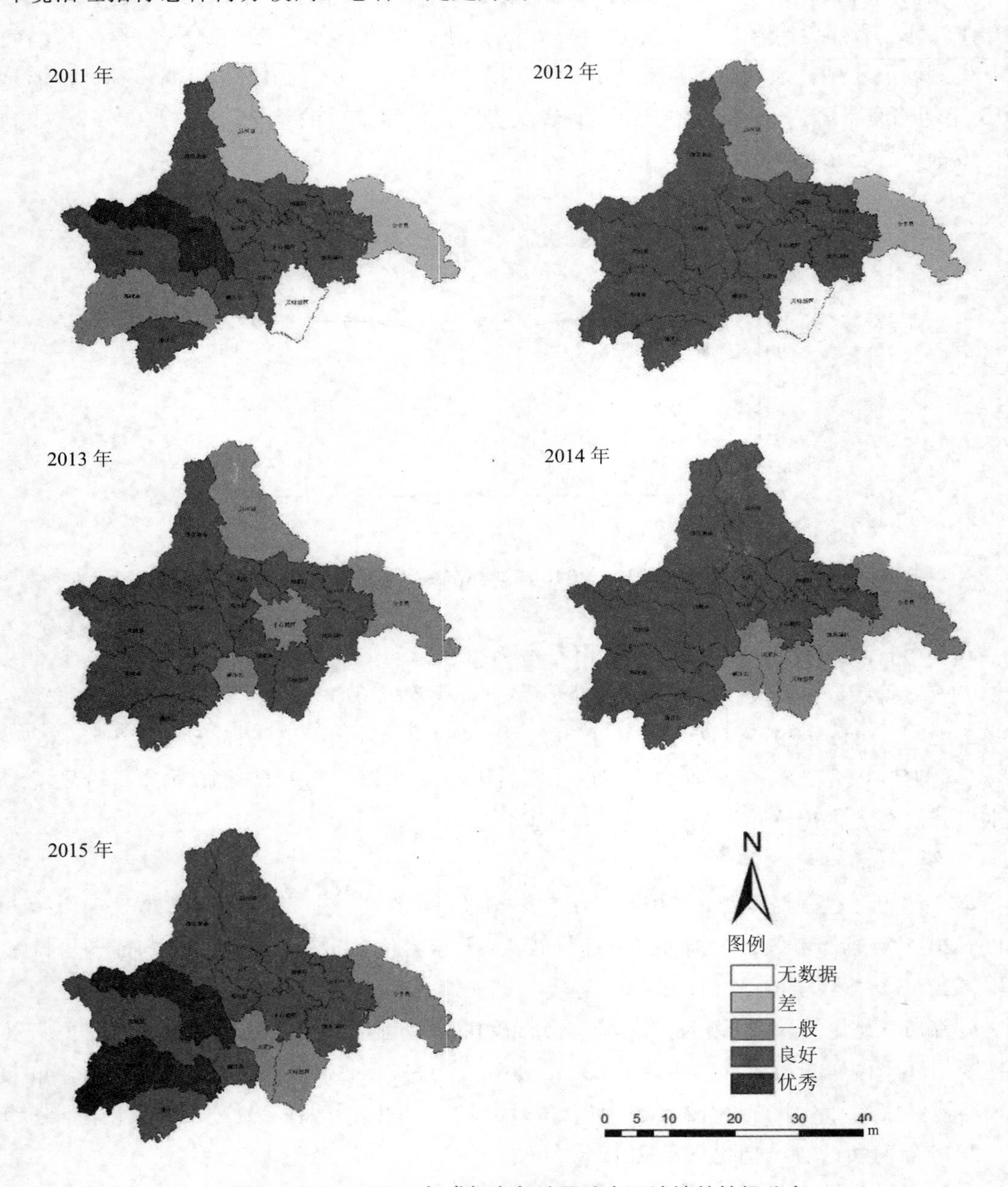

图 2　2011—2015 年成都市各地区综合环境绩效等级分布

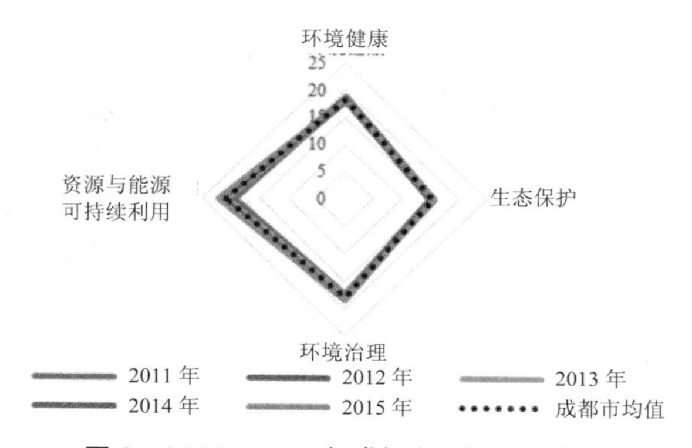

图 3　2011—2015 年成都市二级指标绩效

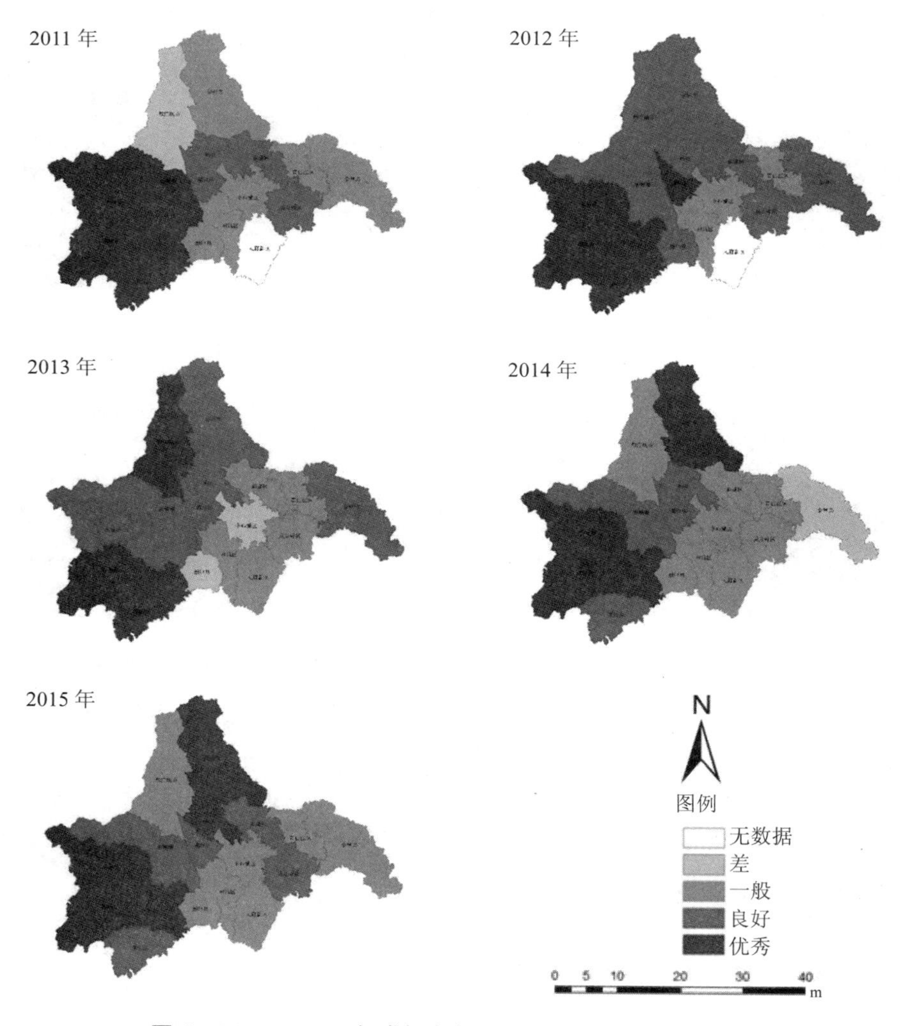

图 4　2011—2015 年成都市各地区环境健康绩效等级分布

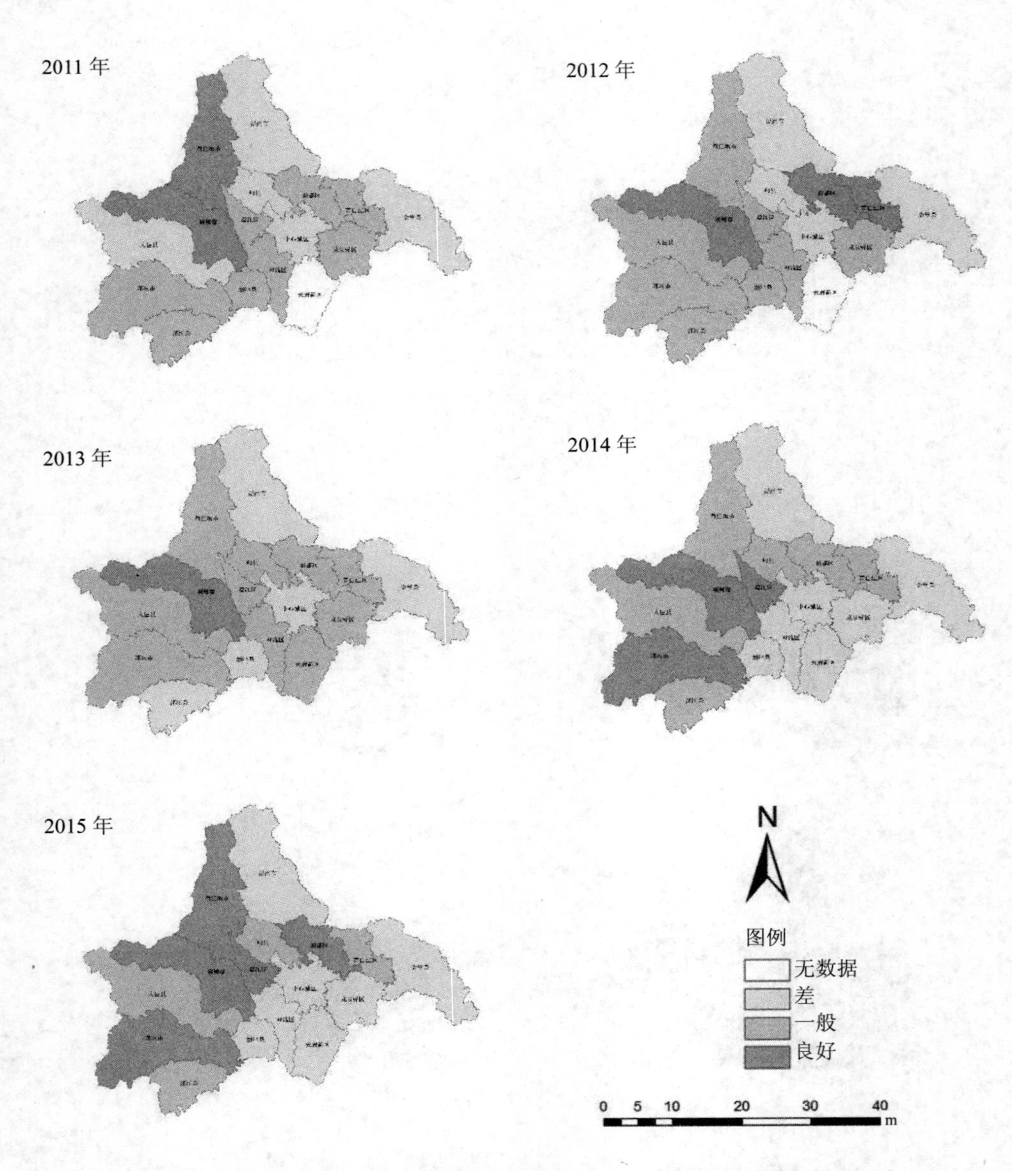

图 5　2011—2015 年成都市各地区生态保护绩效等级分布

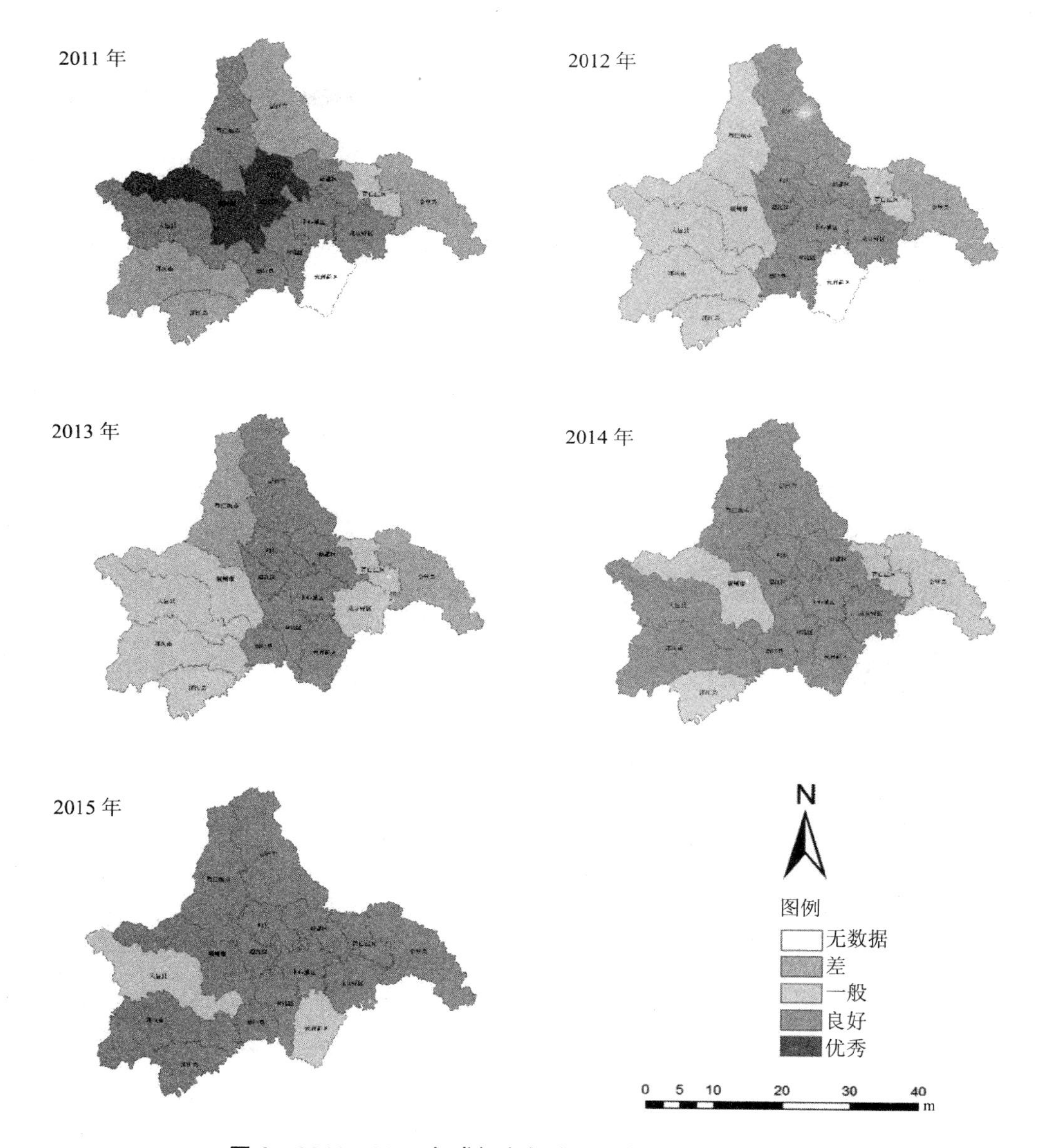

图 6 2011—2015 年成都市各地区环境治理绩效等级分布

成都市各地区资源与能源可持续利用指标绩效等级分布如图 7 所示。2011 年和 2012 年有 1 个地区处于“差”等级，2013—2015 年没有处于“差”等级的地区。2011—2015 年处于“良好”以上地区的资源与能源可持续利用指标占比分别为 80%、80%、87.5%、87.5%和 100%。从等级分布来看，资源与能源可持续利用指标绩效呈逐年上升的趋势。

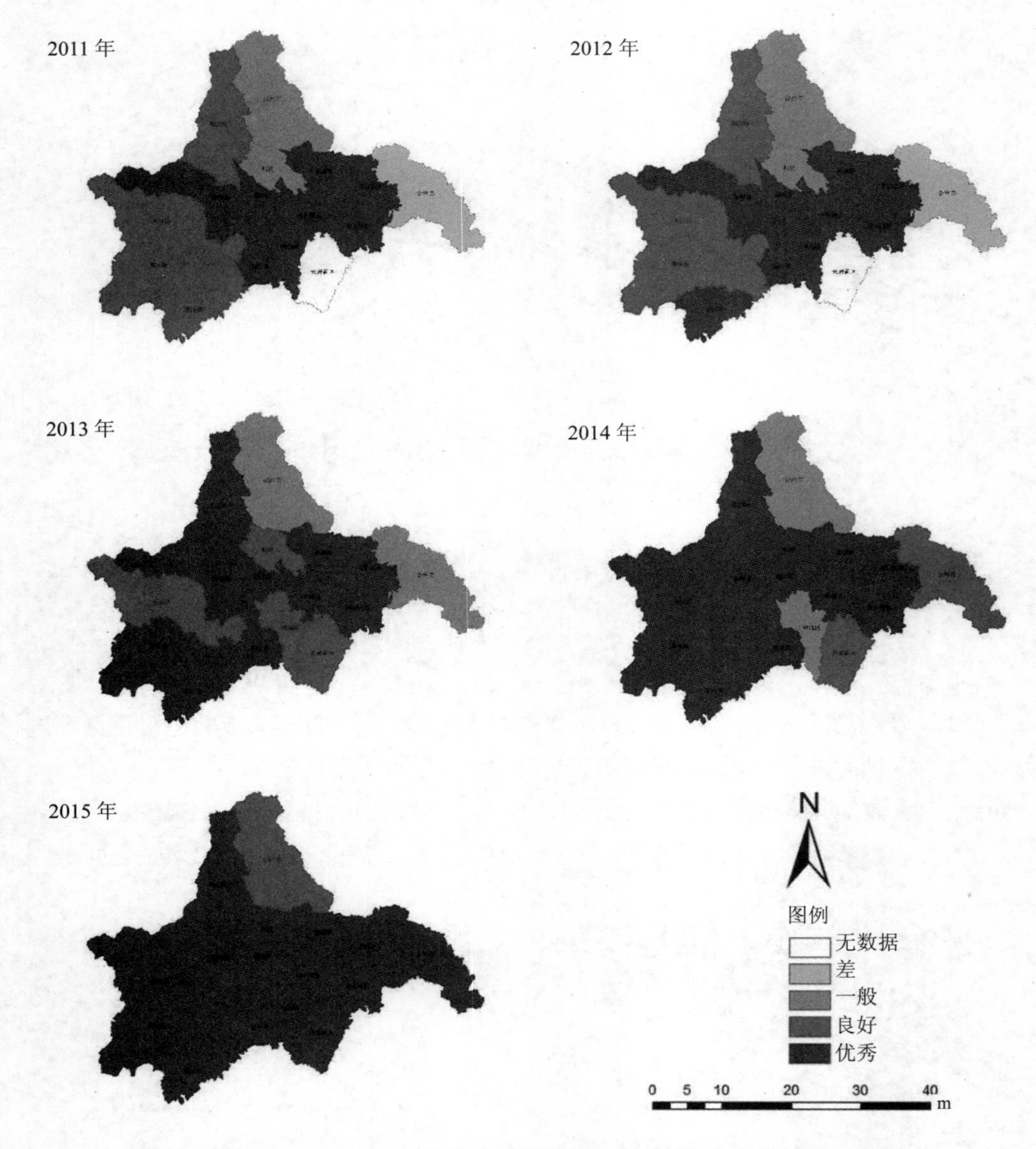

图 7 2011—2015 年成都市各地区能源与资源利用绩效等级分布

3.3 三级和四级指标绩效

由于各三级和四级指标的目标值不一致，各指标得分存在较大差异，为更好地比较各三级和四级指标绩效水平，将各指标得分与绩效目标值的比值来衡量三级和四级指标绩效。

成都市 2011—2015 年各三级指标绩效如图 8 所示。各三级指标之间差异较大，达到目标水平 80%以上的指标分别是废物管理（93.07%）、能源利用（91.84%）、污染控制（87.57%），且该三项指标绩效较 2011 年有明显改善，尤其是污染控制和能源利用两项指标绩效呈逐年上升的趋势；空气质量、水质、环境卫生、城镇绿化、资源利用五项指标均达到了目标水平的74.78%以上，其中环境卫生、资源利用虽未呈逐年上升的趋势，但总体上是趋好的，而空气质量、水质、城镇绿化三项指标绩效均有不同程度的下降，2015 年虽有所改善却仍低于 2011 年的绩效水平；环境管理、生态环境、噪声三项指标绩效水平很差，仅分别达到目标水平的 55.13%、47.67%、15.01%，且只有生态环境指标绩效总体呈上升趋势，噪声和环境管理指标绩效总体呈下降趋势。

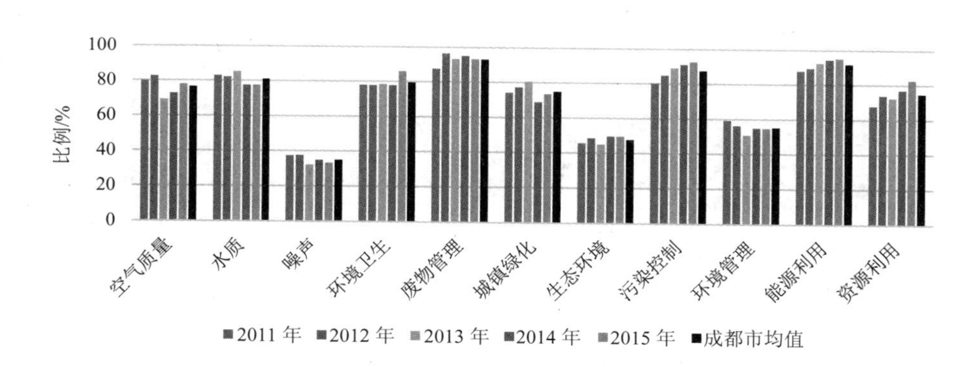

图 8　2011—2015 年成都市各三级指标绩效

针对绩效表现较差的噪声、生态环境、环境管理三项指标的四级指标运用雷达图进行下一步的分析，结果如图 9 至图 16 所示。

（1）噪声方面。道路交通噪声指标绩效表现很差，仅达到目标水平的 34.5%。五年中，表现最差的是 2015 年（32.10%），表现最好的是 2012 年（37.52%）。不同地区之间差距很大，道路交通噪声指标绩效（图 9）表现最好的地区五年平均绩效达到了目标水平的 81.82%，表现最差的地区五年平均绩效仅达到目标水平的 0.91%。

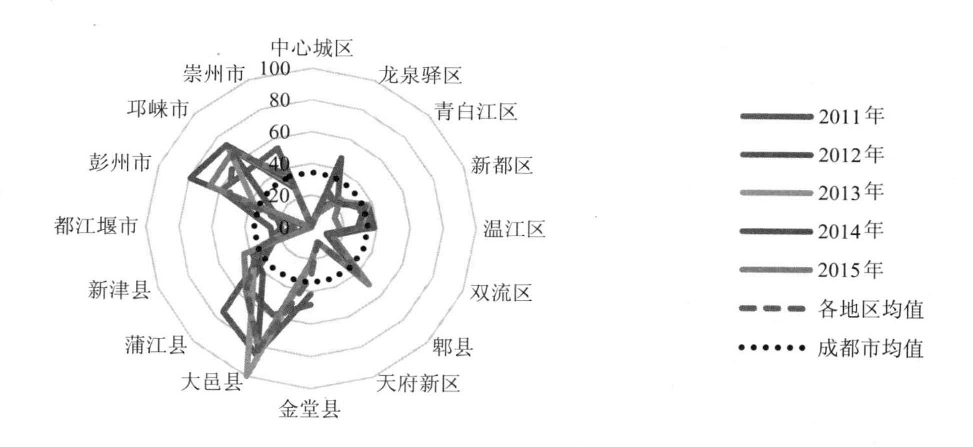

图 9　成都市各地区道路交通噪声指标绩效

区域环境噪声指标绩效（图 10）表现也很差，仅达到目标水平的 35.5%。五年中，表现最差的是 2013 年（31.91%），表现最好的是 2011 年（38.07%）。不同地区之间差距较大，表现最好的地区五年平均绩效达到了目标水平的 64.21%，表现最差的地区五年平均绩效仅达到目标水平的 8.16%。

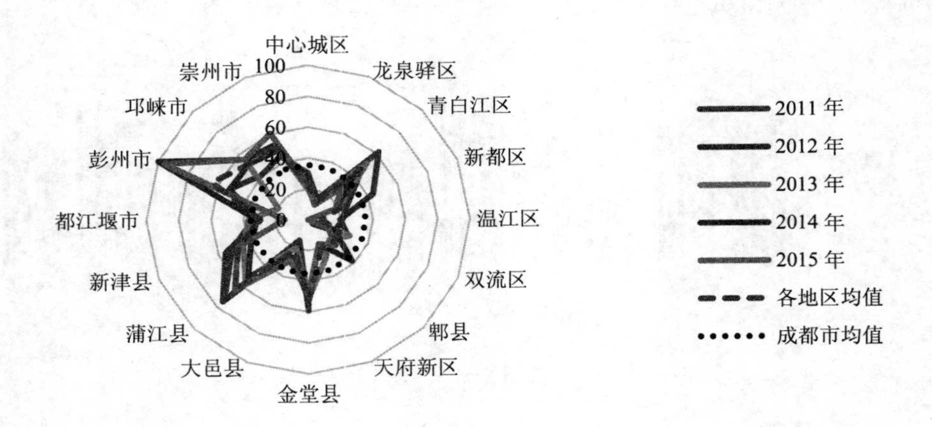

图 10　成都市各地区区域环境噪声指标绩效

（2）生态环境方面。环境质量指数指标绩效（图 11）表现较好，达到了目标水平的 80.5%。五年中，表现最差的是 2011 年（75.48%），表现最好的是 2012 年（84.81%）。不同地区之间差距较大，表现最好的地区达到了目标水平的 90.91%，表现最差的地区的达到目标水平的 34.36%。

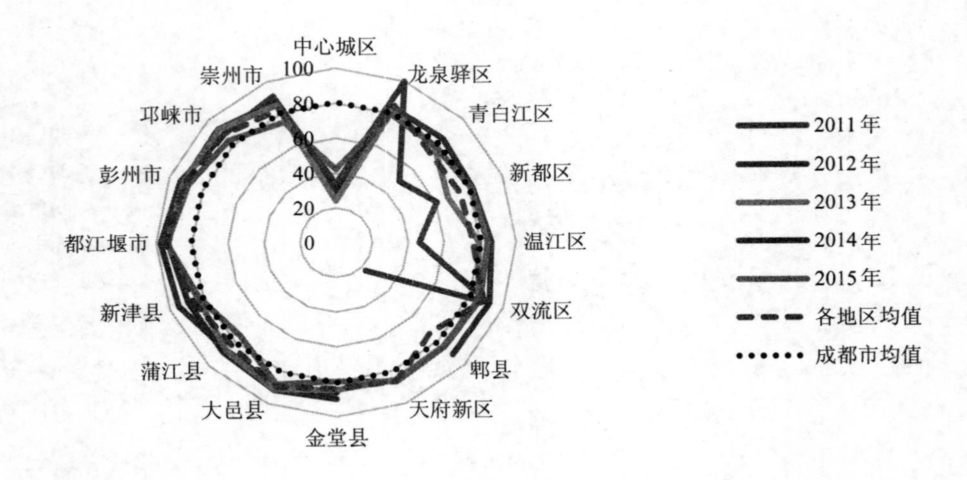

图 11　成都市各地区环境质量指数指标绩效

水网密度指数指标绩效（图 12）表现很差，仅达到目标水平的 25.11%。五年中，表现最差的是 2013 年（13.05%），表现最好的是 2015 年（35.13%）。不同地区之间差距较大，表现最好的地区五年平均绩效达到目标水平的 44.91%，表现最差的地区五年平均绩效达到目标水平的 12.34%。

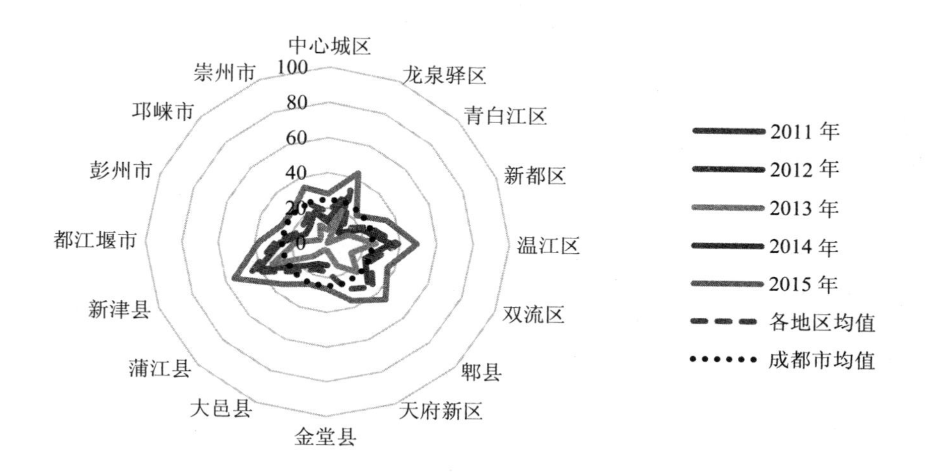

图 12　成都市各地区水网密度指数指标绩效

植被覆盖指数指标绩效（图 13）表现差，仅达到目标水平的 47.92%。五年中，表现最差的是 2015 年（46.09%），表现最好的是 2012 年（49.74%）。各地区之间差距很大，表现最好的地区五年平均绩效达到了目标水平的 86.83%，表现最差的地区五年平均绩效仅达到目标水平的 3.26%。

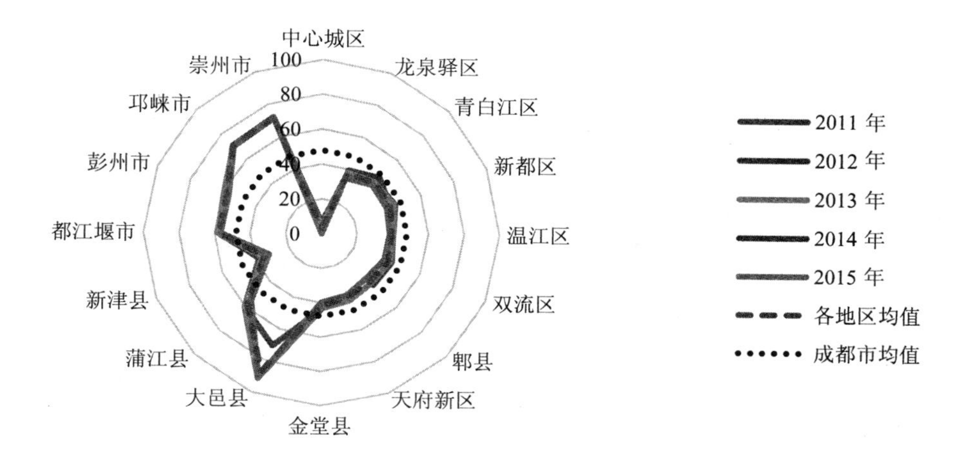

图 13　成都市各地区植被覆盖指数指标绩效

生物丰度指数指标绩效（图 14）表现差，仅达到目标水平的 37.1%。五年中，表现最差的是 2015 年（36.30%），表现最好的是 2012 年（38.35%）。各地区之间差距很大，表现最好的地区五年平均绩效达到了目标水平的 82.40%，表现最差的地区五年平均绩效仅达到目标水平的 0.30%。

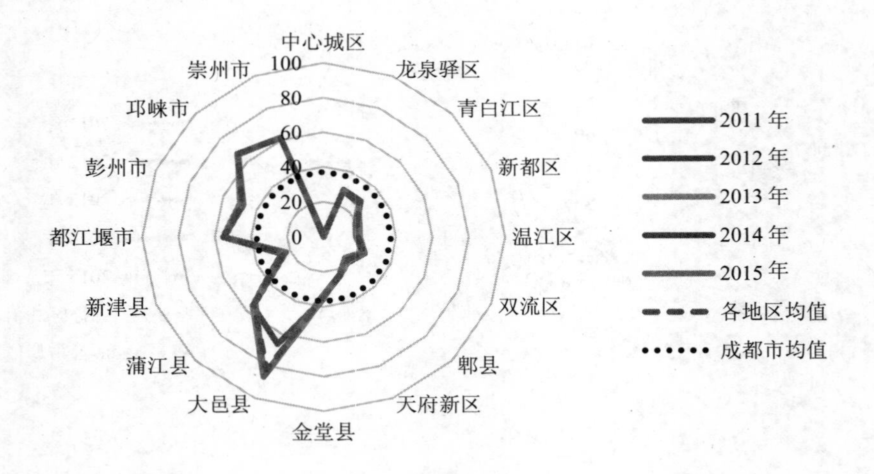

图 14　成都市各地区生物丰度指数指标绩效

（3）环境管理方面。所有地区环境信访办结比例指标绩效（图 15）均表现很好，达到或接近目标水平。而本级环保能力建设资金使用总额占 GDP 比重指标绩效（图 16）仅达到目标水平的 12.96%。五年中，表现最差的是 2013 年（8.22%），表现最好的是 2011 年（25.16%）。各地区之间差距较大，表现最好的地区五年平均绩效达到目标水平的 37.24%，表现最差的地区五年平均绩效仅达到目标水平的 1.97%。

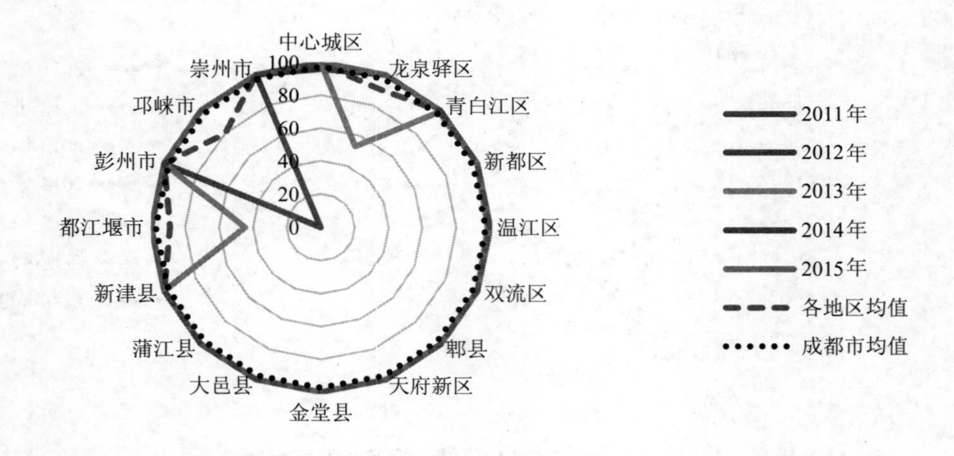

图 15　成都市各地区环境信访办结比例指标绩效

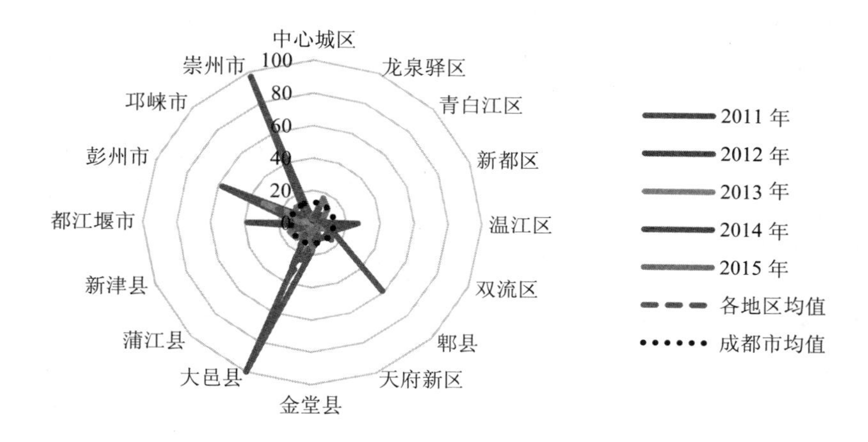

图 16 成都市各地区本级环保能力建设资金使用总额占 GDP 比重指标绩效

4 结论及建议

本文采用 DPSIR 模型，结合主题框架模型，构建了成都市环境绩效评估体系，对成都市的各区（市）县进行对比分析，结果表明：2011—2015 年成都市综合环境绩效得分均在 70 分以上，平均得分为 72.25 分，综合环境绩效表现良好，且总体呈上升趋势，但是二级指标中生态保护指标绩效水平最差，三级指标中噪声、生态环境、环境管理指标绩效离目标水平存在很大差距；各地区之间的环境绩效水平差距很大，随时间的波动性也较大。各区（市）县应有针对性地采取措施，提高综合环境绩效水平。

本文构建了成都市环境绩效评估的指标体系及评估方法，对区域环境绩效评估体系的完善具有一定的借鉴意义。但成都市市级和区县层面没有统一的环境绩效评估体系，缺乏较具体的绩效评估制度，另外由于基本数据缺失或原始数据难以获取，导致一些应该用于反映成都市环境绩效的重要指标未能纳入评估指标体系中。因此，为了使环境绩效评估结果更具科学性和导向性，需加强绩效评估制度的建设，加强绩效评估理论与关键技术方法的研究，建立一个区域共享的数据中心，不断完善环境绩效评估的指标体系，在全市范围内建立统一的环境绩效评估体系。

参考文献

[1] 彭靓宇，徐鸿. 基于 PSR 模型的区域环境绩效评估研究[J]. 生态经济，2013（1）：358-362.

[2] Xie S Y，Hayase K. Corporate environmental performance evaluation：A measurement model and a new concept [J]. Business Strategy and Environment，2010，16（2）：148-168.

[3] 胡健，李向阳，孙金花. 中小企业环境绩效评价理论与方法研究[J]. 科研管理，2009，30（2）：150-156.

[4] 庄希勍，卢静. 基于低碳经济的水泥企业环境绩效评价研究[J]. 财会通讯，2012（9）：31-33.

[5] 赵茜，石泓. 社会责任视角下的企业环境绩效评价指标体系构建研究[J]. 商业经济，2012（4）：54-55.
[6] 张素蓉，孙海军，王守俊. 钢铁企业环境绩效评价指标体系与方法的构建[J]. 会计之友，2014（24）：41-45.
[7] 曹颖，曹东. 中国环境绩效评估指标体系和评估方法研究[J]. 环境管理，2008，400（7）：36-38.
[8] 曹东，宋存义. 国外开展环境绩效评估的情况及对我国的启示[J]. 价值工程，2008（10）：7-12.
[9] 蒋洪强，王金南. 建立完善生态环境绩效评价考核与问责制度[J]. 环境保护科学，2015（5）：43-48.
[10] 乌兰，周建. 论我国区域环境绩效评估的发展及应用[J]. 东岳论丛，2012，33（8）：171-174.
[11] 余墅幸，蒋雯. 区域环境绩效评估思考[J]. 环境保护，2011（10）：39-40.

基于 IUPCE 的江西省农业循环经济发展评价与障碍因素分析

Evaluation and obstacle factors analysis of agricultural circular economy development in Jiangxi Province

李亚丽　黄和平　王智鹏
（江西财经大学生态经济研究院，南昌 330013）

摘　要　运用 IUPCE 概念模型及层次分析法构建农业循环经济发展水平的综合评价指标体系，运用熵值法确定指标权重，用因子贡献度、指标偏离度、障碍度 3 个指标来诊断农业循环经济发展的主要障碍因素。结果表明：①江西省农业循环经济发展水平在总体上呈现中高速增长趋势，年均增长率为 7.11%；②2000—2015 年，利用指标、产出指标、消费指标和效应指标水平在总体上都呈现出上升趋势，投入指标水平基本没发生变化；③2000—2008 年，阻碍江西省农业循环经济发展的主要因素是农业劳动力、农民人均纯收入、沼气池个数、森林覆盖率；2009—2015 年，阻碍江西省农业循环经济发展的主要因素是化肥使用强度、复种指数、有效灌溉系数、农作物播种面积、农机总动力；④2000—2015 年，投入指标一直是阻碍江西省农业循环经济发展的主要因素，且阻碍作用呈现出逐渐增大的趋势。

关键词　IUPCE 概念模型　熵值法　因子贡献度　指标偏离度　障碍度

Abstract　The development of agricultural circular economy is the process of transforming the traditional mode of "mass production，mass consumption and large amounts of waste" into a cycle of relying on ecological resources. The comprehensive evaluation index system is based on IUPCE conceptual model and AHP method to construct the development level of agricultural circular economy. This paper uses entropy method to determine the index weight，and uses factor contribution degree，index deviation degree and barrier degree to diagnose the main obstacle factor of agricultural circular economy development. The result shows：①The development level of agricultural circular economy in Jiangxi shows a rapid growth trend in the whole，with an average annual growth rate of 7.11%；②In the past 2000—2015 years，the utilization indicators，output indicators，consumption indicators and effect index have shown an upward trend on the whole，and the level of input indicators has not changed basically；③From 2000 to 2008 years，the main factors hindering the development of agricultural circular economy in Jiangxi province are the agricultural labor force，per capita net income of farmers，biogas pool number，the forest coverage rate；from 2009 to 2015 year，the main factors hindering the development of agricultural circular economy in Jiangxi province are strength，multiple cropping index，effective irrigation coefficient，crop planting area，the use of agricultural chemical fertilizer total power；④From 2000 to 2015 year，the input indicators has been the main obstacle to the development of agricultural circular economy in Jiangxi Province，and the hindering effect has shown a trend of increasing gradually.

Keywords IUPCE conceptual model，entropy method，factor contribution degree，index deviation degree，obstacle degree

1 引言

循环经济是改善环境质量，提高资源综合利用率，解决可持续发展问题的最佳途径，也是我国经济、社会、生态协调发展的有效途径。我国目前农业面临着资源高消耗、污染高排放、物质和能量低利用等问题，最终将导致农业资源枯竭和生态环境破坏，这些都需要依靠循环经济来解决。江西省是我国传统农业大省，农业资源丰富，生态优势明显，农业人口占总人口 80%以上。但是目前江西省农业发展存在着农业面源污染严重[1]、土地资源利用率低[2]、对发展循环农业的重要性、必要性认识不足[2]等问题。因此，深入探讨江西省农业循环经济发展评价及障碍因素，对于明确江西省循环经济发展现状，提高资源利用效率，预防和控制环境污染有重要意义。

国外的现代农业、生态农业包含了循环农业的理念，对现代农业、生态农业的研究更多偏重于与现代农业相关的水管理[3]、生物多样性[4]、粮食安全[5]、环境安全[6-8]等方面的研究。国内的农业循环经济是众多学者一直以来关注的热点领域。在农业循环经济发展评价指标体系构建方面，一些学者基于农业投入-产出过程构建评价指标体系[9-11]，大部分学者是基于循环经济的“3R”原则，从社会、经济和生态环境协调发展的观点出发，构建农业循环经济发展综合评价指标体系[12-17]；在农业循环经济发展评价研究方法方面，一些学者分别运用投影寻踪分类模型[18]、聚类分析[19]、密切值法[20]、能值法[21]、数据包络分析法[22]、主成分分析法[23]等方法进行发展水平评价；对农业循环经济障碍因素分析研究方法方面，一些学者使用主成分分析法[24]进行测算，大部分学者运用“因子贡献度”“指标偏离度”“障碍度”[25-27]3 个指标来诊断农业循环经济发展的主要障碍因素。

综上所述，现有研究从不同角度、不同方法对农业循环经济发展评价及障碍因素进行分析，为本文进一步分析奠定了理论基础。但是现有的研究无论是基于投入-产出视角还是基于“3R”原则构建的指标体系，忽略了农村居民消费对循环经济作用。因此，本研究借鉴已有文献中的分析方法，根据农业生产过程，以 2000—2015 年为样本区间，对江西省农业循环经济发展状况进行研究，并对农业生产过程中的障碍因素做实证分析。

2 评价的基本内容

农业的生产过程包括物质和资源的投入、资源的利用、经济社会效益的产出、农村居民的消费、对外部环境产生的影响。农业循环经济发展评估的目的是减少资源的投入，提高资源利用率，减少污染物的排放，最终提升农业经济水平和实现生态效益。因此，本研究结合农业生产链过程，通过建立 IUPEC 模型即投入—利用—产出—效应—消费模型（图 1），来评价分析农业循环经济发展。

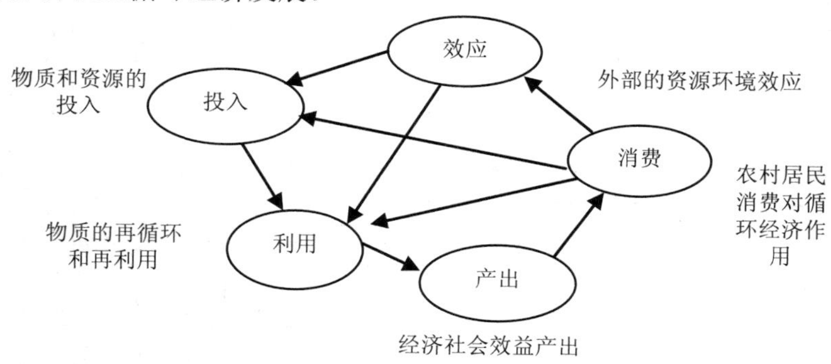

图 1 IUPEC 概念模型

本研究主要从两方面来评价农业循环经济发展水平：①在农业现状分析的基础上，选取反映该地区农业发展实际情况的评价指标，运用熵值法确定指标权重，构建综合评价指标体系，对江西省的农业循环经济整体情况进行综合评价；②通过因子贡献度、指标偏离度和障碍度 3 个指标对农业循环经济发展障碍因素进行诊断，找出制约江西省发展农业循环经济的主要因素，为促进区域农业循环经济发展提供一定的信息。

3 指标选取、数据来源及处理

3.1 指标选取

基于对农业循环经济内涵和目标的理解，以“减量化、再利用、再循环”为行动原则，主要从农业生产的过程兼顾社会、经济和生态效益，结合相关专家意见和对生产过程的理解，对众多因子进行筛选比较，从而确定了 20 个参评因子，构建农业循环经济发展综合评价指标体系，并采用熵值法客观确定各分类指标及单项指标的权重（表 1）。

该指标体系主要从 5 个方面构建：①投入指标，选取农机总动力、农业劳动力、农作物播种面积、化肥使用强度和沼气池个数，其中前四个指标反映农业生产过程中的物质投入，沼气池个数则反映该地区循环经济意识和投入情况；②利用指标，选取化肥的有效利用系数来反映农业生产过程中对资源的利用程度，而复种指数、废弃物资源化水平和秸秆综合利用率则分别体现资源的循环利用水平和将废弃物进一步资源化水平；③产出指标，选取单位面积农业 GDP 产值、农民人均纯收入、农林牧渔商品率、耕地产出率指标来反映农业生产过程中所实现的社会经济效益；④效应指标，选取森林覆盖率、有效灌溉系数、水土流失综合治理系数、人均耕地来反映农业发展对生态环境和资源安全的影响；⑤消费指标，选取农民人均蔬菜消费量、农民绿色出行支出、农民家庭住房面积来反映农业发展对农民生活水平的影响和农民对循环经济的实践程度，农民家庭住房面积和整个江西省家庭平均住房面积作比较，得出农民家庭面积要大于平均家庭住房面积，农民则为奢侈消费，为负指标。其中投入与利用指标所选指标主要体现了循环经济中所遵循的“3R”原则，产出及效应指标则着重评价农业循环经济所实现的社会、经济和生态效益，而消费指标则体现了农民对循环经济的利用程度和循环经济对农民生活的影响，这是发展农业循环经济的最终目的。

表 1　江西省农业循环经济发展评价指标及指标解释

分类指标	单项指标	指标性质	指标说明
B_1 投入指标	C_1 农机总动力/kW	负	农林牧渔机械总动力
	C_2 农业劳动力/万人	负	从事农林牧渔的劳动力
	C_3 农作物播种面积/10^3 hm^2	负	农作物的种植面积
	C_4 化肥使用强度/（kg/亩）	负	化肥使用量/农作物播种面积
	C_5 沼气池个数/个	正	区域沼气池个数
B_2 利用指标	C_6 化肥有效利用系数/（元/t）	正	种植业产值/化肥折纯施用量
	C_7 复种指数/%	正	农作物播种面积/耕地面积
	C_8 废弃物资源化水平/（个/百人）	正	禽畜粪便利用量/产生量
	C_9 秸秆综合利用率/%）	正	秸秆利用量/产生量
B_3 产出指标	C_{10} 单位面积农业 GDP/（元/hm^2）	正	农业总产值/农作物播种面积
	C_{11} 农民人均纯收入/元	正	农民总收入–总支出
	C_{12} 农林牧渔商品率/（元/t）	正	农林牧渔商品产值/总产值
	C_{13} 耕地产出率/（元/hm^2）	正	种植业产值/耕地面积
B_4 消费指标	C_{14} 农民人均蔬菜消费量/kg	正	消费粮食的食物量
	C_{15} 农民绿色出行支出/元	正	自行车电动车公交出行的支出
	C_{16} 农民人均住房面积/（m^2/户）	负	农民住房面积/家庭户数
B_5 效应指标	C_{17} 森林覆盖率/%	正	林地面积/土地面积
	C_{18} 有效灌溉系数/%	正	有效灌溉面积/耕地面积
	C_{19} 水土流失综合治理系数/%	正	土地流失治理面积/耕地面积
	C_{20} 人均耕地/（hm^2/人）	正	耕地面积/农业人口

3.2　数据来源

数据来源于《江西省统计年鉴》《中国农村统计年鉴》、江西省环境统计公报。其中，农民绿色出行支出数据通过对南昌市周边的 20 个村进行了 1 000 份问卷调查获得，发现

99.9%的农村居民出行都是依靠电动车、公交、巴士等绿色出行方式，偶尔会使用私家车出行。因此可以把私家车出行费用忽略不计，结合统计年鉴中的交通费，得到农民绿色出行支出指标的数据。

3.3 评价方法与数据处理

3.3.1 评价方法

熵值法是利用评价指标的固有信息来判断指标的效用价值，从而在一定程度上避免了主观因素带来的偏差。本研究首先运用熵值法确定各单项指标的权重，然后对各单项指标进行加权综合计算得出各分类指标，最后综合评价江西省地区的农业循环经济发展情况。熵权的计算步骤[28]如下：

（1）对各测度指标进行无量纲化和同向化处理。

正向指标：

$$X_{ij}=\frac{a_{ij}-\min a_{ij}}{\max a_{ij}-\min a_{ij}} \tag{1}$$

负向指标：

$$X_{ij}=\frac{\max a_{ij}-a_{ij}}{\max a_{ij}-\min a_{ij}} \tag{2}$$

式中：a_{ij} —— 第 j 项分类指标下第 i 年份指标的原始值；

X_{ij} —— 经无量纲化处理后的第 j 项分类指标下第 i 年份指标的标准化值。

（2）计算第 j 项分类指标第 i 年份指标的比重。

$$P_{ij}=\frac{X_{ij}}{\sum_{i=1}^{m}X_{ij}} \tag{3}$$

（3）计算第 j 项指标的信息熵。

$$D_j=-\frac{\sum_{i=1}^{m}P_{ij}\ln p_{ij}}{\ln m}\quad (j=1, 2, 3, \cdots, n) \tag{4}$$

式中：m —— 样本个数。

当 $P_{ij}=0$ 时，$P_{ij}\ln P_{ij}=0$。

（4）评价指标的权重。利用熵值法估算各指标的权重，其本质是利用指标信息的价值系数来计算的，其价值系数越高，对评价的重要性就越大。最后可以得到第 j 项指标的权重：

$$W_j=\frac{1-D_j}{n-\sum_{j=1}^{n}D_j} \tag{5}$$

式中：j —— 评价指标的个数。

根据熵值法的计算步骤，计算出了各分类指标和单项指标的权重（表2）。

表2　江西省农业循环经济分类指标和单项指标权重

分类指标	分类指标权重	单项指标	单项指标权重
B_1投入指标	0.250 8	C_1农机总动力	0.051 7
		C_2农业劳动力	0.050 8
		C_3农作物播种面积	0.050 9
		C_4化肥使用强度	0.046 0
		C_5沼气池个数	0.051 4
B_2利用指标	0.197 5	C_6化肥有效利用系数	0.049 1
		C_7复种指数	0.046 7
		C_8废弃物资源化水平	0.051 1
		C_9秸秆综合利用率	0.050 6
B_3产出指标	0.200 8	C_{10}单位面积农业GDP	0.049 8
		C_{11}农民人均纯收入	0.048 9
		C_{12}农林牧渔商品率	0.051 7
		C_{13}耕地产出率	0.050 4
B_4消费指标	0.151 3	C_{14}农民人均蔬菜消费量	0.051 7
		C_{15}农民绿色出行支出	0.049 4
		C_{16}农民人均住房面积	0.050 2
B_5效应指标	0.199 6	C_{17}森林覆盖率	0.049 2
		C_{18}有效灌溉系数	0.049 7
		C_{19}水土流失综合治理系数	0.052 0
		C_{20}人均耕地	0.048 7

3.3.2　农业循环经济发展水平计算方法

（1）子系统指数。经济社会发展、资源减量投入、资源循环利用、资源环境安全、居民消费的评价值。

$$S_{ki}=\sum_{j=1}^{r}W_jX_{ijt} \tag{6}$$

式中：S_{ki}——第i个样本指数，k=1，2，3，4，5时分别表示第i个样本的经济社会发展、资源减量投入、资源循环利用、资源环境安全和居民消费指数；

r——各子系统包含的指数数目。

（2）区域农业经济发展的综合指数。

$$S_i=\sum_{j=1}^{n}W_jX_{ij} \tag{7}$$

式中：n——区域农业循环经济发展体系中的指标总数；

S_i——第i个样本的综合评价值。

S_i的取值范围为0～1，S_i越大，说明农业循环经济发展水平越高。

根据子系统指数计算方法和综合指数计算方法，得出江西省 2000—2015 年的农业循环经济发展水平、投入指标、利用指标、产出指标、消费指标和效应指标的发展水平（表 3）。

表 3　江西省循环经济发展水平

年份	综合发展水平	投入指标水平	利用指标水平	产出指标水平	消费指标水平	效应指标水平
2000	0.23	0.10	0.04	0.00	0.05	0.04
2001	0.27	0.11	0.05	0.01	0.05	0.05
2002	0.31	0.11	0.06	0.02	0.05	0.07
2003	0.37	0.14	0.06	0.03	0.06	0.08
2004	0.42	0.12	0.08	0.05	0.05	0.12
2005	0.44	0.12	0.08	0.07	0.06	0.11
2006	0.44	0.11	0.09	0.07	0.06	0.11
2007	0.46	0.11	0.09	0.08	0.07	0.11
2008	0.40	0.10	0.07	0.09	0.08	0.06
2009	0.45	0.10	0.08	0.11	0.08	0.08
2010	0.50	0.09	0.10	0.13	0.07	0.11
2011	0.53	0.09	0.12	0.15	0.07	0.10
2012	0.54	0.09	0.12	0.16	0.08	0.09
2013	0.66	0.14	0.13	0.17	0.09	0.13
2014	0.69	0.13	0.14	0.18	0.10	0.14
2015	0.71	0.12	0.14	0.20	0.10	0.15

3.3.3　障碍因素诊断方法

采用“因子贡献度（factor contribution degree）”“指标偏离度（index deviation degree）”和“障碍度（obstacle degree）”3 个指标来诊断农业循环经济发展的主要障碍因素。其中，因子贡献度（F）为单因素对总目标的影响程度，即单因素对总目标的权重；指标偏离度（I）表示单项指标与农业循环经济发展指标之间的差距，为单项指标标准化值与 100%之差；障碍度（O）表示单项指标对农业循环经济发展水平的影响值，该指标是农业循环经济发展障碍诊断的目的和结果，其计算原理如[14]下。

$$F_j = R_i \times W_i \tag{8}$$

式中：R_i —— 第 i 项分类指标的权重；

W_i —— 第 i 项分类指标所属的第 j 个单项指标所对应的权重。

$$I_j = 1 - X_{ij} \tag{9}$$

$$O_j = I_j \times \frac{F_j}{\sum_{j=1}^{20}(F_j \times I_j)} \times 100\% \tag{10}$$

$$U_i = \sum O_j \tag{11}$$

通过上述计算，最终可以确定各障碍因素对农业循环经济发展造成的影响程度（表 4，表 5）。

表 4　各单项指标对江西省农业循环经济的障碍大小　　单位：%

年份	C_1	C_2	C_3	C_4	C_5	C_6	C_7	C_8	C_9	C_{10}	C_{11}	C_{12}	C_{13}	C_{14}	C_{15}	C_{16}	C_{17}	C_{18}	C_{19}	C_{20}
2000	0	8.09	8.27	0	8.34	6.28	0.26	6.53	6.47	6.34	6.35	6.73	6.55	0	4.84	4.92	6.36	1.09	6.72	5.84
2001	0.24	7.89	7.09	1.29	7.96	6.5	0.58	6.32	6.4	6.75	6.55	5.88	6.68	0.14	4.93	5.02	6.63	1.08	6.06	6.03
2002	0.52	9.03	4.96	3.34	7.59	6.84	0.33	6.15	6.37	6.95	6.81	5.23	7	0.3	5.09	5.06	6.97	0.16	4.41	6.9
2003	0.88	7.07	0	5.85	7.57	7.34	1.62	6.26	6.67	7.33	7.45	4.35	7.65	0.58	5.48	5.27	7.74	0.05	3.56	7.24
2004	1.69	7.51	4.36	6.2	7.29	7.26	0.04	6.16	6.81	7.14	7.65	5.95	5.61	1.97	5.76	5.5	2.63	0	2.42	8.01
2005	2.66	7.56	5.59	6.84	6.41	7.37	0	5.56	6.3	7.09	7.56	3.54	5.31	1.86	5.33	4.8	6.31	0.57	1.45	7.94
2006	3.8	7.67	4.42	8.88	5.88	7.12	0.13	5.15	5.96	6.8	7.25	3.53	5	2.83	5.23	4.36	6.41	0.88	0.83	7.91
2007	5.11	7.54	3.87	10.47	6.02	6.68	1.08	5.21	5.72	6.28	7.03	4.04	4.01	1.75	5.19	4.26	6.65	1.12	0	8.01
2008	5.75	6.62	5.23	8.24	4.65	5.2	6.47	4.06	4.65	4.99	5.69	3.43	4.51	0.89	4.4	3.55	5.87	7	5.15	3.65
2009	7.59	6.8	6.53	9.51	3.43	5.49	6.93	3.2	4.65	5.2	5.9	0.15	4.13	1.93	4.88	3.35	4.25	7.7	4.55	3.88
2010	9.85	7.2	8.7	10.29	3.29	5.33	7.27	3.12	2.64	5.09	5.74	0	3.78	2.73	5.01	3.44	0	8.3	4.05	4.18
2011	11.74	6.27	9.71	11.52	1.44	4.45	7.5	1.68	2.26	4.14	4.84	0.77	0.64	5.9	4.66	1.47	4.9	8.52	3.58	4.01
2012	13.61	4.32	10.84	12.04	0.71	3.62	9.68	0.82	1.81	3.41	3.96	0.18	1.75	6.08	3.78	1.25	5.06	10.41	4.97	1.67
2013	5.46	3.8	15.21	16.14	0	3.76	12.8	0.02	2.41	3.61	3.88	0.35	2.14	7.32	3.78	0.99	0	12.48	4.37	1.49
2014	6.57	2.09	17.27	17.72	1.37	3.07	13.97	0.51	1.02	2.89	1.75	0.26	1.48	10.43	1.59	0.54	0	13.63	2.98	0.83
2015	7.89	0	18.83	19.1	6.91	0	14.98	3.98	0	0	0	0	0	12.94	0	0	0	14.14	1.19	0

表 5　各分类指标对江西省农业循环经济的障碍大小　　单位：%

年份	投入指标	利用指标	产出指标	消费指标	效应指标
2000	24.70	19.54	25.97	9.76	20.01
2001	24.47	19.80	25.87	10.09	19.80
2002	25.45	19.70	25.98	10.45	18.43
2003	21.36	21.89	26.79	11.33	18.59
2004	27.04	20.28	26.35	13.24	13.06
2005	29.05	19.23	23.50	11.98	16.27
2006	30.65	18.36	22.58	12.42	16.03
2007	33.01	18.69	21.35	11.20	15.77
2008	30.49	20.38	18.63	8.84	21.67
2009	33.86	20.28	15.37	10.15	20.38
2010	39.33	18.35	14.62	11.18	16.54
2011	40.69	15.90	10.39	12.02	21.01

年份	投入指标	利用指标	产出指标	消费指标	效应指标
2012	41.52	15.92	9.30	11.11	22.12
2013	40.62	18.99	9.98	12.09	18.34
2014	45.02	18.57	6.38	12.56	17.44
2015	52.72	18.96	0.00	12.94	15.33

4 实证分析

4.1 农业循环经济发展水平评价

4.1.1 综合发展水平评价

为了更直观地反映江西省 2000—2015 年农业循环经济发展水平变化趋势，把表 3 中的综合发展水平绘制成趋势图 2。由图 2 可知，2000 年以来江西省农业循环经济发展水平在总体上呈现中高速增长趋势，年均增长率为 7.11%，但是发展过程中有很明显的阶段性特征。根据江西省农业循环经济发展过程中的变化趋势可以分为两个阶段：第一阶段是 2000—2007 年，为稳定持续增长阶段，年均增长率为 8.76%；第二阶段是 2008—2015 年，为持续增长阶段，年均增长率为 7.62%，年均增长速度缓于前一阶段，这与我国经济发展的变化过程大体一致。2008 年，农业循环经济的综合发展水平急剧下降，下降率为 14.89%，主要原因是 2008 年江西省发生严重的雪灾，对农业生产活动产生了严重的不利影响。

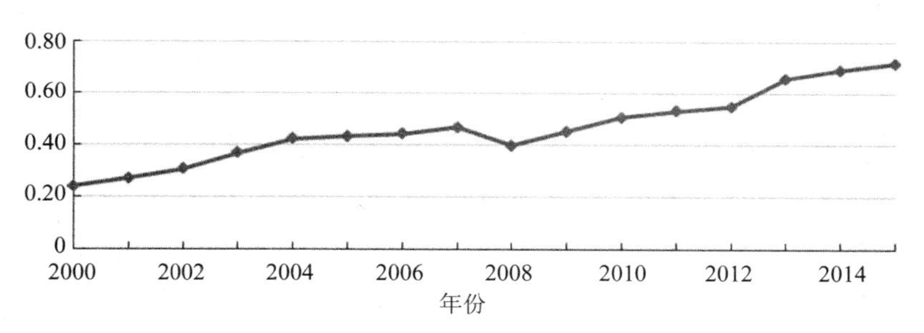

图 2 江西省 2000—2015 年农业循环经济综合发展趋势

4.1.2 分类发展水平评价

从图 3 可以看出，利用指标、产出指标、消费指标和效应指标水平在总体上都呈现出上升趋势。其中产出指标水平上升幅度最大，呈现出稳定上升趋势，反映了江西省经济与社会发展在快速前进；效应指标水平上升幅度位居第二，在此期间波动中上升，反映了江西省资源与环境安全也是在不断前进；利用指标水平上升幅度位居第三，在大体上呈现出稳定上升趋势，反映了江西省资源循环利用程度在不断提高；农村居民的消费指标水平虽然也是上升的，但是上升的幅度最小，低于全省平均的经济与社会发展水平，反映了江西省农民生活虽然改善了，但是与城市相比，仍存在较大差距。投入指标水平在这 16 年间基本没发生变化，反映江西省在资源减量投入方面重视程度不够，资源减量投入指标是制

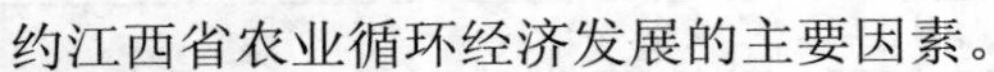

约江西省农业循环经济发展的主要因素。

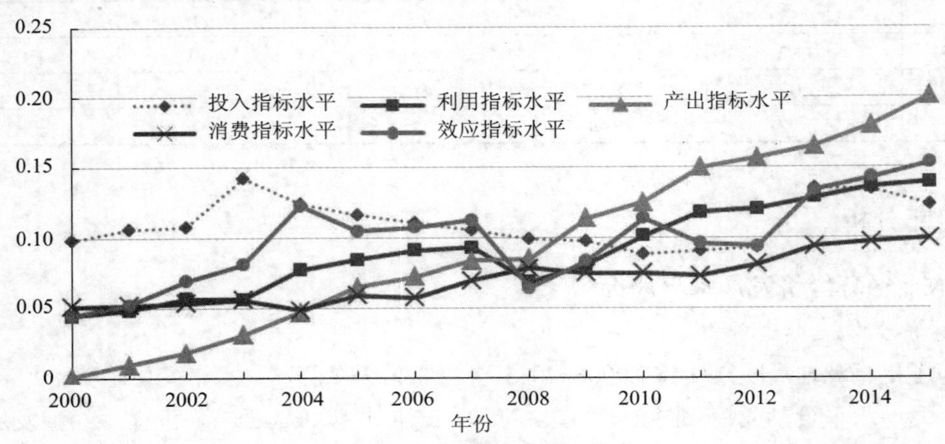

图 3　各分类指标的发展趋势图

4.2　农业循环经济障碍因素评价

4.2.1　单项指标的障碍因素评价

从表 4 可以看出，江西省农业循环经济的障碍因素总体上在发生变化。化肥使用强度、农业劳动力、有效灌溉系数、复种指数、农作物播种面积、农民人均纯收入出现的频率较高。对表 4 中的障碍度最大的前五项因素进行排序，可以得到表 6。从表 6 可以看出，江西省 2000—2015 年的农业循环经济发展的障碍因素总体上在发生变化，按照变化数值的大小可以分为两个阶段：2000—2008 年为障碍度数值偏少且均衡的阶段，2009—2015 年为障碍度数值差距大且集中的阶段；说明在 2008 年之前各单项指标的障碍因素对江西省农业循环经济的阻碍作用并不是很大，农业循环经济问题不太严重；2009 年以后阻碍江西省农业循环经济发展的因素就相对集中，就凸显出农业循环经济发展存在的问题。其中 C_4（化肥使用强度）自 2006 年起连续 10 年都是阻碍农业循环经济发展排位靠前的因素；C_2（农业劳动力）自 2000—2008 年连续 9 年都是较大程度上阻碍江西省农业循环经济发展的因素，自 2009 年以后不再是阻碍农业循环经济发展排名前五位的主要因素；C_{11}（农民人均纯收入）自 2003—2008 年 6 年间也是较大程度上阻碍江西省农业循环经济发展的因素，自 2009 年以后不再是阻碍农业循环经济发展排名前五位的主要因素；C_7（复种指数）自 2008—2015 年连续 8 年都是在较大程度上阻碍江西省农业循环经济发展的因素；C_{18}（有效灌溉系数）自 2008—2015 年连续 8 年都是在较大程度上阻碍江西省农业循环经济发展的因素。2000—2008 年阻碍江西省农业循环经济发展的主要因素是农业劳动力、农民人均纯收入、沼气池个数、森林覆盖率；2009—2015 年阻碍江西省农业循环经济发展的主要因素是化肥使用强度、复种指数、有效灌溉系数、农作物播种面积、农机总动力。

表 6　排名前五位的障碍因素排序

年份	第一障碍因素	第二障碍因素	第三障碍因素	第四障碍因素	第五障碍因素
2000	C_5	C_3	C_2	C_{12}	C_{13}
2001	C_5	C_2	C_{10}	C_{13}	C_{17}
2002	C_2	C_5	C_{13}	C_{17}	C_{10}
2003	C_{17}	C_{13}	C_5	C_{11}	C_6
2004	C_{20}	C_{11}	C_2	C_5	C_6
2005	C_{20}	C_{11}	C_2	C_6	C_{10}
2006	C_4	C_{20}	C_2	C_{11}	C_6
2007	C_4	C_{20}	C_2	C_{11}	C_6
2008	C_4	C_{18}	C_2	C_7	C_{11}
2009	C_4	C_{18}	C_1	C_7	C_2
2010	C_4	C_1	C_3	C_{18}	C_7
2011	C_1	C_4	C_3	C_{18}	C_7
2012	C_1	C_4	C_3	C_{18}	C_7
2013	C_4	C_3	C_7	C_{18}	C_{14}
2014	C_4	C_3	C_7	C_{18}	C_{14}
2015	C_4	C_3	C_7	C_{18}	C_{14}

4.2.2　分类指标的障碍因素评价

从表 5 可以看出，阻碍江西省农业循环经济发展的主要分类指标是投入指标，在 16 年间障碍度均超过了 20%，且数值呈现出逐渐增大的趋势。把表 5 中障碍度大于 20%的障碍因素进行排序得到表 7。从表 7 中可以看出，2000—2008 年障碍度差距不大，且障碍度大于 20%的影响因素一般为 2～3 个；2009—2012 年障碍度差距相对比较大，且障碍度大于 20%的影响因素一般为 1～2 个；2013—2015 年障碍度数值比较大，且障碍因素主要集中在投入指标。因此，从分类指标来看，投入指标是阻碍江西省农业循环经济发展的主要指标，且阻碍的作用呈增大趋势，产出指标在前期对江西省农业循环经济存在阻碍作用，后期阻碍作用消失。

表 7　障碍度大于 20%的分类指标排序

单位：%

年份	第一障碍因素	障碍度	第二障碍因素	障碍度	第三障碍因素	障碍度
2000	B_3	25.97	B_1	24.70	B_5	20.01
2001	B_3	25.87	B_1	24.47		
2002	B_3	25.98	B_1	25.45		
2003	B_3	26.79	B_2	21.89	B2	21.36
2004	B_1	27.04	B_3	26.79	B2	20.28
2005	B_1	29.05	B_3	23.50		
2006	B_1	30.65	B_3	22.58		
2007	B_1	33.01	B_3	21.35		

年份	第一障碍因素	障碍度	第二障碍因素	障碍度	第三障碍因素	障碍度
2008	B_1	30.49	B_5	21.67	B2	20.38
2009	B_1	33.86	B_5	20.38		
2010	B_1	39.33				
2011	B_1	40.69	B_5	21.01		
2012	B_1	41.52	B_5	22.12		
2013	B_1	40.62				
2014	B_1	45.02				
2015	B_1	52.72				

5 结论与展望

5.1 研究结论

本研究首先运用熵值法确定各个单项指标的权重，然后综合加权计算各分类指标的权重，最后根据权重计算江西省农业循环经济综合发展水平和各个环节的发展水平；并采用“因子贡献度（factor contribution degree）”“指标偏离度（index deviation degree）”和“障碍度（obstacle degree）”3 个指标来诊断农业循环经济发展的主要障碍因素。主要得出以下结论：

（1）江西省农业循环经济发展水平在总体上呈现中高速增长趋势，年均增长率为7.11%。江西省农业循环经济的发展可分为两个阶段：第一阶段是2000—2007 年的稳定持续增长阶段，年均增长率为 8.76%；第二阶段是 2008—2015 年的持续增长阶段，年均增长率为 7.62%。

（2）2000—2015 年，利用指标、产出指标、消费指标和效应指标水平在总体上都呈现出上升趋势，投入指标水平基本没发生变化。从增长速度来看，产出指标水平＞效应指标水平＞利用指标水平＞消费指标水平＞投入指标水平，经济的增长远大于农村居民的消费，说明农村的经济发展水平远落后城市。

（3）2000—2008 年，阻碍江西省农业循环经济发展的主要因素是农业劳动力、农民人均纯收入、沼气池个数、森林覆盖率；2009—2015 年，阻碍江西省农业循环经济发展的主要因素是化肥使用强度、复种指数、有效灌溉系数、农作物播种面积、农机总动力。说明随着经济的发展和政府对环境的重视，原来的障碍因素不再起阻碍作用，而原来不存在阻碍作用的，逐渐成为制约循环经济发展的主要因素；而化肥使用强度、复种指数、有效灌溉系数、农作物播种面积、农机总动力“十二五”期间成为主要的障碍因素，说明为了追求产量，过多的投入化肥、机械，又由于劳动力的不足，很多耕地存在撂荒现象，农村土地资源没有得到充分利用。

（4）2000—2015 年，投入指标一直是阻碍江西省农业循环经济发展的主要障碍因素，且阻碍作用呈现出逐渐增大的趋势。投入指标的障碍度由 2000 年的 24.7%增长到 2015 年的 52.72%，原来的产出指标或效应指标在 2012 年前也对农业循环经济起着较大的阻碍作用，在 2013 年以后阻碍作用消失了。

5.2 研究展望

本文从农业生产的投入—利用—产出—消费—效应环节，研究江西省农业循环经济的发展水平和障碍因素，取得了一定的研究成果，但也存在着以下不足：①本文仅对省级层面上进行了计算和分析，没有对各个市乃至县的空间情况进行分析，全面搜集资料，对各个市乃至县的空间变化情况做比较分析是下一步努力的方向；②目前我国对农业循环经济的研究方法有很多种，如主成分分析法、能值法、层次分析法、专家打分法、灰色关联度法、模糊分析法等，本研究运用的熵值法确定的指标权重，运用不同的方法得出的结论是否存在较大的差别，为何存在这些差别，是今后研究的方向；③对农业循环经济的指标选取，大都建立在“3R”原则的基础上，选定经济与社会发展指标、资源减量投入指标、资源循环利用指标、资源环境安全指标，本研究也是根据这些指标进行的延伸，是否可以按照其他原则选取不同的指标进行农业循环经济发展的评价，也是今后要研究的方向。

参考文献

[1] 朱圆圆. 生态文明视角下江西省农业发展问题及对策研究[J]. 中国农业信息，2016（22）：22-23.

[2] 王萍，李瑶，夏文建，等. 江西省循环农业发展现状及建议[J]. 现代农业科技，2017（2）：258-261.

[3] Samuel J. Smidt，Erin M.K. Haacker，Anthony D. Kendall，et al. Complex water management in modern agriculture：Trends in the water-energy-food nexus over the High Plains Aquifer [J]. Science of The Total Environment，2016（556-557）：988-1001.

[4] Bruno Lanz，Simon Dietz，Tim Swanson. The Expansion of Modern Agriculture and Global Biodiversity Decline：An Integrated Assessment [J]. Ecological Economics，2017（144）：260-277.

[5] G.T. Aigarinova，Z. Akshatayeva，M.G. Alimzhanova. Ensuring Food Security of the Republic of Kazakhstan as a Fundamental of Modern Agricultural Policy[J]. Procedia - Social and Behavioral Sciences，2014（143）：884-891.

[6] L.R. Norton. Is it time for a socio-ecological revolution in agriculture？[J]. Agriculture，Ecosystems & Environment，2016（235）：13-16.

[7] Hans Dieleman. Urban agriculture in Mexico City；balancing between ecological，economic，social and symbolic value[J]. Journal of Cleaner Production，2017（163）：156-163.

[8] Steffanie Scott，Zhenzhong Si，Theresa Schumilas，Aijuan Chen. Contradictions in state- and civil society-driven developments in China’s ecological agriculture sector[J]. Food Policy，2014（45）：158-166.

[9] 李杨，樊雯雯. 湖南省农业循环经济发展有效性评价与调整措施[J]. 经济地理，2017，37（4）：182-189.

[10] 文拥军. 基于超效率 DEA 的农业循环经济发展评论——以山东省为例[J]. 生产力研究，2009（2）：21-24.

[11] Shulin Li. The Research on Quantitative Evaluation of Circular Economy Based on Waste Input-Output Analysis [J]. Procedia Environmental Sciences，2012（12）：65-71.

[12] YANG Qing，CHEN Mingyue，GAO Qiongqiong. Research on the Circular Economy in West China [J]. Energy Procedia，2011（5）：1425-1432.

[13] 马丁丑，王文略，马丽荣. 甘肃农业循环经济发展综合评价和制约因素诊断及对策[J]. 农业现代化研究，2011，32（2）：204-208.

[14] 毛晓丹，冯中朝. 湖北省农业循环经济发展水平评价及障碍因素诊断[J]. 农业现代化研究，2013，34（5）：597-601.

[15] 翁梅，王甲甲. 基于主成分分析的河南省农业循环经济发展评价研究[J]. 河南农业大学学报，2012，46（2）：228-232.

[16] 杜红梅，傅知凡. 湖南农业循环经济发展评价体系及实证分析[J]. 经济地理，2016，36（6）：168-175.

[17] 那伟，祝延立，庞凤仙，等. 吉林省农业循环经济发展评价及优化对策研究[J]. 农业现代化研究，2011，32（2）：209-212.

[18] 单忠纪，翟绪军，黄平平. 基于 PPC 模型的我国农业循环经济综合评价[J]. 农业技术经济，2014（2）：114-119.

[19] 毛晓丹，冯中朝. 基于聚类分析的农业循环经济分区模式选择研究——以湖北省为例[J].农业现代化研究，2014，35（4）：403-409.

[20] 刘晓敏，李志宏，范凤翠，等. 基于密切值法的河北省市域农业循环经济综合评价[J]. 中国农学通报，2012，28（11）：145-149.

[21] 方芸芸，陈志强，陈志彪，等. 基于能值分析的红壤侵蚀区农业循环经济研究[J]. 福建师范大学学报（自然科学版），2016，32（3）：109-115.

[22] 于晓秋，任晓雪，野金花，等. 基于数据包络分析的农业循环经济评价——以黑龙江省各地区为例[J]. 数据的实践与认识，2017，47（6）：35-41.

[23] 韩俊龙，韩珂，梁保松. 基于主成分分析的河南省农业循环经济发展评价研究[J]. 河南农业大学学报，2013，47（6）：757-761.

[24] 范瑾. 湖北省农业循环经济发展评价及其障碍因素分析[J]. 湖北农业科学，2016，55（2）：527-531.

[25] 马丁丑，王文略，马丽荣. 甘肃农业循环经济发展综合评价和制约因素诊断及对策[J]. 农业现代化研究，2011，32（2）：204-208.

[26] 毛晓丹，冯中朝. 湖北省农业循环经济发展水平评价及障碍因素诊断[J]. 农业现代化研究，2013，34（5）：597-601.

[27] 周柳. 四川省农业循环经济实证评价与障碍因素分析[]. 山西农业科学，2016，44（9）：1372-1376，1382.

[28] 段发明，党兴华. 基于熵值法和 DEA 的农业循环经济发展水平评价研究[J]. 科技管理研究，2015（11）：57-61.

生猪养殖碳排放脱钩效应及其驱动因素分析——以江西省为例

Decoupling Effect of the Pig-Breeding Carbon Emissions and Driving Factors：Taking Jiangxi Province for Example

王智鹏　李亚丽

（江西财经大学鄱阳湖生态经济研究院，南昌 330013.）

摘　要　基于 2000—2014 年江西省生猪养殖的面板数据，运用生命周期评价方法对生猪养殖碳排放量进行测算，采用 Tapio 脱钩模型和 LMDI 模型实证分析江西省生猪养殖碳排放与经济发展之间的脱钩情况及其驱动因素。研究结果表明：①2000—2014 年，江西省生猪养殖碳排放量呈现明显上升趋势，由 2000 年的 527.62 万 t 增至 2014 年的 914.72 万 t。②江西省及 11 市的生猪养殖碳排放与经济发展之间均呈现弱脱钩的关系，江西省生猪养殖碳排放与经济发展较为协调。③经济发展因素是江西省生猪养殖碳排放量增加的主要驱动因素，而效应因素、结构因素和劳动力因素则降低了江西省生猪养殖碳排放量，其中效率因素对江西省生猪养殖碳减排的贡献力度最大。

关键词　生猪养殖　碳排放　脱钩　LMDI　江西省

Abstract　According to panel data of pig-breeding in Jiangxi Province from 2000 to 2014，using the Life Cycle Analysis method to estimate the total carbon emissions of pig-breeding，the paper analyzes the decoupling effect between carbon emissions of pig-breeding in Jiangxi province and economic development based on the decoupling model of Tapio，and by using LMDI model，we carry on the analysis on the driving factors affecting the pig-breeding carbon emissions of decoupling in Jiangxi Province. The result shows that：①the total carbon emissions of pig-breeding presents a clear rising trend during 2000 to 2014，which increases from 5 276 200 tons of 2001 to 9 147 200 tons of 2014. ②There is a weak decoupling state between carbon emissions of pig-breeding and economic development in Jiangxi Province and its eleven cities，which means a coordinated relationship between them. ③Economy factor positively drives carbon emissions of pig-breeding，whereas efficiency factor and labor factor as well as structure factor negatively drive it. and the efficiency factor is the greatest power to decrease carbon emissions of pig-breeding in Jiangxi province.

Keywords　pig-breeding，carbon emissions，decoupling，LMDI，Jiangxi Province

引言

近年来，全球气候变暖给人类带来了严峻挑战，不但破坏了自然生态系统，而且威胁到人类社会发展与生存环境，温室气体尤其是 CO_2 排放量剧增是造成全球气候变暖的根源[1]。世界观察研究所 2009 年公布的《畜牧与气候变化》报告指出，按 CO_2 当量计算，牧畜及副产品至少排放了 325.64 亿 t CO_2 当量的温室气体，占世界总量的 51%，远超过粮农组织先前估计的 18%，畜牧业已成为温室气体重要的来源[2]。中国自 2008 年超越美国成为世界第一大碳排放国以来，政府高度关注碳排放问题，承诺到 2020 年二氧化碳排放强度要比 2005 年降低 40%～45%[3]。党的十八大报告将生态文明建设纳入社会主义事业“五位一体”的总体布局，并提出从源头上扭转生态环境恶化及气候变暖等趋势[4]，同时政府“十三五”规划将碳减排列为“十三五”重点工作。江西省作为我国十大生猪养殖主产区之一，每年因生猪养殖生产活动直接或间接产生的碳排放量，不容小觑。对致力于打造“生态明文建设示范区”和美丽中国“江西样板”的江西省而言，生猪养殖碳减排政策完善是建设文明、和谐、秀美江西的基本保证，是推动江西科学发展、绿色崛起的重点与关键，对于其他“生态文明示范区”建设具有重要的借鉴意义与参考价值。

纵览近期的国内学者研究成果发现，农业碳排放的研究主要集中在以下几个方面：农业碳排放量的测算[5-7]，农业碳足迹研究[8, 9]，农业碳减排潜力研究[10-12]，农业碳空间特征分析[4, 13]，农业碳排放效率研究[14]，农业碳排放影响因素研究[15]，农业碳排放绩效研究[16]和农业碳减排政策研究[17]等。总体而言，这些研究成果大大丰富了碳排放的研究体系，但现有的研究以碳排放总量测算居多且以大农业为主，畜牧业特别是生猪养殖业碳排放研究的研究相对甚少。

当前，对如何降低生猪养殖碳排放，特别是采取计量分析方法的研究较少，而且主要集中在国家层面，省市级研究尚不多见。脱钩（decoupling）理论最早是由经济合作与发展组织（OECD）系统论述，是一种有效评估经济发展与环境压力关系的方法；对数平均迪氏指数法（LMDI）是一种能够清晰分解出影响因素的方法；它们为测度和评价生猪养殖碳排放与经济发展之间的关系以及碳排放驱动因素分解提供了新思路[18, 19]。鉴于此，本文首先运用生命周期评价方法（LCA）科学构建生猪养殖碳排放测算体系，对江西省 2000—2014 年生猪养殖碳排放量进行测算，并分析其阶段特征；然后基于 Tapio 脱钩模型对江西省及 11 个市历年生猪养殖碳排放变化与经济发展之间的脱钩关系进行探讨评价；最后采用对数平均迪氏指数法（LMDI）对生猪养殖碳排放脱钩驱动因素进行分解分析，以期为江西省生猪养殖碳减排政策设计提供科学的参考与依据。

1 研究方法与数据来源

1.1 生猪养殖碳排放测算模型

生猪养殖碳排放是指生猪从幼仔养殖到出栏以及到猪肉产品销售的整个生命周期过

程中所产生并排放到空气中的 CH_4、N_2O、CO_2 等温室气体折算成 CO_2 当量的总和。由联合国粮农组织温室气体排放评估框架《2006 年 IPCC 国家温室气体清单指南》获知，生猪养殖直接的碳排放主要来源于生猪肠道发酵 CH_4 排放与粪便管理系统中 CH_4、N_2O 排放，间接的碳排放主要来源于饲料粮种植、饲料粮运输与加工、饲养环节耗能和猪肉产品屠宰加工等环节中能源与资源消耗所产生的 CO_2 排放。本文参照胡向东（2010）和孟祥海（2014）的研究成果[21, 22]，结合江西省生猪养殖的实际情况，运用生命周期评价方法（LCA），对饲料粮种植、饲料粮运输和加工、生猪肠道发酵、粪便管理系统、饲养环节耗能和猪肉产品屠宰加工等 6 大环节进行碳排放测算。据此，构建江西省生猪养殖碳排放测算公式如下（限于篇幅，此处未具体列出计算过程）：

$$C = E_{\mathrm{GF}} + E_{\mathrm{SM}} + E_{\mathrm{MT}} + E_{\mathrm{CD}} + E_{\mathrm{GE}} + E_{\mathrm{SF}} \tag{1}$$

式中：C —— 生猪养殖碳排放总量；

E_{GF} —— 饲料粮种植产生的碳排放量；

E_{SM} —— 饲料粮运输与加工产生的碳排放量；

E_{MT} —— 生猪肠道发酵 CH_4 排放产生的碳排放量；

E_{CD} —— 粪便管理系统中 CH_4、N_2O 排放产生的碳排放量；

E_{GE} —— 生猪饲养环节耗能产生的碳排放量；

E_{SF} —— 猪肉产品屠宰加工产生的碳排放量。

1.2 生猪养殖碳排放 Tapio 脱钩模型

碳排放脱钩概念是指经济增长与碳排放的关系不断弱化乃至消失的理想化过程，即在实现经济增长基础上，逐渐降低碳排放。OECD（2002）提出的脱钩理论，目的是打破经济发展与环境质量下降的耦合关系[23]。Tapio（2005）基于脱钩理论的基础之上提出弹性脱钩理论，通过构建经济发展与环境质量的关系链，同时将脱钩指标细化，不但克服了 OECD 脱钩理论误差大等缺陷，而且提高了脱钩测度的客观性、准确性和可操作性[24]。因此，本文基于 Tapio 脱钩理论的脱钩弹性计算公式如下：

$$T = \frac{(\Delta C / C)_t}{(\Delta \mathrm{SGDP} / \mathrm{SGDP})_t} \tag{2}$$

式中：T —— 脱钩弹性；

C 和 SGDP —— 分别为生猪养殖碳排放量和生猪业总产值；

ΔC 和 ΔSGDP —— 分别为生猪养殖碳排放变化量和生猪业总产值变化量；

$(\Delta C/C)_t$ —— t 年生猪养殖碳排放增长率，表征环境压力；

$(\Delta \mathrm{SGDP}/\mathrm{SGDP})$ —— t 年生猪业经济增长率，表征经济增长。

参照田云等（2012）和胡中应（2015）的研究[20, 25]，将脱钩弹性值按 0、0.8 和 1.2 为界限分成三大类：脱钩、负脱钩和连结，进一步细分成八小类：强脱钩、弱脱钩、衰退脱钩、强负脱钩、弱负脱钩、扩张负脱钩、增长连结和衰退连结，具体划分标准与弹性值如

图 1 所示。

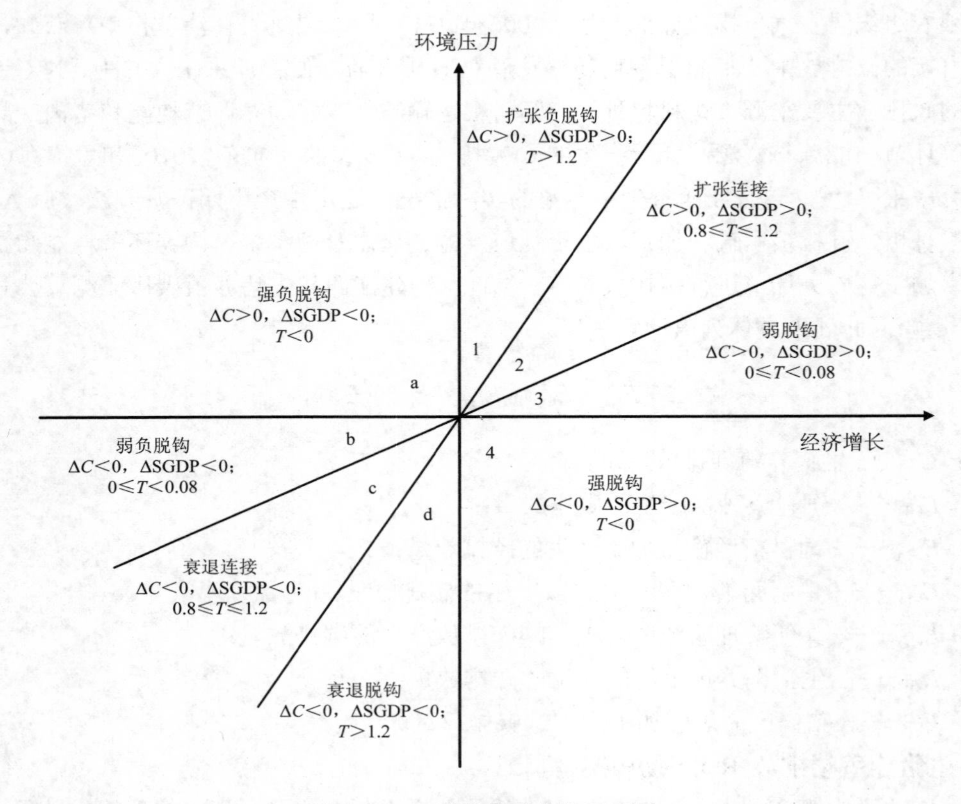

图 1 Tapio 脱钩类型分类示意图

1.3 生猪养殖碳排放驱动因素的 LMDI 分解模型

碳排放及其因素分解成已成为近年来学术界关注的热点问题，LMDI 模型因其满足因素可逆和能消除残差项的优点，成为了当前应用最广泛的碳排放因素分解模型之一。因此，本文依据 LMDI 分解模型，结合田云（2011）等[1]提出农业碳排放因素分解模型，将江西省生猪养殖碳排放驱动因素分解为效率、结构、经济发展和劳动力等 4 种因素，测量和分析技术效率变化、生猪产业结构变化、经济发展水平变化和劳动力数量变化对江西省生猪养殖碳排放的影响。基于 LMDI 分解模型将生猪养殖碳排放分解：

$$C=\frac{C}{\mathrm{SGDP}}\times\frac{\mathrm{SGDP}}{\mathrm{AGDP}}\times\frac{\mathrm{AGDP}}{\mathrm{SL}}\times\mathrm{SL}=\mathrm{EI}\times\mathrm{CI}\times\mathrm{SI}\times\mathrm{SL} \tag{3}$$

$$\Delta C=C_t-C_0=\Delta C_{\mathrm{EI}}+\Delta C_{\mathrm{CI}}+\Delta C_{\mathrm{SI}}+\Delta C_{\mathrm{SL}} \tag{4}$$

式中：C —— 生猪养殖碳排放量；

SGDP、AGDP 和 SL —— 分别为生猪业总产值、农林牧渔业总产值和农林牧渔业劳动力数量；

$EI = C / SGDP$ —— 生猪养殖碳排放量与生猪业总产值的比值，表示单位生猪业产值的碳排放强度，可引申为生猪生产效率变化对碳排放的影响，即效率因素；

$CI = SGDP / AGDP$ —— 生猪业总产值占农林牧渔业总产值的比重，表示生猪产业结构对碳排放的影响，即结构因素；

$SI = AGDP / SL$ —— 农林牧渔业总产值与农林牧渔业劳动力总量的比值，表示单位劳动力产值，代表农业经济发展水平对碳排放的影响，即经济发展因素；

SL —— 农林牧渔业劳动力数量，表示劳动力对碳排放的影响，即劳动力因素。

ΔC、ΔC_{EI}、ΔC_{CI}、ΔC_{SI} 和 ΔC_{SL} —— 分别表示生猪养殖碳排放的总效应、效率效应、结构效应、经济发展效应和劳动力效应。

各分解因素贡献值的具体计算公式如下：

$$\Delta C_{EI} = \sum \frac{C_t - C_0}{\ln(C_t / C_0)} \times \ln \frac{EI_t}{EI_0} \tag{5}$$

$$\Delta C_{CI} = \sum \frac{C_t - C_0}{\ln(C_t / C_0)} \times \ln \frac{CI_t}{CI_0} \tag{6}$$

$$\Delta C_{SI} = \sum \frac{C_t - C_0}{\ln(C_t / C_0)} \times \ln \frac{SI_t}{SI_0} \tag{7}$$

$$\Delta C_{SL} = \sum \frac{C_t - C_0}{\ln(C_t / C_0)} \times \ln \frac{SL_t}{SL_0} \tag{8}$$

1.4 数据来源及处理

本文中生猪出栏量、猪肉产量、生猪业生产总值、农林牧渔业生产总值、农林牧渔业从业人数数据均来源于历年《江西统计年鉴》和各个市的历年统计年鉴，生猪养殖碳排放测算系数主要来源于 IPCC 和已有研究成果。生猪养殖数据参照当年生猪出栏量进行了适当修正，同时为剔除价格因素，采用 GDP 可比价，以 2000 年作为价格基准年。

2 结果与分析

2.1 江西省生猪养殖碳排放变动特征

根据运用生命周期评价方法（LCA）构建的生猪养殖碳排放测算体系，测算得到 2000—2014 年江西省生猪养殖碳排放量以及碳排放强度，其变化趋势如图 2 所示。如图 2 显示，江西省生猪养殖碳排放量总体呈现明显上升的趋势。由 2000 年的 527.62 万 t 增至 2014 年的 914.72 万 t，增长了 73.37%，年均增长率为 4.01%。从江西省生猪养殖碳排放总量变动趋势上看，呈现“先下降后上升”的两阶段变化特征。第一阶段为 2000—2002 年，生猪养殖碳排放量呈现缓慢下降的趋势，由 527.62 万 t 下降到 513.58 万 t，年均下降 1.36%。其可能原因是非农就业机会的增加和非农工资水平的提高，增加了生猪养殖的机会成本，降低了农民从事生猪养殖的积极性，生猪养殖碳排放量出现了一定程度的下降[20]。第二阶段为 2004—2014 年，生猪养殖碳排放呈现明显的上升态势。可能原因：一方面是政策的推动，2004 年我国出台了第一份聚焦“三农”问题的中央一号文件开始，政府连续十几年来都把“三农”作为重点关注问题，出台了各种惠农政策；同时江西省为促进畜牧业健康稳定的发展，也陆续出台了许多支持畜牧业健康发展的相关政策，生猪养殖基数的增加使得江西省生猪养殖碳排放明显的上升。另一方面随着人们消费结构中肉类消费的增加，生猪养殖数量增加。程广燕（2015）等发现 2012 年中国人均肉类消费量为 62.7 kg，与 2000 年相比增加了 30.1%年均增速达 2.2%，中国已成为世界上肉类消费增速最快的国家，肉类消费结构的转变以及消费总量的增加使得生猪碳排放上升明显[26]。其中，在 2006 年出现异常情况，碳排放总量相对于 2005 年出现下降的态势，其主要原因：在 2006 年出现了大范围的生猪“蓝耳病”，导致生猪出栏数量大幅下降，使得生猪养殖碳排放量下降。

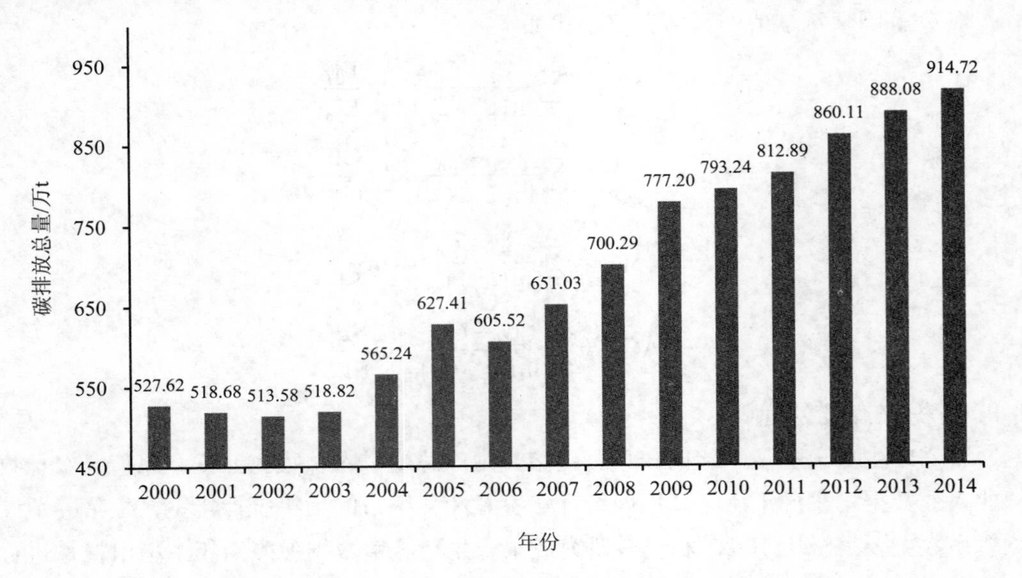

图 2 2000—2014 年江西省生猪养殖碳排放总量

2.2 生猪养殖碳排放与经济发展脱钩分析

基于 Tapio 脱钩模型，得出 2000—2014 年江西省生猪养殖碳排放与经济发展的脱钩关系，具体类型如表 1 所示。

表 1 2000—2014 年江西省生猪养殖碳排放与经济发展的脱钩关系

年份	$\Delta C/C$（环境压力）	ΔSGDP/SGDP（经济增长）	脱钩弹性 T	脱钩类型
2000—2001	−0.016 9	−0.013 3	1.270 1	衰退脱钩
2001—2002	−0.009 8	−0.003 5	2.816 5	衰退脱钩
2002—2003	0.010 2	0.073 1	0.139 5	弱脱钩

年份	$\Delta C/C$（环境压力）	ΔSGDP/SGDP（经济增长）	脱钩弹性 T	脱钩类型
2003—2004	0.089 5	0.365 9	0.244 5	弱脱钩
2004—2005	0.110 0	0.127 4	0.863 5	增长连接
2005—2006	−0.034 9	−0.080 0	0.436 0	衰退连接
2006—2007	0.075 2	0.322 7	0.232 9	弱脱钩
2007—2008	0.075 7	0.345 1	0.219 3	弱脱钩
2008—2009	0.109 8	−0.060 2	−1.823 1	强负脱钩
2009—2010	0.020 6	0.049 5	0.417 3	增长连接
2010—2011	0.024 8	0.314 7	0.078 7	弱脱钩
2011—2012	0.058 1	−0.010 7	−5.437 4	强负脱钩
2012—2013	0.032 5	0.038 1	0.854 2	增长连接
2013—2014	0.030 0	−0.024 1	−1.242 8	强负脱钩
2000—2014	0.733 7	2.455 5	0.298 8	弱脱钩

从表 1 可知，2000—2014 年江西省生猪养殖碳排放与经济发展的关系总体呈显弱脱钩，即生猪业保持经济正向增长，其增速快过生猪养殖碳排放增长速度，是一种相对理想的状态。具体而言，生猪养殖碳排放与经济发展之间又有明显的阶段性特征，可以划分为 3 个阶段：

（1）衰退脱钩稳定阶段（2000—2002 年），这一时期江西省生猪养殖碳排放与经济发展呈稳定的衰退关系，即生猪业产值缓慢的衰退，生猪养殖碳排放大幅下降。可能因为：与前文分析类似，受非农就业机会增加和非农工资水平较高的影响，农户从事生猪养殖的机会成本不断上升，降低了农户从事生猪养殖的积极性，导致生猪养殖数量减少，生猪业经济增长出现一定的衰退[2]。同时，生猪养殖经济效益差、养殖效率低、污染程度高的农户率先离开生猪养殖行业，从而使得生猪养殖碳排放短时间内出现大幅下降[20]。

（2）弱脱钩波动阶段（2003—2008 年），这一时期江西省生猪养殖碳排放与经济发展主要呈现弱脱钩的特征，整体趋势良好。生猪业产值和生猪碳排放同时增长，且生猪业经济发展增速快于生猪养殖碳排放增速。其中，2004—2006 年，脱钩状态出现波动，呈现“弱脱钩—增长连接—衰退连接—弱脱钩”特征。可能原因：国家惠农政策增加了农户养殖的积极性，以及生猪逐渐由散养向规模化养殖转型，使得生猪业经济发展与生猪养殖碳排放呈现增长连接的特征。2006 年生猪“蓝耳病”的大范围出现一定程度上抑制了生猪业经济发展，使得生猪业产值和生猪养殖碳排放同时下降，呈现出衰退连接的脱钩特征。

（3）强负脱钩增长阶段（2009—2014 年），这一时期江西省生猪养殖碳排放与经济发展主要呈现强负脱钩的特征，即生猪业产值相对衰退，而生猪养殖碳排放呈明显增长的态势。该阶段值得警惕，是不可取的状态，在生猪业产值相对衰退的趋势下，需要对生猪养殖碳排放总量进行适当的控制。

在此基础上，进一步运用 Tapio 脱钩模型对 2000—2014 年江西省 11 市级层面的生猪养殖碳排放与经济发展的关系进行评价，结果如表 2 所示。

表 2　2000—2014 年江西省 11 市生猪养殖碳排放与经济发展的脱钩关系

地区	$\Delta C/C$（环境压力）	ΔSGDP/SGDP（经济增长）	脱钩弹性 T	脱钩类型
南昌市	0.744 5	2.401 7	0.310 0	弱脱钩
景德镇市	0.257 2	1.444 5	0.178 0	弱脱钩
萍乡市	1.217 1	3.332 3	0.365 2	弱脱钩
九江市	0.403 9	1.930 8	0.209 2	弱脱钩
新余市	0.577 4	2.145 6	0.269 1	弱脱钩
鹰潭市	0.863 0	2.601 4	0.331 8	弱脱钩
赣州市	0.907 0	2.834 5	0.320 0	弱脱钩
吉安市	0.791 1	2.586 3	0.305 9	弱脱钩
宜春市	0.989 4	3.046 7	0.324 7	弱脱钩
抚州市	0.274 9	1.461 3	0.188 1	弱脱钩
上饶市	0.645 3	2.242 3	0.287 8	弱脱钩

从表 2 可知，2000—2014 年，南昌市、景德镇市、萍乡市、九江市、新余市、鹰潭市、赣州市、吉安市、宜春市、抚州市和上饶市的生猪养殖碳排放与经济发展的脱钩弹性 T 都处于 0～0.8，脱钩关系都是处于弱脱钩状态，这些地区生猪业发展的增速快于生猪养殖碳排放的增速，脱钩状态相对理想。从环境压力角度看，萍乡市、宜春市和赣州市居全省前三位，生猪养猪碳排放增长速度最快，需要采取相应的措施降低生猪养殖碳排放增长速度；从经济发展的角度来看，萍乡市、宜春市和赣州市同样居全省前三位，生猪业经济发展增速最快；因此如何处理好经济与环境协调发展，是未来一段时间将要持续关注的重点问题。

2.3　基于 LMDI 的江西省生猪养殖碳排放驱动因素分析

基于 LMDI 模型计算方法，并结合前文测算的 2000—2014 江西省生猪养殖碳排放量，进行相关分析，得出江西省生猪养殖碳排放驱动因素分解结果如表 3 所示。

表 3　2000—2014 年江西省生猪养殖碳排放驱动因素分解结果　　单位：万 t

年份	效率效应	结构效应	经济发展效应	劳动力效应	总效应
2000—2001	−1.913	−27.276	26.439	−6.188	−8.939
2001—2002	−3.297	−23.715	13.874	8.036	−5.103
2002—2003	−31.174	25.820	40.215	−29.628	5.234
2003—2004	−122.491	46.512	124.186	−1.787	46.421
2004—2005	−9.261	23.700	47.863	−0.131	62.170
2005—2006	29.523	−95.790	44.444	−0.068	−21.891
2006—2007	−130.143	81.502	98.737	−4.584	45.512
2007—2008	−150.945	89.774	110.958	−0.525	49.262
2008—2009	122.765	−78.755	39.074	−6.176	76.908

年份	效率效应	结构效应	经济发展效应	劳动力效应	总效应
2009—2010	−21.867	−23.725	65.162	−3.527	16.043
2010—2011	—200.033	99.559	136.653	−16.526	19.653
2011—2012	56.196	−78.731	98.582	−28.832	47.215
2012—2013	−4.687	−30.265	84.064	−21.143	27.969
2013—2014	48.661	−72.378	72.025	−21.669	26.639
合计	−418.666	−63.767	1 002.276	−132.748	387.095

经济发展是江西省生猪养殖碳排放增长的主要驱动因素，意味着经济发展因素对江西省生猪养殖碳排放增加起着正向促进的作用。与 2000 年相比，2001—2014 年经济发展因素累积产生了 189.96%（1 002.276 万 t）的生猪养殖碳排放增量。这表明，保持其他因素不变，由于经济发展水平的提高使得江西省生猪养殖碳排放年均递增约 71.591 万 t。经济发展效应的绝对值呈现出先波动上升后缓慢下降的趋势，在 2013 年达到了 136.653 万 t 的峰值。江西省是生猪养殖大省，承担着农副产品生产的重要责任，且生猪养殖业仍然是畜牧业的主导产业，是农民增收的有效途径之一。伴随着农业经济进一步发展，生猪养殖基数仍将不断攀升。因此，在短时期内经济发展因素仍将是导致江西省生猪养殖碳排放增加的主导因素。

效应因素、结构因素和劳动力因素都在不同程度上抑制了江西省生猪养殖碳排放，意味着这三大因素促进了江西省生猪养殖碳排放的下降。相比于 2000 年，2001—2014 年三大因素累积了 116.59%（615.181 万 t）的生猪养殖碳减排量。其中，效率因素提升是生猪养殖碳减排的主要驱动因素，14 年间累积实现了 79.35%（418.666 万 t）的生猪养殖碳减排。这表明，保持其他因素不变，由于生产效率的提高使得生猪养殖碳排放年均递减约 29.905 万 t。总体而言，效率因素负向驱动生猪养殖碳排放。可能的原因：生猪养殖技术的进步与推广和生猪规模化养殖促进了规模经济的出现降低了资源、能源的消耗，降低了碳排放量。结构因素在 14 年间累积实现 12.09%（63.767 万 t）的生猪养殖碳减排量，若其他因素保持不变，表明由于生猪产业结构的不断优化使得生猪养殖碳排放年均递减约 4.555 万 t。从表 3 可以看出，从 2011 年开始，结构因素一直负驱动碳排放，产业结构日趋合理化。劳动力因素在 14 年间累计实现 25.16%（132.748 万 t）的生猪养殖碳排放减量，若其他因素保持不变，表明由于农林牧渔业从业人员的变化使得生猪养殖碳排放年均递减约 9.482 万 t。总体而言，劳动力效应绝对值呈现出波动上升的趋势，劳动力因素负驱动碳排放。可能的原因：农林牧渔业从业人员不断减少已是大势所趋，随着生猪产业集约化、规模化和科学化养殖模式的推动，以及从业人员专业技术水平的不断提高，从而降低了生猪养殖碳排放量。

3 结论与政策建议

3.1 主要结论

本文运用生命周期评价方法（LCA）构建生猪养殖碳排放测算体系对江西省 2000—2014 年生猪养殖碳排放量进行测算，采用 Tapio 脱钩模型和 LMDI 模型实证分析江西省生猪养殖碳排放与经济发展的脱钩情况及其驱动因素。研究结果表明：

（1）2000—2014 年，江西省生猪养殖碳排放量呈现明显上升趋势，由 2000 年的 527.62 万 t 增至 2014 年的 914.72 万 t，增长了 73.37%。

（2）2000—2014 年，江西省的生猪养殖碳排放与经济发展均呈现弱脱钩关系，生猪业产值增速快于生猪养殖碳排放增速，江西省生猪养殖碳排放与经济发展较为协调。具体而言，脱钩关系有明显的阶段性特征，可以划分为 3 个阶段：以稳定型衰退脱钩为主要特征的第一阶段（2000—2002 年）；以波动型弱脱钩为主要特征的第二阶段（2003—2008 年）；以增长型强负脱钩为主要特征的第三阶段（2009—2014 年）。江西省 11 个市的脱钩关系都处于弱脱钩状态，环境压力与经济增长的矛盾较为缓和，是相对理想的状态。

（3）经济发展因素是江西省生猪养殖碳排放增长的主要驱动因素，与 2000 年相比，2000—2014 年产生了 189.96%的生猪养殖碳排放增量；效应因素、结构因素和劳动力因素则降低了江西省生猪养殖碳排放量，与 2000 年相比，2000—2014 年分别累积实现了 79.35%、12.09%和 25.16%的生猪养殖碳减排，其中效率因素对江西省生猪养殖碳减排的贡献力度最大。

3.2 政策建议

结合前文研究结论，为缓解江西省生猪养殖碳减排压力，提出以下几点政策建议：

（1）鼓励技术创新。LMDI 模型分解结果表明效率是有效抑制生猪养殖碳排放增长的最大贡献因素，显著地降低了生猪养殖碳排放量。因此，政府应大力鼓励技术创新，强化低碳养殖技术和清洁处理技术的研发与应用，提升饲料转化效率和生猪养殖的产出效率。同时鼓励种养结合，按照“减量化、资源化、无害化”的原则，大力发展生猪养殖业循环经济，形成“废弃物-沼气-有机肥”的生态养殖和循环经济模式，最终实现生猪养殖碳减排。

（2）优化产业结构。经济发展因素是碳排放增加的主要驱动因素，是江西省生猪产业能够快速发展的重要因素，想要通过控制经济发展来有效抑制碳排放是不可取之策。因此，应该通过提高经济发展质量、转变经济发展方式和优化产业结构，逐步摒弃传统的生猪养殖模式，坚持走资源节约型、环境友好型的道路。积极推广生猪规模化、集约化和标准化养殖模式，来实现经济发展与降低碳排放“双赢”的目标。

（3）加强从业人员培训，树立低碳生产意识。劳动力是有效降低碳排放的重要贡献因素，因此应该加强畜禽清洁生产和养殖技术培训，提高从业人员的清洁生产意识和专业技术。同时应该加大宣传教育力度，让从业人员了解温室气体对气候的危害，树立低碳生产意识。

（4）制订长期碳减排计划。江西省人民政府应结合本省生猪养殖实际情况，制订长期的生猪养殖碳减排计划，将减排计划分解至各个阶段，循序渐进。逐步形成“政府引导、企业参与、农户主导、技术推广部门助力”的格局，大力构建生猪养殖碳减排“四位一体”长效发展机制。在保持生猪业经济快速发展的同时，避免大幅增加生猪养殖的碳排放量，降低单位产值的生猪养殖碳排放强度将是今后江西省生猪养殖碳减排切实的发展思路与实现路径。

参考文献

[1] 田云，张俊飚，李波. 基于投入角度的农业碳排放时空特征及因素分解研究——以湖北省为例[J]. 农业现代化研究，2011（6）：752-755.

[2] 田素妍，郑微微，周力. 中国低碳养殖的环境库兹涅茨曲线特征及其成因分析[J]. 资源科学，2012，34（3）：481-493.

[3] 沈能，王艳，王群伟. 集聚外部性与碳生产率空间趋同研究[J]. 中国人口·资源与环境，2013（12）：40-47.

[4] 程琳琳，张俊飚，田云，等. 中国省域农业碳生产率的空间分异特征及依赖效应[J]. 资源科学，2016（2）：276-289.

[5] 闵继胜，胡浩. 中国农业生产温室气体排放量的测算[J]. 中国人口·资源与环境，2012（7）：21-27.

[6] 吴贤荣，张俊飚，田云，等. 中国省域农业碳排放：测算、效率变动及影响因素研究——基于DEA-Malmquist 指数分解方法与 Tobit 模型运用[J]. 资源科学，2014，36（1）：129-138.

[7] 田云，张俊飚，李波. 中国农业碳排放研究：测算、时空比较及脱钩效应[J]. 资源科学，2012（11）：2097-2105.

[8] 黄祖辉，米松华. 农业碳足迹研究——以浙江省为例[J]. 农业经济问题，2011（11）：40-47.

[9] 赵荣钦，黄贤金，钟太洋. 中国不同产业空间的碳排放强度与碳足迹分析[J]. 地理学报，2010（9）：1048-1057.

[10] 吴贤荣，张俊飚，程琳琳，等. 中国省域农业碳减排潜力及其空间关联特征——基于空间权重矩阵的空间 Durbin 模型[J]. 中国人口·资源与环境，2015（6）：53-61.

[11] 吴贤荣，张俊飚，田云，等. 基于公平与效率双重视角的中国农业碳减排潜力分析[J]. 自然资源学报，2015（7）：1172-1182.

[12] 姜静，田伟. 中国农业碳排放时空特征及碳减排潜力分析[J]. 黑龙江畜牧兽医，2016（4）：226-229.

[13] 高鸣，宋洪远. 中国农业碳排放绩效的空间收敛与分异——基于 Malmquist-Luenberger 指数与空间计量的实证分析[J]. 经济地理，2015，35（4）：142-148，185.

[14] 张广胜，王珊珊. 中国农业碳排放的结构、效率及其决定机制[J]. 农业经济问题，2014（7）：18-26.

[15] 贺亚亚，田云，张俊飚. 湖北省农业碳排放时空比较及驱动因素分析[J]. 华中农业大学学报（社会科学版），2013（5）：79-85.

[16] 吴贤荣，张俊飚，朱烨，等. 中国省域低碳农业绩效评估及边际减排成本分析[J]. 中国人口·资源与环境，2014（10）：57-63.

[17] 田云，张俊飚. 中国农业碳排放研究回顾、评述与展望[J]. 华中农业大学学报（社会科学版），2014（2）：23-27.

[18] 黄和平，彭小琳. 脱钩视角下城市土地利用效率变化与提升策略——以南昌市为例[J]. 资源科学，2016（3）：493-500.

[19] 潘丹，孔凡斌. 鄱阳湖生态经济区畜禽养殖污染与产业发展的关系——基于脱钩和 LMDI 模型的实证分析[J]. 江西社会科学，2015（6）：49-55.

[20] 胡向东，王济民. 中国畜禽温室气体排放量估算[J]. 农业工程学报，2010（10）：247-252.

[21] 孟祥海，程国强，张俊飚，等. 中国畜牧业全生命周期温室气体排放时空特征分析[J]. 中国环境科学，2014（8）：2167-2176.

[22] OECD. Indicators to Measure Decoupling of Environmental Pressure From Economic Growth[R]. Paris. OECD，2002.

[23] Tapio P. Towards a Theory of Decoupling：Degrees of Decoupling in the EU and the Case of Road Traffic in Finland Between 1970 and 2001[J]. Journal of Transport Policy，2005，12（2）：137-151.

[24] 田云，张俊飚，李波. 湖北省农地利用碳排放时空特征与脱钩弹性研究[J]. 长江流域资源与环境，2012（12）：1514-1519.

[25] 胡中应. 安徽省农业碳排放驱动因素及脱钩效应研究[J]. 安庆师范学院学报（社会科学版），2015（6）：74-78.

[26] 程广燕，刘珊珊，杨祯妮，等. 中国肉类消费特征及 2020 年预测分析[J]. 中国农村经济，2015（2）：76-82.

生态文明背景下的大气污染经济损失评估
——以陕北国家级能源化工基地为例

Ecological Civilization under the Background of Atmospheric Pollution Damage Economic Assessment
——Based on the National Energy Chemical Industry Base of North Shaanxi

李瑞[①] 常菁 邓嘉琳
（西安财经学院西部能源经济与区域发展研究中心，西安 710100）

摘 要 传统能源的粗放式开采与低效率使用不仅造成了严重的大气污染，同时也带来了巨大的经济损失。本文尝试引入 $PM_{2.5}$ 等指标，结合市场法和 CVM 法，对陕北资源富集区 2003—2012 年的大气污染损失进行经济评估。研究结果表明，2012 年陕北地区人均大气污染损失达到 1 668.07 元，相比 2003 年增长了 5.54 倍，年平均增长率高达 10%。其中，人体健康损失、清洗费用损失较为严重，大气污染治理刻不容缓。

关键字 大气污染 $PM_{2.5}$ 资源富集区 经济损失

Abstract Inefficient use for most of traditional energy caused serious air pollution. It also caused huge losses for agricultural production. This essay used $PM_{2.5}$ as an indicator, the market method and CVM method to assess the loss in resource-rich region in northern of Shaanxi. The results show that: In 2012, northern Shaanxi atmospheric pollution losses per capita 1 668.07 yuan, compared with 2 003 increased by 5.54 times, atmospheric pollution losses average annual growth rate of 10%. Among them, Human health loss and cleaning fee loss too heavy, worthy of attention.

Keywords atmospheric pollution, $PM_{2.5}$, resource enrichment region, economic losses

① 李瑞，男，湖北十堰人，西安财经学院西部能源经济与区域发展研究中心副教授，博士。研究方向：生态环境经济。电话：17602976062，邮箱：doctorlirui@163.com。地址：陕西省西安市长安区韦常路南段 2 号（710100）。

引言

改革开放以来，随着我国经济的快速发展，环境污染问题日益严重，粗放型经济增长造成的生态环境破坏日益凸显。陕北作为陕西省乃至全国重要的资源富集区，其石油储量达到 19.8 亿 t，居全国第五位；天然气储量高达 7 000 多亿 m^3，居全国第三位；煤炭储量 1 505 亿 t，居全国第三位，该地区经济的快速发展对中国经济增长起到了重要的引擎作用。然而，陕北地区经济增长的背后是粗放式的资源开采与大量的资源消耗，正因为其自身的资源条件和能源消费结构，使得该地区生态环境污染十分严重。根据《环境空气质量标准》（GB 3095—2012）与评价环境空气质量的监测结果显示：2014 年陕北地区的细颗粒物（$PM_{2.5}$）、可吸入颗粒物（PM_{10}）、二氧化氮、一氧化碳和臭氧浓度均严重超标，治理大气污染已刻不容缓。党的十八大将生态文明提到国家战略高度，在“一带一路”建设的大背景下，运用现代科学方法，综合评估丝绸之路经济带重要节点的陕北地区大气污染经济损失，是陕北资源富集区建设生态文明的首要任务。本文研究成果一方面为地区政府部门在制定区域发展政策及生态环境管理决策时提供科学理论依据，同时也为陕北乃至整个西部地区生态补偿机制的构建提供技术支持。

1 文献综述

国外学者对环境污染经济损失的研究始于 20 世纪 60 年代。1967 年罗纳德 · 里德科尔（Ronald Ridker）应用人力资本法计算了 1958 年美国大气污染造成的人体死亡经济损失，该研究测算了大气污染引起的不同疾病死亡损失，研究成果表明 1958 年美国大气污染造成的人体健康经济损失高达 80.2 亿美元。该项研究初次使用房地产价值评估法研究了环境质量改善所产生的价值，是评价大气污染造成人体健康经济损失的开端[1]。1993 年，迈里克 · 弗里曼对环境价值评估方法进行了划分，将其分为直接环境价值评估法与间接环境价值评估法。Euston Quah 以新加坡为研究样本，应用相关大气污染经济损失评估方法，测算了 PM_{10} 对人口死亡率、发病率的影响，计算结果表明，新加坡大气 PM_{10} 的污染成本巨大，达到年 GDP 的 4.31%。Delucchi Mark 综合运用损害函数分析法、享乐价格法、条件价值法研究了美国大气污染造成的人体健康损失。Seung-Jun Kwak 利用多属性效用理论法对韩国大气污染经济损失进行了测算。W. R. Dubourg 通过相关剂量-反应函数测算了英国汽车尾气造成的污染损失，该研究将汽车尾气排放的铅作为主要污染因子，研究结果表明该污染因子造成了较大经济损耗。国外对大气污染主要污染因子的相关研究表明：PM_{10}、$PM_{2.5}$、SO_2 会提高人加速死亡的风险，PM_{10} 和 $PM_{2.5}$ 会导致门诊病人、急诊病人及住院病人人数的增加，$PM_{2.5}$ 是引起工作日损失的主要污染因子。

国外学者对我国环境污染经济损失也进行了大量评估分析。1996 年，Vaclav Smil 以中国为研究样本，测算分析了 1958 年中国环境污染经济损失，并首次在研究中用值域来表示结果，该方法很好地反映出了估算过程中的不确定性。1997 年，世界银行的《蓝天碧水：世纪中国的环境》研究报告显示，中国大气污染和水污染造成的经济损失高达 540 亿美元/a，约占当年 GDP 的 8%。2007 年，世界银行将 PM_{10} 作为中国大气污染主要污染因子，对 2003 年中国大气污染经济损失进行了测算，测算结果表明中国大气污染造成的人体健康人均经济损失为 1 570 亿～5 290 亿元，占当年国民生产总值的 1.2%～3.8%。

我国对于环境污染经济损失的研究起步较晚。1984 年，过孝民等首次对全国环境污染造成的经济损失进行了估算[2]，其研究侧重于对环境污染经济损失的计算，对生态破坏所造成的经济损失计算相对较少。桑燕鸿等采用修正的人力资本法，分析了大气污染对人体健康造成经济损失的影响因素，估算了广东省因大气污染引起的过早死亡人力资本损失和慢性支气管炎发病人力资本损失[3]。沈晓文等采用修正的人力资本法，定性评估了 2011 年昆明市因大气污染造成的人体健康损失，研究结果显示，2011 年昆明市因大气污染造成的人体健康经济损耗高达 10.1 亿元，占当年 GDP 的 0.4%。王兰云等研究了大气污染对农业生产的危害及防治，研究表明大气污染对农业生态环境的损害日趋严重，直接影响农作物、果树、蔬菜、饲料作物的正常生长，导致农业生产经济损失加剧[4]。李国平等综合运用市场价值法、人力资本法和防护费用法，对陕北地区煤炭资源开采过程中的生态环境损失价值进行了评估[5]。高黎红、吴文洁以 2008 年数据为基础，对榆林市大气污染的环境代价进行了测度[6]。

综上分析，我国学术界对一般性的环境污染损失评估的研究经验已较为丰富，但针对典型功能区域如资源富集区大气污染损失评估研究还比较薄弱。本文基于生态文明的视角，采用市场价值法、CVM 法等对陕北资源富集区的大气污染损失进行了经济评估，尝试进一步拓展针对典型性生态脆弱区域大气污染经济损失评估领域的研究基础。

2 研究设计

本文将大气污染造成的经济损失划分为人体健康损失、农作物损失、建筑材料损失和清洗费用损失四个方面。在人体健康损失的测算中，引入 $PM_{2.5}$ 作为重要评价指标，结合市场法和 CVM 法，对陕北资源富集区 2003—2012 年的大气污染进行经济损失评估。

2.1 人体健康经济损失评价方法

定量评价 $PM_{2.5}$ 造成人体健康损失的关键是将 $PM_{2.5}$ 的浓度变化与人群健康效应终点的变化建立关联，本文采用剂量-反应关系将二者联系起来。设定 $PM_{2.5}$ 浓度下的人群健康效应值为 E：

$$E = e^{[\beta \times (C - C_0)]} \times E_0 \tag{1}$$

式中：β —— $PM_{2.5}$ 与人群健康效应终点的剂量-反应关系系数；

C —— $PM_{2.5}$ 引起居民健康效应的实际浓度；

C_0 —— 未能引起居民健康效应的 $PM_{2.5}$ 浓度；

E —— $PM_{2.5}$ 实际浓度下人群健康效应（各健康效应终点的发生频率）；

E_0 —— 不会引起人群健康效应的 $PM_{2.5}$ 浓度下人群各健康效应终点的发生频率。

本文利用 $PM_{2.5}$ 剂量-反应关系系数及相关居民健康效应的关系，采用支付意愿法、疾病成本法来估算大气污染造成的人体健康经济损失。具体计算公式：

$$\mathrm{EC} = P \times (E - E_1) \times \mathrm{HC} \tag{2}$$

式中：EC —— 污染因子 $PM_{2.5}$ 引起居民健康危害的经济损失；

P —— 现污染水平下总的暴露人数；

HC —— 人口的各个健康效应终点的经济价值；

E_1 —— 不能引起人群健康效应的 $PM_{2.5}$ 浓度下的人群健康效应；

E —— 颗粒物 $PM_{2.5}$ 的实际浓度下人群健康效应。

借鉴於方等[7]、谢元博等[8]、殷永文等[9]学者有关 $PM_{2.5}$ 暴露-反应关系系数及相关居民健康效应和健康效应终点的经济价值的数据进行计算，具体数据如表 1 和表 2 所示。

表 1　$PM_{2.5}$ 暴露-反应关系系数及相关居民健康效应

健康效应终点	β	95% CI	E	E_1
呼吸系统死亡率	0.014 30	0.008 5～0.020 1	0.000 90	0.000 58
心血管疾病死亡率	0.005 30	0.001 5～0.009 0	0.008 50	0.007 25
哮喘患病率	0.021 00	0.014 5～0.030 0	0.006 27	0.003 33

*β为暴露-反应关系系数，指 $PM_{2.5}$ 的浓度每变化 1 μg/m³，人群各项健康效应终点相应的变化比例；E 为 $PM_{2.5}$ 的实际浓度下人群健康效应；E_1 为不能引起人群健康效应的 $PM_{2.5}$ 浓度下的人群健康效应。

表 2　各健康效应终点的经济价值

健康效应终点	HC/（万元/人）	主要评价方法
呼吸系统死亡变化	89	支付意愿法
心血管疾病住院人数	0.86	支付意愿法
哮喘发作	0.004 1	支付意愿法

2.2　农业经济损失评价方法

大气污染造成的农业经济损失是指因大气污染导致的粮食、水果、蔬菜减产所造成的损失。大气污染会造成农作物质量及产量下降，质量和产量的下降会影响农产品的市场价格从而影响收入。在测度大气污染引起的农作物损失时，本文主要考虑 SO_2、NO_x、PM_{10} 对农作物造成的减产损失，采用污染损失率法对其进行计算。

某种污染物对环境质量造成的损失率称为污染损失率，即一定浓度的污染物所造成的经济损失与环境质量价值之比。当环境中不只存在一种污染物时，则需要考虑多种污染物造成的综合污染损失，其计算公式：

$$R_i^{(n)} = R_i^{(n-1)} + [1 - R_i^{(n-1)}] \times R_i^n \tag{3}$$

式中：$R_i^{(n)}$ —— 综合损失率；

$R_i^{(n-1)}$ —— 没增加污染物时的损失率；

R_i^n —— 新增加的污染物的损失率，即总损失率为原有损失率与增加的损失率之和。

因为大气中含有多种污染物，所以这些污染物对农业造成的综合污染损失率可以用 R 表示。$R=1/[1+A\times\exp(-B\times C)]$；$R=S/K$；其中，$S$ 代表农作物的损失；K 代表农作物的产值；A、B 代表一种参数，参数的选择按照不同污染物的环境标准并结合生理学标准，由污染物的特性决定；$C=c/c_0$ 其中，c 为污染物浓度，c_0 为国家环境三级标准浓度；其中，二氧化硫浓度为 0.1 mg/m^3、氮氧化物浓度为 0.1 mg/m^3、PM_{10} 浓度为 0.15 mg/m^3。

本文中 A、B 参数对应每种污染物的具体取值如下：

	TSP（PM_{10}）	SO_2	NO_x
A	225.77	225.97	1 023.82
B	13.8	27.73	55.45

2.3 建筑材料经济损失评价方法

大气污染对建筑物造成的损失，主要是指大气污染对户外暴露材料造成的损失。户外暴露材料种类繁杂，数量庞大，大气污染物对不同的户外暴露材料影响各不相同，因此在测算大气污染造成的建筑材料经济损失时，应选取暴露程度较大或美学价值高的代表材料进行测算。

大气污染对建筑材料的损害主要以 SO_2 产生的酸雨为主，其表现为建筑材料的磨损和结构的毁坏。计算大气污染引起的建筑材料经济损失主要有三种方法：质量损失算法、材料生命值法、工业设备折算法。其中，质量损失算法、材料生命值法可以较详细地测算该经济损失，但由于陕北地区相关数据的缺失，本文采用工业设备折算法计算大气污染造成的建筑材料经济损失。

2.4 清洗费用损失评价方法

清洗费用损失分家庭清洗费用损失和车辆清洗费用损失两部分。本文采用人力资本法计算大气污染引起的家庭清洗费用的增加，并根据一定的剂量-反应关系测算出因为大气污染而增加的清洗时间，按照多支出的劳工价值进行计算：

$$S = P \times \Delta d \times M + F \tag{4}$$

式中：S —— 家庭清洁费；

M —— 总户数；

Δd —— 与清洁区对照每户多用于清洗的时间；

P —— 人均日工资；

F —— 清洁用品消耗费（按劳务费的 20%计算）。

车辆清洗费用的计算即根据车辆清洗的费用、因大气污染增加的洗涤次数计算出在大气污染状况下城市车辆的清洗费用的增加。

$$S = C \times M \times T \tag{5}$$

式中：S—— 车辆清洗费；

C—— 机动车平均清洗费用；

M—— 机动车的数量；

T—— 因污染增加的清洗次数。

3 数据来源及评估结果

3.1 数据来源及说明

人体健康经济损失评价数据。2012 年医疗护理费用采用《中国卫生统计年鉴》数据，2003—2011 年的医疗费用由医疗保健品价格指数平减得出。

农业经济损失评价数据。农作物产值由农作物产量与当年农作物价格计算得出。污染物标准浓度采用 GB 3095—1996 三级标准浓度，由于延安市 2003—2009 年污染物的年平均浓度没有统计，故采用陕西省 2003—2009 年污染物的年平均浓度代替；PM_{10}、二氧化硫、二氧化氮浓度值数据来自《榆林市环境质量报告》《延安市环境质量报告》；根据《陕西省统计年鉴》和延安市“九五”环境质量报告提供的技术数据，2003—2007 年取 TSP 浓度，2007—2012 年取 PM_{10} 浓度。

建筑材料经济损失评估数据。因陕西省有关工业设备投资的数据没有统计，加之陕北地区主要发展能源工业（煤炭、石油、天然气、电力、燃气及水的生产和供应），因此本文用陕北地区的能源工业投资代替工业设备投资。

清洗费用损失评价数据。《陕西省统计年鉴》中没有统计人均日工资，故榆林市、延安市的人均日工资由年平均工资计算得出，其中，每年按 251 个工作日计算。与清洁区对照每户多用于清洗的时间，取山西省的研究结果：污染区居民每人每年家庭清洗和清扫时间比清洁区多 9 d，由于陕北与山西情况类似，因此该数据可作为有效数据。机动车数量选取民用汽车拥有量，陕西省对于机动车的清洗费用没有统计，根据市场调查，2012 年陕北地区机动车平均清洗费用为 25 元/次，2003—2011 年机动车清洗费用由 CPI 指数平减修正。

本文中其余数据均来自 2003—2013 年《陕西省统计年鉴》《榆林市统计年鉴》《延安市统计年鉴》。

3.2 评估结果及分析

3.2.1 人体健康经济损失

计算结果显示陕北地区因大气污染所造成的人体健康损失逐年增长，2003 年该损失达到 15.93 亿元，占总损失的 54.0%；2012 年增长至 16.42 亿元，但其占总损失的比例下降为 17.7%。2003—2012 年，虽然大气污染造成的人体健康损失货币化数值逐年增加，但其占经济总损失的比例却逐年下降。

3.2.2 农业经济损失

2003—2012 年陕北地区大气污染造成的农业损失逐年增加。2003 年该损失为 4.1 亿元，2012 年达到 7.74 亿元，10 年间增长了 1.9 倍。农作物经济损失占经济总损失的比重有所下降，从 2003 年的 14%下降至 2012 年的 8%。陕北地区大气污染造成的农作物人均损失变化幅度不大。

3.2.3 建筑材料经济损失

用工业设备折算法按当年工业设备投资的 3%进行计算[10-12]。2003 年建筑材料损失 3.7 亿元，2012 年建筑材料损失为 25.6 亿元，10 年间增长了 6.9 倍。2000—2011 年建筑材料损失占经济总损失比重逐年增加。

3.2.4 清洗费用损失

陕北地区 2003—2012 年大气污染造成的清洗费用损失增幅明显，清洗费用损失占经济总损失的比重也逐年增加。2003 年陕北地区的清洗费损失为 5.64 亿元，占经济总损失的 19%；2012 年该损失达到 42.9 亿元，占当年总损失的 46%。大气污染造成的四项经济损失中，清洗费用损失增幅最大，可见随着居民对生活质量的要求日益上升，大气污染对家庭清洗费用的支出影响越来越大。陕北地区 2003—2012 年的总清洗费用损失中，年平均家庭清洗费用损失占到 87%。2012 年陕北地区的清洗费用损失为 42.9 亿元，占当年总损失的 46%，随着人力成本的上升，大气污染对家庭清洗费用的支出影响日趋显著。

3.2.5 综合分析

2003—2012 年，陕北地区因大气污染造成的经济损失见表 3。2003—2007 年人体健康损失占比最大，平均达到总损失的 46%。2007—2012 年，清洗费用损失占比最大，平均达到总损失的 41%。

表 3 陕北资源富集区大气污染的经济损失 单位：亿元

年份	经济总损失	人体健康损失	农作物损失	清洗费用损失	建筑材料损失
2003	29.37	15.93	4.10	5.64	3.70
2004	33.30	16.11	5.70	7.09	4.40
2005	36.19	16.26	6.20	8.93	4.80
2006	39.84	16.02	4.89	12.03	6.90
2007	48.00	16.14	5.02	16.34	10.50
2008	56.62	16.21	6.84	21.67	11.90
2009	66.76	16.30	8.40	27.06	15.00
2010	73.18	16.28	8.60	30.80	17.50
2011	84.14	16.38	6.53	36.53	24.70
2012	92.66	16.42	7.74	42.90	25.60

本文研究结果显示，2003—2012 年陕北地区大气污染对人体健康造成的损失基本平稳，清洗费用损失加重趋势明显，其中 2012 年清洗费用损失达到总损失的 46%。2003—2012 年，清洗费用损失增长了 660.6%，增幅最大。2003 年陕北地区大气污染的总损失为 29.37 亿元，而当年该地区的 GDP 为 280.86 亿元，大气污染经济损失占当年 GDP 的比例高达 10.5%。2012 年陕北地区大气污染总损失为 92.66 亿元，人均损失达到 1 668.07 元，人均经济损失逐年上升。2011 年陕北地区的财政收入为 300.96 亿元，当年该地区因大气污染造成的损失达到了财政收入的 27.96%，即如果在 2011 年计算陕北地区财政收入时考虑大气污染损失因素，当地的财政收入将至少减少 1/4。研究结果表明，陕北经济的快速发展带来了严重生态环境破坏和人体健康损害（图 1）。

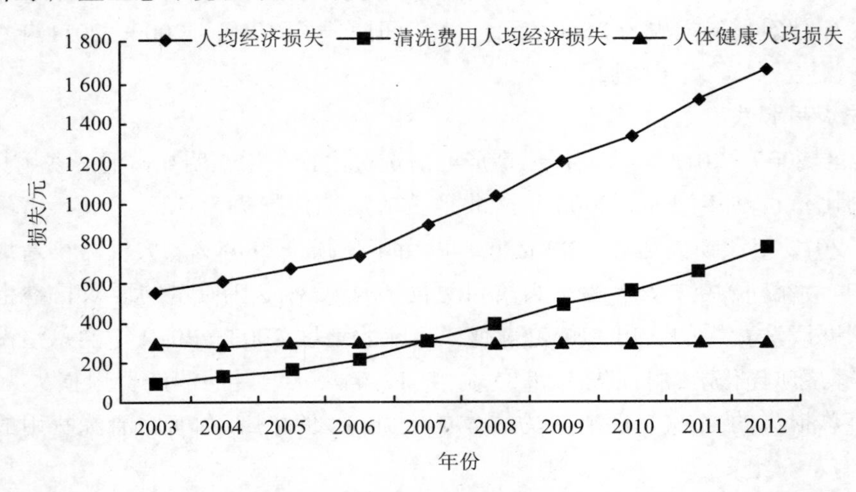

图 1　陕北地区人体健康人均损失、清洗费用人均损失及大气污染人均经济总损失

2012 年陕北大气污染损失为 92.66 亿元，较 2003 年的 29.37 亿元，增长 3.15 倍。年均增长率高达为 10%。其中，由于人力成本的上升，清洗费用损失变化较大，从 2003 年的 5.64 亿元增至 2012 年的 42.90 亿元，增长 7.6 倍。

4　结论与建议

本文基于陕北资源富集区 2003—2012 年的相关数据，对该地区大气污染造成的人体健康损害、农作物损害、建筑材料损害以及清洗费用增加进行了经济价值评价。针对本文的研究结论，提出如下建议：

（1）建立科学的绿色国民经济核算体系。绿色 GDP 就是要在传统 GDP 中扣除环境污染等经济损失，即扣除自然环境损失后的真实国民财富总量。近年来，环境污染与生态破坏问题日益严峻，我国政府将环境保护定为基本国策，提出了科学发展观的战略部署。2012 年，生态文明建设纳入社会主义建设总体布局，环境保护上升到战略高度。在环境成本急速上升、加快推进生态文明建设的背景下，建立科学的绿色国民经济核算体系势在必行。

以 GDP 为指标的国民经济核算体系，用市场化的产出来衡量经济发展水平，该体系认为自然资源的耗减、环境质量的下降不会造成 GDP 减少。在传统的 GDP 核算中，GDP 包括污染治理等经济活动所产生的收益，即环境污染与生态破坏也成为 GDP 的增长点，从而造成 GDP 的虚增。因此，应加快启动全国环境污染损失及生态破坏损失调查工作，推进自然资源与环境实物的价值核算，深化和推动绿色国民经济核算体系的建立。首先，应转变人们现有价值观念，抛弃唯 GDP 增长论；其次，积极开展有关资源、能源实物量的核算，编制全国土地、矿产实物量的核算表；最后，借鉴国际上绿色国民经济核算的经验，整合绿色核算的理论研究、政策制度安排等资源，初步建立起综合性、科学性、适用性以及与国际接轨的绿色国民经济核算体系。

（2）优化陕北资源富集区的产业结构。近年来，陕北地区粗放的经济增长模式导致了大量的资源消耗与严重的环境污染，生态破坏现象日益凸显。在陕北地区的产业结构中，第二产业所占比重较大，其经济发展对能源资源开采加工业依赖度大，因此产业结构是决定陕北地区环境污染加剧的主要因素。2010—2015 年陕北地区工业废气的排放主要来自于蒸汽、热水生产供应业、非金属矿物制品业、交通运输业等。可见，陕北地区的环境污染主要来自其支柱产业，且其生产规模还将不断扩大。因此，应将优化陕北地区产业结构与改善环境质量放在同等重要的位置。与第一产业、第二产业相比，第三产业的环境代价相对较小且经济效益较高，同时可以带动就业。如今，第三产业的发展水平已成为衡量一个国家和地区经济现代化水平的重要标准。

陕北地区不仅拥有全国著名的红色革命根据地，还拥有得天独厚的自然景观与人文景观，延安市有革命纪念地 360 处，文化遗址 2 956 处。尽管黄帝陵、壶口瀑布等景点已得到一定规模的开发，但该地区的旅游业仍然存在产品结构单一、淡旺季明显、国际通达性差等问题。因此，地方政府应切实解决其中存在的诸多问题，抓住时机使第三产业发挥更大优势。

对于陕北地区的工业发展，应优先选择对环境污染、生态破坏较小且经济效益较高的行业发展，同时使用经济手段促使企业改进生产技术，对污染严重的生产环节采取预防措施。该地区的资源禀赋决定了一些高能耗、高污染工业的地位难以动摇，应严格控制其工业“三废”的排放量，使工业发展从资源密集型向技术密集型转变。

（3）扩大绿化面积，提高居民的环保意识。通过有效的环保宣传，鼓励公共交通发展，减轻汽车尾气对大气造成的污染压力。普及生态文明教育，鼓励推行低污染、再循环的生产与生活模式。

参考文献

[1] Ridker R G. Economic costs of air pollution：studies in measurement[M]. New York：Praeger，1967.

[2] 过孝民，张慧勤. 公元 2000 年中国环境预测与对策研究[M].北京：清华大学出版社，1990.

[3] 桑燕鸿，周大杰，杨静. 大气污染对人体健康影响的经济损失研究[J]. 生态经济（中文版），2010（1）：

178-179.

[4] 王兰云，尹树红，翟洪凯，等. 大气污染对农业生产的危害及防治[J]. 吉林农业，2008（11）：9.

[5] 李国平，郭江. 能源资源富集区生态环境治理问题研究[J]. 中国人口·资源与环境，2013（7）：35-44.

[6] 吴文洁，高黎红. 能源资源开发环境代价的估算方法研究——以榆林市为例[J]. 资源与产业，2011，13（1）：1-5.

[7] 於方，过孝民，张衍燊，等. 2004 年中国大气污染造成的健康经济损失评估[J]. 环境与健康杂志，2007，24（12）：999-1003.

[8] 谢元博，陈娟，李巍. 雾霾重污染期间北京居民对高浓度 $PM_{2.5}$ 持续暴露的健康风险及其损害价值评估[J]. 环境科学，2014，35（1）：1-8.

[9] 殷永文，程金平，段玉森，等. 上海市霾期间 $PM_{2.5}$、PM_{10} 污染与呼吸科、儿呼吸科门诊人数的相关分析[J]. 环境科学，2011，32（7）：1894-1898.

[10] Smil V. Environmental problems in China：estimates of economic costs.[M]. Honolulu，Hawaii，East-West Center，1996.

[11] 李新宇，陈刚才，吉方英，等. 重庆市主城区建筑材料暴露存量及大气污染损失价值量核算[J]. 西南大学学报（自然科学版），2010，32（1）：94-99.

[12] 张学元，韩恩厚，李洪锡. 中国的酸雨对材料腐蚀的经济损失估算[J]. 中国腐蚀与防护学报，2002，22（5）：316-319.

湖北省工业水污染防治收费政策的绩效研究

Performance Analysis of Charging Policy for Industrial Water Pollution Control in Hubei

刘 渝[①]
（武汉工程大学管理学院，武汉 430205）

摘 要 环境保护税将于2018年1月1日起征，基本上以排污费改税为主线进行税负平移。因此，客观评价前期排污费的实施绩效，可为环保税的改革提供思路参考。湖北省水污染防治收费政策包括排污费、污水处理费和水价政策三项，本文选取工业污水年排污征收额、工业污水处理年征收额、工业水费年征收额作为投入指标，选取单位污水排放工业增加值、工业污水排放率及单位COD排放工业增加作为产出指标，运用DEA方法评价2003—2014年湖北省工业水污染防治收费政策实施绩效。结果表明：2003—2014 年水污染防治收费政策实施的综合效率平均值为 0.945，排污收费、污水处理及工业水价等三项政策对于降低湖北省工业污水及污染物排放起到了较好的促进作用，各项政策的实施绩效较高；单位COD排放工业增加值、工业污水排放率是湖北省工业水污染防治收费政策绩效的主要影响因素。

关键词 工业水污染 防治收费政策 DEA模型 绩效评价

Abstract The environmental protection tax in January 1 2018 will be the sign to the sewage tax reform as the main line of the tax burden shift basically. Therefore, the objective evaluation of the implementation of the sewage charges can provide a reference for the reform of environmental taxes. Hubei water pollution control fee policy including sewage charges, sewage charges and water policies. firstly, the fitting relationship between Hubei Province industrial water pollution sewage charges, sewage treatment fees and water policies and industrial emissions of pollutants; and then select the industrial sewage year sewage collection amount, industrial wastewater treatment, industrial water year levy annual levy the amount as input indicators, select the unit discharges of industrial added value, industrial wastewater discharge rate and emissions per unit of COD industry increase as output indicators, using DEA method to evaluate the prevention and control of water pollution in Hubei province

① 作刘渝，武汉工程大学，副教授，资源环境经济，武汉市光谷一路206号，武汉工程大学管理学院，邮编：430205，电话：13995608905，电子邮箱：Lyu429@163.com。

2003—2014 years of industrial policy performance fees. The results show that the overall efficiency of the implementation of the water pollution control fees policy 2003—2014 years with an average of 0.945, sewage charges, sewage treatment and industrial water and other three policies to better promote to reduce industrial sewage and pollutant emission in Hubei Province, the policy implementation performance is higher; increase the emissions per unit of COD industry, industrial value the sewage discharge rate are the main factors influencing the performance of Hubei Province industrial water pollution control fee policy.

Keywords industrial water pollution, prevention and control policy, DEA model, performance evaluation

前言

随着湖北省社会经济的快速发展，工业废水排放量快速增加。根据《湖北省环境统计公报》，2014 年湖北省废污水总排放量为 301 703.65 万 t，其中工业废水排放量为 81 657.31 万 t，在总量中所占比例为 27.07%。COD 排放量为 103.31 万 t，工业 COD 排放量为 12.58 万 t。工业水污染及排放接近 30%，工业企业的水污染问题值得重视。

湖北省早期出台了相关的水污染防控措施，如《湖北省水污染防治条例》《湖北省水利工程水价暂行办法》等，在管理活动实践中，也逐步构建了排污申报登记、限期治理、排污收费、环境影响评价等管理政策体系。2018 年 1 月 1 日将排污费改税，起征环境保护税，改革主线思路是进行税负平移，在征税对象、税额标准、计税依据方面与现行排污费具有较高的一致性。因此，客观评价前期排污费的实施绩效，可为环保税的改革提供思路参考。本文以湖北为例，针对工业水污染防治收费政策进行绩效评估，研究水污染防治收费政策实施效率的影响因素，力图为后续环保税设计提供理论借鉴。

1 文献综述

税费在企业经营过程当中的成本所占比例的高低，也会对企业治污意愿产生较大的影响（石英华，2011）[1]，排污收费标准只是企业污染治理设施运转成本的 50%左右，一些项目的收费没有达到治理成本的 10%，导致了企业治理效率低下与水污染治理设施运转效率不高的问题（王宝钧，马振刚，2014）[2]。由此展开税费政策绩效评估的研究，Michael（2014）构建了一个混合型的控制模型，通过溢出机制研究排污费的政策效应[3]。Malin（2012）认为排污收费与污染物的排放不存在着必然的负相关关系[4]。Rachida（2014）认为上述结论只是针对单个企业来说的，从整个行业来看，排污收费可以降低整个行业的污染排放水平[5]。国内学者运用多种数理模型方法系统分析了水污染防治收费政策的实施效果。李永友（2009）利用 OLS 模型对跨省工业污染数据实证分析了我国污染控制政策的减排效果[6]。张家瑞（2015）运用 DEA 方法分析了滇池流域 2001—2012 年的水污染治理政策的实施绩效，具体的研究指标包括水价政策、污水处理及排污量等[7]。龙凤（2011）运用层次分析法与逻辑框架法研究了我国水污染收费政策的效果[8]。

学者们前期主要从水污染控制总量、成本控制、投资支出等层面研究了水污染防治政策的效率，收费政策研究也只是单纯地选择水价或者是排污费作为研究对象，实际上水污染防治收费政策具体包括污水处理、排污收费和水价三部分。学者们的前期研究层次比较宏观，一般都是从城市污水治理、湖泊治理等层面切入，针对具体区域和行业的研究较少。本文以湖北省的工业水污染防治收费政策作为研究对象，运用 DEA 方法对政策的实施绩效进行评价，以期通过前期效果的分析，为水资源环境税改革提供思路。

2 政策绩效评估

2.1 DEA 绩效评估模型选取

数据包络分析是一种非参数分析方法，在用于工业水污染防治收费绩效评估时，DEA 方法不需要设定投入-产出的生产函数具体形态，也不需要事先设置相关指标参数的权重，主观性影响不强；DEA 方法具有单位不变性的特点，能够满足水污染防治收费政策数据特点的要求；DEA 方法较为客观、简约、直观地评价政府相关管理活动的相对有效性，准确把握政府政策绩效。本文采用固定规模报酬下多投入、多产出的效率评价模型 CCR 和变动规模报酬下包括纯技术效率和规模效率的评价模型 BCC，来评估湖北省工业水污染防治收费政策的实施绩效。

2.2 评价指标与数据说明

（1）指标选取。在评价指标选取上，研究者多是根据自身的研究对象和研究侧重点加以选择（表 1）。沈满洪和程永毅（2015）、张家瑞（2015）关于水资源利用及防治评价的指标中，反映政策效果的指标选取贴切实际，涵盖 COD、工业用水重复利用率等，而且与工业产值紧密结合，能够更好地反映政策的经济效应。石风光（2014）、陈明艺和裴晓东（2013）、张家瑞和杨逢乐（2015）侧重于研究财政投资政策的效果，在投入指标上涉及治理投资完成额、设备运行费用、监督管理投资额等，反映投资状态分类全而细。陈荣（2011）构建三级指标层级，选取了削减 COD 排放完成率、集中饮用水水源达标率等 11 个指标，指标的分类细化且针对性强。

本文以上述指标体系为基础，依据湖北省工业水污染的现实情况，充分考虑数据的可获取性，选取工业水污染排污年征收额、工业水污染处理年征收额、工业用水年水费征收额作为水污染防治收费政策的投入指标。根据水污染防治收费政策与污染物排放关系的拟合分析结果，结合三项政策对工业水污染治理的作用机制，选取单位 COD 排放工业增加值、工业污水排放率及单位工业污水排放 GDP 产出作为水污染防治收费政策的产出指标，具体指标如表 2 所示。

表1　水污染治理政策绩效评价的指标选择

作者	沈满洪、程永毅，2015	胡伟、钱茂，2014	张家瑞，2015	石风光，2014
评价对象	水资源利用及污染绩效	企业污水治理效率	流域水污染防治绩效	工业水污染治理效率
指标	资本（亿元） 劳动力（万人） 工业用水（亿 m^3） 废水排放量（万 t） COD 排放量（万 t） 氨氮排放量（万 t）	废水排放量（万 t） COD 排放量（万 t） NH_3-N 排放量（万 t） 工业总产值（万元）	排污收费年征收额（万元） 水费年征收额（亿元） 污水处理费年征收额（亿元） 单位 COD 排放工业增加值（万元/t） 工业用水重复利用率（%） 单位污水排放 GDP 产出（万元）	地区工业废水治理投资完成额（万元） 工业废水治理设施数 工业废水治理设施年度运行费用（万元） 工业废水污染物去除量（包括氰化物、氨氮等）（t） 工业废水排放达标量（万 t） 工业废水排放达标率（%）
作者	陈荣，2011	周亮、徐建刚，2013	陈明艺、裴晓东，2013	张家瑞、杨逢乐，2015
评价对象	流域水污染防治绩效	流域水污染防治	环境治理财政政策效率	环境治理财政投资效率
指标	环境状况：削减 COD 排放量完成率（%） 集中式饮用水源水质达标率（%）、水环境功能区达标率（%）、公众对环境满意度（%） 环境治理：生活污水处理率（%）、万元 GDPCOD 排放强度、工业废水排放达标率（%）、环保投资指数、工业用水重复率（%）、国家重点环保项目落实率（%）	控制处理能力：城镇水污染治理能力、工业水污染治理能力、农业源头控制能力 监测预警能力：监测能力、预警能力 管理监督能力：政府管理效能、企业管理监督能力、公众保护监督能力 治理投入能力：环境保护投入水平	治理废水投资（万元） 治理废气投资（万元） 废水治理设施数 废气治理设施数 工业废水排放达标量（万 t） 工业 SO_2 达标量（m^3） 工业烟尘排放达标量（万 t） 工业粉尘排放达标量（万 t）	工程治理年投资额（亿元） 监督管理年投资额（亿元） 面源污染治理年投资额（亿元） 城镇污水处理率（%） 水域功能区水质达标率（%） 综合影响状态指数（外海）

表2　评估模型中的变量定义及描述性统计

指标类型	指标名称	指标定义	样本总量	最大值	最小值	平均值	标准差
投入指标	工业排污年征收额/亿元	向污水排放工业企业所征收的排污费	12	6.56	2.2	4.01	1.39
	工业水费年征收额/亿元	供水单位向工业企业征收的用水水费	12	217.86	104.22	154.95	41.13
	工业污水处理征收额/亿元	污水集中处理设施按照相关规定向排污工业企业提供污水处理的有偿服务而收取的费用	12	8.1	5.61	6.51	0.76
产出指标	单位 COD 排放工业增加值/(万元/t)	工业增加值/工业 COD 排放总量	12	940.61	72.02	386.93	305.83
	工业污水排放率	工业污水排放总量/污水排放总量	12	41.85	27.07	35.52	4.61
	单位工业污水排放 GDP 产出/(万元/t)	工业 GDP/工业污水排放总量	12	0.354	0.02	0.088	0.092

数据来源：2003—2014 年湖北省环境统计公报、2015 年湖北省统计年鉴。

（2）数据说明。指标的数据来源于2003—2014年《环境统计公报》（湖北省环保厅网站公布）、《2015年湖北省统计年鉴》中的水污染排放数据、工业增加值、GDP等数据，并运用Excel软件进行计算与整理，GDP等数据通过除以对应年份的物价指数，以剔除通胀。根据DEA方法的“拇指法则”，决策单元DMUS的数量应该不少于投入产出指标总数量的2倍，这样才能够保证整个投入产出的评估结果的有效性与准确性。本文选取湖北省12年的数据作为决策单元，产出投入指标共计6个，满足DEA模型评估运算的基本要求。

2.3 实证结果

根据数据包络分析CCR模型与BCC模型，运用DEAP2.1软件，由产出导向模式求出12个决策单元的技术效率、纯技术效率、规模效率、松弛变量（表3）。

表3 水污染防治收费政策DEA绩效评估结果

年份	产出松弛变量			投入松弛变量			效率值			组合系数和	规模收益
	S_1^{+*}/（万元/t）/	S_2^{+*}/%	S_3^{+*}/（万元/t）	S_1^{-*}/亿元	S_2^{-*}/亿元	S_3^{-*}/亿元	TE	PTE	SE	$\sum\lambda_j^*$	
2003	0	0	0	0	0	0	1.000	1.000	1.000	1.000	—
2004	0	0	0	0	0	0	1.000	1.000	1.000	1.000	—
2005	0	0	0	0	0	0	0.957	1.000	0.957	1.000	irs
2006	0	0	0.249	0.561	4.912	0	0.930	0.935	0.994	0.927	irs
2007	0	0	0	1.038	23.159	0	0.880	0.922	0.954	0.857	drs
2008	0	0	0	0.866	14.470	0	0.871	0.926	0.944	1.288	drs
2009	0	0	0.028	0.256	10.546	0	0.849	0.898	0.945	1.639	drs
2010	0	0	0	0.338	41.152	0	0.861	0.923	0.933	0.553	drs
2011	0	0	0	0	0	0	1.000	1.000	1.000	1.000	—
2012	0	0	0	0	0	0	1.000	1.000	1.000	1.000	—
2013	0	0	0	0.005	0	0.011	0.988	0.989	0.999	1.776	drs
2014	0	0	0	0	0	0	1.000	1.000	1.000	1.000	—
平均值							0.945	0.966	0.977		

注：单位COD排放工业增加值、工业污水排放率及单位工业污水排放GDP产出的松弛变量分别为S_1^{+*}、S_2^{+*}、S_3^{+*}；排污征收额、工业水费年征收额、工业污水处理年征收额的松弛变量分别为S_1^{-*}、S_2^{-*}、S_3^{-*}；irs为规模收益递增、drs为规模收益递减、—为规模收益不变。

（1）效率值分析。从表3可知，2003—2014年综合技术效率（TE）平均值为0.945，政策整体效果较好。2009年之前技术效率值不断下滑趋势，经过拐点后不断上升。其中2003—2004年、2011—2012年、2014年的技术效率值均为1.000，为技术效率有效年份。2005—2010年、2013年为技术效率非有效年份，其中2009年技术效率值最低为0.849。2004—2010年，湖北省水污染防治收费政策的综合效率值波动幅度且非有效，2011—2014年收费政策的综合效率的波动幅度相对较小。湖北省水污染防治收费政策的综合效率在波动中呈现出逐年提高的趋势，比较符合湖北省工业经济发展、环境治理的实际情况。2006—2010 年，湖北省工业水污染防治投入、产出的冗余较为严重，2010 年以后状况得到缓解。2005—2010 年，武汉、襄阳、黄石、黄冈、咸宁、荆门等地区先后多次调整工业工业水价、污水处理费，这增加了企业的成本压力，同期湖北省的水泥、造纸等工业企业发展迅速，对水污染防治收费政策效果产生了一定影响。

相比技术效率值，纯技术效率值（PTE）一直处于较高水平，除 2009 年之外，其水平一直保持在 0.9 以上。2003—2014 年纯技术效率值波动幅度小，平均值为 0.966，而规模效率（SE）平均值为 0.977。从整体情况来看，湖北省工业染防治收费政策技术效率的非有效性主要来自于纯技术非有效性，其次来自于规模效率的非有效性。因此，在产出一定的情况下，可以最大限度来调整收费政策，利用自身所具备的条件来优化投入规模，改进 DEA 的有效性。

（2）规模收益分析。从投入层面看，政策实施绩效的主要影响因素为工业排污年征收额，其次是工业水费年征收额，对比分析规模收益递增与递减的时间，发现规模收益递增主要出现在 2006 年以前，规模收益递减出现在 2007 年以后。湖北省各个地区都先后提高工业水价、工业污水处理、工业污水排放等收费政策的标准，加大了企业生产经营的成本压力，从而限制污水总量，提升了湖北省污水排放、工业水价政策实施绩效。在规模效率值小于 1 的年份，说明其工业水污染治理投入资源配置有待进一步合理优化，其中，2007—2010 年、2013 年为规模收益递减，表明该年份不适合直接增加资源的投入规模，而需要采取相关的措施来健全管理，强化水污染防治收费政策的管理水平、监督执行力度。

从产出角度来看，不论是在规模报酬如何变化，单位 COD 排放工业增加值及污水排放率是政策实施绩效的主要影响因素，所以湖北省各个地区需要适当调整污水排放征收标准，或者通过排污费改税等政策改革，加重企业的环保压力，推动企业积极创新生产技术，发展清洁生产。

（3）投影分析。2003—2004 年、2011—2012 年和 2014 年的 5 个决策单元构成了水污染防治收费政策的 DEA 效率值前沿面，前沿面上的目标值与原值相同，则其他决策单元的投入要素需要相应地减少，另外产出值也需要相应的进行增加。假定 DEA 无效决策单元 DMU0 的投入指标与产出指标（x_0，y_0）在 CCR 有效前沿面上的投影为（x_0^*，y_0^*），依据 DEA 的投影理论，$x_0^* = \theta^* x_0 - S^{-*}$，$y_0^* = y_0 + S^{+*}$，可以推导出 DEA 无效决策单元 DMU0 投入产出的调整具体值，分别为：$\Delta x_0 = x_0 - x_0^* = (1-\theta)x_0 + S^{-*}$，$\Delta y_0 = y_0^* - y_0 = S^{+*}$。计算结果见表 4，投入产出的指标的原值与目标值的差距越大，说明该类指标需要的调控力度也越大。

从产出层面分析，在非 DEA 有效年份中，工业污水排放率、单位 COD 排放工业增加值两类产出指标存在明显的产出不足，表明两者是 DEA 无效的主要影响因素。工业污水排放率和单位 COD 排放工业增加值在 2009 年均达到其最大调整值，分别为 3.891%和 34.498 万元/t，对应 2009 年的效率值也处于最低水平。从投入角度来看，排污征收额、工业废水征收额、工业污水处理年征收额三个指标都存在不同程度的投入冗余，工业水费征收额的投入冗余最严重。7 个非有效决策单元的投入产出投影分析结果表明湖北省工业水污染防治收费政策还有较大的调整空间。

表 4　非 DEA 有效年份调整值

年份	排污征收额/亿元	工业水费征收额/亿元	工业污水处理年征收额/亿元	单位 COD 工业增加值/（万元/t）	工业废水排放率/%	单位污水排放 GDP 产出/（万元/t）
2005	0.131	4.569	0.249	4.253	2.315	0
2006	0.561	4.912	0	9.383	2.630	0.251
2007	1.038	23.159	0	16.557	3.110	0
2008	0.866	14.47	0	20.373	2.875	0
2009	0.256	10.546	0	34.498	3.891	0
2010	0.338	41.152	0	30.818	2.899	0
2013	0.005	0	0.011	9.368	0.325	0.001

3　结论

本文运用 DEA 方法评价 2003—2014 年湖北省工业水污染防治收费政策实施绩效，得出如下结论：

（1）工业水污染政策绩效平均效率值较高，政策实施绩效整体较好。要实现区域经济的良性增长，政府的作用是非常重要的。运用 DEA 模型对湖北省工业水污染防治收费政策绩效进行分析评价发现，2003—2014 年湖北省工业水污染防治收费政策综合效率值的平均值为 0.945，收费政策的整体效率值较高，对于实现湖北省工业经济绿色可持续发展起到了积极的促进作用。但是效率值还存在着改进的空间，根据 DEA 分析无效年份发现造成湖北省工业水污染防治收费政策综合效率无效的主要原因是纯技术非有效性，其次是规模非有效性。

（2）污水排污征收额对于政策绩效的影响明显，成为工业水污染防治收费政策实施绩效的重要影响因素。政府的各项污染控制政策对水环境的治理能不能发挥作用，政策发挥作用的程度是怎样的，政策的制定合理性就显得尤为重要。在 DEA 非有效年份，污水排放率、单位 COD 工业增加值是湖北省工业水污染防治收费政策实施绩效的主要影响因素，从投入角度看，工业污水排污征收额对于政策实施绩效的影响相对突出，工业污水排放收费制度的实施效果还有较大的改进空间，这表明当前湖北地区实行的污染排放权交易制度在水污染物减排方面积极作用还没有很好地发挥出来。所以为了进一步提高工业水污染防治收费政策的绩效，政府相关部门需要重视污水排放征收政策的调整。

（3）在政策制定与实施过程中，还存在着政策制定合理性欠佳、政策执行与管理力度不够。规模收益递减在 DEA 无效年份当中所占的比例较大，这表明在工业水污染防治收费政策实施过程中，湖北省各级政府也存在着政策管理技术、监督执行方面的力度不够的问题，使得政府的政策没有得到很好的落实。总体来说，工业水污染排放收费政策、工业水价政策、工业污水处理收费政策是水环境管理政策的重要组成部分，政府应结合本地区的发展实际，对上述三种政策进行调整，有助于提升水污染防治政策的执行效果。

参考文献

[1] 石英华，程瑜. 流域水污染防治专项投入与绩效评估[J]. 地方财政研究，2011（3）：15-19.

[2] 王宝钧，马振刚，李黎黎. 生态经济区建设研究——以张家口为例[J]. 河北北方学院学报（自然科学版），2014（2）：63-67.

[3] Michael Doumpos，Sandra Cohen. Applying data envelopment analysis on accounting data to assess and optimize the efficiency of Greek local governments[J]. Omega，2014，46（9）：74-85.

[4] Malin Song，Linling Zhang，Qingxian An，et al. Statistical analysis and combination forecasting of environmental efficiency and its influential factors since China entered the WTO：2002–2010–2012[J]. Journal of Cleaner Production，2013，42（11）：42-51.

[5] Rachida El Mehdi，Christian M. Hafner. Local Government Efficiency：The Case of Moroccan Municipalities[J]. African Development Review，2014（1）：36-39.

[6] 李永友，沈玉平. 转移支付与地方财政收支决策——基于省级面板数据的实证研究[J]. 管理世界，2009（1）：71-76.

[7] 张家瑞. 滇池流域水污染防治收费政策实施绩效评估[J].中国环境科学，2015（2）：634-640.

[8] 龙凤，高树婷，葛察忠，等. 基于逻辑框架法的水排污收费政策成功度评估[J]. 中国人口·资源与环境，2011，21（12）：405-408.

环境经济研究国际前沿

- Urbanisation, Food Consumption Patterns and Agricultural Land Requirements in China: Based on Ecological Footprint Theory
- The Influence of the Demolition and Renovation on Households' Housing Property in Urban Villages—Research on the Reconstruction of Two Community in Hongshan District, Wuhan
- The Influence of Land Resource Abundance on Income Gap between Urban and Rural Residents
- Is the Straw Return-to-Field Always Good? Evidence from Jiangsu Province

Urbanisation, Food Consumption Patterns and Agricultural Land Requirements in China: Based on Ecological Footprint Theory

Liu Chunxia[1] Wang Fang[2]

[1] School of Business，Xuchang University, Xuchang 461000, P.R. China

[2] School of Economics and Management, Jilin Agricultural University, Changchun 130118, P. R. China

Abstract With continuing urbanisation, more and more agricultural land resources are required due to the upgrading of Chinese food consumption structure. However, land resources suitable for production crops in China are very limited. Therefore, it is necessary to analyse the relationship between agricultural land requirements and food consumption patterns as regards rapid Chinese urbanisation. Based on the ecological footprint analysis method, the study examines the sequential variation of ecological footprint for food consumption in Chinese urban and rural areas during the period 1990–2012. It then evaluates total agricultural land requirements for food consumption in 2020 and 2030, which are projected to have relatively high urbanisation rates. The study indicates that ecological footprint for food consumption in urban areas was higher than that in rural areas from 1990 to 2012, whether calculated based on fixed yield or variable yield. Notably, there was a general downward trend in terms of food ecological footprint of both urban and rural residents based on variable yield. The growth trend, moreover, was based on fixed yield. This indicates that higher agricultural productivity can relieve the pressure on agricultural land resources for food consumption. The study also shows that the total agricultural land requirements for Chinese food consumption will increase to 171.4 million hm^2 and 180.2 million hm^2 in 2020 and 2030, respectively. Trends towards affluent lifestyle with consumption of more livestock-based food and less plant-based food will put greater pressure on agricultural land resources in China.

Keywords food consumption pattern，ecological footprint，land requirement，urbanisation，China

注：投稿只收录摘要。

The Influence of the Demolition and Renovation on Households' Housing Property in Urban Villages
—Research on the Reconstruction of Two Community in Hongshan District, Wuhan

Jin Xie, Yinying Cai
College of Land Management, Huazhong Agricultural University, Wuhan 430070, China

Abstract Based on the survey data of 299 households in Guanggu Youth City and Xiyuan Community of Wuhan City, this paper analyzes the influence of the compensation model on the quantity and value of the Households' housing property with the five-grouping method, the Lorenz curve and the Gini coefficient. Studies show that: ①The households' houses are mainly reinforced concrete structure in research area, and the surrounding housing prices rise substantially, 39.68% of which in Guanggu Youth City is higher than 12,000 yuan. ②After the demolition of urban villages, there are huge housing wealth growth overall, but in views of the impact of the compensation model, the regional differences are obvious. The house property value is 16 times than before in Xiyuan Community, while it has increased by 144.41% per household in Guanggu Youth City, which is mainly due to the housing compensation threshold by 300 square meters there, its households' proportion of housing construction area below 300 square meters is increased from 29.1% to 71.96%. ③After the demolition, with the Lorenz curve more closer to the average line, the inequality of housing property distribution has narrowed in two communities. In terms of different regions, the households' housing property inequality in Guanggu Youth City is significantly higher than that in Xiyuan Community where the housing wealth distribution has reached the average segment and its Gini coefficient decreases by nearly 18 percentage points.

Keywords urban village, demolition and renovation, housing property, equality, Gini coefficient

注：投稿只收录摘要。

The Influence of Land Resource Abundance on Income Gap between Urban and Rural Residents

Tong Zhang,Yinying Cai.
College of Land Management, Huazhong Agricultural University, Wuhan 430070, China

Abstract Land is one of the Indispensable factors of economic development, resource endowment heterogeneity will lead to divergence on regional labor productivity and industrial layout .Based on the data of land use change and socio-economic statistics in the major provinces and regions from 2009 to 2014,this paper uses ecological footprint theory to measure the land resources abundance, use the Theil index to represents the income gap between urban and rural residents,and then analyze the extent of the the impact of the land resources abundance on the income gap between urban and rural residents.The results show that the higher the land resources abundance in the region, the greater the income gap between urban and rural residents, the two show a weak positive correlation, subsequent subregional panel regression results prove that.It means our country does exist "resource curse effect" ,and there are regional differences in effect size.For cultivated land, construction land and other key land resources, the abundance of land resources has different effects on the income gap between urban and rural residents in areas with different levels of economic development.In the resource-poor areas, the more the number of cultivated land, the greater the income gap between urban and rural residents, and the smaller the income gap between urban and rural areas in resource - rich areas;the more construction land in the areas, the smaller the income gap between urban and rural residents.It is proposed to establish a fiscal transfer mechanism based on the abundance of agricultural land and ecological land resources, transform the regional land resources advantage into development dividend, narrow the income gap and promote the urban and rural development;make the economic growth factors rational allocated between urban and rural areas such as education, government expenditure, fixed asset investment and so on and improve the coverage of national policy support.

Keywords resource abundance, urban and rural residents, income gap, land use

注：投稿只收录摘要。

Is the Straw Return-to-Field Always Good? Evidence from Jiangsu Province

Beibei Liu and Qiaoran Wu

State Key Laboratory of Pollution Control and Resource Reuse.

School of the Environment, Nanjing University, 210093, PR China,

Abstract Straw return-to-field policy is regarded as the most important countermeasures to avoid straw burning during harvest seasons and has been heavily implemented in Jiangsu province in the last few years. Farmers have to return most straw to soil instead of burning it or collecting and selling it to straw utilization companies such as straw power plants in most regions in Jiangsu Province. However, whether straw return-to-field is good or not is not a simply yes or no question. This study constructs a cost and benefit framework, within in which, six scenarios with different return-to-field rates are carefully designed and the net benefits of straw power plants and the whole region under six scenarios are compared, considering economic and environmental impacts. Results show that with the return rate increasing the profit of straw power plants keep declining and the benefit of returned field, causing the net benefit of this region increased first and then decreased. Therefore, the negative impacts on biomass utilization industry and field should be considered when introducing agricultural or environmental policies.

Keywords straw power plant, field, return-to-field policy, cost and benefit analysis

1 Introduction

Crops straw has been an important biomass used as livestock feed and biofuel in rural areas for a long time. But this need has greatly reduced with the rural infrastructure better like gas and other energy sources' wide use, which caused the most straw is burned in field directly in harvest. Straw burning has drawn a lot of attention due to its harmful effect on air quality. Monitoring of the air quality in Nanjing showed that concentrations of $PM_{2.5}$ rose to 194 μg/m^3 due to straw burning , which was 3-fold greater than normal(Qu et al., 2012). So the government put up straw return-to-field policy and straw utilization policy (like straw power generation) to solve these problems.

On one hand, straw return-to-field can significantly increase organic C stock by 28.8% in 0-5cm soil (Zhang et al., 2017). Bakht et al.(Bakht et al., 2009) concluded that retention of residues greatly improves the N economy of the cropping system and enhances crop productivity in low N soils by his experiment conducted in Pakistan. What's more, straw returning with N fertilizer is an optimum proposal for improving soil quality and yield in the North China Plain by long-term experiments on wheat and maize straw (Chen et al., 2017). However, there are still some disadvantages from straw return-to-field, for example. straw return-to-field increases soil denitrification potentials and its capacity to produce N_2O (Shan and Yan, 2013). Moreover, Naser (Naser et al., 2007) found the presence of rice straw has a significant influence on CH_4 emissions from paddy fields according to five existing paddy fields in central Hokkaido, Japan. If not returned to field, straw is also an important feedstock for biomass power plants bringing huge environmental and economic benefits. Impact assessment by Nguyen (Nguyen et al., 2013) showed that substitution of straw either for coal or for natural gas reduces global warming, non-renewable energy use, human toxicity and ecotoxicity. Through LCA on four most realistic straw utilization practices, Soam et al. (Soam et al., 2017) found straw for electricity and biogas production results in the highest environmental benefits in global warming potential and Acidification potential. However, due to short harvest and planting interval, most farmers choose to return all the straw to field directly instead of packing and transporting to plants, which occupies much feedstock used for power generation. So it is vital to concern the tradeoff between straw return-to-field and straw power generation carefully, and how much straw should be returned to field depends on the impacts evaluated by cost benefit analysis.

Cost benefit analysis (CBA) is one of the most widely used methods in evaluating the feasibility of environmental and economic policies. Mahoney (O'Mahoney et al., 2013) assesses the feasibility of Irish's target of 30% cofiring of peat and biomass by 2015 by calculating the cost of meeting the target, the benefits in terms of carbon abatement, and the present value in economic terms of meeting the target. Shih and Tseng (Shih and Tseng, 2014) quantified the costs and benefits of Sustainable Energy Policy during 2010–2030, finding that the health benefits can justify the compliance costs associated with the policy. When assessing one policy's economic and environmental effects comprehensively, monetizing environmental impacts is an usual way, then the social cost of carbon (SCC) which is the societal cost of emitting an additional Mg of greenhouse gases (GHGs) in the atmosphere is an important parameter. Many researchers has calculated and organized some value of SCC (Pizer et al., 2014; van den Bergh and Botzen, 2014), which can be used as references.

Jiangsu Province is an economically developed region with insufficient fossil fuel resources in China which has 2,178,830 hectare of arable land producing approximately 66.45million

Mg/a straw (Bureau of Statistics of Jiangsu Province, 2016). But 30% of the straw is burned directly (Zambelli et al., 2012), causing serious seasonal air pollution. By 2011, 11 straw power plants had been put into operation in Jiangsu province, with a total installed capacity of 300 MW. If all straw produced in Jiangsu for one year is used for power generation, the electricity can up to 6.0×10^4 GW·h accounting for about 11% of Jiangsu Province's annual electricity consumption in 2015. However, Jiangsu government prefers straw return-to-field policy considering its low cost and simple implementation. In recent years, straw return-to-field policy has been vigorously pursued like subsidizing farmers, which has caused a huge pressure of lacking feedstock on straw power plants. In this paper, we took Jiangsu province as a case to evaluate the impacts of straw return-to-field policy on both straw utilizations separately and integrated.

The current research has also begun to focus on the interaction between straw return and power generation. Massimo Monteleone et al. have studied the tradeoff result between straw to field and straw to energy (Monteleone et al., 2015). They examined management strategies of wheat cultivation system and its sustainability in using straw as an energy feedstock. The results showed that straw partial removal from field to plants is a win-win method in GHG savings and fossil displacement. However, straw return-to-field in not only a yes/no question, the degree of returned straw is the main consideration in this paper, and it is better to calculate the specific impact by cost benefit analysis. The objective of this study was to evaluate how the straw return-to-field policy affects the regional economic and environmental benefit in Jiangsu Province. To achieve this objective, we set six scenarios with different return-to-field rates and analyze the regional benefit in our system based on cost benefit analysis. Section 2 provides the methodology and scenarios. Section 3 presents the results. Through the impacts of different return rates which are different straw return amount, we can give the optimal straw return extent. The last section discusses and concludes important findings and policy implications.

2 Methodology

2.1 System boundary and scenarios

The system boundary of the straw utilization systems in this paper is shown in figure1, which starts with the straw collection and environmental impacts from cultivation phase are not considered. Based on the data availability, two major crops straw selected are rice and wheat and the geographical boundary is Jiangsu Province in China. In systems, wherein the straw is removed from the field, the process includes two different uses of straw, one is being raw materials for power generation and the other is being returned to field. The former process includes purchase, package, transportation and power generation and there would be GHG emission during this process. The return-to-field process is a double-edged sword which not only sequestrates the carbon and replaces part of nitrogen fertilizer but also increases the emission of CH_4 in paddy field. So in this paper, we analyze whether the straw returned to field policy is always beneficial to the regional economics and environment by cost-benefit-analysis (CBA) method.

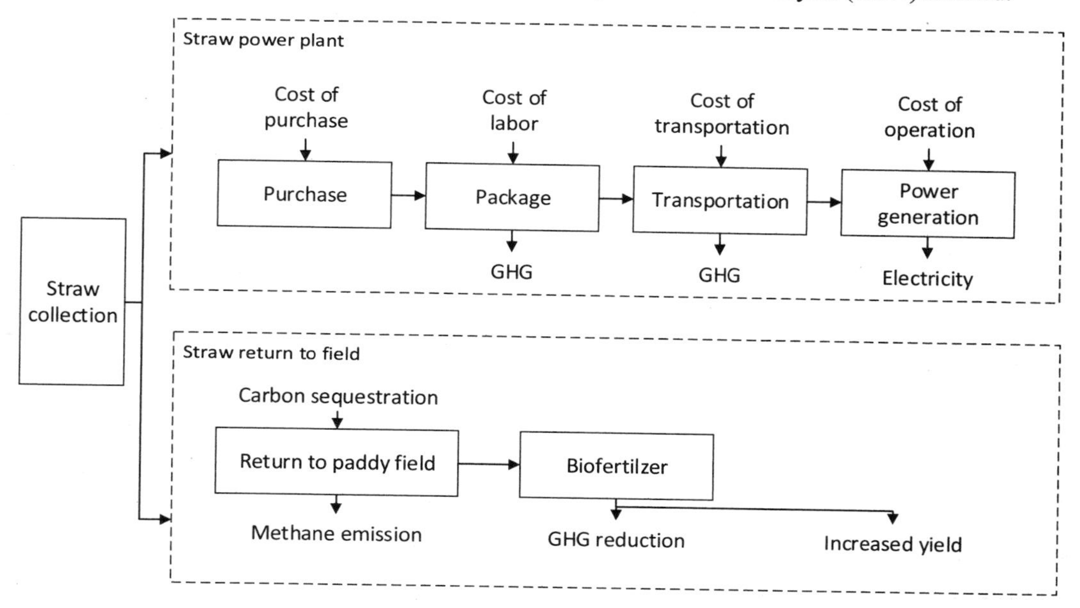

Fig.1 System boundary

The scenarios in this study are the same capacity for straw power plants and same natural conditions for returned field with different straw return-to-field rates from 0~100%. We take the scenario with 0% rate (no straw returned) as a baseline (Table 1).

Table 1 Scenarios with different straw return-to-field rates

Straw return-to-field rates	Description
0% (baseline)	No straw returned and keep plants operating in 50MW
20%	20% straw returned and keep plants operating in 50MW
40%	40% straw returned and keep plants operating in 50MW
60%	60% straw returned and keep plants operating in 50MW
80%	80% straw returned and keep plants operating in 50MW
100%	100% straw returned and plants stop production

2.2 Straw return-to-field affecting straw power plants

2.2.1 Cost of straw power plants

This paper endeavors to value the changes associated with cofiring, considering both the additional costs to the generating stations and the benefits incurred through the emissions savings arising from generating electricity from biomass.

To an operating straw power plant, the total cost consists of three parts as shown in the following formula:

$$\text{Cost}_{\text{plant}} = C_{\text{P}} + C_{\text{T}} + C_{\text{O}} \quad (1)$$

In which C_P is the cost of feedstock purchase; C_T is the cost of feedstock transportation; C_O is the cost of power plants' operation. The calculation of the three costs will be explained in the next sections.

The cost of purchase is related to the yield of straw and the purchase price,

$$C_P = Q \times p_s \quad (2)$$

In which Q is the yield of straw per year, Mg; p_s is the price, USD/Mg.

According to our previous work (Liu et al., 2017), straw transportation cost is divided into fixed cost and distance-related cost. In this study, due to the demarcation of the system boundary, the transportation cost should also cover environmental cost from transportation GHG emission. As shown in Formula 3, to one straw power plant, the average transportation cost is calculated as the following:

$$C_{\text{T}} = \text{FC} \times \text{NR} + \text{DC} \times \Sigma_i \text{DIST} + \text{GHG} \times \text{SCC} \quad (3)$$

In which FC is the cost of loading and compacting operations; NR is the total number of runs (from x to y back to x); DC is the distance dependent cost of fuel consumption and the operation and maintenance (USD/km); $\Sigma_i \text{DIST}$ is the sum of the transport distance; GHG is the transportation emission; SCC is the social carbon cost.

The logistics scenario coefficient was based on the studies of Chen et al.(Chen, 2012) and Liu et al.(Liu, 2011), which are listed in Table 2.

Table 2 Main parameters of the logistics costs (Chen et al., 2012; Liu et al., 2011)

Distance Function Coefficients for the Logistics Costs			
Coefficient	Unit	DC	
		Regular Packing Mode	Straw Compression Mode
Truck Velocity	km/h	50	50
Oil Consumption in 100 km (Full Load)	liter (diesel)	30	30
Oil Consumption in 100 km (No Load)	liter (diesel)	20	20
Cost for Truck Maintenance	USD/km	0.16	0.16

Distance Function Coefficients for the Logistics Costs					
Coefficient	Unit	DC			
		Regular Packing Mode		Straw Compression Mode	
Labor Cost	per capita	1		1	
Cost Coefficient per km	USD/km	1.63		1.63	
Fixed Cost					
Coefficient	Unit	Regular Packing Mode		Straw Compression Mode	
		FC1	FC2	FC1	FC2
Packing/compression machine production per hour	Mg/h	—	0.8	—	1
Loading Truck Oil Consumption	liter/h	2.5	—	—	—
Truck Loading Rate	Mg/h	3.6	—	—	—
Facility Maintenance Cost	USD/Mg	—	0.63	—	0.63
Facility Abrasion Cost	USD/Mg	—	—	0.32	0.48
Human Resources	per capita	1	2	1	2
Fixed Cost	USD/time	3.22	17.20	5.16	30.29
Deputy Coefficient Values					
Diesel price	USD/liter	1.11			
Human resource expense for straw processing	USD/d	8.71			
Human resource expense for transportation	USD/h	19.00			
Electricity price	USD/(kW·h)	0.13			

In order to simplify the calculation, this study divides the operation cost into investment and workers' salary:

$$C_{O} = C_{IFD} + C_{SAL} \tag{4}$$

In which C_{IFD} is annual depreciation of investment cost; C_{SAL} is the annual workers' salary.

Then calculate the annual depreciation of equipment fixed investment using the average life method:

$$C_{IFD} = C_{I} \times \frac{(1-RV)}{n} \tag{5}$$

In which RV is the residual rate; n is the average life of the equipment, we take 10 in this paper (Cao and Shen, 2012).

The larger the scale of production, the higher the utilization rate of equipment, the lower the cost of per unit. In the case of the same plant operating time, investment and scale change exponentially. As the amount of straw treated is proportional to straw power plants' installed capacity, the fixed investment and installed capacity is also an exponential relationship,

$$C_I = F_0 \times \left(\frac{I_C}{I_{C_0}} \right)^s \tag{6}$$

In which F_0 is the referred power plant's fixed investment cost; I_{C_0} is the referred power plant's installed capacity ; I_C is installed capacity of power plant; s is scale factor driven from the study of Jenkins B(1997).

Apart from the investment, the salary of workers is another important part to normal operation:

$$C_{\text{SAL}} = \frac{Q}{w} \times \text{ASAL} \times T \tag{7}$$

In which w is one worker's average workload per year, t/a, default value 885t/a; ASAL is the average salary of workers per hour; T is the operating hours. Some parameters are shown in Table 3.

Table 3 Operation parameters of power plants

Operation parameters	value	Operation parameters	value
Straw purchase price ps/ (USD/Mg)	19.3	Scale factor s	0.7
Workers' unit salary ASAL/ (yuan/h)	1.5	Residual Rate RV	5%
Referred investment FO/ USD	6,767,222	worker's average workload w / (Mg/a)	885
Referred capacity ICO / MW	30	Operating hours T / h	5,300

2.2.2 Benefit of Straw power plant

The main profit of straw power plants is the electricity value that can be calculated by formula (8):

$$\text{Benefit}_{\text{plant}} = E \times (1-q) \times p_e \tag{8}$$

In which E is the total electricity generated from straw of all straw power plants per year; q is the ratio of electricity for own use in power plants; p_e is the on-grid price of electricity.

$$\text{Net Benefit}_{\text{plant}} = \text{Benefit}_{\text{plant}} - \text{Cost}_{\text{plant}} \tag{9}$$

2.3 Straw return-to-field affecting returned field

2.3.1 Cost of methane emissions

When wheat straw is returned to paddy field as bio-fertilizer, the field will discharge more greenhouse gas (CH_4) due to putrefaction. According Lu's (Lu and Wang, 2010) study in 2010, in this study, we calculate the amount of incremental methane in rice fields because of the application of organic fertilizer through emission factor recommended by IPCC. So the emission of methane of paddy field ES and the social cost caused by methane emission is as the following:

$$ES = EF \times PA \times CF \tag{10}$$

$$Cost_{methane} = SCC \times ES \tag{11}$$

In which EF is the emission factor of paddy field given by IPCC, 216 kg CH_4/hm^2; PA is the paddy planting area; CF is the correction factor of methane of paddy field , and its calculation is given by IPCC:

$$CF = (1 + SDMA \times CFOA)^{0.59} \tag{12}$$

In which SDMA is amount of dry matter that is returned to field, (t/hm^2), it can be calculated by formula (12). Conversion coefficient CFOA also refers IPCC.

In the double seasonal regions, many places even report Straw affects rice transplanting due to the tense agricultural condition. Therefore, we believe that straw and rice transplanting time interval is short, in other words, we take CFOA is 1.

$$SDMA = Q \times \frac{RTF}{PA} \tag{13}$$

In which the Q is wheat straw yield; RTF is returning to field rate.

2.3.2 Benefit of N fertilizer replacement

The composition of the straw contains nitrogen and the percentile is about 0.56%. During Aug.-Sep. in 2016, a field investigation on straw disposal and treatment was performed in 36 villages in Jiangsu Province, the investigation result shows that paddy field needs 1,500 kg compound fertilizer and 1,500 kg urea per hectare, and wheat field needs 750 kg compound fertilizer and 750kg urea per hectare. And the average price of compound fertilizer and urea are 321.7 USD/t and 402.2 USD/t respectively. We take this result as a baseline to analyze the amount of N fertilizer that can be replaced by straw.

The benefit of N fertilizer replacement is from two main respects, one is the GHG emission reduction during fertilizer production, the other is the cost of fertilizer purchase. There would be a lot of GHG emission during N fertilizer production. According to Zhang's study in 2013, the pure nutrient coefficient of N fertilizer production is 2.11tce/t. this study calculated the benefit of N fertilizer reduction by formula (13):

$$\text{Benefit}_{\text{N}} = \text{SCC} \times N_{replacement} \times 2.11 + N_{replacement} \times \text{price}_{N} \tag{14}$$

In which the $N_{replacement}$ is the total nitrogen fertilizer replacement, Mg.

2.3.3 Benefit of carbon sequestration

Carbon can be sequestrated by increasing the direct input of soil organic carbon by straw returned to field.

$$\text{Benefit}_{\text{carbon}} = \text{CSP} \times 44/12 \times \text{SCC} \tag{15}$$

$$\text{CSP} = \text{CSR} \times A \tag{16}$$

In which CSP is the carbon sequestration potential of straw, t C; CSR is carbon sequestration rate, t C/hm^2; A is the area of straw return-to-field，hm^2; SCC is the social carbon cost, USD/t CO_2.

According to Gu's (Gu et al., 2014) study, there is a linear relationship between CSR and returned straw amount as following,

$$\text{CSR} = 55.476 \times S + 461.93 \tag{17}$$

In which S is straw return amount per unit area (Mg/hm^2).

2.3.4 Benefit of changing crops yield

It is generally acknowledged that straw returned to field would improve the crop yield. Actually, after analyzing many farmland experiments we found that is not always true.in this paper, we summarize the crop production trend with straw return-to-field rate changing by analyzing experiments results of paddy and wheat field respectively.

Table 4 and Table 5 are the result of straw returned amount's effect on wheat field by three years field positioning test.

Table 4 The wheat yield with different paddy straw return-to-field rates

Paddy straw returned rate/%	Wheat yield/(Mg/hm^2)
0	6.37
25	6.50
50	7.28
75	6.74
100	6.33

Table 5 The rice yield with different paddy straw return-to-field rates

Wheat straw returned rate/%	Rice yield/(Mg/hm^2)
0	6.74
50	7.41
100	7.83
150	8.31

Similarly, table 5 shows the effect on paddy yield caused by wheat straw returned, In this paper, we normalized the trend by MATLAB. So the benefit of changes in crop yield can be calculated by formula (18):

$$\text{Benefit}_{\text{yield}} = \Delta Y \times \text{price}_{\text{crop}} \tag{18}$$

2.3.5 Net benefit of field

Integrated above analysis, this study set $\text{Net benefit}_{\text{field}}$ to evaluate the comprehensive impacts on field of straw return-to-field policy.

$$\text{Net benefit}_{\text{field}} = \text{Benefit}_{\text{N}} + \text{Benefit}_{\text{carbon}} + \text{Benefit}_{\text{yield}} - \text{Cost}_{\text{methane}} \tag{19}$$

2.4 Net benefit

To evaluate the comprehensive impact on the region caused by straw return-to-field, this study give a net benefit as formula (20), which is a cost benefit equation calculating the net benefit of additional costs and benefits relative to the current system. $\text{Benefit}_{\text{plant}}$ is annual net profit of all straw power plants. $\text{Benefit}_{\text{field}}$ is the monetized effect on returned field including methane emission of paddy field, N fertilizer replacement, carbon sequestration and change of crop yield.

$$\text{Net Benefit} = \text{Net Benefit}_{\text{plant}} + \text{Net Benefit}_{\text{field}} \tag{20}$$

3 Results

3.1 Return-to-field policy affecting the benefit of straw power plant

According to the previous work, the optimal layout of straw power plants is shown in figure 2 based on the minimum logistics cost and GHG emission goal. To analyze how the return-to-field policy affects the profit of straw power plants, we calculated the total cost and benefit of plants on condition that the plants can operate as usual with 50 MW capacity.

With the return-to-field rate increasing, the feedstock for the plants become less and less, resulting the rapid growing transportation cost, which is shown in table 6. To keep the straw power plants operating as usual, the purchase cost and operation cost stay constant, and the profit from on-grid electricity remains unchanged. Figure 3 shows that if the return-to-field rate is infinitely close to 100%, the plants would have no benefit due to lacking feedstock. And its loss mainly comes from invest when the plants construct at the beginning. In other words, if the straw returned to field policy is in full implementation in Jiangsu province, the straw power plants will close down soon.

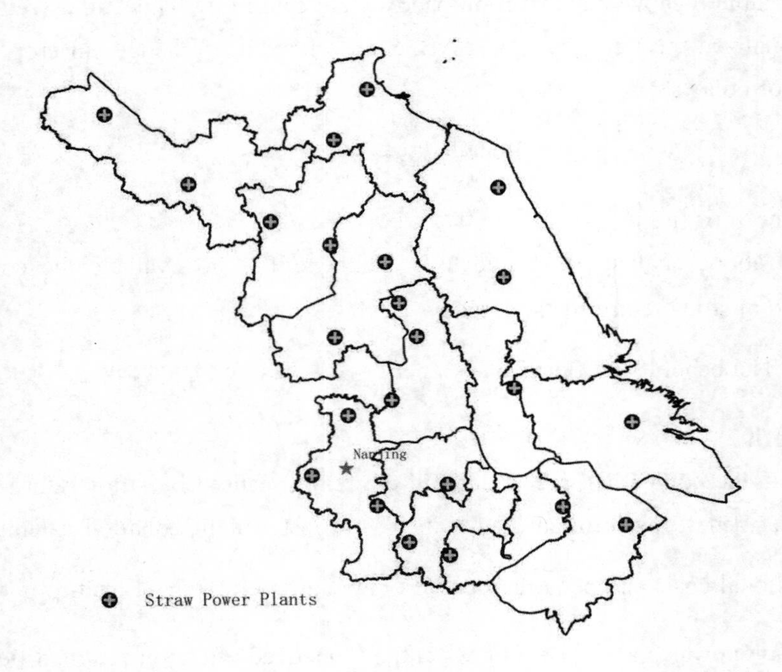

Fig.2 Straw power plants layout in Jiangsu province

Table 6 Costs and benefit of straw power plants

Return-to-field Rate/%	C_P/ (million USD)	C_T/ (million USD)	C_O/ (million USD)	P_{plant}/ (million USD)	$Benefit_{plant}$/ (million USD)
0 (baseline)	222.84	189.70	206.09	921.30	302.67
20	222.84	203.54	206.09	921.30	288.83
40	222.84	223.84	206.09	921.30	268.53
60	222.84	260.89	206.09	921.30	231.48
80	222.84	352.27	206.09	921.30	140.10
100	0	0	206.09	0	-206.09

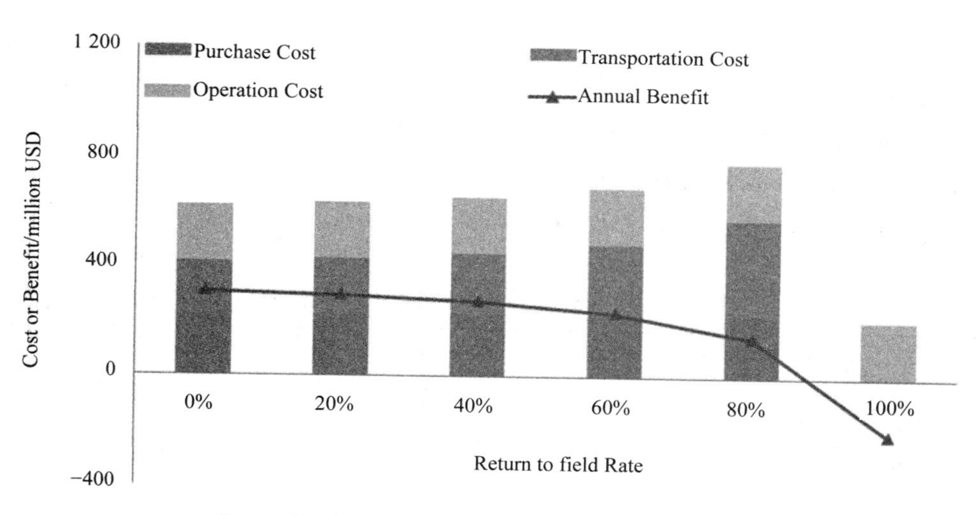

Fig.3 The benefit of straw power plants in Jiangsu

3.2 Return-to-field affecting returned field

3.2.1 Cost of increased methane emission

Table 7 shows that with the increase in amount of returned dry matter, the methane emission from paddy field increase rapidly. When all the wheat straw is returned, the emission is triple that no straw returned, which brings a social carbon cost of 1.46 million USD. Indeed, there is still methane emission from paddy field due to rotting effect even no wheat straw is return, but the effect from straw return is huge. As one of the most important greenhouse gas, methane's global warming potential is 25 times of CO_2 on a 100-year time scale, so more methane emission is the main negative effect of straw return-to-field policy in our study.

Table 7 methane emission under different return-to-field rates

Return-to-field Rate/%	SDMA/ (Mg/hm^2)	CF/ ($kg\text{-}CH_4/hm^2$)	EF/ ($kg\text{-}CH_4/hm^2$)	ES/ Mg	Social carbon cost/ (million USD)
0	0	1	216.3	471,280	483.1
20	1.1	1.54	216.3	730,419	748.7
40	2.2	1.98	216.3	936,609	960.0
60	3.3	2.36	216.3	1,115,049	1,142.9
80	4.4	2.71	216.3	1,275,489	1,307.4
100	5.5	3.02	216.3	1,422,965	1,458.5

3.2.2 Benefit of carbon sequestration

Table 8 shows there is a strong linear relationship between the carbon sequestration potential and the straw return-to-field rate. With the rate increasing, the soil's carbon sequestration potential keeps improving. When the rate is up to 100%, the benefit of carbon sequestration is about 100 million USD more than baseline.

Table 8 Carbon sequestration under different return-to-field rates

Return-to-field Rate/%	CSR/(kg/hm^2)	CSP/Mg C	Social carbon cost/ million USD
0	461.93	1,006,466	151.31
20	523.03	1,139,608	171.32
40	584.14	1,272,749	191.34
60	645.25	1,405,891	211.35
80	706.35	1,539,032	231.37
100	767.46	1,672,173	251.38

3.2.3 Benefit of *N* fertilizer replacement

Almost all of the cultivate land in Jiangsu province choose fertilizer to make the crops grow better, and *N* fertilizer is used most widely. According to our investigation in 2016, the total *N* of fertilizer is about 2.69 million Mg calculated by net method. By calculating the *N* amount in straw, we found even though all the straw is returned to field, the *N* amount in straw is a minor part of the farmland needed. But the saving *N* may still reduce the production of nitrogen fertilizer which can bring benefit on GHGs emission reduction. When the return-to-field rate increases to 100%, the benefit of GHGs emission reduction from nitrogen fertilizer would be 56.71 million USD. Besides, the cost saved by urea and compound fertilizer replacement is even up to 224.81 million USD is all returned straw is used as fertilizer.

3.2.4 Benefit of changing crops yield

The effect of straw return-to-field on crop yield is from summarizing field experiment in Yangzhou city, Jiangsu province in China. According to the scenarios in this study, the yield of two crops with straw-return-to-field rate from 0%-100% is shown in table 9. Overall, the returned straw can make more crops production, but it is not the more straw returned more crop yield increase. Figure 4 shows that when the rate is over 60%, the increase of wheat production is declining and the wheat production is reduced when all paddy straw is returned. So the total benefit of straw return-to-field also shows a downward trend when the rate is too high.

Table 9 Nitrogen fertilizer replacement under different return-to-field rates

Return-to-field Rate/%	Urea replacement/ Mg	Compound fertilizer replacement/ Mg	N replacement/ Mg	Benefit of GHG reduction of N fertilizer production/ million USD	Benefit of N fertilizer purchase/ million USD	Total benefit/ million USD
0	0	0	0	0	0	0
20	67,045.76	22,721.25	35,653.48	11.34	34.27	45.61
40	134,091.51	45,442.51	71,306.96	22.68	68.55	91.22
60	201,137.27	68,163.77	106,960.44	34.02	102.82	136.84
80	268,183.03	90,885.03	142,613.93	45.36	137.09	182.45
100	335,228.78	279,731.59	178,267.41	56.71	224.81	281.52

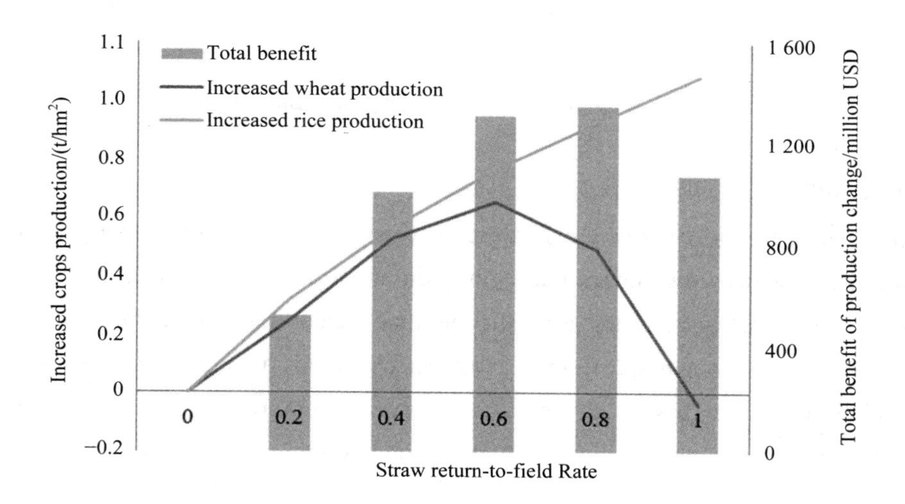

Fig.4 crops yield changing under different return-to-field rates

3.2.5 Total effect on returned field

After the above analysis of different effects from straw return-to-field on returned field, we give the comprehensive impact as shown in figure 5. The total benefit of return field is the summation of monetized environmental effects from returned policy. We can find that, compared with the baseline (0%), straw return-to-field policy brings a positive benefit totally, and the increased social benefit can be up to 852 million USD at most. But the increase becomes smaller and smaller after the peak, in other words, straw return-to-field is not always good.

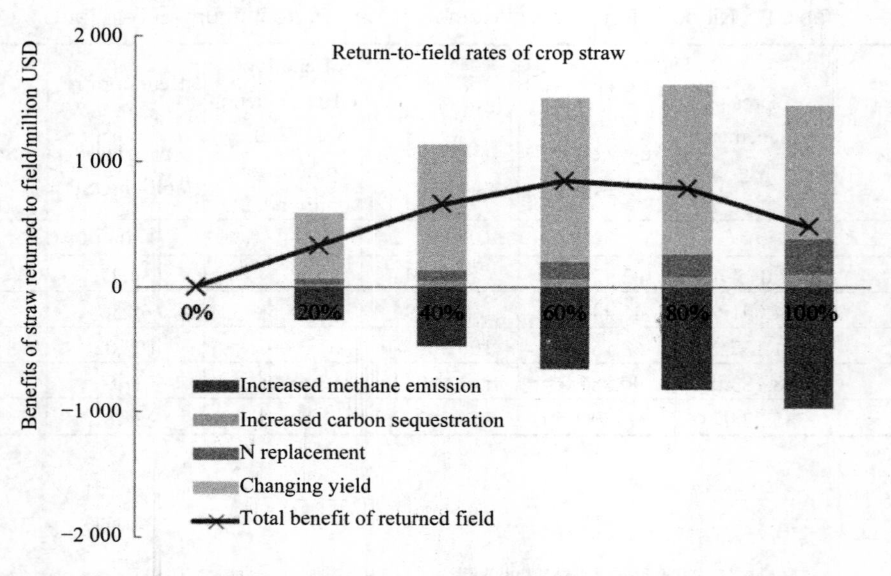

Fig.5 Net benefit of field under different return-to-field

3.3 Net benefit

For the whole region, we can see that, returning straw to field is not always good because that makes the cost of straw power plants increase a lot and the crops production not keep increasing at the same time. If the return-to-field rate increases over 60%, the total benefit affected by returned straw starts declining, and when the rate is about 85% the benefit would be negative. With the rate increasing, the loss will be more and more, in other words, when all the straw returned, there would be a loss of −1,079 million USD for this region.

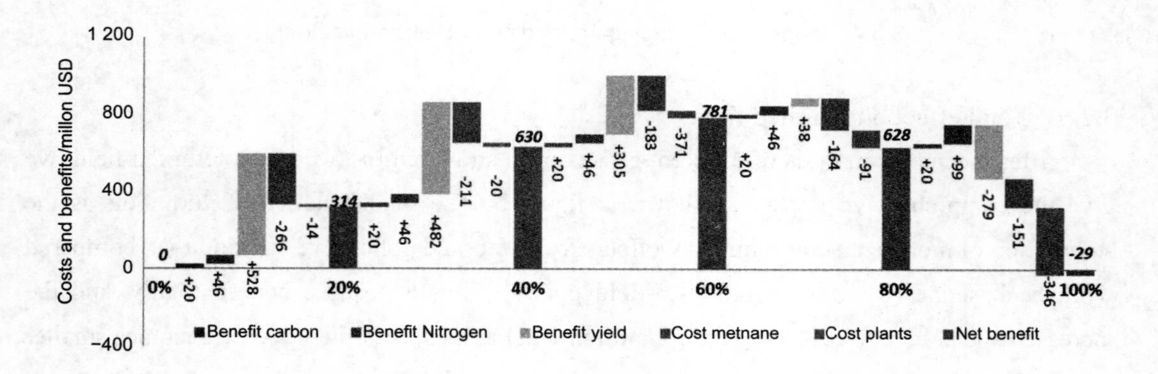

Fig.6 Total benefit of straw return-to-field for a region

3.4 Uncertainty

Parameters uncertainties could vary benefits and costs of straw return-to-field. In this section, four parameters, namely, wheat yield, rice yield, methane emission and social carbon cost, are assumed uncertain during the cost benefit analysis, as shown in table 10. A Monte Carlo simulation with 10,000 iterations was performed to estimate the range of net benefit by the Decision Tools Suite @Risk 5.5 and to quantify the uncertainty based on six scenarios.

Table 10 Summary of uncertain parameters in Monte Carlo simulation.

Parameter	Type	Distribution parameters
Wheat yield	Triangular	5%,90%,5%
Rice yield	Triangular	5%,90%,5%
Methane emission	Triangular	5%,90%,5%
Social carbon cost	Triangular	41,93,145

Valuing the parameters during estimating net benefit is very important. In current study, most parameters are from others' experiments on arable land. The probability distribution for the input parameter represents a reasonable operating definition of the uncertain parameter (Table 10). The triangular distribution was used because sample data of an uncertain parameter were limited. Despite being a simplistic description of a population, the triangular distribution serves as a very useful distribution for modeling processes where the relationship between variables is known but data are scarce.

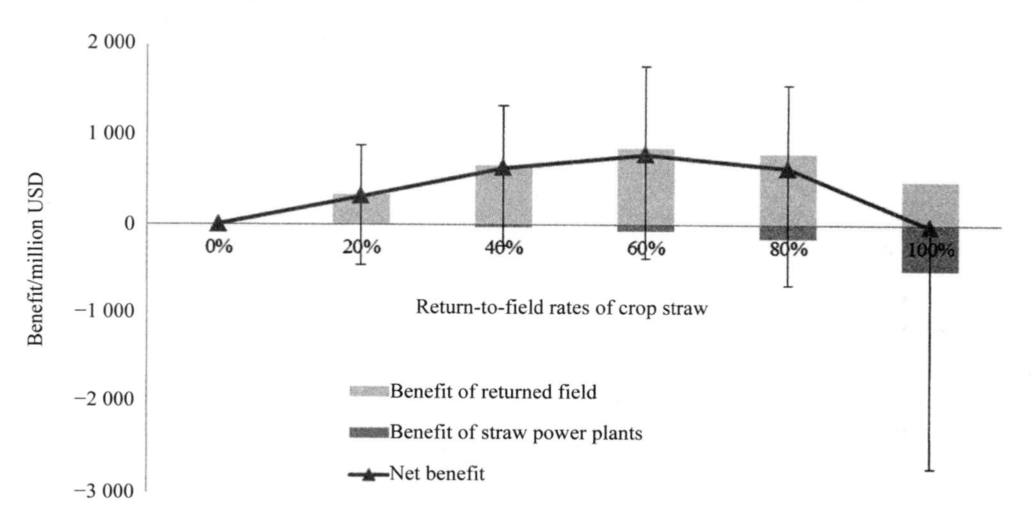

Fig.7 Total benefit of straw return-to-field for a region with uncertainty

Due to the uncertainty of methane emission and crops yield, as well as the change of social carbon cost, the net benefit has huge difference of each scenario which is shown in Fig 7. However big the uncertainty is, the net benefit with 100% returned rate is always negative revealing that all straw returned to field is always not suitable. From a sensitive point of view, the social carbon cost is the most influential factor (Fig.8). In this paper, we take the social carbon cost of 41USD/Mg as a baseline which is an average of meta-analysis, with the SCC increasing, the net benefit would be negative even if there is 20% straw returned. The increase of social carbon cost is an inevitable trend, in other words, the return policy should not be implemented in the future. The former result (section3.3) shows the best rate for the region is approximately 60%, Fig 9 is the uncertainty result of D-value between scenario with 40% and 60% rate, we can see the probability of that the benefit of 40% exceeding 60% is about 38.8%, that is to say, the best return-to-field rate should be decreased when taking all uncertainty into account.

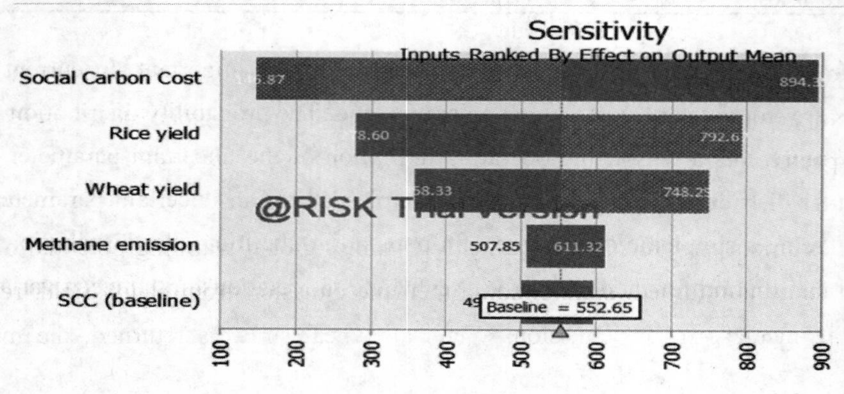

Fig.8 Sensitivity of input factors

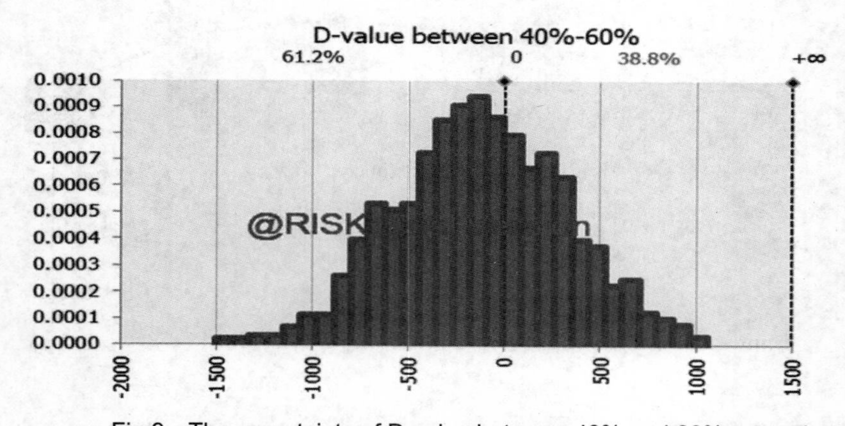

Fig.9 The uncertainty of D-value between 40% and 60% scenarios

4 Discussion and conclusion

4.1 Plants

When the feedstock is enough, the straw power plants can collect straw within the radius of 50 km with a reasonable logistics cost. In this case, the plants have considerable profits with government's subsidy on the on-grid electricity price generated by biomass, which would not only promote the development of biomass energy power generation industry and reduce the GHGs emission, but also provide more employment opportunities for local residents.

When more and more straw is returned, in other words, there is less and less feedstock for these plants which makes the plants have to go further for collection, the loss of plants is inevitable. In this paper, as the scenario set, 100% rate is an extreme case for the plants which is no feedstock can be used for power generation, bring out all the plants closing down. If this happens, the cost of pre-construction and purchase of the machine would be in vain and many workers would lose job. Therefore, straw return-to-field is not a good policy for the straw power plants and all straw returned is even more sever, which would hinder regional development from a long-term perspective.

4.2 Field

Methane is an important greenhouse gas with 25 time's global warming potential of CO_2. Even though no straw is returned, there is some methane emission from paddy field, returned straw make a big increase in the emission. When all wheat straw is returned, the methane emission increases to triple, which brings huge environmental effects measured by social carbon cost of 980 million USD. The return policy's impact on crop yield is not exactly the same as the public awareness, because the Pests will become more when more straw is returned to field. As the main force to implement this policy, farmer's profit is particularly important, so it is vital to find a trade-off point instead of returning all straw.

Certainly, as an environmental policy, the benefit of return-to-field cannot be ignored. An important advantage from this policy is the replacement of nitrogen fertilizer, which is good to both atmosphere environment and farmers. Even the Nitrogen content of straw is not very high, the saving of about 281 million USD is enough to be a strong evidence of the implementation of this policy. What's more, there is a close relationship between biomass and carbon storage capacity and the amount of biomass and carbon storage directly affect field and environment. With the returned straw dry matter increasing, the field's carbon sequestration potential is up to be 1.6 times of the field with no straw returned. The part carbon sequestrated by returned field is Equivalent to 100 million USD.

4.3 Conclusion

This study evaluates straw return-to-field policy's total impact on the region based on cost and benefit analysis. After harvest, crops straw is used in two ways: straw return-to-field and biomass power plants. We evaluate the Separate and integrated benefit of the two utilization with 6 scenarios with different return rates. Finally, uncertainty of several factors was concerned to access the impact from straw return-to-field policy.

The main conclusion drawn from this study is that straw returned to field is not always a good choice for a region. To returned field, with more straw is returned, the total benefit (including increased methane emission, nitrogen fertilizer replacement and so on) increase at first and began decreasing then. To straw power plants, the benefit even keep decreasing sharply, that is not difficult to understand when lacking feedstock. From the whole perspective, advantages from this policy cannot always cover the shortcomings, and if all Harvested straw is returned to field, there would be a huge loss of −1,079 million USD for the region. Therefore, the government should give full consideration to the local situation and regional industrial development in the introduction of environmental policy.

Reference

[1] Bakht J, Shafi M, Jan M T, et al. Influence of crop residue management, cropping system and N fertilizer on soil N and C dynamics and sustainable wheat (Triticum aestivum L.) production[J]. Soil and Tillage Research, 2009(104): 233-240.

[2] Bureau of Statistics of Jiangsu Province. Jiangsu Statistics Yearbook, in: Press, C.S. (Ed.), Beijing, China, 2016.

[3] Cao Y, Shen H. A research on collection cost in the process of straw power generation[J]. Electricity and Energy, 2006(33): 463-466.

[4] Chen L. The logistics cost analysis of straw direct combustion power generation based on costing[J]. Journal of Agricultural Engineering, 2012(28): 199-203.

[5] Chen Y, Xin L, Liu J, et al. Changes in bacterial community of soil induced by long-term straw returning[J]. Scientia Agricola, 2017(74): 349-356.

[6] Gu D, Xue P, Lu X, et al. Straw return-to-field's effect on paddy production and greenhouse gas emission[J]. China Rice, 2014(20): 1-5.

[7] Jenkins B M. A comment on the optimal sizing of a biomass utilization facility under constant and variable cost scaling[J]. Biomass & Bioenergy, 1997(13): 1-9.

[8] Liu B, Wu Q, Wang F. Regional optimization of new straw power plants with greenhouse gas emissions reduction goals: a comparison of different logistics modes[J]. Journal of Cleaner Production, 2017.

[9] Liu H. Straw supply cost analysis[J]. Agricultural Machinery, 2011(42): 106-112.

[10] Lu F, Wang X. Straw return to rice paddy: Soil carbon sequestration and increased methane emission[J]. Chinese Journal of Applied Energy, 2010(21): 99-108.

[11] Monteleone M, Cammerino A R B, Garofalo P, et al. Straw-to-soil or straw-to-energy? An optimal trade off in a long term sustainability perspective[J]. Applied Energy, 2015(154): 891-899.

[12] Naser H M, Nagata O, Tamura S, et al. Methane emissions from five paddy fields with different amounts of rice straw application in central Hokkaido, Japan[J]. Soil Science and Plant Nutrition, 2007(53): 95-101.

[13] Nguyen T L T, Hermansen J E, Mogensen L. Environmental performance of crop residues as an energy source for electricity production: The case of wheat straw in Denmark[J]. Applied Energy, 2013(104): 633-641.

[14] O'Mahoney A, Thorne F, Denny E. A cost-benefit analysis of generating electricity from biomass[J]. Energy Policy, 2013(57): 347-354.

[15] Pizer W, Adler M, Aldy J, et al. Using and improving the social cost of carbon[J]. Science, 2014(346): 1189-1190.

[16] Qu C, Li B, Wu H, et al. Controlling air pollution from straw burning in China calls for efficient recycling[J]. Environ Sci Technol, 2012(46): 7934-7936.

[17] Shan J, Yan X. Effects of crop residue returning on nitrous oxide emissions in agricultural soils[J]. Atmospheric Environment, 2013(71): 170-175.

[18] Shih Y H, Tseng C H. Cost-benefit analysis of sustainable energy development using life-cycle co-benefits assessment and the system dynamics approach[J]. Applied Energy, 2014(119): 57-66.

[19] Soam S, Borjesson P, Sharma P K, et al. Life cycle assessment of rice straw utilization practices in India[J]. Bioresour Technol, 2017(228): 89-98.

[20] Van den Bergh J C J M, Botzen W J W. A lower bound to the social cost of CO_2 emissions[J]. Nature Climate Change, 2014(4): 253-258.

[21] Zambelli P, Lora C, Spinelli R, et al. A GIS decision support system for regional forest management to assess biomass availability for renewable energy production[J]. Environ. Modell. Softw, 2012(38): 203-213.

[22] Zhang X, Xin X, Zhu A, et al. Effects of tillage and residue managements on organic C accumulation and soil aggregation in a sandy loam soil of the North China Plain[J]. Catena, 2017(156): 176-183.